アルゴリズム・サイエンス シリーズ

杉原厚吉・室田一雄・山下雅史・渡辺 治 編

数理技法編

近似アルゴリズム

離散最適化問題への効果的アプローチ

浅野孝夫 著

共立出版

シリーズの序

インターネットやバイオインフォマティクスなど，情報科学は社会への影響力を急速に増大・拡大している．情報科学の基礎を支えるアルゴリズム・サイエンス分野も例外ではない．この四半世紀の進歩はまさに驚異的であったが，現在もその速度は増すばかりのように見える．

このような情勢の下に，アルゴリズム・サイエンスに対する時代の要請は以下の４点にまとめられる：

まず，並列計算機や分散計算環境が容易に手に入る時代となり，このような新しい計算環境のもとで上手に問題を解決するための新しい解法の開発が必要とされていることである．

次に，バイオインフォマティクスやナノ技術など多くの応用分野が巨大な問題を上手に扱うための新しい計算パラダイムを必要としていることである．

第３に，情報セキュリティという重要な応用分野の出現が，従来は応用に乏しい理論研究と考えられてきた整数論や計算困難性理論の実学としての再構築を迫っていることである．

そして最後に，これらの要請に応える健全なアルゴリズム・サイエンスの発展を担う人材の教育・養成である．

以上の状況を踏まえ，われわれは以下の２つの主目的を掲げて，アルゴリズム・サイエンス シリーズを発刊することにした．

第１に，アルゴリズム・サイエンスを高校生あるいは大学初年度生に紹介し，若年層のこの分野に対する興味を喚起することである．

第２に，アルゴリズム・サイエンスのこの四半世紀の進歩を学問体系として整理し，この分野を志す学習者および研究者のための適切な学習指針を整備することである．

これら2つの目的を達成するために，本シリーズは通常のシリーズとは異なる構成をとることにした．まず，2つの「超入門編」として，『入口からの超入門』と『出口からの超入門』を置いた．これらにより，理論的な展開に興味をもつ学生も，アルゴリズムの応用に興味をもつ学生も，ともに高校生程度の基礎学力で十分にアルゴリズム・サイエンスの面白さを満喫していただけることを期待している．

次に，確率アルゴリズムや近似アルゴリズムなどを含む，新たに建設された興味深いアルゴリズム分野を紹介し詳述するために，「数理技法編」として諸巻を設けることにした．『入口からの超入門』がこれらの巻に対する適切な入門書となるように企画されている．

さらに，バイオインフォマティクスや情報セキュリティに代表されるような，重要な応用分野における各種アルゴリズムの発展という視点からいくつかのテーマを厳選し，「適用事例編」として本シリーズに加えることにした．これらの巻に対する入門書が『出口からの超入門』である．

なお，各巻は大学や大学院の教科書として利用できるよう内容を工夫し，必要な初歩的知識についてもできるかぎり詳述するなど，各著者に自己完結的に構成していただいている．

最後になったが，本シリーズは特定領域研究「新世代の計算限界—その解明と打破」（領域代表 岩間一雄(京都大学)）の活動の一環として企画された．

まえがき

インターネットやウェブの急速な発展に伴い，現代社会の複雑な連結性に対する人々の関心がますます大きくなるとともに，個人の欲望や大衆の集団行動とも関係して人々を結びつけるリンク構造や各人の意思決定が，他人の意思決定に複雑な影響を与えている．地球規模のこのような展開に促進されて，現代社会の複雑な社会的・経済的・技術的システム（高連結ネットワークシステム）がどのように動作するのかを科学的に理解・体系化しようとする研究から，多岐にわたる研究分野の融合がもたらされてきた．そして高連結ネットワークシステムで起こる現象に焦点を当てた新しい研究分野が誕生している．本書は，このような新しい研究分野に関心を持つ学生や研究者が，この分野の系統的な理解と研究が容易になることの手助けとなることを目的としている．

高連結ネットワークシステムで起こる現象の情報は離散的なデータに基づいているので，情報の解析には離散最適化アルゴリズムが必要である．一方，情報の解析および有効な特徴を求める問題は，数理計画ソルバーの普及により，離散最適化問題としてモデル化して解決されることが多くなってきている．しかしながら，現実世界の問題は，多様な要因によりきわめて複雑であるためモデル化も困難である．さらに，離散最適化問題としてモデル化できたとしても，問題のサイズの多項式式時間で解くことは困難であることが多い．すなわち，離散最適化問題は，通常，NP-困難であることが多い．

そこで，本書では，離散最適化問題の最適解に近い解を多項式時間で求める近似アルゴリズムを議論する．とくに，得られる解が最適解と比べてそれほど悪くならないという保証付きの近似アルゴリズムを取り上げる．そのような近似アルゴリズムは近似性能保証付きアルゴリズムと呼ばれ，離散最適化問題解決の効果的なアプローチと認識されてきている．これは，近似アルゴリズムの最先端の研究者である Cornell 大学の David Williamson と David Shmoys の

著書 “The Design of Approximation Algorithms”（邦訳：浅野孝夫,『近似アルゴリズムデザイン』, 共立出版, 2015）などからも実感されてきている．しかしながら，この書籍は大学院生向けの本格的なテキストであるため，より理解しやすくて系統的に近似アルゴリズムが学べる書籍の出版が期待されていた．

本書は，そのような目標を達成しようとして執筆したものである．したがって，本書では，近似性能保証付きアルゴリズムの基礎概念を例題と図を多く用いて解説し，その後に，近似性能保証付きアルゴリズムの系統的なデザインと解析の技法を解説している．なお，系統的な解説を可能にしているのが数理計画（すなわち，線形計画と整数計画）である．しかし，日本においては，数理計画は通常の情報科学系の講義では専門的に取り上げられることが少なかった．一方，欧米の大学では，真に実用的なアルゴリズムの研究開発には，これらの分野が極めて重要であることが認識されてきている．したがって，情報科学系でもこれらを講義で取り上げる大学が増えてきている．

本書の具体的な構成は以下のとおりである．第 1 章では，性能保証付き近似アルゴリズムの基礎概念である近似率，近似保証（近似性能保証）および近似保証による問題のクラス分け（類別化）を取り上げ，第 4 章までそれらの各クラスに属する代表的な問題を具体例を挙げて述べている．すなわち，第 1 章から第 4 章までは，近似保証による問題の近似困難性の分類を取り上げている．

後半の第 6 章から第 10 章では，線形計画と整数計画に基づく近似性能保証付きアルゴリズムの系統的なデザインと解析の技法を取り上げている．なお，それに先立ち第 5 章では，線形計画の基礎概念を解説している．第 6 章では，単一の問題の集合カバー問題を例にとり，近似性能保証付きアルゴリズムの代表的なデザイン技法を解説している．さらに，第 7 章から第 10 章では，それらの技法をより高度な問題に適用している．そして，最後の第 11 章では，近似保証の大幅な改善につながる半正定値計画に基づく近似性能保証付きアルゴリズムの系統的なデザインと解析の技法の基礎概念を取り上げている．

本書の出版に当たり本シリーズの編集委員の先生から貴重なご助言をいただいた．とくに，明治大学の杉原厚吉先生と九州大学名誉教授の山下雅史先生には，本書の原稿を精読していいただき，数え切れないほどの貴重なコメントをいただいた．それらのコメントに基づいて本書の完成度を格段に向上できた．

また，共立出版の信沢孝一氏，日比野元氏，三浦拓馬氏には，初期の段階から本書の完成まで，多くの有益なご意見をいただいた．以上，心から感謝の意を表したい．

最後に，日頃から支えてくれる妻（浅野眞知子）に感謝する．

2019 年 5 月　　　　浅野孝夫

目　次

第1章

近似アルゴリズムの基礎

本章の目標

性能保証付き近似アルゴリズムの基礎概念を理解する.

キーワード

近似アルゴリズム, 近似率, 近似保証, 性能保証, APX, PTAS, FPTAS, 完了時刻最小化スケジューリング, 巡回セールスマン, 最小点カバー

1.1 ウォーミングアップ問題

(a) 6個の仕事 J_j $(j = 1, 2, \ldots, 6)$ を3人の人 M_i $(i = 1, 2, 3)$ に割り当てたい. 各仕事 J_j はどの人 M_i に割り当てても t_j 時間かかる. いま $(t_1, t_2, t_3, t_4, t_5, t_6) = (3, 4, 5, 7, 3, 3)$ であるとする. このとき, 各仕事 J_j を各人 M_i にどのように割り当てれば, 1番負担の大きい人の負担を最も小さくすることができるか?

(b) 次の左図のネットワークですべての点をちょうど1回通って出発点に戻ってくる閉路で長さが最小のものを求めよ.

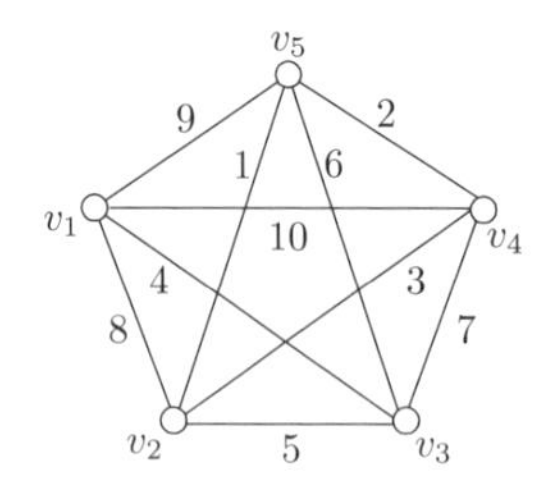

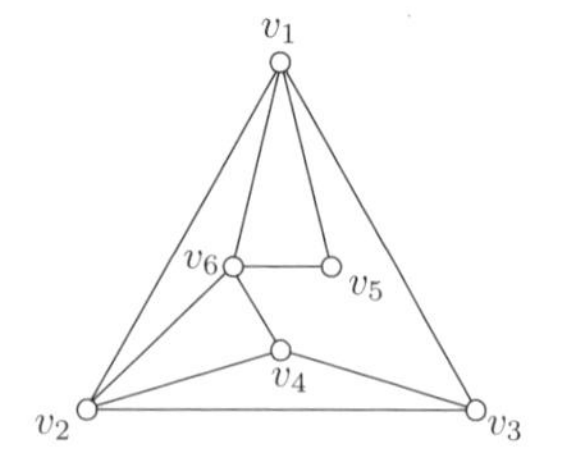

(c) 上の右図のグラフにおいて，何個かの点を除去して残りのグラフに辺がなくなるようにしたい（点を除去するとそれに接続する辺も除かれるものとする）．そのような点の集合で点数が最小となるものを求めよ．

1.1.1　ウォーミングアップ問題の解説

(a) 下図のように割り当てると，図 (a) では M_1 の負担が最大となり，その値は $T_a = t_1 + t_2 + t_3 = 3 + 4 + 5 = 12$ である．一方，図 (b) では M_1 と M_2 の負担が最大となり，その値は $T_b = t_2 + t_3 = 4 + 5 = 9$ である．

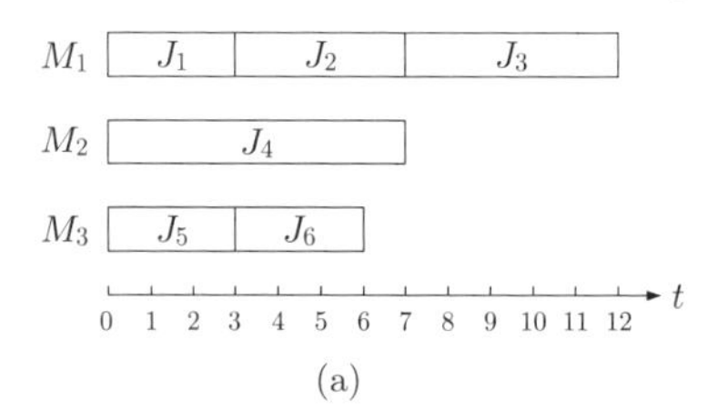

(a)

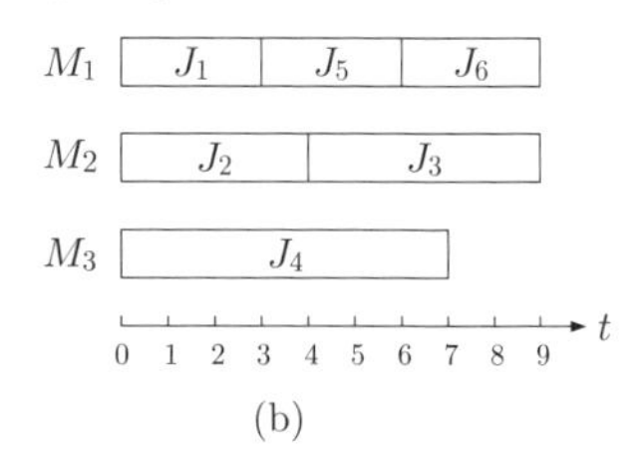

(b)

図 (b) は 1 番負担の大きい人の負担を最も小さくする割当て（このような解は**最適解**と呼ばれる）になっていることが（全通り考えてみれば）確かめられる．最適解に対する図 (a) の近似解の**近似率**は，図 (a) の解の T_a と図 (b) の解の T_b の比であり，$\frac{T_a}{T_b} = \frac{4}{3}$ になる．なお，この問題は最小化問題で，**完了時刻最小化スケジューリング問題**と呼ばれる．

(b) 次図 (a) に示すように，$v_1, v_2, v_3, v_4, v_5, v_1$ の順にすべての点をちょうど 1 回通る閉路 C_1 の長さは $31 = 8 + 5 + 7 + 2 + 9$ である．一方，次図 (b) に示すように，$v_1, v_3, v_2, v_5, v_4, v_1$ の順にすべての点をちょうど 1 回通る閉路 C_2 の長さは $22 = 4 + 5 + 1 + 2 + 10$ である．

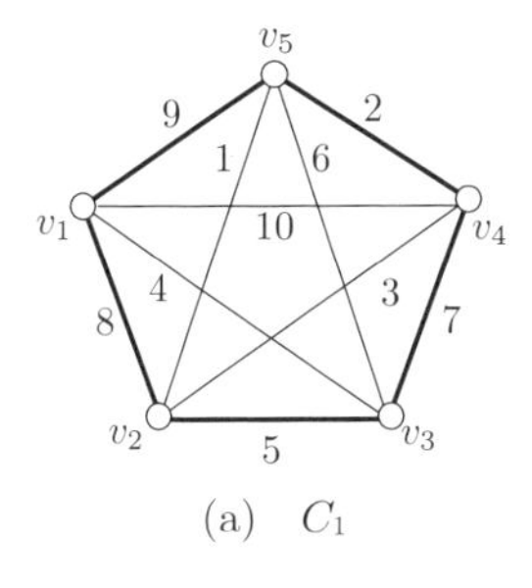

(a) C_1

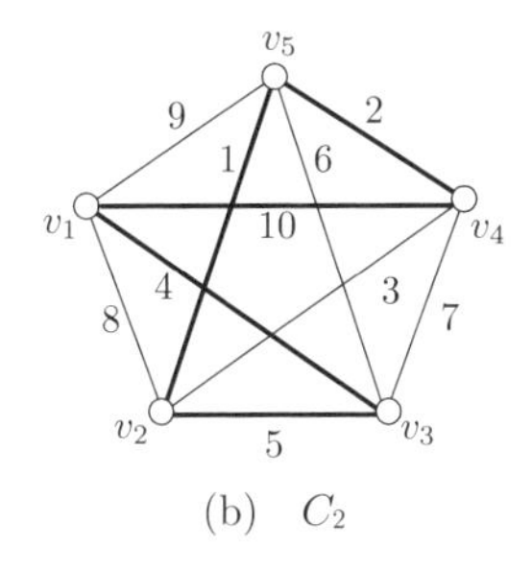

(b) C_2

この例では，C_2 が最適解であること，すなわち，すべての点をちょうど 1 回通る閉路のうちで最小の長さになることが（全通り考えてみれば）確かめられる．最適解 C_2 に対する解 C_1 の近似率は，C_1 と C_2 の長さの比で $\frac{31}{22}$ になる．なお，この問題は最小化問題で，**巡回セールスマン問題** (TSP) と呼ばれる．

(c) 下図 (a) に示すように，$U_1 = \{v_1, v_2, v_3, v_4, v_5\}$ を除去すると点 v_6 だけになり辺はなくなる．一方，下図 (b) に示すように，$U_2 = \{v_1, v_2, v_3, v_6\}$ を除去すると点は v_4, v_5 だけになり辺はなくなる．

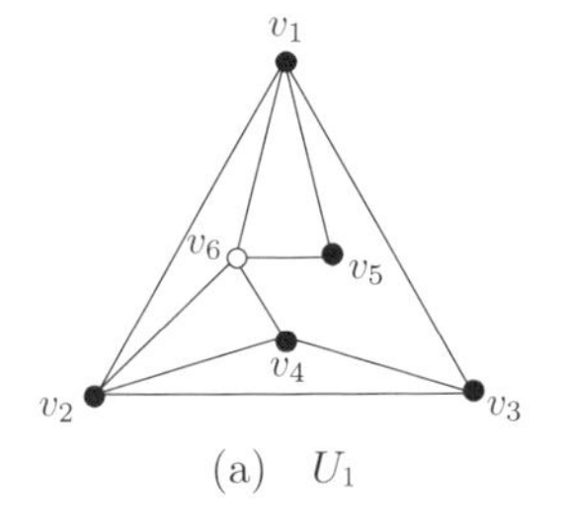

(a) U_1

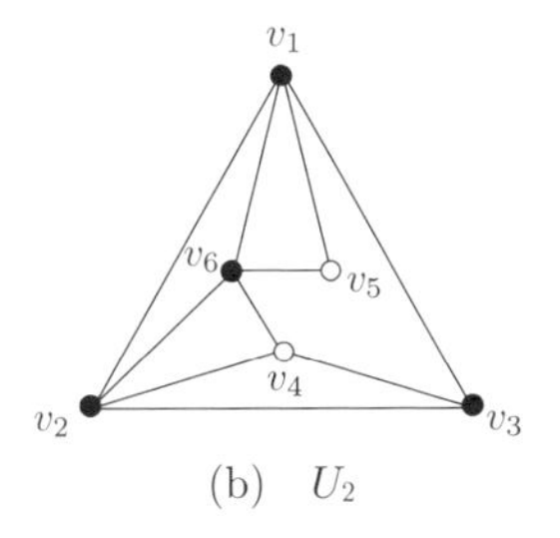

(b) U_2

U_2 は最適解で，除去すると残りのグラフに辺がなくなるような点の集合で点数最小のものの一つであることが（全通り考えてみれば）確かめられる．最適解 U_2 に対する解 U_1 の近似率は，U_1 と U_2 の点数の比で $\frac{5}{4}$ になる．なお，この問題は最小化問題で，**最小点カバー問題**と呼ばれる．

1.2 性能保証付き近似アルゴリズムの基礎概念

前節でも述べたように，解に付随する値を最小化する問題（値の最小な解を求める問題）を**最小化問題** (minimization problem) といい，値の最小な解を**最適解** (optimal solution) という．同様に，解に付随する値を最大化する問題（値の最大な解を求める問題）を**最大化問題** (maximization problem) といい，値の最大な解を**最適解**という．最小化問題と最大化問題をあわせて**最適化問題** (optimization problem) という．問題 P のどの入力 I に対しても I のサイズの多項式時間で解を求めるようなアルゴリズムを P に対する**多項式時間アルゴリズム** (polynomial time algorithm) という．

多項式時間で最適解を求めるのが難しい NP-困難な最適化問題 P に対して，実用上は最適解に近い解（**近似解** (approximate solution) と呼ばれる）を多項式時間で求めて使用することが多い．最適化問題 P のどの入力 I に対しても近似解 $S(I)$ を I のサイズの**多項式時間**で求めるアルゴリズムは**近似アルゴリズム** (approximation algorithm) と呼ばれる．さらに，最適化問題 P の入力 I の近似解 $S(I)$ と最適解 $S^*(I)$ の値の比は解 $S(I)$ の**近似率** (approximation ratio) と呼ばれる．すなわち，$c(S(I))$ と $c(S^*(I))$ をそれぞれ $S(I)$ と $S^*(I)$ の値とすると，比 $\frac{c(S(I))}{c(S^*(I))}$ が $S(I)$ の近似率である．この近似率は，P が最小化問題のときには 1 以上であり，P が最大化問題のときには 1 以下である．

最小化問題 P に対して常に近似率が α 以下となる近似解を求める近似アルゴリズムを **α-近似アルゴリズム** (α-approximation algorithm) という．最小化問題 P においてこの α は**近似保証**あるいは**性能保証** (performance guarantee) と呼ばれる．もちろん，$\alpha \geq 1$ であり，$\alpha = 1$ の 1-近似アルゴリズムは最適解を求める厳密アルゴリズムである．

一方，最大化問題 P では常に近似率が α 以上となる近似解を求める近似アルゴリズムを **α-近似アルゴリズム**という．最大化問題 P ではこの α が**近似保証**あるいは**性能保証**と呼ばれる．もちろん，$\alpha \leq 1$ であり，$\alpha = 1$ の 1-近似アルゴリズムは最適解を求める厳密アルゴリズムである．

近似保証 α が定数の α-近似アルゴリズムは **APX** と呼ばれる．さらに，近似保証 α を限りなく 1 に近づけることができるとき，そのような α-近似アルゴリズムは**多項式時間近似スキーム** (polynomial time approximation scheme) と呼ばれる（以降，単純化して **PTAS** と呼ぶ）．より正確には，任意の正のパ

ラメーター ε に対して，ε も入力と見なすアルゴリズム $A = A(\varepsilon)$ の計算時間が（パラメーター ε を定数として考えて）入力サイズの多項式関数であり，近似保証 α が，最小化問題ならば $\alpha = 1 + \varepsilon$ と書けるとき，最大化問題ならば $\alpha = 1 - \varepsilon$ と書けるとき，アルゴリズム $A = A(\varepsilon)$ を PTAS という．さらに，計算時間が入力サイズ n と $\frac{1}{\varepsilon}$ の多項式関数であるような PTAS $A = A(\varepsilon)$ は**完全多項式時間近似スキーム** (fully polynomial time approximation scheme) と呼ばれる（以降，単純化して **FPTAS** と呼ぶ）．

本書では，APX, PTAS, FPTAS を持つ問題のクラスもそれぞれ **APX**, **PTAS**, **FPTAS** と書くことにする．なお，問題のクラスを意味するときは太字で表示し，アルゴリズムを意味するときは細字で表示して区別する．最初の 3 章で，**APX**, **PTAS**, **FPTAS** に属する問題を具体例を挙げてアルゴリズムとともに説明する．本章ではクラス **APX** に属する問題を取り上げる．

1.3 完了時刻最小化スケジューリング

クラス **APX** に属する問題の例を本節と 1.4 節および 1.5 節で挙げる．本節では，完了時刻最小化スケジューリング問題がクラス **APX** に属することを示す．1.1 節のウォーミングアップ問題 (a) で取り上げた**完了時刻最小化スケジューリング問題** (minimum makespan scheduling problem) は，**負荷均等化問題** (load balancing problem) とも呼ばれるが，スケジューリング理論のなかでも最も中心的な問題の一つであり，形式的には以下のように定義される．

問題 1.1 完了時刻最小化スケジューリング問題

入力： 処理時間が正整数 $t_1, t_2, \ldots, t_n$ の n 個のジョブ $J_1, J_2, \ldots, J_n$ と m 個の同一なマシーン $M_1, M_2, \ldots, M_m$.

タスク： ジョブ $J_1, J_2, \ldots, J_n$ のマシーン $M_1, M_2, \ldots, M_m$ への割当てのうちで，最大負荷 T を最小にする割当て（スケジュール）を求める．（なお，各マシーン M_i の負荷（終了時刻）T_i は M_i に割り当てられているジョブの処理時間の総和であり，スケジュールの最大負荷 T は $T = \max\{T_i : i = 1, 2, \ldots, m\}$ である.）

スケジュールの最大負荷 T は，そのスケジュールの**完了時刻** (makespan) と呼ばれる．

1.3.1　2-近似アルゴリズム

完了時刻最小化スケジューリング問題がクラス **APX** に属することを，単純な 2-近似アルゴリズムを与えて示すことにする．アルゴリズムは極めて単純で，ジョブを一つずつ勝手な順番で，それまでに割り当てたジョブの負荷が最も小さいマシーンに次のジョブを割り当てる，というものである．

アルゴリズム 1.1　2-近似完了時刻最小化スケジューリングアルゴリズム

入力：　処理時間が正整数 $t_1, t_2, \ldots, t_n$ の n 個のジョブ $J_1, J_2, \ldots, J_n$ と m 個の同一なマシーン $M_1, M_2, \ldots, M_m$.

出力：　マシーン $M_1, M_2, \ldots, M_m$ へのジョブ $J_1, J_2, \ldots, J_n$ の割当て．

アルゴリズム：

1.　ジョブを勝手に順番づける．
　$J_1, J_2, \ldots, J_n$ と順番づけられているとする．
2.　**for**　$j = 1$ **to** n **do**
　　これまでに割り当てたジョブの負荷が最も小さいマシーン M_i を
　　選び，M_i にジョブ J_j を割り当てる．

1.3.2　アルゴリズム 1.1 の実行例

ウォーミングアップ問題 (a) の完了時刻最小化スケジューリング問題の入力である $n = 6$ 個のジョブの処理時間 $(t_1, t_2, t_3, t_4, t_5, t_6) = (3, 4, 5, 7, 3, 3)$ と $m = 3$ 個のマシーン M_i $(i = 1, 2, 3)$ に対してアルゴリズム 1.1 で得られる解は以下のようになり，完了時刻は $T = T_1 = t_1 + t_4 = 3 + 7 = 10$ である．

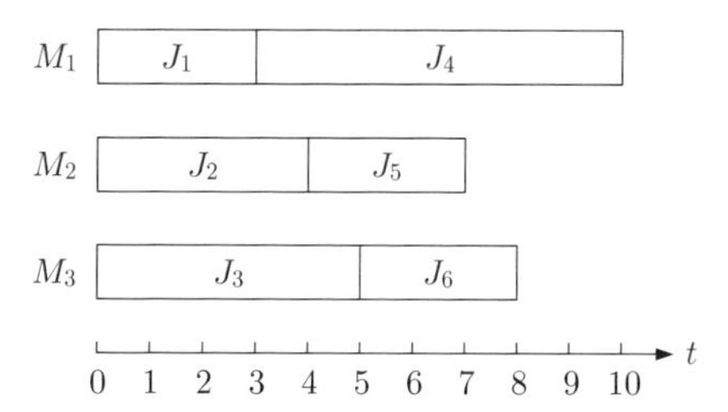

この例では，前にも述べたように，最適解での完了時刻は 9 であるので，アルゴリズム 1.1 で得られる解の近似率，すなわち，得られる解と最適解での完了時刻の比は，$\frac{10}{9}$ となる．

1.3.3　アルゴリズム 1.1 の近似保証解析

一般に，アルゴリズム 1.1 で得られる解の完了時刻は，最適解の完了時刻の 2 倍を超えることはない．すなわち，このアルゴリズムの近似保証は 2 で上から抑えられることを本項で示す．

最適解を任意に選び OPT とし，その完了時刻も OPT とする．最適解 OPT における各マシーン M_i の終了時刻を T_i とする．対称性から，

$$\mathrm{OPT} = T_1 \geq T_2 \geq \cdots \geq T_m \tag{1.1}$$

と仮定できる．処理時間の最大値を $t_{\max}$ とする．すなわち，

$$t_{\max} = \max\{t_j : j = 1, 2, \ldots, n\} \tag{1.2}$$

とする．ジョブの最大処理時間 $t_{\max}$ のジョブを $J_{\max}$ とし，最適解 OPT で $J_{\max}$ はマシーン M_i に割り当てられているとする．すると，$\mathrm{OPT} \geq T_i \geq t_{\max}$ であるので

$$\mathrm{OPT} \geq t_{\max} \tag{1.3}$$

が成立する．さらに，マシーンの平均完了時刻を

$$T_{\mathrm{ave}} = \frac{1}{m} \sum_{j=1}^{n} t_j \tag{1.4}$$

とする．式 (1.1) より，$m\mathrm{OPT} \geq T_1 + T_2 + \cdots + T_m = mT_{\mathrm{ave}}$ であるので，

$$\mathrm{OPT} \geq T_{\mathrm{ave}} \tag{1.5}$$

が成立する．そこで，平均完了時刻 T_{ave} と最大処理時間 $t_{\max}$ のうちで OPT に対する良い下界を LB とする．すなわち，

$$\mathrm{LB} = \max\{t_{\max}, T_{\mathrm{ave}}\} \tag{1.6}$$

とする．もちろん，

$$\mathrm{LB} \leq \mathrm{OPT} \tag{1.7}$$

である．これを用いて以下の定理が得られる．

定理 1.1　アルゴリズム 1.1 は，完了時刻最小化スケジューリング問題に対する 2-近似アルゴリズムである（近似保証 2 を達成する）．

証明： アルゴリズム 1.1 で得られるスケジュールで最後にジョブが終了するマシーンを M_ℓ とし，j_ℓ を次図のように M_ℓ に割り当てられた最後のジョブ J_j のインデックスとする．マシーン M_ℓ でジョブ J_{j_ℓ} の処理が開始された時刻を s_{j_ℓ} とする．

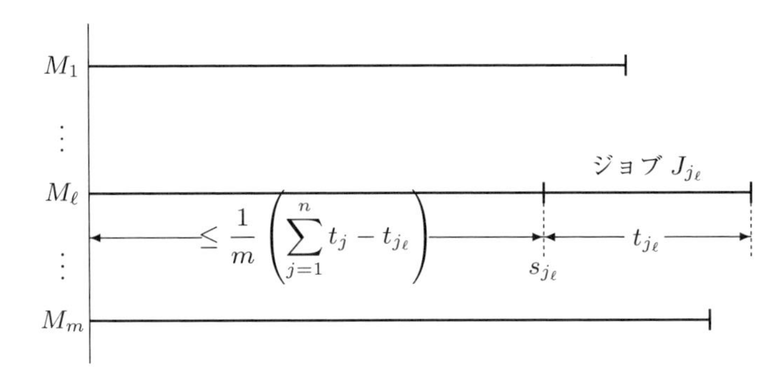

アルゴリズム 1.1 は負荷の最も小さいマシーンにジョブを割り当てているので，s_{j_ℓ} の時刻まではどのマシーン M_i も稼働中である．すなわち，$T_i \geq s_{j_\ell}$ であり，かつ $T_{j_\ell} = s_{j_\ell} + t_{j_\ell}$ である．したがって，$\sum_{j=1}^{n} t_j = \sum_{i=1}^{m} T_i \geq ms_{j_\ell} + t_{j_\ell}$ となり，

$$s_{j_\ell} \leq \frac{1}{m}\left(\sum_{j=1}^{n} t_j - t_{j_\ell}\right) \leq \frac{1}{m}\sum_{j=1}^{n} t_j = T_{\mathrm{ave}} \leq \mathrm{LB} \leq \mathrm{OPT} \tag{1.8}$$

が得られる．さらに，

$$t_{j_\ell} \leq t_{\max} \leq \mathrm{LB} \leq \mathrm{OPT} \tag{1.9}$$

である．したがって，このスケジュールの完了時刻 $T = T_{j_\ell}$ は

$$\mathrm{OPT} \leq T = s_{j_\ell} + t_{j_\ell} \leq 2\mathrm{LB} \leq 2\mathrm{OPT} \tag{1.10}$$

を満たし，近似率は $\frac{T}{\mathrm{OPT}} \le 2$ となり，近似保証 2 が得られる．

アルゴリズムは，毎回 $\mathrm{O}(m)$ 時間で負荷の最小値を求め，全体ではそれを n 回繰り返すだけであるので，計算時間は $\mathrm{O}(mn)$ となる．□

注意：この定理の近似保証 2 は近似保証 $2-\frac{1}{m}$ まで以下のように改善できる．まず，上記の式 (1.8) の $s_{j_\ell} \le \frac{1}{m}\left(\sum_{j=1}^{n} t_j - t_{j_\ell}\right)$ から $s_{j_\ell} + \frac{1}{m}t_{j_\ell} \le \frac{1}{m}\sum_{j=1}^{n} t_j = T_{\mathrm{ave}} \le \mathrm{OPT}$，すなわち，$ms_{j_\ell} + t_{j_\ell} \le m\mathrm{OPT}$ となる．さらに，式 (1.9) の $t_{j_\ell} \le \mathrm{OPT}$ の両辺を $(m-1)$ 倍して $(m-1)t_{j_\ell} \le (m-1)\mathrm{OPT}$ が得られる．したがって，これらの式を加えると $ms_{j_\ell} + mt_{j_\ell} \le (2m-1)\mathrm{OPT}$ となり，$s_{j_\ell} + t_{j_\ell} \le (2-\frac{1}{m})\mathrm{OPT}$ から近似保証 $2-\frac{1}{m}$ が得られる．

1.3.4　アルゴリズム 1.1 の近似保証 2 のタイトな例

次の例題 1.1 は，アルゴリズム 1.1 に対する上記の解析がタイトであることを示している．実際，アルゴリズム 1.1 で得られる解の完了時刻が最適解の完了時刻の 2 倍に（解の近似率が 2 に）限りなく近づく無限個の入力の例を，例題 1.1 は与えている．近似アルゴリズムの近似保証解析がタイトであることを示すこのような無限個の入力の例を，**タイトな例** (tight example) という．

例題 1.1　アルゴリズム 1.1 の近似保証 2 のタイトな例として，処理時間 1 の m^2 個のジョブに続いて処理時間 m の 1 個のジョブの例が挙げられる．下図は $m=3$ の例である．アルゴリズム 1.1 でこの順にジョブがマシーンに割り当てられると完了時刻は下図 (a) のように $2m$ となる．一方，最適解では下図 (b) のように $\mathrm{OPT}=m+1$ である．したがって，近似率は $\frac{2m}{m+1} = 2 - \frac{2}{m+1}$ となり，m が大きくなるに従って限りなく 2 に近づいていく．

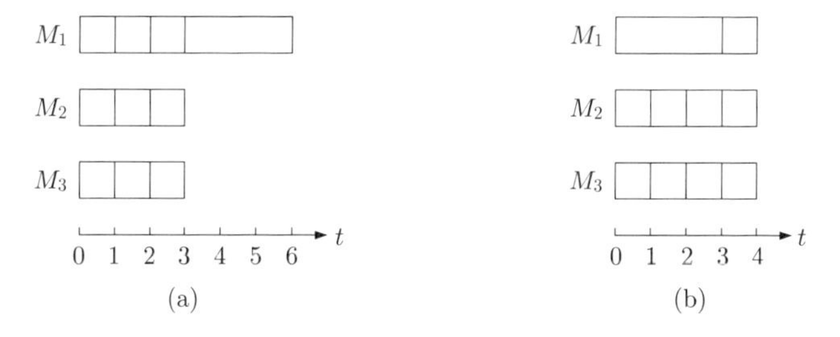

1.4　最小点カバー問題

与えられたグラフ $G = (V, E)$ の点の部分集合 $U \subseteq V$ に対して，G の辺 $e = (u, v)$ の少なくとも一方の端点が U に含まれるとき，辺 $e = (u, v)$ は U で**カバーされる**という．G のすべての辺が U でカバーされるとき（すなわち，G のどの辺 $e = (u, v)$ も少なくとも一方の端点が U に含まれるとき），U を G の**点カバー** (vertex cover) という．したがって，U が G の点カバーならば G から U（および U に接続する辺）を除いて得られるグラフ $G - U$ は，辺を持たない．

本節では，1.1 節のウォーミングアップ問題 (c) で取り上げた最小点カバー問題がクラス **APX** に属することを示す．なお，**最小点カバー問題** (minimum vertex cover problem) は形式的には以下のように定義される．

問題 1.2	**最小点カバー問題**
入力：	グラフ $G = (V, E)$.
タスク：	$G = (V, E)$ の点数最小の点カバー $U \subseteq V$ を求める．

1.4.1　最小点カバー問題に対する 2-近似アルゴリズム

グラフ G の極大マッチングを用いて最小点カバー問題に対する 2-近似アルゴリズムが容易に得られることを示す．まず必要な定義をいくつか与える．与えられたグラフ $G = (V, E)$ の辺の部分集合 $M \subseteq E$ に対して，M のどの辺も M の他の辺と端点を共有しないとき，M は**マッチング** (matching) と呼ばれる．G のマッチングのうちで，辺数最大のマッチングを**最大マッチング** (maximum matching)，集合の包含関係のもとで極大なマッチングを**極大マッチング** (maximal matching) という．すなわち，G のマッチング M は，G の任意のマッチング M' に対して $|M| \geq |M'|$ のとき最大マッチングであり，$M \subset M'$ となるマッチング M' が G に存在しないとき極大マッチングである．なお，集合 A に対して $|A|$ は A の要素数である．G のすべての点がマッチン

グ M の端点となっているとき，M は**完全マッチング** (perfect matching) と呼ばれる．

極大マッチングは，単に辺を一つずつ選んでいきながら，選んだ辺の両端点（とそれらに接続するすべての辺）を除いて，辺がなくなるまで繰り返すことで得られるので，明らかに多項式時間で計算できる．より具体的には，$G = (V, E)$ の点数を $n = |V|$，辺数を $m = |E|$ とすると，$\mathrm{O}(m + n)$ の計算時間で極大マッチングを求めることができる．

アルゴリズム 1.2　2-近似最小点カバーアルゴリズム

入力：　グラフ $G = (V, E)$.

出力：　$G = (V, E)$ の点カバー $U \subseteq V$.

アルゴリズム：

1. G の極大マッチング M を求める．
2. マッチング M のすべての辺の端点からなる集合を点カバー U として出力する．

1.4.2　アルゴリズム 1.2 の実行例

1.1 節のウォーミングアップ問題 (c) の最小点カバー問題の入力であるグラフに対して，アルゴリズム 1.2 で得られる極大マッチングが次の図 (a) の（太線で示している辺からなる）M のときは，出力される M のすべての辺の端点からなる点カバー U は図 (b) のように（黒丸の点から）なる．

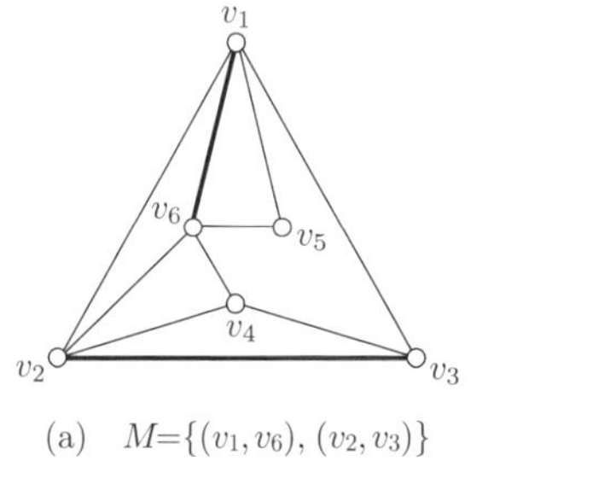

(a)　M={(v_1, v_6), (v_2, v_3)}

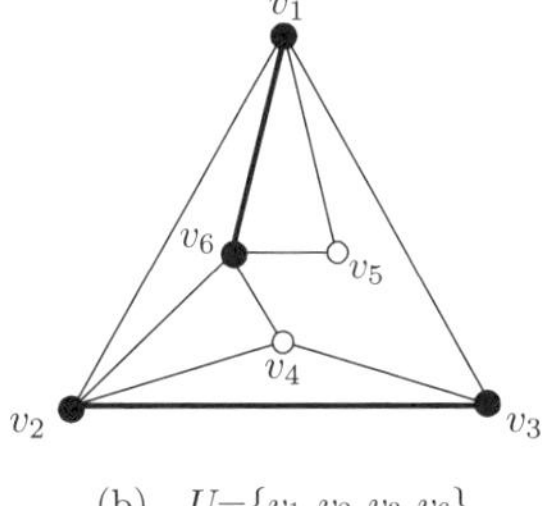

(b)　U={v_1, v_2, v_3, v_6}

なおこの例では，得られた解 U は最適解になっている．

一方，アルゴリズム 1.2 で得られる極大マッチングが下図 (a) の（太線で示している辺からなる）M のときは，出力される M のすべての辺の端点からなる点カバー U は下図 (b) のように（黒丸の点から）なる．このときは，アルゴリズム 1.2 で得られる近似解 U の近似率，すなわち，点カバー U と最適解の点カバーの点数の比は，$\frac{6}{4} = 1.5$ となる．

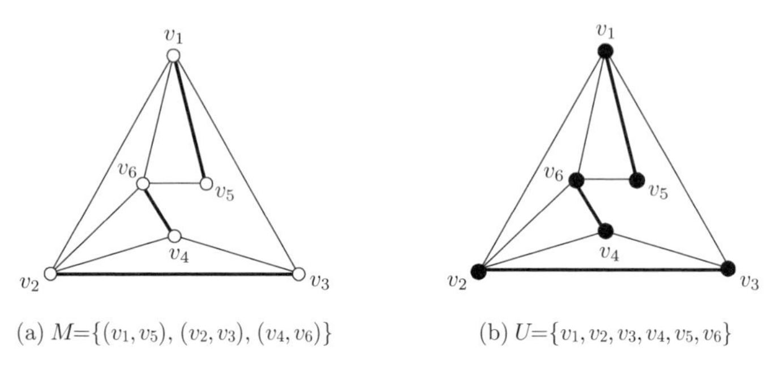

(a) $M=\{(v_1, v_5), (v_2, v_3), (v_4, v_6)\}$　　(b) $U=\{v_1, v_2, v_3, v_4, v_5, v_6\}$

1.4.3　アルゴリズム 1.2 の近似保証解析

一般に，アルゴリズム 1.2 で得られる点カバー U の点数は，最適解の点カバーの点数の 2 倍を超えることはない．すなわち，アルゴリズム 1.2 で得られる近似解の近似率は 2 で上から抑えられる．解析で用いるアイデアは，グラフ G の任意の極大マッチング M' の辺数 $|M'|$ が，任意の点カバー U' の点数 $|U'|$ の下界，すなわち，$|M'| \le |U'|$ として用いることのできる点に注目することである．実際，マッチングのどの二辺も端点を共有しないので，どの点カバー U' も，マッチング M' の各辺に対して少なくとも一方の端点を含むことから，

$$|M'| \le |U'| \tag{1.11}$$

は明らかである．この下界に基づいて，アルゴリズム 1.2 が 2-近似アルゴリズムであることが得られる．

定理 1.2　アルゴリズム 1.2 は最小点カバー問題に対する 2-近似アルゴリズムである（近似保証 2 を達成する）．

証明： 出力された点集合 U でカバーされないような辺は一つもない．あったとすると，そのような辺はマッチング M に付け加えることができて，M の極大性に反する

からである．また上記の式 (1.11) のマッチングの辺数と点カバーの点数の関係から，最適解 U^* の点数 $|U^*| = \mathrm{OPT}$ に対して $|M| \leq \mathrm{OPT}$ が成立する．したがって，出力された点カバー U に含まれる点数が $2|M|$ であるので，解 U の近似率は

$$\frac{|U|}{|U^*|} = \frac{2|M|}{\mathrm{OPT}} \leq 2$$

となる．これから近似保証 2 が得られる．

計算時間は，前述のように，グラフの点数を n，辺数を m とすると，$\mathrm{O}(m+n)$ である．□

1.4.4 アルゴリズム 1.2 の近似保証 2 のタイトな例

次の例題 1.2 は，アルゴリズム 1.2 に対する上記の近似保証解析がタイトであることを示している．実際，アルゴリズム 1.2 で得られる解が最適解の点数の 2 倍になるタイトな例（無限個の入力の例）を，例題 1.2 は与えている．

例題 1.2 完全二部グラフ $K_{n,n}$ の無限個の入力の例を考えよう．

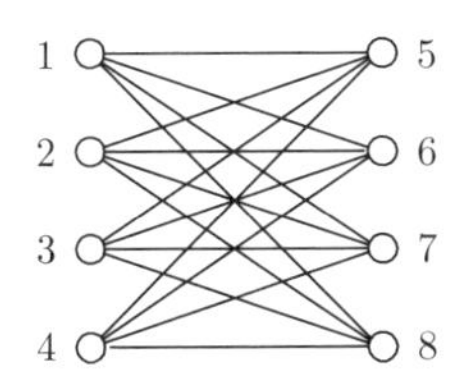

上図は $n=4$ の $K_{n,n}$ の例である．$K_{n,n}$ でアルゴリズム 1.2 を走らせると，点カバー U として $2n$ 個の点すべてからなる点集合が選ばれてくる．一方，二分割された左側の点だけからなる点集合 U^* は，n 個の点からなる最適な点カバーである．したがって，解 U の近似率は $\frac{|U|}{|U^*|} = 2$ となる．

1.5 巡回セールスマン問題 (TSP)

本節では，1.1 節のウォーミングアップ問題 (b) で取り上げた巡回セールスマン問題がクラス **APX** に属することを示す．なお，グラフ $G=(V,E)$ のすべての点を通る閉路を G の**ハミルトン閉路** (hamiltonian circuit) という．さらに，$G=(V,E)$ の各辺 e に実数の重み $c(e)$ が付随するとき，**ネットワーク**

(network) と呼び，$N = (G, c)$ と表記する．N の閉路 C の重みを C に含まれる辺の重みの総和と定義し，$c(C)$ と表記する．すなわち，C に含まれる辺の集合 $E(C)$ を用いて，C の重みは $c(C) = \sum_{e \in E(C)} c(e)$ と書ける．

巡回セールスマン問題 (traveling salesman problem)（簡略化して **TSP** と呼ばれることも多い）は，形式的には以下のように定義される．

> **問題 1.3　巡回セールスマン問題** (TSP)
>
> **入力：**　正整数 n $(n \geq 3)$ 点の完全グラフ K_n と K_n の各辺 e に付随する非負の重み $c(e) \in \mathbf{R}_+$ からなるネットワーク $N = (K_n, c)$.
>
> **タスク：**　N の重み最小のハミルトン閉路 C を求める．

通常，TSP の入力の点を都市と呼び，重みを距離と呼ぶ．TSP は，ネットワークの分野で古くから簡単には解けそうもない問題として知られていて，多くのヒューリスティックスが提案されていたが，1972 年に R.M.Karp により NP-困難であることが示された．なお，TSP は，n 個の点のすべての円順列 $(n-1)!$ に対して重み最小のものを選べばよいので，$\mathrm{O}(n!)$ の計算時間のアルゴリズムが存在することは明らかである．さらに，TSP は，距離に関する三角不等式が成立しないときは，どのような近似保証に対してもそれを達成する近似アルゴリズムを得ることは NP-困難であることが示されている．

そこで以下では，ネットワーク $N = (G, c)$ のすべての 3 点 x, y, z に対して，**三角不等式** (triangle inequality)

$$c(x, y) \leq c(x, z) + c(y, z) \tag{1.12}$$

が成立するとき，重み関数 c は**メトリック** (metric) であると呼び，**メトリック TSP**(metric TSP) を考える．すなわち，メトリック TSP では，辺 (x, y) と辺 (y, z) の重みの和は辺 (x, z) の重み以上であることが成立する．

問題 1.4 メトリック TSP

入力： 完全グラフ $K_n = (V, E)$ とメトリックな非負の重み関数 $c : E \to \mathbf{R}_+$ からなるネットワーク $N = (K_n, c)$.

タスク： K_n の重み最小のハミルトン閉路を求める.

メトリック TSP に対しては，様々な近似アルゴリズムが提案されてきた．とくに，平面上の点からできるネットワークで 2 点間の重みがユークリッド距離であるときは，任意の $\varepsilon > 0$ に対して，$(1+\varepsilon)$-近似アルゴリズム (PTAS) が得られている．ここでは，少し古典的になるが，基本的な 2-近似アルゴリズムを述べる.

1.5.1 メトリック TSP に対する 2-近似アルゴリズム

メトリック TSP に対する 2-近似アルゴリズムは以下のように書ける.

アルゴリズム 1.3 2-近似メトリック TSP アルゴリズム

入力： 完全グラフ $K_n = (V, E)$ とメトリックな非負の重み関数 $c : E \to \mathbf{R}_+$ からなるネットワーク $N = (K_n, c)$.

出力： K_n のハミルトン閉路 C.

アルゴリズム：

1. N の最小重み全点木（すなわち，N の点をすべて含む重み最小となる木）T を求める.
2. T の各辺 e を同じ重み $c(e)$ の 2 本の並列辺 e', e'' $(c(e') = c(e'') = c(e))$ で置き換えて得られるネットワークを一筆書きして，すべての点を（一度以上）通る巡回路 C' を求める.
3. C' で一度通過した点をショートカットして得られる巡回路のハミルトン閉路 C を出力する.

1.5.2　アルゴリズム 1.3 の実行例

1.1 節のウォーミングアップ問題 (b) のメトリック TSP の入力に対して，アルゴリズム 1.3 で得られる最小重み全点木 T を太線で図 1.1(a) に，巡回路 $C' = (v_1, v_3, v_2, v_5, v_4, v_5, v_2, v_3, v_1)$ を図 1.1(b) に，ハミルトン閉路 C を図 1.1(c) に示している．この例では，アルゴリズム 1.3 で得られる解は重み 22 の最適解になっている．

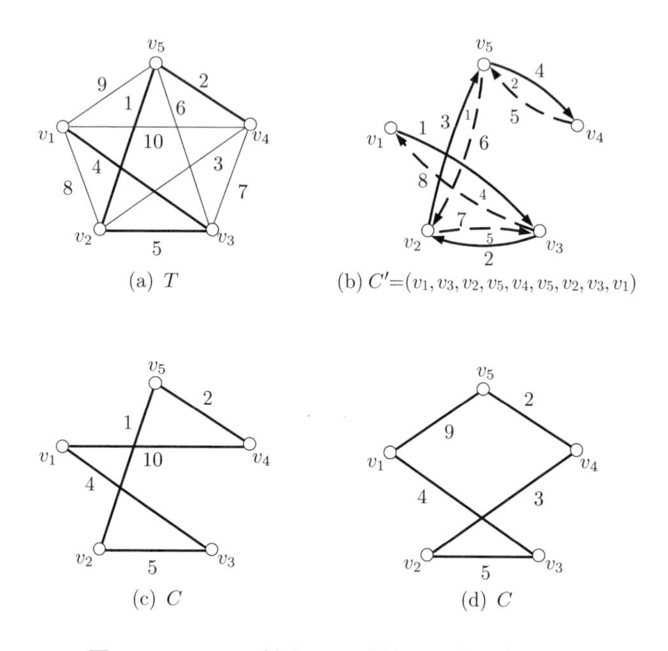

図 1.1　TSP に対する 2-近似アルゴリズムの例.

一方，C' の巡回路が v_5 から出発して $C' = (v_5, v_4, v_5, v_2, v_3, v_1, v_3, v_2, v_5)$ であったとすると，アルゴリズム 1.3 で得られる巡回路 C は図 1.1(d) の C になり，重みは 23 となる．したがってこの場合は，アルゴリズム 1.3 で得られる解 C の近似率，すなわち，C の重みと最適解の重みの比は，$\frac{23}{22}$ となる．

一般に，アルゴリズム 1.3 で得られる解 C の重みは最適解の重みの 2 倍を超えることはない．

1.5.3 アルゴリズム 1.3 の近似保証解析

定理 1.3 アルゴリズム 1.3 は，メトリック TSP に対する 2-近似アルゴリズムである（近似保証 2 を達成する）.

証明： アルゴリズム 1.3 で得られたハミルトン閉路 C の近似率が 2 以下であること，すなわち，C の重みが最適なハミルトン閉路 C^* の重みの 2 倍より大きくなることはないこと，を以下に示す．そこで，$c(C)$, $c(C^*)$ をそれぞれハミルトン閉路 C, C^* の重みとする．すると，$\frac{c(C)}{c(C^*)} \leq 2$ となることを示せばよい.

C^* に含まれる任意の辺を 1 本除くと全点木が得られるので，$c(C^*)$ は最小全点木 T の辺の重みの総和 $c(T)$ 以上になる．したがって，

$$c(T) \leq c(C^*)$$

が得られる．一方，C' を得るとき最小全点木 T の各辺をちょうど 2 回通過しているので C' の重み $c(C')$ は

$$c(C') = 2c(T)$$

である．また，（ショートカットと）三角不等式より $c(C) \leq c(C')$ が得られる．以上より，$c(C) \leq c(C') = 2c(T) \leq 2c(C^*)$ となり，解の近似率は

$$\frac{c(C)}{c(C^*)} \leq 2$$

となる．したがって，近似保証 2 が得られた.

このアルゴリズム 1.3 では，2.，3. は $O(n)$ の計算時間で実行でき（n はネットワークの点数），1. の最小重み全点木を求める部分が最も時間のかかる部分である．なお，最小重み全点木は $O(n^2)$ の計算時間で得ることができる. □

1.5.4 アルゴリズム 1.3 の近似保証 2 のタイトな例

アルゴリズム 1.3 に対する上記の近似保証解析はタイトである．実際，図 1.2 は，アルゴリズム 1.3 で得られる解の近似率が 2 に限りなく近くなるタイトな例（無限個の入力の例）である（この例では $n = 6$ である）．n 個の点からなる完全グラフ K_n で，太線で示している外側の $n-1$ 本の辺からなる閉路上の辺および外側の閉路上の $n-1$ 個の点と中心の点を結ぶ $n-1$ 本の辺が重み 1 であり，それ以外の辺は重み 2 である．図 (b) は重みが n の最適なハミルトン閉路 C^*，図 (c) は重みが $n-1$ の最小全点木 T，図 (d) はアルゴリズム 1.3 で得ら

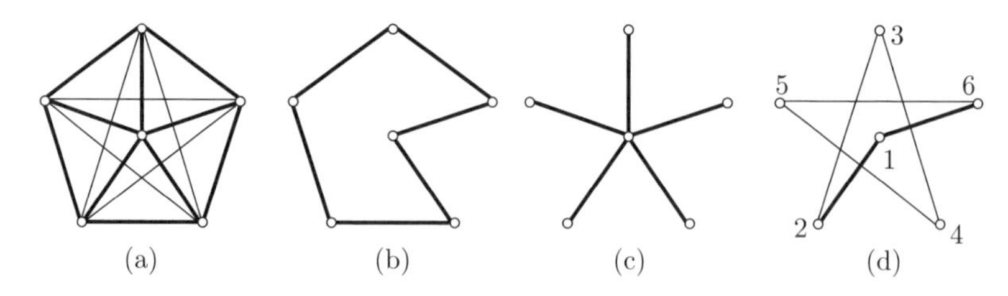

図 1.2　(a) アルゴリズム 1.3 で得られる解の近似率が $2-\frac{2}{n}$ となるネットワーク $N=(K_n,c)$ の入力例（太線で示している辺のみが重み 1 で，それ以外の辺は重み 2 である）．(b) 最適なハミルトン閉路 C^*，(c) 最小重み全点木 T，(d) アルゴリズムで得られるハミルトン閉路 C.

れる（可能性のある）重みが $2n-2$ のハミルトン閉路 C を，それぞれ示している．したがって，アルゴリズム 1.3 で得られる解 C の近似率は $\frac{2n-2}{n}=2-\frac{2}{n}$ であり，n が大きくなるに従って限りなく 2 に近づいていく．

1.6　まとめと文献ノート

性能保証付き近似アルゴリズムの基礎概念を解説した．とくに，多項式時間アルゴリズム，近似アルゴリズム，近似率，近似保証（性能保証），APX, PTAS, FPTAS, 最適化問題の定義を与え，さらに，クラス **APX** に属する問題の例を挙げた．具体的には，完了時刻最小化スケジューリング問題（負荷均等化問題），最小点カバー問題，メトリック TSP を例にとり，それらがクラス **APX** に属する問題であること，すなわち定数の近似保証を持つ最適化問題であることを，実際にアルゴリズムを与えてその近似保証を解析して示した．

近似アルゴリズムに関する本としては，Vazirani (2001) [79]（邦訳：浅野 (2002)），Ausiello-Crescenzi-Gambosi-Kann-Marchetti-Spaccamela-Protasi (1999) [14], Garey-Johnson (1979) [39] などが最適であろう．さらに高度な内容に興味のある読者には，Korte-Vygen (2007) [64]（邦訳：浅野・浅野・小野・平田 (2009)），Williamson-Shmoys (2011) [83]（邦訳：浅野 (2015)），Hochbaum (1997) [53] が適切であろう．アルゴリズムの標準的なテキストである Cormen-Leiserson-Rivest-Stein (2009) [29]（邦訳: 浅野・岩野・梅尾・

山下・和田 (2013)）と Kleinberg-Tardos (2005) [61]（邦訳：浅野・浅野・小野・平田 (2008)）にも近似アルゴリズムが取り上げられている．秋山-Graham (1993) [2] は，離散数学の観点からのみでなく近似アルゴリズムの観点からも興味深い本であり，1.8 節の発展での完了時刻最小化スケジューリング問題に対する $\frac{4}{3}$-近似アルゴリズムの記述においては，この本を参考にした．

1.7 演習問題

1. マシーン数 $m = 4$，ジョブ数 $n = 9$ で，各ジョブ J_j の処理時間 t_j が

$$t_1 = 7,\ t_2 = 7,\ t_3 = 6,\ t_4 = 6,\ t_5 = 5,\ t_6 = 5,\ t_7 = 4,\ t_8 = 4,\ t_9 = 4$$

である入力に対して，アルゴリズム 1.1 で得られるスケジュールを求めよ．さらに，最適解を求め，この入力に対するアルゴリズム 1.1 で得られる解の近似率を求めよ．

ジョブの処理時間の小さい順に並べ替えて得られる入力に対しても同様のことを行え．すなわち，入力

$$t'_1 = 4,\ t'_2 = 4,\ t'_3 = 4,\ t'_4 = 5,\ t'_5 = 5,\ t'_6 = 6,\ t'_7 = 6,\ t'_8 = 7,\ t'_9 = 7$$

（上記の入力と区別するため $'$ を付けている）に対してアルゴリズム 1.1 で得られるスケジュールの解とその近似率を求めよ．もちろん順番を単に並べ替えただけであるので，この場合も上記の最適解が最適解になる．

2. 以下の二つのネットワーク N_1, N_2 のそれぞれで，アルゴリズム 1.3 を適用してハミルトン閉路を求めよ．さらに，最適解を求めてアルゴリズム 1.3 を適用して得られた解の近似率を求めよ．なお，図では重み 1 の辺のみを描いていて，省略している辺の重みはすべて 2 である．

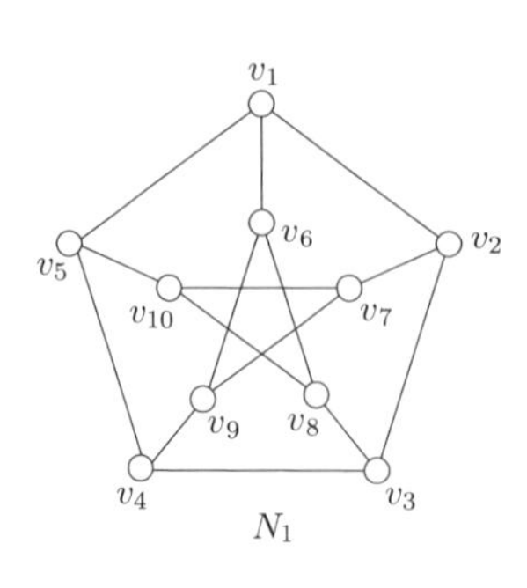

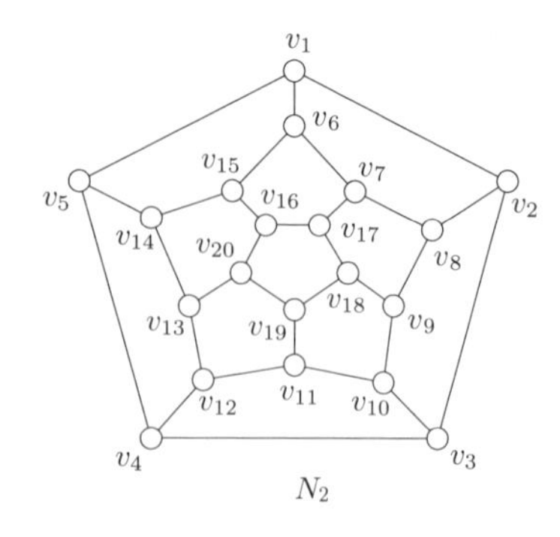

3. 上の二つのグラフ N_1, N_2 のそれぞれで，アルゴリズム 1.2 を適用して点カバーを求めよ．さらに，最適解を求めてアルゴリズム 1.2 を適用して得られた解の近似率を求めよ．なお，図で省略している辺はないものとする．
4. 最小点カバー問題に対して，次数最大の点を選び，その点とそれに接続する辺を除去して，得られたグラフに対して以下それを辺がなくなるまで繰り返す，というグリーディ法に基づくアルゴリズムを考える．前問の二つのネットワーク N_1, N_2 のそれぞれに対してこのアルゴリズムを適用して得られる解とその近似率を求めよ．
5. 有向グラフ $G = (V, E)$ の辺数最大の有向無閉路部分グラフを求める問題に対して 2-近似アルゴリズムを与えよ．
6. 無向グラフの極大マッチングのうちで辺数最小のものを求める問題に対して 2-近似アルゴリズムを与えよ．

1.8　発展：近似保証の改善

完了時刻最小化スケジューリングに対する 2-近似アルゴリズム（アルゴリズム 1.1）やメトリック TSP に対する 2-近似アルゴリズム（アルゴリズム 1.3）の近似保証を改善するアルゴリズムを取り上げる．

1.8.1　1.5-近似完了時刻最小化スケジューリングアルゴリズム

例題 1.1 の 2-近似アルゴリズムに対するタイトな例は，処理時間の非常に長いジョブを最後にスケジュールしている．これを避けるためジョブを処理時間の大きい順にスケジュールしていく方法も考えられる．すなわち，以下のアルゴリズムを考える．

アルゴリズム 1.4　処理時間の大きい順にジョブを割り当てるアルゴリズム

入力：　処理時間が正整数 $t_1, t_2, \ldots, t_n$ の n 個のジョブ $J_1, J_2, \ldots, J_n$ と m 個の同一なマシーン $M_1, M_2, \ldots, M_m$.

出力：　マシーン $M_1, M_2, \ldots, M_m$ へのジョブ $J_1, J_2, \ldots, J_n$ の割当て．

アルゴリズム：

1.　ジョブを処理時間の大きい順に順番付ける．
　　$J_1, J_2, \ldots, J_n$ と順番付けられているとする．
2.　**for**　$j = 1$ **to** n **do**
　　　これまでに割り当てたジョブの負荷が最も小さいマシーン M_i を
　　　選び，M_i にジョブ J_j を割り当てる．

問題 1　このアルゴリズムは 1.5-近似アルゴリズムであることを示せ．さらに，タイトな例があるならば，それを示せ．

解答例： 肩慣らしの意味で，実際にアルゴリズムを走らせてみよう．以下の図は，1.7 節の演習問題 1 の入力である，マシーン数 $m = 4$，ジョブ数 $n = 9$ で，各ジョブ J_j の処理時間 t_j が

$$t_1 = 7,\ t_2 = 7,\ t_3 = 6,\ t_4 = 6,\ t_5 = 5,\ t_6 = 5,\ t_7 = 4,\ t_8 = 4,\ t_9 = 4$$

の入力に対して，アルゴリズム 1.4 で得られる解を図 (a) に，最適解を図 (b) に示している．

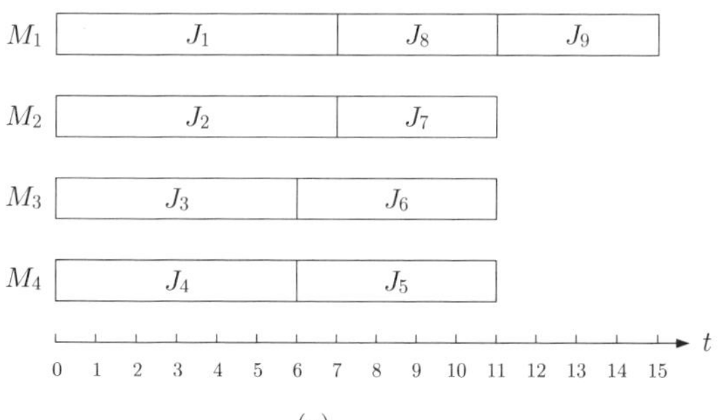

M_1: J_1 | J_8 | J_9
M_2: J_2 | J_7
M_3: J_3 | J_6
M_4: J_4 | J_5
t: 0 1 2 3 4 5 6 7 8 9 10 11 12 13 14 15

(a)

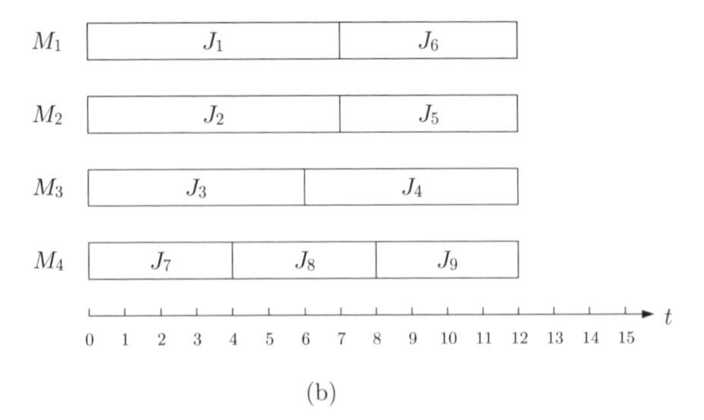

(b)

これから近似保証解析を行う．定理 1.1 の証明に単に少し手を加えるだけである．アルゴリズム 1.4 の 1. で，処理時間の大きい順に並べているので，

$$t_1 \geq t_2 \geq \cdots \geq t_n \tag{1.13}$$

である．アルゴリズム 1.4 で得られるスケジュールで最後にジョブが終了するマシーンを M_ℓ とし，j_ℓ を M_ℓ の最後のジョブのインデックスとする．マシーン M_ℓ でジョブ j_ℓ の処理が開始された時刻を s_{j_ℓ} とする．アルゴリズム 1.4 は負荷の最も小さいマシーンにジョブを割り当てているので，s_{j_ℓ} の時刻まではどのマシーンも稼働中である．これより，

$$ms_{j_\ell} \leq \sum_{j=1}^{n} t_j - t_{j_\ell} \leq m\mathrm{OPT} - t_{j_\ell}$$

が得られる．したがって，

$$\begin{aligned} m(s_{j_\ell} + t_{j_\ell}) &\leq \sum_{j=1}^{n} t_j + (m-1)t_{j_\ell} \\ &\leq m\mathrm{OPT} + (m-1)t_{j_\ell} = m\left(1 + \frac{m-1}{m} \cdot \frac{t_{j_\ell}}{\mathrm{OPT}}\right)\mathrm{OPT} \end{aligned}$$

であり，このスケジュールの完了時刻 T は

$$T = s_{j_\ell} + t_{j_\ell} \leq \left(1 + \frac{m-1}{m} \cdot \frac{t_{j_\ell}}{\mathrm{OPT}}\right)\mathrm{OPT} \tag{1.14}$$

であることが得られる．ジョブ j の処理時間 t_{j_ℓ} が，(i) $t_{j_\ell} \leq \frac{\mathrm{OPT}}{2}$ の場合と (ii) $t_{j_\ell} > \frac{\mathrm{OPT}}{2}$ の場合とに分けて考える．

(i) $t_{j_\ell} \leq \frac{\mathrm{OPT}}{2}$ のときは，

$$\left(1 + \frac{m-1}{m} \cdot \frac{t_{j_\ell}}{\mathrm{OPT}}\right) \leq 1 + \frac{m-1}{2m} = \frac{3}{2} - \frac{1}{2m} < 1.5$$

より，$T = s_{j_\ell} + t_{j_\ell} \leq 1.5\ \mathrm{OPT}$ が得られる．

(ii) 次に，$t_{j_\ell} > \frac{\mathrm{OPT}}{2}$ のときを議論する．このときは最適解が得られることを示そう．そこで，式 (1.13) より $t_1 \geq t_2 \geq \cdots \geq t_{j_\ell} > \frac{\mathrm{OPT}}{2}$ であるので，最適解では各マシーンに処理時間 $t_1, t_2, \ldots, t_{j_\ell}$ のジョブは高々 1 個しか割り当てられていないことに注意しよう．なぜなら，これらのジョブが 2 個以上割り当てられているマシーンがあるとすると，そのマシーンの終了時刻は OPT より大きくなってしまい，最適解での完了時刻が OPT より大きくなって矛盾が得られるからである．したがって，マシーンの数 m は $m \geq j_\ell$ を満たすことになる．これは，アルゴリズム 1.4 で得られるスケジュールで $s_{j_\ell} = 0$ となることを意味している．したがって，アルゴリズム 1.4 の完了時刻 T は $T = t_{j_\ell} \leq \mathrm{OPT}$ となるので，最適解が得られる．

以上の議論より，アルゴリズム 1.4 は 1.5-近似アルゴリズムであることが，証明できた．なお，無限個のタイトな例は作れない．なぜなら，次の問題 2 で取り上げているように，このアルゴリズムは実際には，$\frac{4}{3}$-近似アルゴリズムであるからである．

1.8.2 $\frac{4}{3}$-近似完了時刻最小化スケジューリングアルゴリズム

問題 2 上記の問題 1 のアルゴリズム 1.4 は，実は $\frac{4}{3}$-近似アルゴリズムでもある (Graham [44])．上記の解析を精密化して，$\frac{4}{3}$-近似アルゴリズムであることを示せ．さらに，タイトな例を示せ．

解答例：上記の解析で用いた記法をそのまま用いて解析を精密化する．(i) $t_{j_\ell} \leq \frac{\mathrm{OPT}}{3}$ の場合と (ii) $t_{j_\ell} > \frac{\mathrm{OPT}}{3}$ の場合に分けて考える．

(i) $t_{j_\ell} \leq \frac{\mathrm{OPT}}{3}$ のときは，式 (1.14) より，

$$
\begin{aligned}
T &\leq \left(1 + \frac{m-1}{m} \cdot \frac{t_{j_\ell}}{\mathrm{OPT}}\right) \mathrm{OPT} \\
&\leq \left(1 + \frac{m-1}{3m}\right) \mathrm{OPT} = \left(\frac{4}{3} - \frac{1}{3m}\right) \mathrm{OPT} < \frac{4}{3} \mathrm{OPT}
\end{aligned}
$$

が得られる．

(ii) $t_{j_\ell} > \frac{\mathrm{OPT}}{3}$ のときはアルゴリズム 1.4 で最適解が得られる．これを示すことにしよう．本質を失わずに，議論を単純化するため，アルゴリズム 1.4 で，ジョブ J_{j_ℓ} 以降にマシーンに割り当てられるジョブを除いて考える．すなわち，ジョブを $J_1, J_2, \ldots, J_{j_\ell}$ に限定したときにアルゴリズム 1.4 で得られるスケジュールを議論する．もちろん，このように限定された入力に対しても，アルゴリズム 1.4 の完了時刻 T' は，マシーン M_ℓ とジョブ J_{j_ℓ} の選び方より，もとの入力の完了時刻 T と一致する．同様に，ジョブを $J_1, J_2, \ldots, J_{j_\ell}$ に限定されたときの最適解を考え，その完了時刻を OPT' とする．もちろん，扱うジョブの集合が元の問題の部分集合となっているので，$\mathrm{OPT}' \leq \mathrm{OPT}$ である．

以下では，$T' \le \mathrm{OPT}'$ を示す．これが言えれば，$T = T' \le \mathrm{OPT}' \le \mathrm{OPT}$（すなわち $T = T' = \mathrm{OPT}' = \mathrm{OPT}$）となり，アルゴリズム 1.4 は，もとの入力とともにジョブを $J_1, J_2, \ldots, J_{j_\ell}$ に限定された入力に対しても最適解を求めることになる．

限定された入力に対する最適解では，式 (1.13) より，どのジョブ J_j の処理時間も $t_j \ge t_{j_\ell} > \frac{\mathrm{OPT}}{3} \ge \frac{\mathrm{OPT}'}{3}$ であるので，各マシーン M_i にジョブが高々 2 個しか割り当てられていないことに注意する（ジョブが 3 個以上割り当てられたマシーンが存在すれば，そのマシーンの終了時刻が $\mathrm{OPT} \ge \mathrm{OPT}'$ を超えてしまう）．したがって，$j_\ell \le 2m$ である．なお，$j_\ell \le m$ ならば，$s_{j_\ell} = 0$ となり，上記の 1.5-近似アルゴリズムの解析と同様にして，アルゴリズム 1.4 でも最適解が得られることが示せるので，以下では，$j_\ell > m$ と仮定する．式 (1.13) より，

$$t_1 \ge t_2 \ge \cdots \ge t_m \ge t_{m+1} \ge \cdots \ge t_{j_\ell} \tag{1.15}$$

であるので，アルゴリズム 1.4 では，$k = 1, 2, \ldots, m$ の順にジョブ J_k がマシーン M_k に割り当てられ，次に，$k = 1, 2, \ldots, j_\ell - m$ の順にジョブ J_{m+k} がマシーン M_{m-k+1} に割り当てられていると考えることができる．たとえば，$m = 4$，$j_\ell = 7$ で

$$t_1 = 9, t_2 = 9, t_3 = 6, t_4 = 6, t_5 = 5, t_6 = 5, t_7 = 5$$

ならば，下図のように，M_1 にジョブ J_1，M_2 にジョブ J_2 と J_7，M_3 にジョブ J_3 と J_6，M_4 にジョブ J_4 と J_5 が割り当てられると考えることができる．したがって，このときには $\ell = 2m - j_\ell + 1 = 2$ となる．

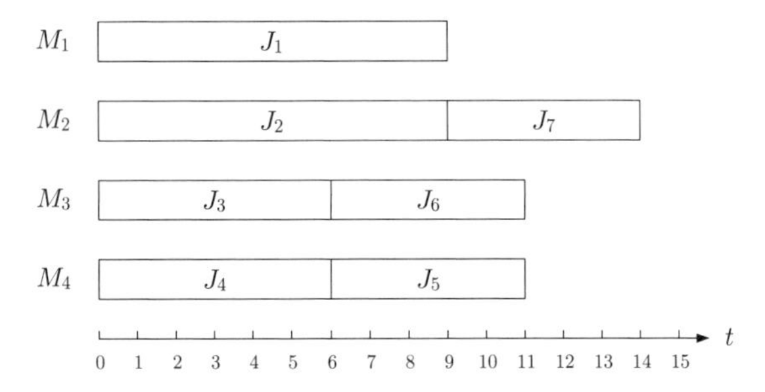

一般には，各 $k = 1, 2, \ldots, 2m - j_\ell$ のマシーン M_k には 1 個のジョブ J_k のみが割り当てられ，各 $k = 2m - j_\ell + 1, 2m - j_\ell + 2, \ldots, m$ のマシーン M_k にはジョブ J_k とジョブ J_{2m-k+1} の 2 個のみが割り当てられる．したがって，各 $k = 1, 2, \ldots, 2m - j_\ell$ の M_k の終了時刻は $T_k = t_k$ であり，各 $k = 2m - j_\ell + 1, 2m - j_\ell + 2, \ldots, m$ の M_k の終了時刻は $T_k = t_k + t_{2m-k+1}$ である．さらに，

$$\ell = 2m - j_\ell + 1 \quad \text{かつ} \quad T = T' = T_\ell = t_\ell + t_{2m-\ell+1} \tag{1.16}$$

である．これが完了時刻最小のスケジュールであることはほぼ明らかであるが，完全性を期して証明を与えることにする．

そこで，処理時間 $t_j = 0$ $(j = j_\ell + 1, j_\ell + 2, \ldots, 2m)$ の $\ell - 1 = 2m - j_\ell$ 個のジョブを仮想的に考えて，最適解では，どのマシーン M_i にも 2 個のジョブが割り当てられているとし，各マシーン M_i に割り当てられている 2 個のジョブの処理時間を a_i, b_i とする．したがって，

$$\mathrm{OPT}' = \max\{a_i + b_i : i = 1, 2, \ldots, m\} \tag{1.17}$$

である．また対称性から，

$$a_i \geq b_i \quad (i = 1, 2, \ldots, m), \qquad a_1 \geq a_2 \geq \cdots \geq a_m \tag{1.18}$$

とする．さらに，最適解が複数個存在するときには，そのような最適解のうちで

$$\sum_{i=1}^{m} (a_i - b_i) \tag{1.19}$$

が最大になるようなものをここでは最適解として選んでいるものとする．このとき，

$$a_i = t_i \quad (i = 1, 2, \ldots, m) \tag{1.20}$$

が成立する（と見なせる）ことが言える．実際，帰納法を用いてこれを示すことにする．

式 (1.18) より $a_1 \geq a_i \geq b_i$ $(i = 1, 2, \ldots, m)$ であるので $a_1 = t_1$ は明らかに成立する．さらに，ある k $(2 \leq k \leq m)$ において，$a_2 = t_2$，$a_3 = t_3, \ldots,$ $a_{k-1} = t_{k-1}$ が成立していると仮定する．そして，$a_k \neq t_k$ であったとする．すると

$$a_k < t_k$$

である．なぜなら，式 (1.13) より，$t_1 \geq t_2 \geq \cdots \geq t_{k-1} \geq t_k \geq t_{k+1} \geq \cdots \geq t_{j_\ell}$ であるので t_k は少なくとも k 番目に大きいが，$a_k > t_k$ とすると，式 (1.18) より，$t_1 = a_1 \geq t_2 = a_2 \geq \cdots \geq t_{k-1} = a_{k-1} \geq a_k > t_k$ となり，t_k より大きい t_j が k 個以上になって矛盾するからである．したがって，$a_k < t_k$ および式 (1.18) より，任意の $k' \geq k$ で $b_{k'} \leq a_{k'} \leq a_k < t_k$ であるので，

$b_h = t_k$ となる $h < k$ が存在する．

そこで，最適解で，マシーン M_h に割り当てられているジョブを J'_h, J''_h，マシーン M_k に割り当てられているジョブを J'_k, J''_k とする．ジョブ J'_h の処理時間を a_h，ジョブ J''_h の処理時間を b_h とする．同様に，ジョブ J'_k の処理時間を a_k，ジョブ J''_k の処理時間を b_k とする（次図参照）．

M_h [a_h | b_h]　→　M_h [a_h | a_k]

M_k [a_k | b_k]　　　M_k [b_h | b_k]

ここで，マシーン M_h のジョブ J''_h とマシーン M_k のジョブ J'_k を交換する．すなわち，マシーン M_h にジョブ J'_h, J'_k を割り当て，マシーン M_k にジョブ J''_h, J''_k を割り当てる．すると，マシーン M_h の終了時刻は a_h+b_h から $a_h+a_k < a_h+b_h \leq \mathrm{OPT}'$ に変わり，マシーン M_k の終了時刻は a_k+b_k から $b_h+b_k \leq a_h+b_k \leq a_h+a_k < a_h+b_h \leq \mathrm{OPT}'$ に変わる．したがって，このように変更した解も最適解になる．さらに，変更して得られる最適解で各マシーン M_i に割り当てられているジョブの処理時間は a'_i, b'_i であり，$a'_i \geq b'_i$ とする．したがって，$a'_h = a_h$, $b'_h = a_k$, $a'_k = b_h > a_k \geq b_k$, $b'_k = b_k$ であり，すべての $i \neq h, k$ で $a'_i = a_i$, $b_i = b'_i$ である．なお，必要ならば添え字を入れ替えて，$a'_1 \geq a'_2 \geq \cdots \geq a'_m$ となるようにしておく．すると，

$$\sum_{i=1}^{m}(a'_i - b'_i) = \sum_{i=1}^{m}(a_i - b_i) + 2(b_h - a_k) > \sum_{i=1}^{m}(a_i - b_i)$$

となり，最初に式 (1.19) の $\sum_{i=1}^{m}(a_i - b_i)$ が最大となる最適解を選んだことに反する．

したがって，式 (1.20) が成立することが証明できた．すなわち，アルゴリズム 1.4 で得られたスケジュールと同じように，この最適解でも，処理時間 $t_1, t_2, \ldots, t_m$ のジョブ $J_1, J_2, \ldots, J_m$ は，それぞれマシーン $M_1, M_2, \ldots, M_m$ に割り当てられている．また，仮想的に加えたジョブは $\ell - 1$ 個であるので，$M_1, M_2, \ldots, M_\ell$ のいずれかには，仮想的でない実際のジョブが 2 個割り当てられている．そこで，最適解で仮想的でない実際のジョブが 2 個が割り当てられている $M_1, M_2, \ldots, M_\ell$ のマシーンを任意に選び M_k とする．したがって，$k \in \{1, 2, \ldots, \ell\}$ である．最適解で M_k に割り当てられている実際のジョブの処理時間は $t_k = a_k$ と b_k である．t_{j_ℓ} は仮想的でない実際のジョブの処理時間で最小の処理時間であるので $b_k \geq t_{j_\ell}$ である．したがって，式 (1.17) より，

$$T = T' = T_\ell = t_\ell + t_{j_\ell} \leq t_\ell + b_k \leq t_k + b_k = a_k + b_k \leq \mathrm{OPT}' \leq \mathrm{OPT}$$

が得られる．これから，$T = T' = \mathrm{OPT}' = \mathrm{OPT}$ となり，$t_{j_\ell} > \dfrac{\mathrm{OPT}}{3}$ のときは，アルゴリズム 1.4 で得られるスケジュールは最適解であることが得られた．

以上の議論より，アルゴリズム 1.4 で得られるスケジュールの完了時刻 T は $T < \frac{4}{3}\mathrm{OPT}$ を常に満たすことが得られた．

上記の近似保証解析がタイトであること，すなわち，アルゴリズム 1.4 で得られるスケジュールの完了時刻 T が $T = \left(\frac{4}{3} - \frac{1}{3m}\right)\mathrm{OPT}$ を満たすタイトな例は以下のように構成できる．m を偶数とし，$n = 2m + 1$ とする．n 個のジョブの処理時間を，

$$\begin{array}{lllllll}
t_{2j-1} & = & t_{2j} & = & 2m - j & & (j = 1, 2, \ldots, \frac{m}{2} - 1) \\
t_{m-1} & = & t_m & = & \frac{3}{2}m & & \\
t_{m+2j-1} & = & t_{m+2j} & = & \frac{3}{2}m - j & & (j = 1, 2, \ldots, \frac{m}{2} - 1) \\
t_{n-2} & = & t_{n-1} & = & t_n \;=\; m & &
\end{array}$$

とする．アルゴリズム 1.4 で得られるスケジュールでは M_1 にジョブ $1, n-1, n$ が，M_2 にジョブ $2, n-2$ が，そして M_i にジョブ $i, n-i$ $(i = 2, 3, \ldots, m)$ が割り当てら

れる．完了時刻 T は M_1 の終了時刻で $T = 4m - 1$ である．一方，最適なスケジュールでは M_1 にジョブ $1, n-3$ が，M_2 にジョブ $2, n-4$ が，M_i にジョブ $i, n-i-2$ $(i = 1, 2, 3, \ldots, m-1)$ が，M_m にジョブ $n-2, n-1, n$ が割り当てられる．完了時刻 OPT は $\mathrm{OPT} = 3m$ であり，近似率は $\frac{T}{\mathrm{OPT}} = \frac{4m-1}{3m} = \left(\frac{4}{3} - \frac{1}{3m}\right)$ を満たす．

具体例で上記の議論を眺めてみよう．たとえば，$m = 4$ のときは，

$$t_1 = 7,\ t_2 = 7,\ t_3 = 6,\ t_4 = 6,\ t_5 = 5,\ t_6 = 5,\ t_7 = 4,\ t_8 = 4,\ t_9 = 4$$

である．この入力に対してアルゴリズム 1.4 で得られるスケジュールでは M_1 にジョブ 1, 8, 9 が，M_2 にジョブ 2, 7 が，M_3 にジョブ 3, 6 が，M_4 にジョブ 4, 5 が，割り当てられる．完了時刻 T は M_1 の終了時刻で $T = 15$ である．一方，最適なスケジュールでは M_1 にジョブ 1, 6 が，M_2 にジョブ 2, 5 が，M_3 にジョブ 3,4 が，M_4 にジョブ 7,8,9 が割り当てられる．完了時刻 OPT は $\mathrm{OPT} = 12$ であり，近似率は $\frac{T}{\mathrm{OPT}} = \frac{15}{12} = \left(\frac{4}{3} - \frac{1}{3m}\right)$ を満たす．

1.8.3　メトリック TSP に対する 1.5-近似アルゴリズム

問題 3　メトリック TSP に対する 2-近似アルゴリズムを少し改善すると 1.5-近似アルゴリズムが得られる (Christofides [25])．そのようなアルゴリズムを与えるとともに，近似保証解析を行え．さらに，タイトな例を示せ．

解答例： Christofides により提案されたメトリック TSP に対する 1.5-近似アルゴリズムは以下のように書ける [25]．

アルゴリズム 1.5　メトリック TSP に対する 1.5-近似アルゴリズム

入力：　完全グラフ K_n と辺集合 $E(K_n)$ に対するメトリックな非負の重み関数 $c : E(K_n) \to \mathbf{R}_+$.

出力：　K_n のハミルトン閉路 C.

アルゴリズム：

1. 最小重み全点木 T を求める．
2. T において次数（接続する辺数）が奇数の点からなる完全グラフを作り，各 2 点間の重みは元の 2 点間の重みとして，最小重みの完全マッチング M を求める（どのグラフでも次数が奇数となる点は偶数個である）．
3. T に M の辺を加えたグラフ $T + M$ はオイラーグラフ（一筆書き可能なグラフ）であるので，一筆書きに対応する巡回路 C' を求める．
4. C' で一度通過した点をショートカットする巡回路のハミルトン閉路 C を出力する．

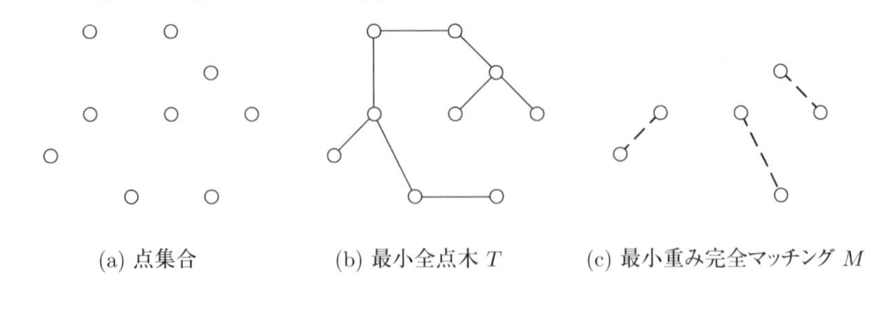

(a) 点集合　　(b) 最小全点木 T　　(c) 最小重み完全マッチング M

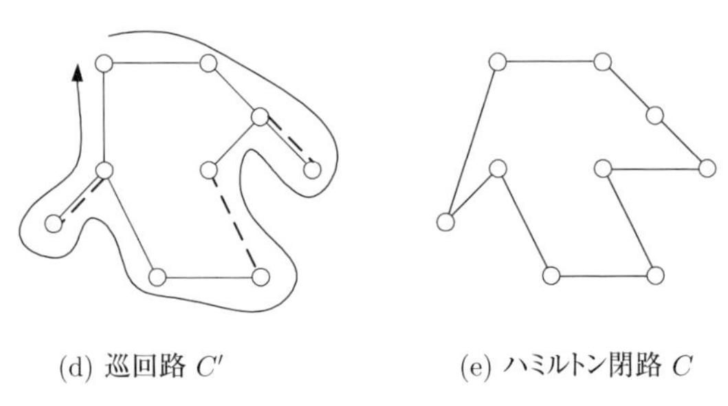

(d) 巡回路 C'　　(e) ハミルトン閉路 C

図 1.3　メトリック TSP に対する 1.5-近似アルゴリズムの実行例.

1.8.3.1　アルゴリズム 1.5 の実行例

図 1.3 は平面上の 2 点間の距離（2 点を結ぶ辺の重み）をユークリッド距離とする図 (a) の入力に対してアルゴリズム 1.5 を適用した例である．図 (b) の T はこの入力における最小全点木であり，図 (c) の M は T の次数奇数の点からなる完全グラフの最小重み完全マッチングであり，図 (d) の C' はオイラーグラフ $T+M$ の巡回路であり，図 (e) の C はアルゴリズムで出力されるハミルトン閉路である．

一方，1.1 節のウォーミングアップ問題 (b) のメトリック TSP の入力に対しては，アルゴリズム 1.5 で得られる最小重み全点木 T（図 1.1(a)）の次数が奇数の点は v_1, v_4 の 2 点であるので $M = \{(v_1, v_4)\}$ となる．したがって，$T+M$ の巡回路 C' は図 1.1(c) の C になり，この C がハミルトン閉路としてアルゴリズム 1.5 で返される．すなわち，この例では最適解が得られる．

1.8.3.2　アルゴリズム 1.5 の近似保証解析

定理 1.4　アルゴリズム 1.5 は，メトリック TSP に対して近似保証 1.5 を達成する．

証明： 定理 1.3 の 2-近似アルゴリズムの証明とほぼ同様に近似保証の解析ができる．C^* を最適なハミルトン閉路とおく．前と同様に，$c(T) \leq c(C^*)$ は明らかである．さらに，C^* 上で 2. で選んだ次数が奇数の点にマークをつける．マークのついた 2 点間を結ぶ C^* 上のパスを一つおきに選ぶと奇数次数の点は偶数個であるので，2 種類のパス集合 P_1, P_2 が得られる．それぞれの集合のパスの重みの総和を $c(P_1), c(P_2)$ と置けば，$c(P_1) + c(P_2) = c(C^*)$ が成立する．一方，三角不等式が成立するので，2 点 u, v を結ぶ（途中の点を経由する）パスより，u, v を直接結ぶほうが短い．この点に注意すれば，M はそのような奇数次数の点の完全マッチングで最小のものであるから，$c(P_1), c(P_2) \geq c(M)$ が成立する．すなわち，

$$c(M) \leq \frac{1}{2}c(C^*)$$

である（この関係式が成立することを示すためだけに P_1, P_2 を考えたが，実際に P_1, P_2, C^* を求める必要はないことに注意されたい）．したがって，

$$c(C) \leq c(C') = c(T) + c(M) \leq 1.5c(C^*)$$

となり，$\frac{c(C)}{c(C^*)} \leq 1.5$ が得られた．

アルゴリズムは 2. が最も時間のかかる部分であり，計算時間は $\mathrm{O}(n^3)$ となる． □

1.8.3.3 アルゴリズム 1.5 の近似保証 1.5 のタイトな例

次の例題 1.3 は，上記の近似保証解析がタイトであることを示している．

例題 1.3 下図は近似率が 1.5 となる入力例である．点数 n は奇数であり，実線の辺はいずれも重み 1 である．破線の辺 $(1, n)$ は重み $\frac{n-1}{2}$ である．それ以外の省略している辺はその辺の 2 端点間を結ぶ（下図の実線と破線の辺のみからなるネットワークでの）パスの最小重みである．最適ハミルトン閉路 C^* は n 個の点からなる閉路（細い実線の部分の辺と辺 $(1, 2)$, $(n-1, n)$ からなる）である．

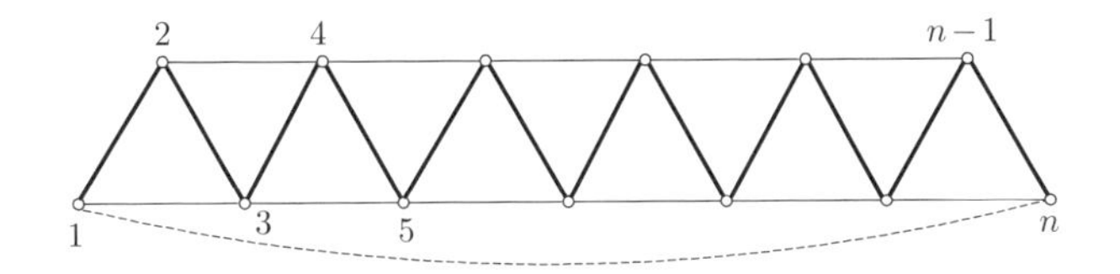

このネットワークに対してアルゴリズム 1.5 で得られる最小全点木 T が太線の実線の部分の辺からなるものとする．T の次数が奇数の点を結ぶ最小重みマッチングは破線の辺 $(1, n)$ からなる．したがって，アルゴリズム 1.5 で得られるハミルトン閉路

C は太線の実線の辺と破線の辺 $(1,n)$ からなる．最適ハミルトン閉路 C^* の重みは $c(C^*)=n$ であり，ハミルトン閉路 C の重みは $c(C)=n-1+\frac{n-1}{2}=\frac{3n-3}{2}$ である．したがって，C の近似率 $\frac{c(C)}{c(C^*)}$ は $\frac{3n-3}{2n}=\frac{3}{2}-\frac{3}{2n}$ であり，n が大きくなるに従い限りなく $\frac{3}{2}=1.5$ に近づく．

1.9　発展：近似アルゴリズムの設計と解析の一般的注意

本節では，Vazirani (2001) [79]（邦訳：浅野 (2002)）に基づいて，近似アルゴリズムの設計と解析に対する一般的注意を与える．

一般に，NP-困難な最適化問題に対する近似アルゴリズムを設計しその近似保証を解析しようとすると，すぐにジレンマに直面することになる．すなわち，近似保証を確立するためには，アルゴリズムで得られる解の値と最適解の値の比を計算しなければならない．しかしながら，そのような問題に対しては，最適解を求めることがNP-困難なだけでなく，最適解の値を求めることもNP-困難である．実際，最適解の値の計算が，そのような問題の難しさの原点であることが知られている．そうすると，どのようにして近似保証を確立したらよいのだろうか？　面白いことに，これに対する解答が，近似アルゴリズム設計の大切なキーステップとなる．

今回取り上げた問題を例にとってわかりやすく説明しよう．最小点カバーの点数に対して，多項式時間で計算可能な“良い” **下界** (lower bound)，すなわち，与えられたグラフ G の極大マッチングの辺数，を用いて，上記の困難を克服したことに注意しよう．完了時刻最小化スケジューリングでは，平均完了時刻と最大処理時間の大きいほうを下界として用いた．巡回セールスマン問題 (TSP) では，最小重み全点木の重みを下界として用いた．

このように，多項式時間で計算可能な良い下界を，最適解の値のかわりに用いて近似保証を解析するのが一般的であり，現在の近似アルゴリズム設計と解析における典型的な方法である．本書では，これを**下界スキーム** (lower bounding scheme) と呼ぶことにしよう．したがって，下界スキームでは，より良い下界を探し出すための方法が重要になる．与えられた最適化問題を整数計画法 (IP) で定式化して，その整数制約を実数制約に緩和して得られる線形計

画法 (LP) を用いて下界を与える統一的な方法も提案されて，多くの成功をおさめてきている．この下界スキームについては，後の章で詳しく取り上げることにしよう．

与えられた最適化問題に対して近似アルゴリズムが設計できて近似保証も解析できたとしよう．しかし，これでおしまいというわけではない．実際，現在の性能保証付き近似アルゴリズム理論では，理論的な側面からは，問題固有の近似保証を明らかにすること，およびそのための方法論を確立することが，研究の最終目標であると言われている．この目標達成のため，与えられた問題に対して，一方で，問題固有の近似保証の上界 U を，より良い近似保証を持つ多項式時間アルゴリズムを開発して U をできるだけ小さくする研究と，もう一方で，どんな多項式時間アルゴリズムでもこれ以上 1 に近い近似保証は達成不可能であるという下界 L をできるだけ大きくする証明手法を考案する研究が，相互に密接に関係して活発に遂行されてきている．

したがって，与えられた最適化問題に対して近似アルゴリズムが設計できて近似保証が解析できたとしても，さらに以下の観点からその近似アルゴリズムについて検討することが極めて大切である．

(a) アルゴリズムの近似保証の解析はタイトか？　逆の言い方をすれば，より良い解析を用いれば近似保証を改善できる可能性はないか？
(b) 用いる下界スキームは同じでも，より良い近似保証のアルゴリズムを設計できる可能性はないか？
(c) 他の下界スキームを用いることで，より良い近似保証のアルゴリズムを設計できる可能性はないか？ すなわち，さらに良い近似保証のアルゴリズムを可能にするような他の下界スキームが存在するか？

繰り返しになるが，上記の観点からのアルゴリズムの検討が，現在の性能保証付き近似アルゴリズム理論での研究の原動力になっている，といっても言い過ぎではない．

今回取り上げたアルゴリズム 1.2 を例にとって考えてみよう．例題 1.2 により，最初の問題 (a) に対する答えは，解析はタイトであり改善できる可能性は “no” である，となる．実際，アルゴリズム 1.2 で得られる解が最適解の 2 倍の点数になる無限個の入力の例が例題 1.2 で与えられているので，アルゴリズム 1.2 に対する定理 1.2 の解析はタイトであることになる．前にも述べたが，近似アルゴリズムの解析がタイトであることを示すこのような無限個の入力の例は，**タイトな例** (tight example) と呼ばれる．設計した近似アルゴリズムのタイトな例を見つけることの重要性は，いくら強調しても強調しすぎることはないと言えるだろう．これにより，アルゴリズムの働きについて本質的な理解が得られ，さらには，近似保証を改善するアルゴリズムにつながっていくことも多いからである．したがって，本書で挙げるタイトな例でアルゴリズムを実際に走らせてみることを読者に強調しておきたい．

次に 2 番目の問題 (b) を考える．簡単のため，近似アルゴリズムで得られた解の近似率を，得られる解の値と用いる下界スキームでの下界との比であるものと仮定してみよう．実際，既知の近似アルゴリズムの近似保証解析での近似率はほとんどすべてこのようにして与えられている．この仮定のもとでは，2 番目の問題に対する答えも "no" である．これは次の例題 1.4 で確立されている．実際，下界である極大マッチングの辺数が最小点カバーの点数の半分となる無限個の入力の例があることを，例題 1.4 は示している．

例題 1.4　n を奇数として n 点の完全グラフ K_n を考えよう．明らかに，極大マッチングの辺数は $(n-1)/2$ であるのに対して，最小点カバーの点数は $n-1$ である．したがって，極大マッチングの辺数としての下界が最小点カバーの点数の半分となる無限個の入力の例が存在する．

第 3 番目の問題 (c) に対応する最小点カバー問題の近似保証を改善する問題は，現在，近似アルゴリズムの分野での代表的な未解決問題である．

完了時刻最小化スケジューリングに対する 2-近似アルゴリズムやメトリック TSP に対する 2-近似アルゴリズムでも同様の考察を行ってほしい．これらのアルゴリズムに対しても，タイトな例をそれぞれ，1.3.4 項（例題 1.1）と 1.5.4 項で与えているので，(a) に関しては，解析はタイトで，改善できる可能性は "no" である．(b) および (c) に関しては，1.8 節（発展：近似保証の改善）で取り上げた．

第2章

クラスPTAS

本章の目標

前章のクラス **APX** に続いて，クラス **PTAS** について理解する．

キーワード

APX，PTAS，二等分割，最小二分割，最小ビンパッキング

2.1 ウォーミングアップ問題

(a) 下図のように，6 個の品物 1,2,3,4,5,6 があり，各品物 i のサイズ a_i が

$$a_1 = 9, \quad a_2 = 7, \quad a_3 = 4, \quad a_4 = 5, \quad a_5 = 8, \quad a_6 = 6$$

であるとする．このときこれらの品物を二つの箱に入れたい．箱に入れられる品物のサイズの総和は二つの箱でできるだけ均等になるようにしたい．どのように入れればよいか？

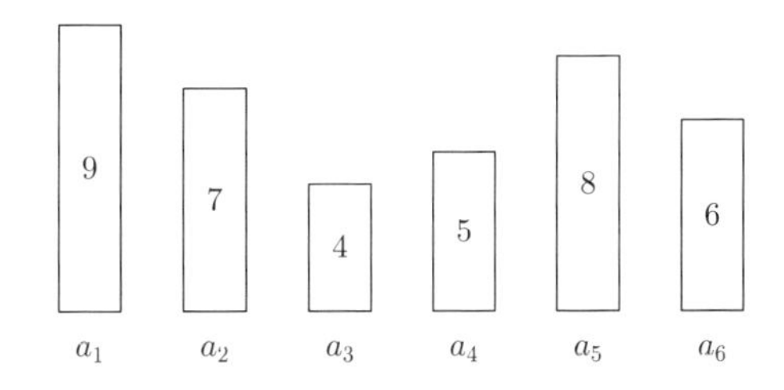

(b) 7 個の品物 1,2,3,4,5,6,7 があり，各品物 i のサイズ a_i が

$$a_1 = 0.24, \quad a_2 = 0.33, \quad a_3 = 0.16, \quad a_4 = 0.47, \quad a_5 = 0.35,$$
$$a_6 = 0.27, \quad a_7 = 0.18$$

であるとする．このときこれらの品物すべてをサイズ 1 の二つの箱に入れることができるかどうかを判定せよ．できるときには，どのように品物を二つの箱に入れればよいか？

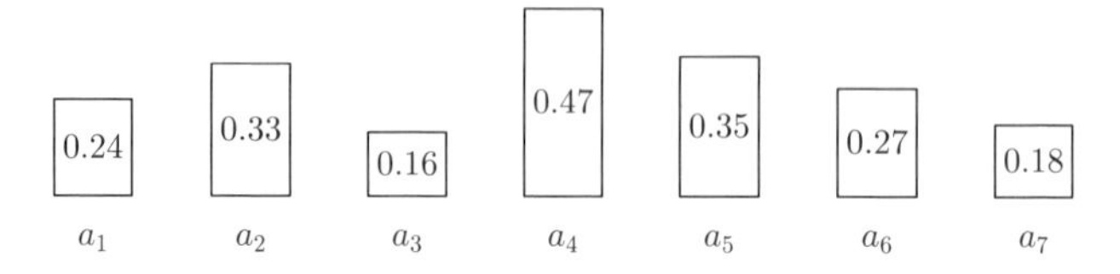

(c) 7 個の品物 1,2,3,4,5,6,7 があり，各品物 i のサイズ a_i が

$$a_1 = 0.4, \quad a_2 = 0.5, \quad a_3 = 0.3, \quad a_4 = 0.6, \quad a_5 = 0.5,$$
$$a_6 = 0.4, \quad a_7 = 0.3$$

であるとする．このときこれらの品物をサイズ 1 の箱に入れるが，使用する箱の個数を最小にしたい．箱にどのように品物を入れればよいか？

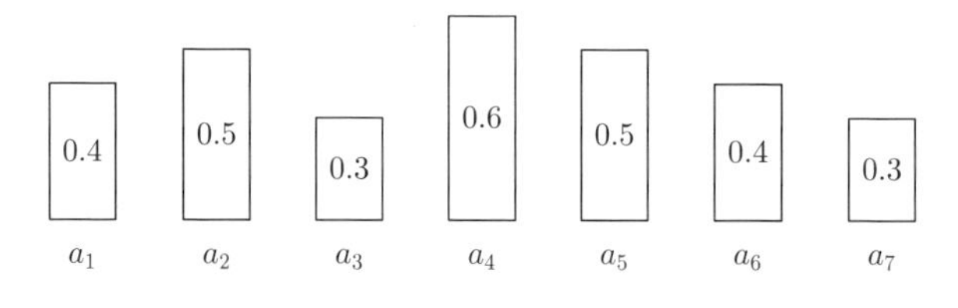

2.1.1　ウォーミングアップ問題の解説

(a) 下図のように，箱 B_1 に $X_1^* = \{1, 2, 3\}$ の品物を入れ，箱 B_2 に $X_2^* = \{4, 5, 6\}$ の品物を入れる．すると，箱 B_1 の品物のサイズの総和は 20 になり，箱 B_2 の品物のサイズの総和は 19 になる．その差は 1 であるので，これは最も均等になる分割の一つである．

X_1^*　9　7　4

X_2^*　5　8　6

すなわち，分割 $(X_1^* = \{1,2,3\},\ X_2^* = \{4,5,6\})$ は品物の集合 $X = \{1,2,3,4,5,6\}$ の最適な分割であり

$$\max\left\{\sum_{i\in X_1^*} a_i,\ \sum_{i\in X_2^*} a_i\right\} = 20$$

である．なお，$(Y_1^* = \{1,4,6\},\ Y_2^* = \{2,3,5\})$ なども最適な分割である．一方，下図のような分割 $(X_1 = \{1,2,3,4\},\ X_2 = \{5,6\})$ は，

X_1	9	7	4	5
X_2	8	6		

$\max\{\sum_{i\in X_1} a_i,\ \sum_{i\in X_2} a_i\} = 25$ で，近似率

$$\frac{\max\{\sum_{i\in X_1} a_i,\ \sum_{i\in X_2} a_i\}}{\max\{\sum_{i\in X_1^*} a_i,\ \sum_{i\in X_2^*} a_i\}} = \frac{25}{20}$$

の近似解である．なお，この問題は，**最小二分割問題**と呼ばれ，マシーンが 2 個に限定された完了時刻最小化スケジューリング問題であると考えることもできる．

また，品物のサイズの総和が A のとき，二つの箱に入れた品物のサイズの総和がいずれも $\frac{A}{2}$ となるような入れ方が存在するかどうかを判定する問題は，最小二分割問題の判定版と言えるが，それは**二等分割問題**と呼ばれる．問題 (b) は，すべてのサイズを $T = \frac{\sum_{i=1}^n a_i}{2}$ で割って正規化して $T = 1$ とした二等分割問題と言える．

(b) 箱 B_1 に $\{1,2,3,6\}$ の品物を，箱 B_2 に $\{4,5,7\}$ の品物を入れればよい．いずれの箱も入れられた品物のサイズの和はちょうど 1 になる．

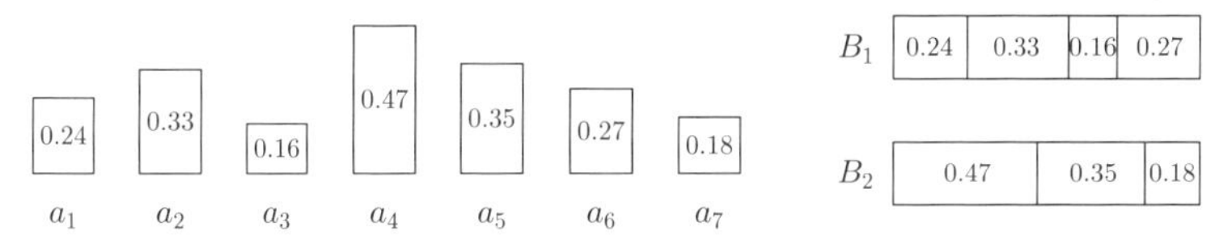

(c) 図 2.1 (b) のように箱に入れれば箱は 3 個ですむ．これは最適解である．図 2.1 (a) のように箱に入れると箱は 4 個になるので，この近似解の近似率は $\frac{4}{3}$ となる．なお，この問題は**最小ビンパッキング問題**と呼ばれる．

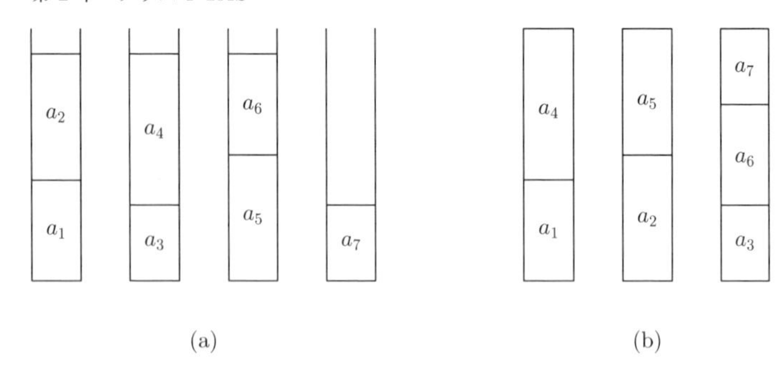

図 2.1　ウォーミングアップ問題 (c) に対する二つの入れ方.

2.2　最小二分割問題と最小ビンパッキング問題

本章では，上記のウォーミングアップ問題で取り上げた問題がクラス **PTAS** に属するかどうかを議論する．はじめにこれらの問題を形式的に定義する．なお，$A \cap B = \emptyset$ のとき集合 A, B は**互いに素** (disjoint) であると呼ばれる．互いに素な集合 A, B の和集合 $A \cup B$ を**直和集合** (disjoint sum) といい，$A + B$ と表記する．どの二つの集合も互いに素であるような 3 個以上の k 個の集合 $A_1, A_2, \ldots, A_k$ の和集合 $A_1 \cup A_2 \cup \cdots \cup A_k$ も直和集合と呼ばれ，$\sum_{i=1}^{k} A_i = A_1 + A_2 + \cdots + A_k$ と表記される．$A = A_1 + A_2 + \cdots + A_k$ のとき，$(A_1, A_2, \ldots, A_k)$ を集合 A の**分割** (partition) という．

問題 2.1　二等分割問題 (equibipartition problem)

入力：　n 個の正整数 $a_i \in \mathbf{N}$ $(i = 1, 2, \ldots, n)$.

タスク：　$\sum_{i \in X_1} a_i = \sum_{i \in X_2} a_i$ となるような $X = \{1, 2, \ldots, n\}$ の分割 (X_1, X_2) が存在するかどうかを判定する.

二等分割問題の最適化版が以下の最小二分割問題である.

問題 2.2　最小二分割問題 (minimum bipartition problem)

入力：　n 個の正整数 $a_i \in \mathbf{N}$ $(i = 1, 2, \ldots, n)$.

タスク：　$\max\{\sum_{i \in X_1} a_i,\ \sum_{i \in X_2} a_i\}$ が最小になるような $X = \{1, 2, \ldots, n\}$ の分割 (X_1, X_2) を求める.

繰り返しになるが，最小二分割問題は，前章で議論した完了時刻最小化スケジューリング問題において，マシーンの個数を 2 に限定した問題であることに注意しよう.

問題 2.3　最小ビンパッキング問題 (minimum bin packing problem)

入力：　n 個のサイズが 1 以下の正数 a_i $(i = 1, 2, \ldots, n)$ の品物.

タスク：　これら n 個の品物をサイズ 1 の箱（以下，**ビン**と呼ぶ）に，使用するビンの個数が最小になるように入れる入れ方を求める.

2.3　最小二分割問題に対する PTAS

本節では，最小二分割問題に対する PTAS を与える．1.2 節の性能保証付き近似アルゴリズムの基礎概念でも述べたように，最小化問題 P に対する **PTAS** (polynomial time approximation scheme) とは，P の入力 $I(P)$ と任意の正のパラメーター ε が与えられたときに，（パラメーター ε を定数として考えて）計算時間が $I(P)$ の入力サイズの多項式関数であり，かつ近似保証 α が $\alpha = 1 + \varepsilon$ と書けるような問題 P を解くアルゴリズム $A = A(\varepsilon)$ である.

最小二分割問題に対する PTAS は以下のように書ける．なお，非負数 x に対して $\lceil x \rceil$ は x 以上の最小の整数を表す（$x = 2.01$ ならば $\lceil x \rceil = 3$ である）.

アルゴリズム 2.1 最小二分割問題に対する PTAS

入力： n 個の正整数 $a_i \in \mathbf{N}$ $(i = 1, 2, \ldots, n)$ と正数 ε.

出力： $X = \{1, 2, \ldots, n\}$ の分割 (X_1, X_2).

アルゴリズム：

1. $\varepsilon \geq 1$ ならば，$X_1 = X$, $X_2 = \emptyset$ を返して終了する．
   $\varepsilon < 1$ ならば，$k_\varepsilon = \min\left\{n, \left\lceil \frac{1-\varepsilon}{\varepsilon} \right\rceil\right\}$ とおく．
2. 品物をサイズの大きい順に並べる（$a_1 \geq a_2 \geq \cdots \geq a_n$ と仮定する）．
3. 部分問題の $Y = Y(\varepsilon) = \{1, 2, \ldots, k_\varepsilon\}$ に対する最小二分割問題を解き，その最適解 (Y_1, Y_2) を用いて $X_1 = Y_1$, $X_2 = Y_2$ とおく．
4. $k = k_\varepsilon + 1$ から n まで順番に以下のいずれかを行うことを繰り返す．
   $\sum_{i \in X_1} a_i < \sum_{i \in X_2} a_i$ ならば $X_1 = X_1 \cup \{k\}$ とする．
   $\sum_{i \in X_1} a_i > \sum_{i \in X_2} a_i$ ならば $X_2 = X_2 \cup \{k\}$ とする．
   $\sum_{i \in X_1} a_i = \sum_{i \in X_2} a_i$ ならば任意に $j \in \{1, 2\}$ を選んで
   $X_j = X_j \cup \{k\}$ とする．
5. (X_1, X_2) を出力する．

このアルゴリズム 2.1 でも正のパラメーター ε が入力として与えられていることに注意しよう．

2.3.1 アルゴリズム 2.1 の実行例

$\varepsilon = 0.2$ とし，

$$a_1 = 6, \quad a_2 = 5, \quad a_3 = 5, \quad a_4 = 4, \quad a_5 = 4, \quad a_6 = 3, \quad a_7 = 3$$

であるとする．すると，1. より，$k_\varepsilon = \left\lceil \frac{1-\varepsilon}{\varepsilon} \right\rceil = \left\lceil \frac{1-0.2}{0.2} \right\rceil = 4$ となる．したがって，部分問題の $Y = Y(\varepsilon) = \{1, 2, \ldots, k_\varepsilon\}$ は

$$a_1 = 6, \quad a_2 = 5, \quad a_3 = 5, \quad a_4 = 4$$

となり，最適な分割は $(Y_1 = \{2, 3\},\ Y_2 = \{1, 4\})$ となる（次図参照）．なお，$\sum_{i \in Y_1} a_i = \sum_{i \in Y_2} a_i = 10$ が成立する．そこで 4. の繰り返しを考える．

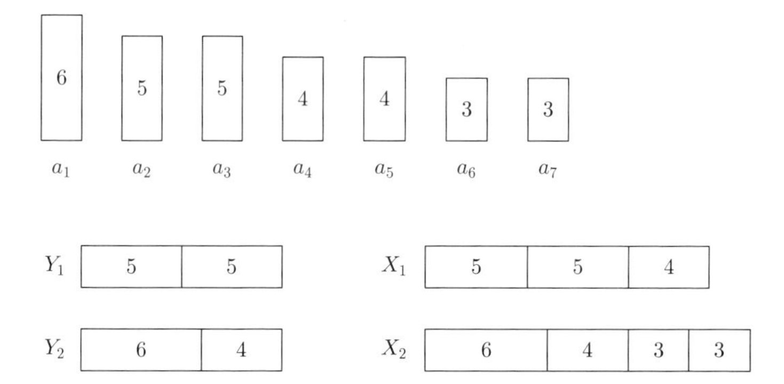

まず $k=5$ のとき，$\sum_{i\in X_1} a_i = \sum_{i\in X_2} a_i$ が成立するので，X_1 は $X_1 \cup \{5\} = \{2,3,5\}$ と更新されるものとする．

次に $k=6$ のとき，$\sum_{i\in X_1} a_i = 14 > \sum_{i\in X_2} a_i = 10$ が成立するので，X_2 は $X_2 \cup \{6\} = \{1,4,6\}$ に更新される．

最後に $k=7$ のとき，$\sum_{i\in X_1} a_i = 14 > \sum_{i\in X_2} a_i = 13$ が成立するので，X_2 は $X_2 \cup \{7\} = \{1,4,6,7\}$ に更新される．

5. で $(X_1 = \{2,3,5\},\ X_2 = \{1,4,6,7\})$ が出力される（上図参照）．なお，$\sum_{i\in X_1} a_i = 14$，$\sum_{i\in X_2} a_i = 16$ である．

最適な分割は，次の図のように，$(X_1^* = \{1,2,4\},\ X_2^* = \{3,5,6,7\})$ である．

X_1^*	6	5	4	
X_2^*	5	4	3	3

$\sum_{i\in X_1^*} a_i = \sum_{i\in X_2^*} a_i = 15$ であるので，アルゴリズム 2.1 で得られる分割 (X_1, X_2) の近似率は

$$\frac{\max\{\sum_{i\in X_1} a_i,\ \sum_{i\in X_2} a_i\}}{\max\{\sum_{i\in X_1^*} a_i,\ \sum_{i\in X_2^*} a_i\}} = \frac{16}{15} = 1.066... \le 1 + 0.2 = 1 + \varepsilon$$

である．

2.3.2　アルゴリズム 2.1 は最小二分割問題に対する PTAS である

定理 2.1　アルゴリズム 2.1 は，任意の $\varepsilon > 0$ に対して最適解の値の $(1+\varepsilon)$ 倍以下の値を持つ近似解を $\mathrm{O}(n \log n + k_\varepsilon 2^{\frac{1}{\varepsilon}})$ 時間で求める．すなわち，アルゴリズム 2.1 は最小二分割問題に対する PTAS である．

証明： 上記のアルゴリズム 2.1 が実際に PTAS であること，すなわち，(X_1^*, X_2^*) を最小二分割問題の最適解，(X_1, X_2) をアルゴリズム 2.1 で得られる解とすると，

$$\frac{\max\{\sum_{i \in X_1} a_i,\ \sum_{i \in X_2} a_i\}}{\max\{\sum_{i \in X_1^*} a_i,\ \sum_{i \in X_2^*} a_i\}} \le 1 + \varepsilon$$

を満たすこと，および (X_1, X_2) が n の多項式時間で得られることを示す．

$X' \subseteq X$ に対して $a(X') = \sum_{i \in X'} a_i$ とおき，対称性から，

$$a(X_1) \ge a(X_2) \quad と \quad a(X_1^*) \ge a(X_2^*) \tag{2.1}$$

を仮定して議論する．$k_\varepsilon = n$ ならば $X_1 = Y_1, X_2 = Y_2$ であり，(X_1, X_2) は最適解になるので，一般性を失うことなく

$$k_\varepsilon < n \tag{2.2}$$

と仮定できる．また，$a(X_1^*) \ge \frac{a(X)}{2}$ であるので，$\varepsilon \ge 1$ ならば，

$$\frac{a(X_1)}{a(X_1^*)} \le \frac{2a(X_1)}{a(X)} \le 2 \le 1 + \varepsilon$$

が成立することも明らかである．

そこで，以下では $\varepsilon < 1$ とする．h を X_1 に付け加えられた最後の品物とする．

$h \le k_\varepsilon$ ならば，3. で h は X_1 に付け加えられたことになり，4. で残りの品物はすべて X_2 に付け加えられたことになる．すなわち，最終的に

$$X_1 = Y_1, \quad X_2 = Y_2 \cup \{k_\varepsilon + 1, k_\varepsilon + 2, \ldots, n\}, \quad a(Y_1) \ge a(Y_2)$$

となる．このとき (X_1, X_2) は最適解になる．実際，

$$Y_j' = X_j^* \cap \{1, 2, \ldots, k_\varepsilon\} \quad (j = 1, 2)$$

と置けば，(Y_1, Y_2) は $\{1, 2, \ldots, k_\varepsilon\}$ の最適解であるので $\max\{a(Y_1'), a(Y_2')\} \ge a(Y_1) \ge a(Y_2)$ であり，したがって式 (2.1) より，

$$a(X_1^*) \ge \max\{a(Y_1'), a(Y_2')\} \ge a(Y_1) = a(X_1) \ge a(X_2)$$

となり，(X_1, X_2) は最適解になるからである．すなわち，

$$\frac{a(X_1)}{a(X_1^*)} = 1 < 1 + \varepsilon$$

が成立する．

したがって，$h > k_\varepsilon$ であり，h は 4. で X_1 に付け加えられたと仮定できる．h が加えられる反復の開始時点での X_1 と X_2 を $X_1^{(h)}$ と $X_2^{(h)}$ と表記する．すると，$a(X_1^{(h)}) \leq a(X_2^{(h)})$ であったことから，$X_1^{(h)}$ に h が付け加えられたことになる．さらに，h は X_1 に付け加えられた最後の品物であるので，最終的な X_1 は $X_1^{(h)} \cup \{h\}$ である．一方，最終的な X_2 は $X_2^{(h)}$ を部分集合として含む．したがって，

$$a(X_1) - a_h = a(X_1^{(h)}) \leq a(X_2^{(h)}) \leq a(X_2) (\leq a(X_1))$$

が成立する．両辺に $a(X_1)$ を加えて，$a(X_1) + a(X_2) = a(X)$ に注意すると，

$$2a(X_1) \leq a(X) + a_h$$

が得られる．また，任意の $i \leq h$ に対して $a_i \geq a_h$ であり，$h > k_\varepsilon$ であるので，

$$a(X) \geq a_h(k_\varepsilon + 1)$$

となり，$a(X_1^*) \geq \frac{a(X)}{2}$，$n > k_\varepsilon = \min\left\{n, \left\lceil \frac{1-\varepsilon}{\varepsilon} \right\rceil\right\} = \left\lceil \frac{1-\varepsilon}{\varepsilon} \right\rceil \geq \frac{1-\varepsilon}{\varepsilon}$ に注意すると，

$$\frac{a(X_1)}{a(X_1^*)} \leq \frac{2a(X_1)}{a(X)} \leq \frac{a(X) + a_h}{a(X)} \leq 1 + \frac{1}{k_\varepsilon + 1} \leq 1 + \frac{1}{\frac{1-\varepsilon}{\varepsilon} + 1} = 1 + \varepsilon$$

が得られる．

一方，計算時間は 3. を除いて $\mathrm{O}(n \log n)$ の計算時間で実行できる．3. の部分は，$\{1, 2, \ldots, k_\varepsilon\}$ の二分割が $2^{k_\varepsilon - 1} \leq 2^{\frac{1-\varepsilon}{\varepsilon}}$ 通りあるので，すべての二分割を考えて最適な二分割を求めると計算時間は $\mathrm{O}(k_\varepsilon 2^{\frac{1}{\varepsilon}})$ となる．式 (2.2) より，これは有限個の n を除いて n に依存しないと見なせる．すなわち，計算時間は n の多項式時間であることが言えた． □

2.4　最小ビンパッキング問題は PTAS に属さない

前節では，最小二分割問題に対する PTAS を与え，最小二分割問題がクラス **PTAS** に属することを示した．もちろん，PTAS が存在すれば任意の定数 $\alpha > 1$ の α-近似アルゴリズムが存在するので，**PTAS**⊆**APX** であり，最小二分割問題がクラス **APX** に属することは明らかである．本節では，最小ビンパッキング問題は **APX** に属する（後述の 2.5 節の単純なビンパッキングアルゴリズム参照）が，**P** ≠ **NP** の仮定のもとでは，**PTAS** に属さないことを示す．したがって，**P** ≠ **NP** の仮定のもとでは，**PTAS** は **APX** の真部分集合，すなわち，**PTAS**⊂**APX** であることになる．

定理 2.2　$\mathbf{P} \neq \mathbf{NP}$ の仮定のもとで，最小ビンパッキング問題は **PTAS** に属さない．

証明： 背理法を用いて証明する．最小ビンパッキング問題に対する PTAS が存在したとして，$\varepsilon < 0.5$ に対してアルゴリズム A がそのような $(1+\varepsilon)$-近似アルゴリズムであるとする．すると，このアルゴリズム A を用いて NP-完全問題である二等分割問題が多項式時間で解けてしまうことを以下に示す．なお，二等分割問題は，問題 2.1 で定義されているように，入力 I' として n 個の品物のサイズ $a_1, a_2, \ldots, a_n$ が与えられたとき，サイズが等しくなるように二つのグループに分割できるかどうかを決定する問題である．すなわち，$X = \{1, 2, \ldots, n\}$ としたとき，$\sum_{i \in X_1} a_i = \sum_{i \in X_2} a_i$ となるような X の分割 (X_1, X_2) が存在するかどうかを決定する問題である．

$B = \sum_{i \in X} a_i$ とする．このとき，$a_i > \frac{B}{2}$ となるような a_i $(i \in X)$ が存在したとすると，$\sum_{i \in X_1} a_i = \sum_{i \in X_2} a_i = \frac{B}{2}$ となるような分割は，明らかに存在しない．したがって，これ以降，すべての $i \in X$ で $a_i \leq \frac{B}{2}$ であると仮定する．各 a_i を $b_i = \frac{2a_i}{B}$ と正規化しておき，改めて $a_i = b_i$ とおく．すなわち，$A = \sum_{i \in X} a_i = 2$ かつすべての $i \in X$ で $a_i \leq 1$ と仮定しても一般性を失わないことに注意しよう．

このような二等分割問題の入力 I' をそのまま最小ビンパッキングの入力 I として用いる．このとき，すべての品物をサイズ 1 のビンに入れるのに必要な最小のビンの個数 $\mathrm{OPT}(I)$ とその実現法を求める問題が最小ビンパッキング問題である．もちろん，$\sum_{i \in X} a_i = 2$ であるので $\mathrm{OPT}(I) \geq 2$ である．そこで，入力 I に対して $(1+\varepsilon)$-近似アルゴリズム A を適用し，使われたビンの個数を $\mathrm{APP}(I)$ とする．(i) $\mathrm{APP}(I) = 2$ のときと，(ii) $\mathrm{APP}(I) \geq 3$ のときに分けて議論する．

(i) $\mathrm{APP}(I) = 2$ のとき：$\mathrm{OPT}(I) \geq 2$ から $\mathrm{APP}(I) = \mathrm{OPT}(I)$ となり，一方のビンに入れられた品物の集合を X_1，他方のビンに入れられた品物の集合を X_2 とすると，$\sum_{i \in X_1} a_i = \sum_{i \in X_2} a_i = 1$ が成立する．

(ii) $\mathrm{APP}(I) \geq 3$ のとき：A が $(1+\varepsilon)$-近似アルゴリズムでありかつ $\varepsilon < 0.5$ であるので，$\frac{\mathrm{APP}(I)}{\mathrm{OPT}(I)} \leq 1 + \varepsilon < 1.5$ から $\mathrm{OPT}(I) > \frac{\mathrm{APP}(I)}{1.5} \geq \frac{3}{1.5} = 2$（$\mathrm{OPT}(I)$ は整数であることから $\mathrm{OPT}(I) \geq 3$）となり，$\sum_{i \in X_1} a_i = \sum_{i \in X_2} a_i = 1$ を満たすような X の分割 (X_1, X_2) は存在しないことが言える．

以上の議論より，$(1+\varepsilon)$-近似アルゴリズム A を経由して NP-完全問題である二等分割問題が多項式時間で解けてしまう（二等分割が存在するかどうかを判定できてしまう）ことになる．したがって，$\mathbf{P} \neq \mathbf{NP}$ の仮定のもとでは，最小ビンパッキング問題に対する $(1+\varepsilon)$-近似アルゴリズム (PTAS) は存在しないことが得られた．　□

なお，上記の証明は任意の $\varepsilon < 0.5$ に対する証明になっているので，以下の系も得られる．

系 2.3　$\mathbf{P} \neq \mathbf{NP}$ の仮定のもとでは，任意の $\alpha < \frac{3}{2}$ に対して，最小ビンパッキング問題に対する α-近似アルゴリズムは存在しない．

2.5　単純なビンパッキングアルゴリズム：NF, FF, FFD

本節では，最小ビンパッキング問題に対する三つの単純なアルゴリズムの **NF** (Next Fit), **FF** (First Fit), **FFD** (First Fit Decreasing) を例題を用いて解説する．なお，ふたの開いているビンは最初はないとして，NF, FF, FFD は，以下のように記述されるアルゴリズムである．

NF：NF は，与えられた品物を与えられた順番に，（ふたの開いているビンがないときには 1 個新しいビンのふたを開けて）ふたの開いているビンに入るかどうか調べ，ビンに入るときは入れる．入らないときは，そのビンにふたをして，新しいビンを用意し，そのふたを開けて入れる方法である（どの時点でもふたの開いているビンは高々 1 個であることに注意しよう）．

FF：FF は，与えられた品物を与えられた順番に，（ふたの開いているビンがないときには 1 個新しいビンのふたを開けて）ふたの開いているビンにふたを開けた順番に入るかどうか調べ，最初に入るビンに入れる方法である．ただし，ふたの開いたどのビンにも品物が入らないときは，新しいビンを用意しふたを開けて入れる（一度開けられたビンのふたはすべての品物を入れ終わった後に同時に閉じられることに注意しよう）．

FFD：FFD は，最初に，与えられた品物をサイズの大きい順に並べて，その後に品物をその順番で FF を用いてビンに入れる方法である．すなわち，サイズの大きい品物から順番に，（ふたの開いているビンがないときには 1 個新しいビンのふたを開けて）ふたの開いているビンにふたを開けた順番に入るかどうか調べ，最初に入るビンに入れる方法である．もちろん，ふたの開いたどのビンにも品物が入らないときは，新しいビンを用意しふたを開けて入れる．

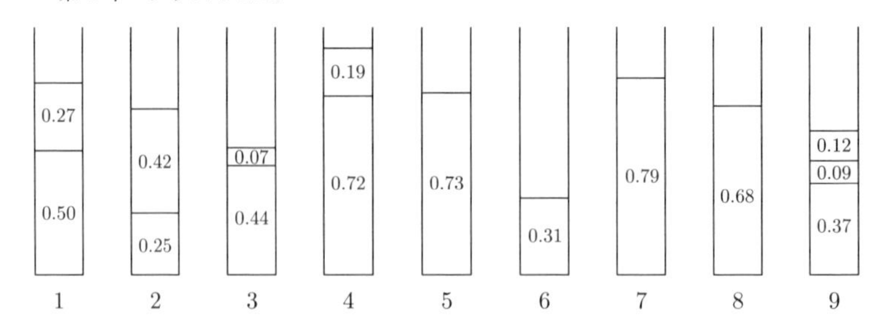

図 2.2　NF の解 NF(I).

例題 2.1　最小ビンパッキング問題の入力 I として以下の品物のサイズの系列

$$0.50, 0.27, 0.25, 0.42, 0.44, 0.07, 0.72, 0.19, 0.73, 0.31, 0.79, 0.68, 0.37, 0.09, 0.12$$

が与えられたとき，NF, FF, FFD で得られる解を求めよ．さらに，NF は 2-近似アルゴリズムであることを示せ．

解答例： NF, FF, FFD で得られる解 NF(I), FF(I), FFD(I) と最適解 OPT(I) を図 2.2，図 2.3，図 2.4 と図 2.5 に示している．

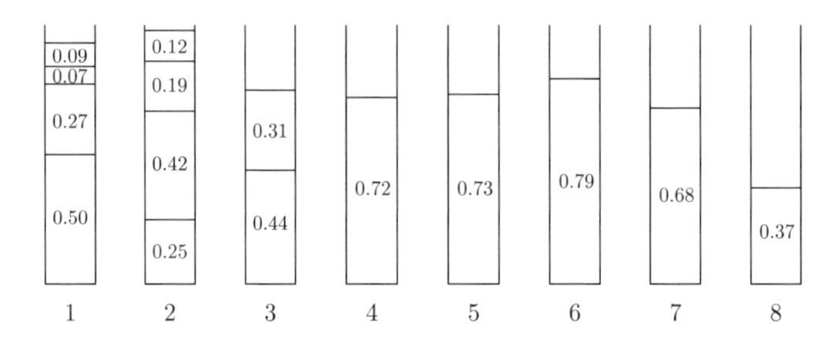

図 2.3　FF の解 FF(I).

（混乱は生じないと思われるので）それらの解で用いられているビンの個数も NF(I), FF(I), FFD(I)，OPT(I) とする．すると，解 NF(I), FF(I), FFD(I) の近似率は，それぞれ，$\frac{\mathrm{NF}(I)}{\mathrm{OPT}(I)} = \frac{9}{6}$，$\frac{\mathrm{FF}(I)}{\mathrm{OPT}(I)} = \frac{8}{6}$，$\frac{\mathrm{FFD}(I)}{\mathrm{OPT}(I)} = \frac{7}{6}$ となる．

NF が 2-近似アルゴリズムであることの証明は，次項（2.5.1 項）で与える．

2.5.1　NF の近似保証解析

本項では, NF は近似保証 2 が達成できて, 2-近似アルゴリズムであることの証

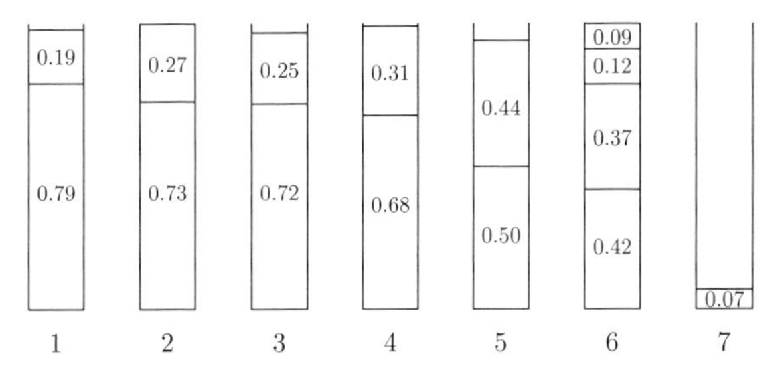

図 2.4　FFD の解 FFD(I).

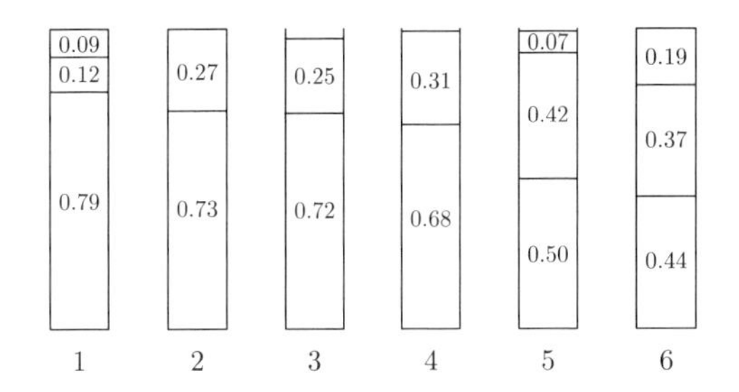

図 2.5　最適解 OPT(I).

明を与える．すなわち，任意の n 個の品物のサイズの入力 $I = (a_1, a_2, \ldots, a_n)$ に対して，NF で得られる解と最適解でのビンの個数をそれぞれ NF(I) と OPT(I) として，$\frac{\mathrm{NF}(I)}{\mathrm{OPT}(I)} \leq 2$ が成立することを以下に示す．

定理 2.4　NF は 2-近似アルゴリズムであり，近似保証 2 を達成する．

証明： 品物のサイズの和を SUM(I) とし，$k = \mathrm{NF}(I)$ とする．さらに，第 i 番目のビンに入れられた品物のサイズの総和（占有量）を w_i とする．すると，

$$\mathrm{SUM}(I) = a_1 + a_2 + \cdots + a_n = w_1 + w_2 + \cdots + w_k$$

である．近似保証解析で用いる基本的アイデアは，連続する二つのビンの占有量の和が 1 より大きくなることである．すなわち，各 $i = 1, 2, \ldots, k-1$ に対して，i 番目のビンと $i+1$ 番目のビンの占有量の和 $w_i + w_{i+1}$ が 1 より大きくなり，

$$w_i + w_{i+1} > 1 \quad (i = 1, 2, \ldots, k-1) \tag{2.3}$$

が成立する．そこで，(i) $k = \mathrm{NF}(I)$ が偶数の場合と (ii) $k = \mathrm{NF}(I)$ が奇数の場合とに分けて考える．

(i) $k = \mathrm{NF}(I)$ が偶数のとき：式 (2.3) より

$$\mathrm{SUM}(I) = (w_1 + w_2) + (w_3 + w_4) + \cdots + (w_{k-1} + w_k) > \frac{k}{2}$$

が成立する．一方，$\mathrm{OPT}(I) \geq \mathrm{SUM}(I)$ であるので，$\mathrm{NF}(I) = k < 2\,\mathrm{SUM}(I) \leq 2\mathrm{OPT}(I)$ となり，$\frac{\mathrm{NF}(I)}{\mathrm{OPT}(I)} < 2$ が得られる．

(ii) $k = \mathrm{NF}(I)$ が奇数のとき：式 (2.3) より

$$\begin{aligned} 2\,\mathrm{SUM}(I) &= w_1 + (w_1 + w_2) + (w_2 + w_3) + \cdots + (w_{k-1} + w_k) + w_k \\ &> w_1 + w_k + (k-1) > k - 1 \end{aligned}$$

が得られる．したがって, $k < 2\,\mathrm{SUM}(I)+1 \leq 2\mathrm{OPT}(I)+1$ となり, k と $2\mathrm{OPT}(I)+1$ がともに奇数であることに注意すると，$k \leq 2\mathrm{OPT}(I) - 1 < 2\mathrm{OPT}(I)$ が得られる．

以上の議論より，$\frac{\mathrm{NF}(I)}{\mathrm{OPT}(I)} < 2$ が得られた．　□

2.5.2　NF の近似保証 2 のタイトな例

本項では，定理 2.4 の近似保証 2 がこれ以上改善できないことを示す．実際，近似率が近似保証 2 に限りなく近づくタイトな例が以下のように作れる．

正の十分小さい定数 ε を用いて, 品物 $2i-1$ のサイズが $a_{2i-1} = \frac{1}{2}+(n-i+2)\varepsilon$ であり，品物 $2i$ のサイズが $a_{2i} = \frac{1}{2} - (n-i)\varepsilon$ であるような n 個の品物のサイズの入力を $I = (a_1, a_2, \ldots, a_n)$ とする．すなわち，$a_1, a_2, a_3, a_4, a_5, a_6, \ldots$ は

$$\frac{1}{2}+(n+1)\varepsilon,\ \frac{1}{2}-(n-1)\varepsilon,\ \frac{1}{2}+n\varepsilon,\ \frac{1}{2}-(n-2)\varepsilon,\ \frac{1}{2}+(n-1)\varepsilon,\ \frac{1}{2}-(n-3)\varepsilon,\ \ldots$$

であるとする．すると，品物のサイズの総和は，

$$\mathrm{SUM}(I) = \sum_{i=1}^{n} a_i = \begin{cases} \frac{n}{2} + n\varepsilon & (n \text{ が偶数}) \\ \frac{n}{2} + \left(\frac{3}{2}n + \frac{1}{2}\right)\varepsilon & (n \text{ が奇数}) \end{cases} \tag{2.4}$$

となる．さらに連続する二つの品物のサイズは常に 1 より大きくなるので，NF で得られる解 $\mathrm{NF}(I)$ の使用するビンの個数は $n = \mathrm{NF}(I)$ となる．一方，品物 $2i+3$ と品物 $2i$ はちょうどぴったりサイズ 1 のビンに収まる．したがって，n が奇数で $n = 2m+1 \geq 5$ と書けるときは，残りは品物 $1, 3, n-1 = 2m$ のみでこれらのサイズは

$$a_1 = \frac{1}{2} + (2m+2)\varepsilon,\ a_3 = \frac{1}{2} + (2m+1)\varepsilon,\ a_{n-1} = \frac{1}{2} - (m+1)\varepsilon$$

であるので，3 本のビンに入れることができる．したがって，

$$\mathrm{OPT}(I) \leq m - 1 + 3 = m + 2$$

となり $\mathrm{OPT}(I) \leq m + 2 = \frac{n+3}{2}$ となる．同様に，n が偶数で $n = 2m \geq 4$ と書けるときは，残りは品物 $1, 3, n-2 = 2m-2, n = 2m$ のみでこれらのサイズは

$$a_1 = \frac{1}{2} + (2m+1)\varepsilon,\ a_3 = \frac{1}{2} + 2m\varepsilon,\ a_{2m-2} = \frac{1}{2} - (m+1)\varepsilon,\ a_{2m} = \frac{1}{2} - m\varepsilon$$

であるので，3 本のビンに入れることができる．したがって，

$$\mathrm{OPT}(I) \leq m - 2 + 3 = m + 1$$

となり $\mathrm{OPT}(I) \leq m + 1 = \frac{n+2}{2}$ となる．以上の議論より，$\mathrm{OPT}(I) \leq \frac{n+3}{2}$ となり，$\frac{\mathrm{NF}(I)}{\mathrm{OPT}(I)} \geq \frac{2n}{n+3} = 2 - \frac{6}{n+3}$ が得られる．すなわち，$\mathrm{NF}(I)$ の近似率は n が大きくなるに従い限りなく 2 に近づいていく．

2.5.3　FF と FFD の近似保証

FF の近似保証解析は極めて複雑になるが，以下の成果が Dósa-Sgall (2013) [32] により得られている．なお，非負数 x に対して，$\lfloor x \rfloor$ は x 以下の最大の整数を表す（たとえば $x = 2.91$ ならば，$\lfloor x \rfloor = 2$ である）．

定理 2.5 [32]　任意の入力 I に対して，FF で得られる解のビンの個数 $\mathrm{FF}(I)$ は，最適解のビンの個数を $\mathrm{OPT}(I)$ とすると，

$$\mathrm{FF}(I) \leq \left\lfloor \frac{17}{10}\mathrm{OPT}(I) \right\rfloor \leq \frac{17}{10}\mathrm{OPT}(I)$$

を満たす．さらに，この上界を達成するようなタイトな入力 I，すなわち，$\mathrm{FF}(I) \geq \left\lfloor \frac{17}{10}\mathrm{OPT}(I) \right\rfloor$ となるような入力 I が無限個作れる．

定理 2.5 より，FF は近似保証 $\frac{17}{10}$ を達成し，$\frac{17}{10}$-近似アルゴリズムである．一方，以下の定理で述べるように，FFD は $\frac{3}{2}$-近似アルゴリズムである．

定理 2.6 [76]　FFD は最小ビンパッキング問題に対する $\frac{3}{2}$-近似アルゴリズムである．

証明： 入力 I に対して，$k = \mathrm{FFD}(I)$ とする．$j = \lceil \frac{2}{3}k \rceil$ であるような j 番目のビンを考える．まず，そのビンがサイズが $\frac{1}{2}$ より大きい品物を含むとする．すると，より小さい番号のビンはどれもその品物を入れる余裕がなかったことになる．品物は非増加順に並んでいるので，サイズが $\frac{1}{2}$ より大きい品物がそれらのビンに入っていて，それらは少なくとも j 個はあったことになり，$\mathrm{OPT}(I) \geq j \geq \frac{2}{3}k$ が得られる．

次に，j 番目のビンがサイズが $\frac{1}{2}$ より大きい品物を含まないとする．すると，j 番目のビンとそれより大きい番号のビンはいずれも，$\frac{1}{2}$ より大きいサイズの品物を含まないことになる．すなわち，番号 $j, j+1, \ldots, k-1$ の各ビンは 2 個以上品物を含み，番号 $j, j+1, \ldots, k$ のビンは，$1, \ldots, j-1$ のビンに入れられなかった品物を少なくとも $2(k-j)+1$ 個含むことになる．なお，$j = \lceil \frac{2}{3}k \rceil \leq \left(\frac{2}{3}k + \frac{2}{3}\right)$ より，

$$2(k-j)+1 \geq 2\left(k - \left(\frac{2}{3}k + \frac{2}{3}\right)\right) + 1 = \frac{2}{3}k - \frac{1}{3} \geq j-1$$

であることに注意しよう．したがって，$j, j+1, \ldots, k$ のビンの品物 $j-1$ 個をそれぞれ 1 個ずつ $1, \ldots, j-1$ のビンに入れるとこれらのどのビンも 1 を超えるので，$\mathrm{SUM}(I) > j-1$ が成立する．すなわち，$\mathrm{OPT}(I) \geq \mathrm{SUM}(I) > j-1$ となり，$\mathrm{OPT}(I) \geq j \geq \frac{2}{3}k$ が得られる． □

系 2.3 より，近似保証の上界 $\frac{3}{2}$ は望みうる最善のものである．

一方，正の定数が誤差として加えられた形の FFD の近似保証は，本来の近似保証の $\frac{3}{2}$ より良くすることができる．その解析は極めて複雑になるが，以下の成果が Dósa-Li-Han-Tuza (2013) [31] により得られている．

定理 2.7 [31]　任意の入力 I に対して，FFD で得られる解のビンの個数 $\mathrm{FFD}(I)$ は，最適解のビンの個数を $\mathrm{OPT}(I)$ とすると，

$$\mathrm{FFD}(I) \leq \frac{11}{9}\mathrm{OPT}(I) + \frac{2}{3}$$

を満たす．さらに，これらの上界を達成するようなタイトな入力例 I，すなわち，$\mathrm{FFD}(I) \geq \frac{11}{9}\mathrm{OPT}(I) + \frac{2}{3}$ となるような入力例 I が無限個作れる．

少し弱くなるが，$\frac{\mathrm{FFD}(I)}{\mathrm{OPT}(I)} \geq \frac{11}{9}$ となるような無限個の入力例 I は以下のように作れる．

$n = 30m$ 個の品物のサイズを，十分に小さい正数 ε を用いて

$$a_i = \begin{cases} \frac{1}{2} + \varepsilon & (i = 1, 2, \ldots, 6m) \\ \frac{1}{4} + 2\varepsilon & (i = 6m+1, 6m+2, \ldots, 12m) \\ \frac{1}{4} + \varepsilon & (i = 12m+1, 12m+2, \ldots, 18m) \\ \frac{1}{4} - 2\varepsilon & (i = 18m+1, 18m+2, \ldots, 30m) \end{cases}$$

と定める．すると，FFD で図 2.6 に示すような解が得られ，$\frac{\mathrm{FFD}(I)}{\mathrm{OPT}(I)} = \frac{11}{9}$ となる．

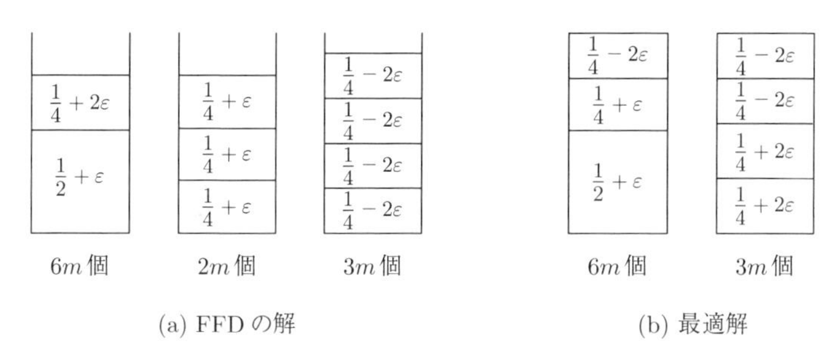

図 2.6　FFD の解および最適解.

2.6　まとめと文献ノート

最小二分割問題を例にとり，それがクラス **PTAS** に属する問題であることを，実際に PTAS のアルゴリズムを与えてその近似保証と計算時間を解析して示した．さらに，最小二分割問題や完了時刻最小化スケジューリングと関係する最小ビンパッキング問題は，$\mathbf{P} \neq \mathbf{NP}$ の仮定のもとでは，クラス **PTAS** に属さない問題であることを示した．また，最小ビンパッキング問題に対して，単純なアルゴリズムの NF (Next Fit) が近似保証 2 を達成し，FFD (First Fit Decreasing) が最善の近似保証 $\frac{3}{2}$ を達成することも示した．したがって，最小ビンパッキング問題はクラス **APX** に属するが，$\mathbf{P} \neq \mathbf{NP}$ の仮定のもとでは，クラス **PTAS** に属さない問題であり，**PTAS** は **APX** の真部分集合，すなわち，**PTAS**$\subset$**APX** であることになる．

最小二分割問題以外にもクラス **PTAS** に属する問題が多数存在する．たとえば，前章の発展トピックスで，完了時刻最小化スケジューリングに対する $\frac{4}{3}$

近似アルゴリズムを取り上げたが，この問題は実はクラス **PTAS** に属する問題である．さらに，平面グラフの最大独立集合を求める問題もクラス **PTAS** に属する問題である．後の発展の節でこれらの問題を取り上げることにしよう．

一方，最小ビンパッキング問題に対して**漸近的 PTAS** (asymptotic polynomial time approximation scheme) が存在する．簡単に言ってしまうと，最適解で使用されるビンの個数が十分多くなるような任意の入力 I に対しては，任意の正数 ε を用いた近似保証 $1+\varepsilon$ を達成する（ε を定数と見なして）入力 I のサイズの多項式時間のアルゴリズムが存在し，ε を 0 に近づければその近似保証も限りなく 1 に近づけることができる，というものである．最適解で使用されるビンの個数が 2 個と限定されてしまうと，2.4 節の系 2.3 で述べたように，近似保証 $\frac{3}{2}=1.5$ の下界が存在してしまう．このように，最適解で使用されるビンの個数が無制限であるような入力に対しての近似保証は，**漸近的近似保証**，あるいは，**漸近的性能保証** (asymptotic performance guarantee)，と呼ばれる．浅野・今井 (2000)[13] と Williamson-Shmoys (2011) [83]（邦訳：浅野 (2015)）には，最小ビンパッキング問題に対する漸近的 PTAS の詳細が述べられている．

本章の最小二分割問題に対する PTAS と最小ビンパッキング問題が **PTAS** に属さないことの記述は，Ausiello-Crescenzi-Gambosi-Kann-Marchetti-Spaccamela-Protasi (1999) [14] に基づいている．これらとともに，最小ビンパッキング問題に対する漸近的 PTAS は，Garey-Johnson (1979) [39]，Vazirani (2001) [79]（邦訳：浅野 (2002)），Hochbaum (1997) [53]，Korte-Vygen (2007) [64]（邦訳：浅野・浅野・小野・平田 (2009)）でも取り上げられている古典的なものである．

なお，定理 2.5 と定理 2.7 に関しては Korte-Vygen (2018) [65] を参照した．

2.7 演習問題

1. 最小二分割問題の入力 $I=(a_1,a_2,\ldots,a_n)$ $(n=15)$ が

$$53, 27, 25, 47, 44, 8, 72, 19, 73, 31, 79, 68, 37, 9, 12$$

のとき，アルゴリズム 2.1 を適用して得られる近似解を求めよ．さらに最適解を求めて，この近似解の近似率を求めよ．

2. 最小ビンパッキング問題の入力 $I = (a_1, a_2, \ldots, a_n)$ が，

$$
\begin{array}{cccccc}
0.51, & 0.51, & 0.51, & 0.51, & 0.51, & 0.51, \\
0.27, & 0.27, & 0.27, & 0.27, & 0.27, & 0.27, \\
0.26, & 0.26, & 0.26, & 0.26, & 0.26, & 0.26, \\
0.23, & 0.23, & 0.23, & 0.23, & 0.23, & 0.23, \\
0.23, & 0.23, & 0.23, & 0.23, & 0.23, & 0.23
\end{array}
$$

であるとき，NF，FF，FFD を適用して得られる近似解を求めよ．さらに最適解を求めて，この近似解の近似率を求めよ．

3. 最小ビンパッキング問題の入力 $I = (a_1, a_2, \ldots, a_n)$ が，

$$a_1 = a_2 = a_3 = a_4 = a_5 = \frac{1}{6} + 2\varepsilon$$

$$a_6 = a_7 = a_8 = a_9 = a_{10} = \frac{1}{6} - 8\varepsilon$$

$$a_{11} = a_{13} = a_{15} = a_{17} = a_{19} = \frac{1}{3} + 7\varepsilon$$

$$a_{12} = a_{14} = a_{16} = a_{18} = a_{20} = \frac{1}{3} - 3\varepsilon$$

$$a_{21} = a_{22} = a_{23} = a_{24} = a_{25} = a_{26} = a_{27} = a_{28} = a_{29} = a_{30} = \frac{1}{2} + \varepsilon$$

であるとき，NF，FF，FFD を適用して得られる近似解を求めよ．ただし，ε は十分に小さい正の数である（たとえば，$\varepsilon = 0.01$ と考えてよい）．さらに最適解を求めて，この近似解の近似率を求めよ．

2.8 発展：完了時刻最小化スケジューリングに対する PTAS

前章では，完了時刻最小化スケジューリング問題に対する 2-近似アルゴリズム（1.8 節の発展の 1.8.2 項では $\frac{4}{3}$-近似アルゴリズム）を与えて，この問題が **APX** に属することを示した．本節では，完了時刻最小化スケジューリング問題に対する PTAS を与えて，この問題が **PTAS** に属することをを示す．な

お，本節の PTAS の記述は，Hochbaum-Shmoys (1987) [52] および Vazirani (2001) [79]（邦訳：浅野 (2002)）に基づいている．

まず，完了時刻最小化スケジューリング問題は最小ビンパッキング問題に密接に関係していることに注意する．それは以下のようにしてわかる．

n 個のジョブの処理時間 $t_1, t_2, \ldots, t_n$ と m 個の同一なマシーンに対して，完了時刻 t 以下のスケジューリングが存在するための必要十分条件は，n 個のサイズ $a_1 = t_1, a_2 = t_2, \ldots, a_n = t_n$ の品物をサイズ t の m 個のビンにパッキングできることである（これは，品物のサイズを $a'_1 = \frac{a_1}{t}, a'_2 = \frac{a_2}{t}, \ldots, a'_n = \frac{a_n}{t}$ と t で割って正規化すれば，サイズ 1 の m 個のビンにパッキングできることであると言い換えることもできる）．これより，完了時刻最小化スケジューリング問題から最小ビンパッキング問題への帰着が以下のように得られる．

n 個のジョブの処理時間 $I = (t_1, t_2, \ldots, t_n)$ に対して，ジョブ i と品物 i を同一視して品物 i のサイズを $a_i = t_i$ とする．そして，サイズ $I = (a_1, a_2, \ldots, a_n)$ の n 個の品物をサイズ t のビンに入れるときに使用するビンの最小数を $\mathrm{bins}(I, t)$ とし，

$$t^* = \min\{t : \mathrm{bins}(I, t) \leq m\} \tag{2.5}$$

とする．したがって，サイズ t^* の m 個のビンを用いて，各品物 i がサイズ $a_i = t_i$ のサイズ $I = (a_1, a_2, \ldots, a_n)$ の n 個の品物をすべてビンに入れることができる．そこで，そのような m 個のビンへの n 個の品物の入れ方を一つ固定する．すると，それは，ビンをマシーンと考え，サイズ $a_i = t_i$ の品物 i を処理時間 t_i のジョブ J_i と考えて言い換えると，m 個の同一なマシーン $M_1, M_2, \ldots, M_m$ に対する完了時刻 t^* の処理時間 $I = (t_1, t_2, \ldots, t_n)$ の n 個のジョブ $J_1, J_2, \ldots, J_n$ の割当てになる．したがって，最小完了時刻 $\mathrm{OPT}(I)$ は

$$\mathrm{OPT}(I) \leq t^* \tag{2.6}$$

を満たす．一方，任意の $\varepsilon > 0$ に対して，式 (2.5) の定義より，サイズ $t^* - \varepsilon$ の m 個のビンを用いて，各品物 i がサイズ $a_i = t_i$ のサイズ $I = (a_1, a_2, \ldots, a_n)$ の n 個の品物すべてをビンに入れることはできない．すなわち，

$$\mathrm{OPT}(I) > t^* - \varepsilon \tag{2.7}$$

である．したがって，式 (2.6) と式 (2.7) より，

$$\mathrm{OPT}(I) = t^* = \min\{t : \mathrm{bins}(I,t) \leq m\} \tag{2.8}$$

となる．前章でも述べたように，式 (1.2) の最大処理時間

$$t_{\max} = \max\{t_i : i = 1,2,\ldots,n\} = \max\{a_i : i = 1,2,\ldots,n\} = a_{\max}$$

と式 (1.4) の平均完了時刻

$$T_{\mathrm{ave}} = \frac{1}{m}\sum_{i=1}^{n} t_i = \frac{1}{m}\sum_{i=1}^{n} a_i = A_{\mathrm{ave}}$$

と式 (1.6) の

$$\mathrm{LB} = \max\{t_{\max}, T_{\mathrm{ave}}\} = \max\{a_{\max}, A_{\mathrm{ave}}\}$$

を用いると，式 (1.7) と式 (1.10) から

$$\mathrm{LB} \leq \mathrm{OPT}(I) = t^* \leq 2\mathrm{LB} \tag{2.9}$$

が得られる．したがって，最小完了時刻の下界 LB と上界 2LB で定まる区間 $[\mathrm{LB}, 2\mathrm{LB}]$ を二分探索することで最小完了時刻を決定できる．

最小ビンパッキング問題は NP-困難であるので，この帰着はあまり有効そうには思えない．しかし，最小ビンパッキング問題は，異なる品物のサイズが定数個のときには，多項式時間で解けるのである．このことに注意して工夫すると，実は最小完了時刻スケジューリング問題に対する PTAS が得られるのである．そこで，まずこれから説明することにする．

2.8.1 異なる品物のサイズが定数個のときのビンパッキング

n 個の品物の集合において異なる品物のサイズが定数個であるときは，最小ビンパッキング問題は**動的計画法** (dynamic programming) に基づいて多項式時間で解けることの証明から始める．

定理 2.8 与えられた n 個の品物は，異なる品物のサイズが定数個で k 個であるとする．さらに，ビンのサイズは 1 であるとする．このとき，最小ビンパッキング問題は $\mathrm{O}(n^{2k})$ 時間で解ける．

証明： この最小ビンパッキング問題の入力は，各サイズ a_i の品物の個数 n_i を並べた $(n_1, n_2, \ldots, n_k)$ という k 組の数で表現できる．もちろん，各 $i = 1, 2, \ldots, k$ で $1 \leq n_i \leq n$ であり，$n_1 + n_2 + \cdots + n_k = n$ である．

入力 $(n_1, n_2, \ldots, n_k)$ の品物を入れるのに必要な最小ビン数を $\mathrm{BINS}(n_1, n_2, \ldots, n_k)$ とする．与えられた入力 $(n_1, n_2, \ldots, n_k)$ に対して，$\mathrm{BINS}(0, 0, \ldots, 0) = 0$ と初期設定し，さらに，1 個のビンに入れることができる品物のサイズのパターンの集合 $\mathcal{Q}$ を求める．すなわち，$0 \leq q_1 \leq n_1, 0 \leq q_2 \leq n_2, \ldots, 0 \leq q_k \leq n_k$ でありかつ $\mathrm{BINS}(q_1, q_2, \ldots, q_k) = 1$ となるすべての k 組 $(q_1, q_2, \ldots, q_k)$ の集合 $\mathcal{Q}$ を求める．したがって，

$$\mathcal{Q} = \{(q_1, q_2, \ldots, q_k) : \mathrm{BINS}(q_1, q_2, \ldots, q_k) = 1,\ 0 \leq q_i \leq n_i, 1 \leq i \leq k\}$$

を計算することになる．明らかに，$\mathcal{Q}$ は高々 $\mathrm{O}(n^k)$ 個の要素からなる．

次に，各 $(i_1, i_2, \ldots, i_k) \in \{0, \ldots, n_1\} \times \{0, \ldots, n_2\} \times \ldots \times \{0, \ldots, n_k\}$ に対して，各 $\mathrm{BINS}(i_1, i_2, \ldots, i_k)$ の値の k 次元の表を計算する．そのため最初に $\mathrm{BINS}(0, 0, \ldots, 0) = 0$ および各 $q \in \mathcal{Q}$ に対する表の要素を $\mathrm{BINS}(q) = 1$ と初期化する．そして最後に，以下の漸化式

$$\mathrm{BINS}(i_1, i_2, \ldots, i_k) = 1 + \min_{(q_1, \ldots, q_k) \in \mathcal{Q}, q_1 \leq i_1, \ldots, q_k \leq i_k} \mathrm{BINS}(i_1 - q_1, \ldots, i_k - q_k) \tag{2.10}$$

に基づいて表の残りの要素の値も計算する．各要素の値は，適切な順番で $\mathrm{O}(n^k)$ 時間で計算できる．したがって，$\mathrm{BINS}(n_1, n_2, \ldots, n_k)$ を含む表全体は $\mathrm{O}(n^{2k})$ 時間で計算できる．

各要素 $(i_1, i_2, \ldots, i_k)$ に対して式 (2.10) の最小値を達成する $q = (q_1, \ldots, q_k) \in \mathcal{Q}$ に対応する $(i_1 - q_1, i_2 - q_2, \ldots, i_k - q_k)$ を記憶しておけば，$\mathrm{BINS}(n_1, n_2, \ldots, n_k)$ 個のビンへの品物の入れ方も，さらに $\mathrm{O}(n^k)$ 時間かけるだけで計算できる．□

2.8.2　スケジューリングから特殊なビンパッキングへの帰着

完了時刻最小化スケジューリング問題を，近似的に，異なる品物のサイズが定数個である特殊な最小ビンパッキング問題に帰着して，完了時刻最小化スケジューリング問題に対する PTAS を与える．すなわち，任意の正数 $\varepsilon < \frac{1}{2}$ に対して $(1+\varepsilon)$-近似アルゴリズム $A = A(\varepsilon)$ を与える．そこで，正数 δ を

$$\delta = \frac{\varepsilon}{3} \tag{2.11}$$

とする．そして，式 (2.9) の $\mathrm{LB} \leq \mathrm{OPT}(I) \leq 2\mathrm{LB}$ からパラメーター $t \in [\mathrm{LB}, 2\mathrm{LB}]$ を用いて，サイズ t のビンへの（後述の縮小された）最小ビンパッキング問題を考える．なお（縮小された）最小ビンパッキング問題に対応す

る（縮小された）完了時刻最小化スケジューリング問題の近似解の完了時刻 $t \in [\mathrm{LB}, 2\mathrm{LB}]$ は，（元に戻した）最小ビンパッキング問題に対応する（元に戻した）完了時刻最小化スケジューリング問題の入力 $I = (t_1, t_2, \ldots, t_n)$ では，$t(1+\delta) \geq \mathrm{OPT}(I)$ を満たす高々 $t(1+\delta)$ の完了時刻になるという性質を持つ．さらに，近似解の完了時刻 $t \in [\mathrm{LB}, 2\mathrm{LB}]$ は二分探索に基づいて改善していく．

より具体的には，各 $j = 0, 1, \ldots$ に対して区間 $[t\delta(1+\delta)^j, t\delta(1+\delta)^{j+1})$ に含まれる入力 $I = (a_1, a_2, \ldots, a_n)$ の各品物のサイズ a_i（処理時間 $t_i = a_i$）を

$$a'_i = t\delta(1+\delta)^j \tag{2.12}$$

とする．これは，$t\delta(1+\delta)^j \leq a_i < t\delta(1+\delta)^{j+1}$ を満たす a_i は $a'_i = t\delta(1+\delta)^j$ と，高々 $\frac{1}{1+\delta}$ だけ縮小されることを意味し，$a'_i \leq a_i < a'_i(1+\delta)$ である．さらに，サイズ a_i が $t\delta$ 未満である**きわめて小さい**品物はサイズが 0 であるとして無視する．このようにして得られる最小ビンパッキング問題（の入力 $I' = (a'_1, a'_2, \ldots, a'_n)$）を**縮小された**最小ビンパッキング問題（の入力 I'）と呼ぶことにする．そして

$$k = \left\lfloor \log_{1+\delta} \frac{1}{\delta} \right\rfloor + 1 \tag{2.13}$$

とする．すると，k は n に依存しない定数である．

さらに，この縮小された最小ビンパッキング問題では，異なる品物のサイズは k 個となる．実際，式 (2.13) より $(1+\delta)^k > \frac{1}{\delta}$ となり，$t\delta(1+\delta)^k > t \geq \mathrm{LB} \geq t_{\max} = a_{\max}$ となるからである．したがって，この縮小された最小ビンパッキング問題（の入力 I'）は，定理 2.8 より n の多項式時間で解ける．さらに，得られた解は，式 (2.12) より，ビンのサイズを $t(1+\delta)$ とすれば，きわめて小さいサイズの品物を無視した元の最小ビンパッキング問題（の入力 I）の解となる．そこで，無視したきわめて小さいサイズの品物を単純なビンパッキングアルゴリズムの FF を用いて入るビンに（入るビンがないときには新しいビンを用いて）入れていく．こうして，サイズ $t(1+\delta)$ のビンに対する**元の**最小ビンパッキング問題（の入力 I）の解が得られる．

上記のアルゴリズムをサイズ t のビンに対する**コアアルゴリズム** $A_c(t)$ と呼ぶことにする．すなわち，サイズ t のビンに対する縮小された最小ビンパッキング問題（の入力 I'）に対する解から，ビンのサイズを $t(1+\delta)$ として，無視

したきわめて小さいサイズの品物もパッキングした元の最小ビンパッキング問題（の入力 I）の解を得るアルゴリズムがサイズ t のビンに対するコアアルゴリズム $A_c(t)$ である．これを用いて完了時刻最小化スケジューリング問題に対する PTAS を得ることができる．さらに，$t(1+\delta) \geq \mathrm{OPT}(I)$ を満たす近似解の完了時刻 $t \in [\mathrm{LB}, 2\mathrm{LB}]$ は，コアアルゴリズム $A_c(t)$ を用いて，区間 $[\mathrm{LB}, 2\mathrm{LB}]$ での二分探索を繰り返して改善していく．

すなわち，最初 $t_\ell = \mathrm{LB}$，$t_r = 2\mathrm{LB}$, $t = \lfloor \frac{t_\ell + t_r}{2} \rfloor = \lfloor \frac{3}{2}\mathrm{LB} \rfloor$（区間 $[t_\ell, t_r]$ の中央の値を t）と置いて，コアアルゴリズム $A_c(t)$ を用いてサイズ $t(1+\delta)$ のビンに対する最小ビンパッキング問題（の入力 I）の解を求める．このとき，使用したビンが m 個以下ならば $t_r = t$ と更新し，使用したビンが m 個より多かったならば $t_\ell = t$ と更新して，更新した $[t_\ell, t_r]$ を次の探索区間とする．すると，後述する補題 2.9 より，$t_\ell \leq \mathrm{OPT}(I) \leq t_r(1+\delta)$ が成立する．

こうして，探索区間の範囲は最初 LB であり，二分探索が 1 回行われると探索区間の範囲は半分に縮小される．さらに，得られた探索区間 $[t_\ell, t_r]$ の中央の値 $\lfloor \frac{t_\ell + t_r}{2} \rfloor$ を t として，これを繰り返す．そして，探索区間の範囲が $\delta\mathrm{LB}$ 以下になったときに二分探索を終了する．

したがって，二分探索は $\lceil \log_2 \frac{1}{\delta} \rceil$ 回しか繰り返されない．終了時点での探索区間 $[t_\ell, t_r]$ を $[T_\ell, T_r]$ とする．したがって，

$$T_r - T_\ell \leq \delta\mathrm{LB} \tag{2.14}$$

である．そして二分探索の終了時点での探索区間 $[T_\ell, T_r]$ の T_r を用いて，$T = (1+\delta)T_r$ を完了時刻最小化スケジューリング問題の近似解として出力する．

この一連のアルゴリズムを $A = A(\varepsilon)$ とする．上記のコアアルゴリズム $A_c(t)$ に関して以下が成立する．

補題 2.9　上記の二分探索のどの時点でも $t_\ell \leq \mathrm{OPT}(I) \leq t_r(1+\delta)$ が成立する．

証明： 式 (2.9) より $\mathrm{LB} \leq \mathrm{OPT}(I) \leq 2\mathrm{LB}$ であるので，最初の $t_\ell = \mathrm{LB}$，$t_r = 2\mathrm{LB}$ のときは，明らかに $t_\ell \leq \mathrm{OPT}(I) \leq t_r(1+\delta)$ が成立する．

i 回目の二分探索の開始時の探索区間を $[t_\ell^{(i)}, t_r^{(i)}]$ とし，$t_\ell^{(i)} \le \mathrm{OPT}(I) \le t_r^{(i)}(1+\delta)$ が成立していると仮定する．さらに，得られた探索区間 $[t_\ell^{(i)}, t_r^{(i)}]$ の中央の値 $\lfloor \frac{t_\ell^{(i)}+t_r^{(i)}}{2} \rfloor$ を t として，入力 I においてサイズ t のビンに対するコアアルゴリズム $A_c(t)$ を適用して得られるビンの個数を $\alpha(t)$ とする．注意しておきたいことは，サイズ t のビンに対するコアアルゴリズム $A_c(t)$ で実際のビンパッキングに使用するビンのサイズは $t(1+\delta)$ であることである．一方，入力 I において $\mathrm{bins}(I,t)$ はサイズ t のビンに対するビンパッキングで使用するビンの最小個数である．これらの間には

$$\alpha(t) \le \mathrm{bins}(I,t) \tag{2.15}$$

が成立する．

実際，コアアルゴリズム $A_c(t)$ できわめて小さい品物を入れるときに新しいビンが開けられなかったときは，使用されたビンの個数 $\alpha(t)$ は，縮小された最小ビンパッキング問題（の入力 I'）に対して使用したサイズ t のビンの最小個数 $\mathrm{bins}(I',t)$ であるので，$\alpha(t) = \mathrm{bins}(I',t) \le \mathrm{bins}(I,t)$ が明らかに成立する．

一方，コアアルゴリズム $A_c(t)$ で入力 I のきわめて小さい品物を入れるときに新しいビンが開けられたときは，縮小された最小ビンパッキング問題（の入力 I'）に対して使用したサイズ t のビンはすべて $(1+\delta)$ 倍されていて，サイズ $t(1+\delta) = t + t\delta$ のビンにサイズ $t\delta$ 未満のきわめて小さい品物が入らず，新しいビンを開けたことになり，最後に新しく開けられたビン以外の古いビンの占有量は t より真に大きい値になる．したがって，入力 I に対するビンの占有量の総和 S （したがって，S は品物のサイズの総和で $S = \sum_1^n a_i$ である）は $(\alpha(t)-1)t$ より真に大きい値になり，$\mathrm{bins}(I,t) \ge \frac{S}{t} > \alpha(t) - 1$（かつ $\mathrm{bins}(I,t)$ と $\alpha(t)$ がともに整数であること）から $\alpha(t) \le \mathrm{bins}(I,t)$ が成立することになる．

以上の議論により，式 (2.15) が成立することが得られた．

コアアルゴリズム $A_c(t)$ を入力 I に適用して得られるビンの個数 $\alpha(t)$ が m より大きいときには，入力 I に対するビンパッキングで使用するサイズ t のビンの最小個数 $\mathrm{bins}(I,t)$ は式 (2.15) より $\mathrm{bins}(I,t) \ge \alpha(t) > m$ となり，さらに式 (2.8) より，

$$\mathrm{OPT}(I) = t^* = \min\{t' : \mathrm{bins}(I,t') \le m\}$$

であるので，$\mathrm{OPT}(I) > t$ が得られる．したがって，$t \le \mathrm{OPT}(I) \le t_r^{(i)}(1+\delta)$ となり，このときには $t_\ell^{(i+1)} = t$ と更新されるので，$t_\ell^{(i+1)} = t \le \mathrm{OPT}(I) \le t_r^{(i+1)}(1+\delta)$ が成立する．

一方，コアアルゴリズム $A_c(t)$ を入力 I に適用して得られるビンの個数 $\alpha(t)$ が m 以下であるときには，サイズ $t(1+\delta)$ の m 個のビンにすべての品物をビンパッキングできているので，式 (2.8) の

$$\mathrm{OPT}(I) = t^* = \min\{t' : \mathrm{bins}(I,t') \le m\}$$

より，$\mathrm{OPT}(I) \le t(1+\delta)$ となり $t_\ell^{(i)} \le \mathrm{OPT}(I) \le t(1+\delta)$ が成立する．さらにこ

のときには $t_r^{(i+1)} = t$ と更新されるので，$t_\ell^{(i+1)} \leq \mathrm{OPT}(I) \leq t_r^{(i+1)}(1+\delta)$ が成立する．

以上より，二分探索のどの時点でも $t_\ell \leq \mathrm{OPT}(I) \leq t_r(1+\delta)$ が成立する．□

補題 2.10　二分探索の終了時点での探索区間を $[T_\ell, T_r]$ とする．すると，

$$T_r \leq (1+\delta)\mathrm{OPT}(I)$$

が成立する．

証明：式 (2.14) と補題 2.9 より，$T_r - \delta\mathrm{LB} \leq T_\ell \leq \mathrm{OPT}(I) \leq T_r(1+\delta)$ が成立する．したがって，式 (2.9) の $\mathrm{LB} \leq \mathrm{OPT}(I)$ より，

$$T_r \leq \mathrm{OPT}(I) + \delta\mathrm{LB} \leq (1+\delta)\mathrm{OPT}(I)$$

が得られる．□

前にも述べたように，アルゴリズム $A = A(\varepsilon)$ は，各 $i = 1, 2, \ldots, k$ の探索区間 $[t_\ell^{(i)}, t_r^{(i)}]$ で中央の値 $\lfloor \frac{t_\ell^{(i)} + t_r^{(i)}}{2} \rfloor$ を t としてコアアルゴリズム $A_c(t)$ を用いて二分探索を繰り返して，探索区間の範囲が $\delta\mathrm{LB}$ 以下になったときに二分探索を終了し，二分探索の終了時点での探索区間 $[T_\ell, T_r]$ の T_r を用いて，$T = (1+\delta)T_r$ を完了時刻最小化スケジューリング問題の近似解として出力する一連のアルゴリズムであることに注意しよう．

定理 2.11　上記のアルゴリズム $A = A(\varepsilon)$ は，完了時刻最小化スケジューリング問題に対する PTAS である．すなわち，完了時刻 T が $T \leq (1+\varepsilon)\mathrm{OPT}(I)$ を満たす $(1+\varepsilon)$-近似アルゴリズムである．

証明：最終的に出力されるビンパッキングのビンのサイズは $T = (1+\delta)T_r$ である．補題 2.10 より $T_r \leq (1+\delta)\mathrm{OPT}(I)$ である．さらに，$\varepsilon < \frac{1}{2}$ であり，かつ式 (2.11) より $\delta = \frac{\varepsilon}{3}$ であるので，

$$T \leq (1+\delta)^2\mathrm{OPT}(I) \leq (1+3\delta)\mathrm{OPT}(I) = (1+\varepsilon)\mathrm{OPT}(I)$$

が得られる．

式 (2.13) より $k = \lceil \log_{1+\delta} \frac{1}{\delta} \rceil = \lceil \log_{1+\frac{\varepsilon}{3}} \frac{3}{\varepsilon} \rceil$ であり，サイズ t のビンに対する縮小された最小ビンパッキング問題の入力 I' における異なるサイズが k 個であることから，定理 2.8 より，コアアルゴリズム $A_c(t)$ の計算時間は $\mathrm{O}(n^{2k})$ となるので，全体のアルゴリズムの計算時間は $\mathrm{O}\left(n^{2k}\lceil \log_2 \frac{1}{\delta} \rceil\right) = \mathrm{O}\left(n^{2k}\lceil \log_2 \frac{3}{\varepsilon} \rceil\right)$ である．ε を正

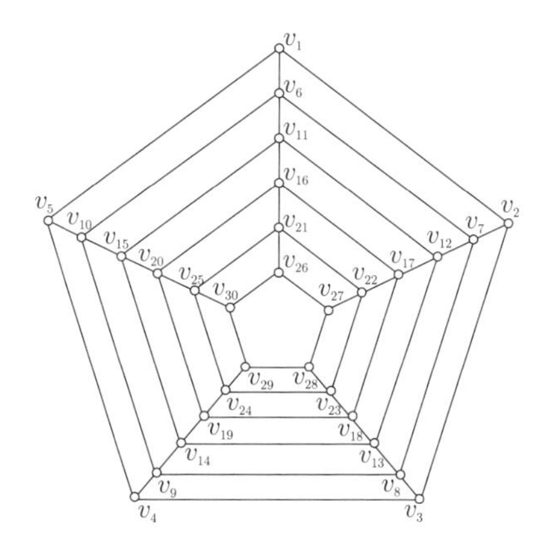

図 2.7　6-外平面グラフ $G = (V, E)$.

定数と考えているので式 (2.13) より $k = \lceil \log_{1+\delta} \frac{1}{\delta} \rceil = \lceil \log_{1+\frac{\varepsilon}{3}} \frac{3}{\varepsilon} \rceil$ も定数となり，$n^{2k\lceil \log_2 \frac{3}{\varepsilon} \rceil}$ は n の多項式関数である． □

2.9　発展：平面グラフの最大独立集合問題に対する PTAS

B.S. Baker (1994) [16] は，k-外平面グラフ $G = (V, E)$ の最大独立集合を求める $O(8^k kn)$ 時間のアルゴリズムを与えている．

なお，無向グラフ $G = (V, E)$ において，点の部分集合 $U \subseteq V$ は，U のどの 2 点 u, v に対しても (u, v) が G の辺でないとき，**独立集合** (independent set) と呼ばれる．**最大独立集合問題** (maximum independent set problem) は，与えられた無向グラフ $G = (V, E)$ の点数最大の独立集合を求める問題である．

また，k-外平面グラフとは，平面に端点以外で辺が交差しないように描画された平面的グラフで，以下のように再帰的に定義されるグラフである．1-外平面グラフとは，外平面グラフ，すなわち，すべての点が外面に面するように描画されたグラフである．k-外平面グラフとは，外面に属する点とそれらに接続する辺を除去すると $(k-1)$-外平面グラフとなるようなグラフである (図 2.7).

さらに，彼女は，この結果を用いて，平面グラフに限定した最大独立集合問題（平面グラフに限定しても最大独立集合問題は NP-困難であることが知られている）に対して，PTAS を与えている．任意の平面グラフを，$k+1$ 個の k-外平面グラフに分解し，それらそれぞれの k-外平面グラフに対して，最大独立集合を求めて，一番点数の大きいものを出力するというものである．以下では，Ausiello-Crescenzi-Gambosi-Kann-Marchetti-Spaccamela-Protasi (1999) [14] による解説に基づいて，これを簡単に説明する．

平面描画された平面グラフ $G=(V,E)$ を固定する．そして G の各点にレベルを以下のようにつける．外面に面する点はレベル 1 である．次に，このレベル 1 の点をすべて除去したときに外面になる面に面する点をレベル 2 とする．以下同様にして，レベル i までの点をすべて除去したときに外面になる面に面する点をレベル $i+1$ とする．すべての点にレベルがつくまでこれを繰り返す．そして，与えられた $\varepsilon > 0$ に対して，

$$k = \left\lceil \frac{1}{\varepsilon} \right\rceil \tag{2.16}$$

とする．$i = \ell \bmod (k+1)$ を満たすすべてのレベル ℓ の点からなる集合を V_i とする．すると，

$$V_i \cap V_j = \emptyset \quad (0 \le i < j \le k) \quad \text{かつ} \quad V_0 \cup V_1 \cup \cdots \cup V_k = V \tag{2.17}$$

が成立する．図 2.7 のグラフ $G=(V,E)$ では，各 $i=1,2,3,4,5,6$ に対して，

$$\{v_{5(i-1)+1}, v_{5(i-1)+2}, v_{5(i-1)+3}, v_{5(i-1)+4}, v_{5i}\}$$

がレベル i の点集合である．さらに，$\varepsilon = 0.5$ ならば，$k=2$ であり，

$$V_0 = \{v_{11}, v_{12}, v_{13}, v_{14}, v_{15}, v_{26}, v_{27}, v_{28}, v_{29}, v_{30}\},$$
$$V_1 = \{v_1, v_2, v_3, v_4, v_5, v_{16}, v_{17}, v_{18}, v_{19}, v_{20}\},$$
$$V_2 = \{v_6, v_7, v_8, v_9, v_{10}, v_{21}, v_{22}, v_{23}, v_{24}, v_{25}\}$$

となる．各 $i=0,1,\ldots,k$ に対して $H_i = G - V_i$ と定義する．すると，H_i の各連結成分は k-外平面グラフになる．そこで，Baker のアルゴリズムで H_i の各連結成分の最大独立集合を求めて和集合を U_i とする．すると，U_i は H_i の最大独立集合となる．そして，$|U_\ell| = \max_{i=0}^{k} |U_i|$ となるような H_ℓ の最大独立集合 U_ℓ を近似解 $U = U_\ell$ として出力する．

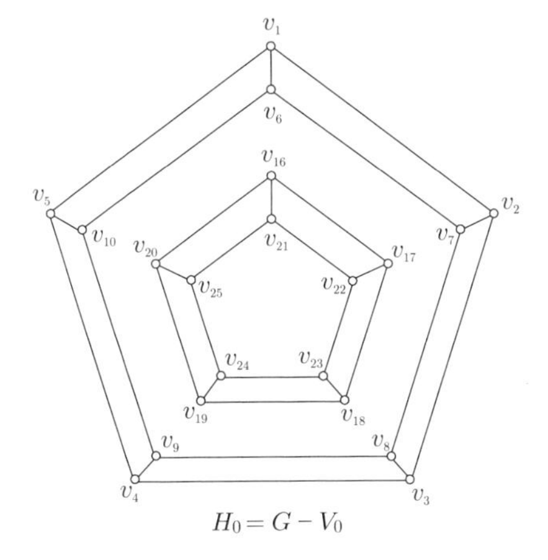

図 2.8　図 2.7 の 6-外平面グラフ $G = (V, E)$ に対するグラフ $H_0 = G - V_0$.

たとえば，$\varepsilon = 0.5$ ならば $k = 2$ であり，図 2.7 のグラフ $G = (V, E)$ では，$H_0 = G - V_0$ は図 2.8 のグラフとなる．したがって，各 H_i $(i = 0, 1, 2)$ が 2-外平面グラフになり，

$$U_0 = \{v_1, v_3, v_7, v_9, v_{16}, v_{18}, v_{22}, v_{24}\},$$

$$U_1 = \{v_6, v_8, v_{12}, v_{14}, v_{21}, v_{23}, v_{27}, v_{29}\},$$

$$U_2 = \{v_1, v_3, v_{11}, v_{13}, v_{17}, v_{19}, v_{27}, v_{29}\}$$

などが，それぞれ，H_0, H_1, H_2 の最大独立集合となる．したがって，$U = U_0$ などが G の独立集合として出力される．

最適解を U^* とする．すると，式 (2.17) より $|U^*| = \sum_{i=0}^{k} |U^* \cap V_i|$ であり，

$$|U^* \cap V_j| \le \frac{|U^*|}{k+1}$$

を満たす j が存在する．実際，存在しないとすると，すべての $i = 0, 1, \ldots, k$ で $|U^* \cap V_i| > \frac{|U^*|}{k+1}$ となり，

$$|U^*| = \sum_{i=0}^{k} |U^* \cap V_i| > (k+1)\frac{|U^*|}{k+1} = |U^*|$$

となってしまい矛盾するからである．$|U^* \cap V_j| \leq \frac{|U^*|}{k+1}$ を満たす j に対して，$|U^* - V_j| = |U^* - U^* \cap V_j| = |U^*| - |U^* \cap V_j| \geq \frac{k}{k+1}|U^*|$ であり，さらに，$U^* - V_j$ は H_j の独立集合であり，U_j が H_j の最大独立集合であるので，

$$\frac{k}{k+1}|U^*| \leq |U^* - V_j| \leq |U_j| \leq |U|$$

が成立する．したがって，式 (2.16) より，$\frac{|U^*|}{|U|} \leq 1 + \frac{1}{k} \leq 1 + \varepsilon$ が得られる．

なお，計算時間は，$k+1$ 個の k-外平面グラフの最大独立集合を求めることになるので，1 個の k-外平面グラフの最大独立集合を求める計算時間が $\mathrm{O}(8^k kn)$ である [16] ことから，$\mathrm{O}(8^k k^2 n)$ となる．

Baker (1994) [16] は，平面グラフに限定した最小点カバー問題 (問題 1.2) や最小支配集合問題に対しても，同様の手法に基づいて PTAS を与えている．なお，無向グラフ $G = (V, E)$ において，点の部分集合 $U \subseteq V$ は，$V - U$ のどの点 v に対しても v と U のいずれかを結ぶ G の辺 $e \in E$ が存在するとき，**支配集合** (dominating set) と呼ばれる．**最小支配集合問題** (minimum dominating set problem) は，与えられた無向グラフ $G = (V, E)$ の点数最小の支配集合を求める問題である．

第3章

クラスFPTAS

本章の目標

前章までの **APX** と **PTAS** に続いて，クラス **FPTAS** について理解する．

キーワード

FPTAS，擬多項式時間，強 NP-困難，部分集合和，最大部分集合和，ナップサック問題，動的計画法

3.1 ウォーミングアップ問題

(a) サイズ 21 の箱が 1 個と，6 個の品物 1,2,3,4,5,6 があり，各品物 i のサイズ a_i は

$$a_1 = 9, \quad a_2 = 7, \quad a_3 = 4, \quad a_4 = 5, \quad a_5 = 8, \quad a_6 = 6$$

であるとする．このとき，これらの品物をこの箱のサイズ 21 を超えないように入れて，箱に入れた品物のサイズの総和ができるだけ大きくなるようにしたい．品物をどのように入れればよいか？

(b) 上の問題 (a) の各品物は固有の価値を持ち，品物 i の価値 c_i は

$$c_1 = 18, \quad c_2 = 13, \quad c_3 = 5, \quad c_4 = 9, \quad c_5 = 16, \quad c_6 = 11$$

であるとする．このとき，これらの品物を箱のサイズ 21 を超えないように入れて，箱に入れた品物の価値の総和ができるだけ大きくなるよ

うにしたい．品物をどのように入れればよいか？

3.1.1 ウォーミングアップ問題の解説

(a) サイズ 21 の箱に $\{1,2,4\}$ の品物を入れると，入れた品物のサイズの総和は $a_1+a_2+a_4=9+7+5=21$ となり，箱のサイズ 21 に一致する．したがって，これが箱に入れた品物のサイズの総和ができるだけ大きくなる入れ方になっている．なお，この問題は**最大部分集合和問題**と呼ばれる．また，箱のサイズに一致する品物の入れ方が存在するかどうかを判定する問題は，最大部分集合和問題の判定版と言えるが，それは**部分集合和問題**と呼ばれる．

(b) 上記のように，$\{1,2,4\}$ の品物を箱に入れると，入れた品物のサイズの総和は $a_1+a_2+a_4=9+7+5=21$ となり，箱のサイズ 21 に一致する．また，箱に入れた品物の価値の総和は $c_1+c_2+c_4=18+13+9=40$ となる．これは，箱のサイズを超えないように入れて，箱に入れた品物の価値の総和ができるだけ大きくなるような入れ方になっていることが（全通り考えてみれば）確かめられる．なお，この問題は**ナップサック問題** と呼ばれる．

3.2 ナップサック問題と関連する問題

本章では，上記のウォーミングアップ問題で取り上げた問題を議論する．すなわち，部分集合和問題，最大部分集合和問題，ナップサック問題を議論する．まず，はじめにこれらの問題を形式的に定義する．

問題 3.1 部分集合和問題 (subset sum problem)

入力： n 個の正整数 a_i $(i=1,2,\ldots,n)$ と正整数 b.

タスク： $\sum_{i\in X} a_i = b$ となるような部分集合 $X \subseteq \{1,2,\ldots,n\}$ が存在するかどうかを判定する．

部分集合和問題の最適化版が以下の最大部分集合和問題である.

問題 3.2　最大部分集合和問題 (maximum subset sum problem)

入力： n 個の正整数 a_i $(i = 1, 2, \ldots, n)$ と正整数 b.

タスク： $\sum_{i \in X} a_i \leq b$ を満たすような部分集合 $X \subseteq \{1, 2, \ldots, n\}$ のうちで和 $\sum_{i \in X} a_i$ が最大となるものを求める.

最大部分集合和問題をさらに一般化した問題が以下のナップサック問題である.

問題 3.3　ナップサック問題 (knapsack problem)

入力： n 組の 2 個の正整数 a_i, c_i $(i = 1, 2, \ldots, n)$ と正整数 b.

タスク： $\sum_{i \in X} a_i \leq b$ を満たすような部分集合 $X \subseteq \{1, 2, \ldots, n\}$ のうちで和 $\sum_{i \in X} c_i$ が最大となるものを求める.

なお，最大部分集合和問題は，すべての $i = 1, 2, \ldots, n$ で $c_i = a_i$ であるナップサック問題の特殊ケースである．ナップサック問題と最大部分集合和問題は最適化問題であり，どちらも NP-困難であることが知られている．また，判定問題版の部分集合和問題は NP-完全であることが知られている．

本章では，ナップサック問題がクラス **FPTAS** (fully polynomial time approximation scheme) に属することを，主として示すことにする．1.2 節の性能保証付き近似アルゴリズムの基礎概念でも述べたように，最大化問題 P に対する FPTAS とは，P の入力 $I(P)$ と任意の正のパラメーター ε が与えられたときに，計算時間が $I(P)$ の入力サイズ n と $\frac{1}{\varepsilon}$ の多項式関数であり，かつ近似保証 α が $\alpha = 1 - \varepsilon$ と書けるような問題 P を解くアルゴリズム $A = A(\varepsilon)$ である．したがって，任意の $\varepsilon > 0$ に対して n と $\frac{1}{\varepsilon}$ の多項式の計算時間の $(1 - \varepsilon)$-近似アルゴリズム $A(\varepsilon)$ をナップサック問題に対して与えることができることを示す．

なお，ナップサック問題において，b はナップサックのサイズであり，a_i と

c_i はそれぞれ品物 i のサイズと価値であると考えることにする．また，$a_i > b$ となる品物 i は $\sum_{i \in X} a_i \leq b$ を満たすような部分集合 $X \subseteq \{1, 2, \ldots, n\}$ には決して含まれないので無視できる．したがって，ナップサック問題では

$$b \geq \max_{1 \leq i \leq n} \{a_i\} \tag{3.1}$$

と仮定できる．以下の議論でもこれを常に仮定する．さらに，品物の部分集合 $X \subseteq \{1, 2, \ldots, n\}$ に対して，X のサイズを $a(X)$，価値を $c(X)$ とする．すなわち，

$$a(X) = \sum_{i \in X} a_i, \quad c(X) = \sum_{i \in X} c_i \tag{3.2}$$

の記法を用いる．

3.3　ナップサック問題に対する擬多項式時間アルゴリズム

ナップサック問題が **FPTAS** に属することを示す前に，本節では，各 c_i が n に比べてそれほど大きくない（すなわち，n の多項式オーダーの大きさである）ときには，最適解を多項式時間で求めることができることを示す．すなわち，

$$C = \max\{c_i : i = 1, 2, \ldots, n\} \tag{3.3}$$

とおくと，$\mathrm{O}(n^2 C)$ の計算時間でナップサック問題の最適解を得ることができる．このように，n と C の多項式の計算時間のアルゴリズムは，**擬多項式時間アルゴリズム** (pseudo polynomial time algorithm) と呼ばれる．したがって，C が n の多項式オーダーならば，擬多項式時間アルゴリズムは多項式時間アルゴリズムになる．一般には，$C \geq 2^n$ となることもあり，そのときには，$n^2 C \geq n^2 2^n$ となるので，$\mathrm{O}(n^2 C)$ の計算時間のアルゴリズムは多項式時間アルゴリズムとは言えない．

アルゴリズムは動的計画法に基づいている．直観的な説明を与えてから，形式的なアルゴリズムを述べることにする．P を品物の価値の総和，すなわち，

$$P = \sum_{i=1}^{n} c_i = c(\{1, 2, \ldots, n\}) \tag{3.4}$$

とする．すると，P が実現できる解の価値の上界になることは自明である．そこで，各 $i \in \{1, \ldots, n\}$ および各 $p \in \{0, 1, \ldots, P\}$ に対して，i 番目までの品物の集合 $\{a_1, \ldots, a_i\}$ から，価値がちょうど p となる部分集合 $S \subseteq \{1, 2, \ldots, i\}$（すなわち，$c(S) = p$ となる S）のうちでサイズ $a(S)$ が最小となるものを選び，それを $S_{i,p}$ と表すことにする．さらに，各 $p \in \{0, 1, \ldots, P\}$ に対して集合 $S_{i,p}$ が存在するときには $A(i, p)$ を $S_{i,p}$ のサイズ $a(S_{i,p})$ とし，そのような集合 $S_{i,p}$ が存在しないときには $A(i, p) = \infty$ とする．すなわち，

$$A(i,p) = \begin{cases} a(S_{i,p}) & (S_{i,p} \text{ が存在するとき}) \\ \infty & (S_{i,p} \text{ が存在しないとき}) \end{cases} \tag{3.5}$$

である．

明らかに，各 $i \in \{1, \ldots, n\}$ に対して，$A(i, 0) = 0$ と初期化できる．実際，価値 0 を実現するには何も選ばなくてもよい（$S_{i,0} = \emptyset$ から $S_{i,0}$ のサイズ $a(S_{i,0})$ は 0 となる）からである．また，$A(1, p)$ は各 $p \in \{1, \ldots, P\}$ に対して容易に計算できる．実際，$i = 1$ のときには品物 1 を選ぶときには価値 $p = c_1$ のみが実現できて $A(1, c_1) = a_1$ であり，選ばないときには 0 以外の価値は実現できないのですべての $p \neq c_1, 0$ で $A(1, p) = \infty$ である．さらに，各 $i \geq 2$ で次の漸化式

$$A(i,p) = \begin{cases} \min\{A(i-1,p),\ a_i + A(i-1,p-c_i)\} & (p \geq c_i) \\ A(i-1,p) & (p < c_i) \end{cases} \tag{3.6}$$

が成立する．これは以下のことからわかる．

$p < c_i$ ならば価値 p を実現するのに品物 i は明らかに使われないので $A(i, p) = A(i-1, p)$ が成立する．一方，$p \geq c_i$ ならば，価値 p を実現するのに品物 i を使うことも可能である．したがって，品物 i を使うほうが品物 i を使わないよりサイズの総和を小さくできるときには $S_{i,p} = S_{i-1,p-c_i} \cup \{i\}$ となって $A(i, p) = a_i + A(i-1, p-c_i)$ となり，品物 i を使わないほうが品物 i を使うよりサイズの総和を小さくできるときは $S_{i,p} = S_{i-1,p}$ となって $A(i, p) = A(i-1, p)$ となるからである．

この漸化式 (3.6) を用いて，各 $i \in \{2, 3, \ldots, n\}$ に対して，すべての $A(i-1, p)$ からすべての $A(i, p)$ の値を計算できる．これに基づいて，ナップサック問題

に対する擬多項式時間アルゴリズムは，形式的には以下のように書ける．

アルゴリズム 3.1　ナップサック問題に対する擬多項式時間アルゴリズム

入力：　n 組の 2 個の正整数 a_i, c_i $(i = 1, 2, \ldots, n)$ と正整数 b.

出力：　$a(X) = \sum_{i \in X} a_i \leq b$ を満たすような部分集合 $X \subseteq \{1, 2, \ldots, n\}$ のうちで $c(X) = \sum_{i \in X} c_i$ が最大となるもの.

アルゴリズム：

1.　$P = \sum_{i=1}^{n} c_i$ とする.

2.　各 $i \in \{1, \ldots, n\}$ に対して $A(i, 0) = 0$ とする.
　　各 $p \in \{1, \ldots, P\}$ に対して，
　　　$p = c_1$ ならば $A(1, p) = a_1$ とし，
　　　$p \neq c_1$ ならば $A(1, p) = \infty$ とする.

3.　**for** $i = 2$ **to** n **do**
　　　for $p = 1$ **to** P **do**
　　　　$p < c_i$ ならば $A(i, p) = A(i-1, p)$ とする.
　　　　$p \geq c_i$ ならば
　　　　　$A(i, p) = \min\{A(i-1, p),\ a_i + A(i-1, p-c_i)\}$ とする.

4.　$A(n, p) \leq b$ となる最大の p を q とする．$X = \emptyset$ とする.

5.　**for** $i = n$ **downto** 2 **do**
　　　$A(i, q) < A(i-1, q)$ ならば，$X = X \cup \{i\}$，$q = q - c_i$ とする.

6.　$q > 0$ ならば $X = X \cup \{1\}$ とする.

7.　X を出力する.

3.3.1　アルゴリズム 3.1 の実行例

以下の入力

$$(a_1, a_2, a_3, a_4, a_5) = (7, 2, 5, 8, 3),$$

$$(c_1, c_2, c_3, c_4, c_5) = (11, 3, 9, 13, 5),$$

$$b = 10$$

に対してアルゴリズム 3.1 を実行してみよう.

まず P が $P = \sum_{i=1}^{6} c_i = 11 + 3 + 9 + 13 + 5 = 41$ と設定される．さらに，各 $A(i, p)$ $(1 \leq i \leq 5,\ 0 \leq p \leq 41)$ は，以下のように計算される.

	0	1	2	3	4	5	6	7	8	9	10	11	12	13
$A(1,p)$	0	∞	∞	∞	∞	∞	∞	∞	∞	∞	∞	7	∞	∞

	14	15	16	17	18	19	20	21	22	23	24	25	26	27
$A(1,p)$	∞	∞	∞	∞	∞	∞	∞	∞	∞	∞	∞	∞	∞	∞

	28	29	30	31	32	33	34	35	36	37	38	39	40	41
$A(1,p)$	∞	∞	∞	∞	∞	∞	∞	∞	∞	∞	∞	∞	∞	∞

なお，∞ でない値をとるのは，$A(1, 0) = 0$，$A(1, 11) = 7$ のみである.

	0	1	2	3	4	5	6	7	8	9	10	11	12	13
$A(2,p)$	0	∞	∞	2	∞	∞	∞	∞	∞	∞	∞	7	∞	∞

	14	15	16	17	18	19	20	21	22	23	24	25	26	27
$A(2,p)$	9	∞	∞	∞	∞	∞	∞	∞	∞	∞	∞	∞	∞	∞

	28	29	30	31	32	33	34	35	36	37	38	39	40	41
$A(2,p)$	∞	∞	∞	∞	∞	∞	∞	∞	∞	∞	∞	∞	∞	∞

∞ でない値をとるのは，$A(2, 0) = 0$，$A(2, 3) = 2$，$A(2, 11) = 7$，$A(2, 14) = 9$ のみである.

	0	1	2	3	4	5	6	7	8	9	10	11	12	13
$A(3,p)$	0	∞	∞	2	∞	∞	∞	∞	∞	5	∞	7	7	∞

	14	15	16	17	18	19	20	21	22	23	24	25	26	27
$A(3,p)$	9	∞	∞	∞	∞	∞	12	∞	∞	14	∞	∞	∞	∞

	28	29	30	31	32	33	34	35	36	37	38	39	40	41
$A(3,p)$	∞	∞	∞	∞	∞	∞	∞	∞	∞	∞	∞	∞	∞	∞

∞ でない値をとるのは，$A(3, 0) = 0$，$A(3, 3) = 2$，$A(3, 9) = 5$，$A(3, 11) = 7$，$A(3, 12) = 7$，$A(3, 14) = 9$，$A(3, 20) = 12$，$A(3, 23) = 14$ のみである.

なお，$i = 4, 5$ では $A(i, p) \neq \infty$ となるものがかなり多くなるので，上記のように具体的に挙げることは省略する．

	0	1	2	3	4	5	6	7	8	9	10	11	12	13
$A(4,p)$	0	∞	∞	2	∞	∞	∞	∞	∞	5	∞	7	7	8

	14	15	16	17	18	19	20	21	22	23	24	25	26	27
	9	∞	10	∞	∞	∞	12	∞	13	14	15	15	∞	17

	28	29	30	31	32	33	34	35	36	37	38	39	40	41
	∞	∞	∞	∞	∞	20	∞	∞	22	∞	∞	∞	∞	∞

	0	1	2	3	4	5	6	7	8	9	10	11	12	13
$A(5,p)$	0	∞	∞	2	∞	3	∞	∞	5	5	∞	7	7	8

	14	15	16	17	18	19	20	21	22	23	24	25	26	27
	8	∞	10	10	11	12	12	13	13	14	15	15	∞	16

	28	29	30	31	32	33	34	35	36	37	38	39	40	41
	17	18	18	∞	20	20	∞	∞	22	∞	23	∞	∞	25

したがって，$A(5, p) \leq b = 10$ となる最大の p である q は $q = 17$ となる．$A(5, 17) = 10$ であり，$A(4, 17) = \infty$ であるので，$X = \{5\}$ に更新される．さらに，q は $q - c_5 = 17 - 5 = 12$ に更新され，$A(4, 12) = A(3, 12) = 7$ でありかつ $A(2, 12) = \infty$ であるので，$X = \{3, 5\}$ に更新される．さらに，q は $q - c_3 = 12 - 9 = 3$ に更新され，$A(2, 3) = 2$ かつ $A(1, 3) = \infty$ であるので，$X = \{2, 3, 5\}$ に更新される．さらに，q は $q - c_2 = 3 - 3 = 0$ に更新され，$X = \{2, 3, 5\}$ が出力される．X で達成されるサイズの総和と価値の総和はそれぞれ $\sum_{i \in X} a_i = 2 + 5 + 3 = 10$ と $\sum_{i \in X} c_i = 3 + 9 + 5 = 17$ である．

3.3.2　アルゴリズム 3.1 の正当性と計算時間

定理 3.1　アルゴリズム 3.1 は，ナップサック問題の最適解を $\mathrm{O}(n^2 C)$ 時間で求める．なお，$C = \max\{c_i : i = 1, 2, \ldots, n\}$ である．

証明： アルゴリズムの正当性は，上記の漸化式 (3.6) が成立することの説明から明らかである．計算時間は，6. は O(1)，1., 5., 7. はいずれも $O(n)$，2., 4. はいずれも O(P) でできる（$n \leq P$ と考えている）．さらに，3. は O(nP) でできる．したがって，全体の計算時間は O(nP) である．$C = \max\{c_i : i = 1, 2, \ldots, n\}$ であるので，$P \leq nC$ より，計算時間は O(n^2C) である． □

3.4 ナップサック問題に対する FPTAS

ナップサック問題は O(n^2C) 時間の擬多項式時間アルゴリズムを持つことを前節で示した．したがって，C が n の多項式オーダーであるナップサック問題の入力は多項式時間で解ける．C が大きくて n の多項式オーダーでないときでも，最適解の構造を大きく変えることなく価値の大きさを小さくできれば，かなり良い近似アルゴリズムにつながっていく．実際，ナップサック問題に対して**スケーリング** (scaling) と呼ばれるそのような技法が存在する．以下では，そのスケーリングに基づいてナップサック問題に対する FPTAS を与える．

アルゴリズム 3.2　ナップサック問題に対する FPTAS

入力：　n 組の 2 個の正整数 a_i, c_i $(i = 1, 2, \ldots, n)$ と正整数 b と正数 ε.

出力：　$a(X) = \sum_{i \in X} a_i \leq b$ を満たすような部分集合 $X = X^a \subseteq \{1, 2, \ldots, n\}$.

アルゴリズム：

1. $C = \max\{c_i : i = 1, 2, \ldots, n\}$ とする．
   $K = \dfrac{\varepsilon C}{n}$ とする．
2. 各品物 i に対して，その価値を $c'_i = \left\lfloor \dfrac{c_i}{K} \right\rfloor$ と修正する．
3. この修正した価値のもとでナップサック問題の最適解（厳密解）X^r をアルゴリズム 3.1 に基づいて求める．
4. 上記の解 X^r と最初の問題での価値のもとで最大価値の品物を一つ選んだ解のうちで，最初の問題での価値の大きいほうを近似解 X^a として採用して，X^a を出力する．

3.4.1　アルゴリズム 3.2 の実行例

以下の入力

$$(a_1, a_2, a_3, a_4, a_5) = (7, 2, 5, 8, 3),$$
$$(c_1, c_2, c_3, c_4, c_5) = (550, 150, 450, 650, 250),$$
$$b = 10$$

に対して $\varepsilon = 0.384$ としてアルゴリズム 3.2 を実行してみよう．

まず $C = 650$ から $K = \frac{\varepsilon C}{n} = \frac{0.384 \cdot 650}{5} = 49.92$ となる．したがって，

$$(c'_1, c'_2, c'_3, c'_4, c'_5) = (11, 3, 9, 13, 5)$$

となる．この修正した入力

$$(a_1, a_2, a_3, a_4, a_5) = (7, 2, 5, 8, 3),$$
$$(c'_1, c'_2, c'_3, c'_4, c'_5) = (11, 3, 9, 13, 5),$$
$$b = 10$$

は前節のアルゴリズム 3.1 の実行例で取り上げたものに一致する．したがって，最適解 X^r は $X^r = \{2, 3, 5\}$ となる．$X^r = \{2, 3, 5\}$ の最初の問題での価値は $150 + 450 + 250 = 850$ となる．一方，最大価値のものを一つ選ぶと価値は 650 になる．したがって，アルゴリズム 3.2 は，$X^a = X^r = \{2, 3, 5\}$ を近似解として出力する．なお，この入力では，X^a は最適解である．

3.4.2　アルゴリズム 3.2 が FPTAS であることの証明

上記のアルゴリズム 3.2 が実際に FPTAS であることを示そう．

定理 3.2　アルゴリズム 3.2 は，任意の正数 $\varepsilon < 1$ に対して最適解の価値の $\frac{1}{1+\varepsilon}$ $(> 1 - \varepsilon)$ 倍以上の価値の近似解（したがって，最適解の価値と近似解の価値の比は $1 + \varepsilon$ 以下となる）を $O(\frac{1}{\varepsilon} n^3)$ 時間で求める．すなわち，アルゴリズム 3.2 は，ナップサック問題に対する FPTAS である．

証明： ナップサック問題の入力 I に対する解 $X = X(I)$ をその特性ベクトルを用いて $\boldsymbol{x} = (x_1, x_2, \ldots, x_n)$ と表すことにする．すなわち，$i \in X$ のときそしてそのときのみ $x_i = 1$ である（$i \notin X$ のときそしてそのときのみ $x_i = 0$ である）．式 (3.2) でも行なったように，解 X の価値を $c(X)$ とする．すなわち，

$$c(X) = \sum_{i=1}^{n} c_i x_i \tag{3.7}$$

である．最適解を Y とし，その特性ベクトルを $\boldsymbol{y} = (y_1, y_2, \ldots, y_n)$ とする．すると最適解の価値 OPT は $\mathrm{OPT} = c(Y) = \sum_{i=1}^{n} c_i y_i$ となる．アルゴリズム 3.2 で得られる近似解 X^a（特性ベクトル $\boldsymbol{x}^a = (x_1^a, x_2^a, \ldots, x_n^a)$）の価値が

$$c(X^a) = \sum_{i=1}^{n} c_i x_i^a \geq \frac{1}{1+\varepsilon}\mathrm{OPT} \geq (1-\varepsilon)\mathrm{OPT}$$

を満たすこと，および X^a が $\mathrm{O}(\frac{1}{\varepsilon}n^3)$ 時間で求められることを証明しよう．

修正した価値 c' での解 X（特性ベクトル $\boldsymbol{x} = (x_1, x_2, \ldots, x_n)$）の価値を $c'(X)$ とする．すなわち，

$$c'(X) = \sum_{i=1}^{n} c'_i x_i \tag{3.8}$$

である．$c'_i = \lfloor \frac{c_i}{K} \rfloor$ の定義より $0 \leq c_i - Kc'_i < K$ であるので，式 (3.7), (3.8) より，

$$0 \leq c(X^r) - Kc'(X^r) < nK \quad \text{かつ} \quad 0 \leq c(Y) - Kc'(Y) < nK \tag{3.9}$$

である．さらに，解 X^r は修正された価値 c' のもとでの最適解であるので，

$$c'(X^r) \geq c'(Y), \text{ すなわち， } Kc'(X^r) \geq Kc'(Y)$$

である．したがって，アルゴリズム 3.2 の 4. から $c(X^a) \geq C$ かつ $c(X^a) \geq c(X^r)$ であるので，式 (3.9)，$K = \dfrac{\varepsilon C}{n}$ より，

$$c(X^a) \geq c(X^r) \geq Kc'(X^r) \geq Kc'(Y) > c(Y) - nK = c(Y) - \varepsilon C \geq c(Y) - \varepsilon c(X^a)$$

が得られる．さらに，正数 $\varepsilon < 1$ から $\frac{1}{1+\varepsilon} > 1 - \varepsilon$ となるので，

$$c(X^a) \geq \frac{1}{1+\varepsilon}c(Y) = \frac{1}{1+\varepsilon}\mathrm{OPT} > (1-\varepsilon)\mathrm{OPT}$$

が得られる．

アルゴリズム 3.2 の計算時間に関しては，3. がもっとも時間のかかる部分であり，それは，定理 3.1 より，$\mathrm{O}(n^2\lfloor \frac{C}{K} \rfloor) = \mathrm{O}(n^2 \lfloor \frac{n}{\varepsilon} \rfloor) = \mathrm{O}(\frac{1}{\varepsilon}n^3)$ である． □

3.5 擬多項式時間アルゴリズムと FPTAS

前の 2 節で，ナップサック問題が擬多項式時間アルゴリズムと FPTAS を持

つことを示した．このように，擬多項式時間アルゴリズムを持つこととFPTASを持つことには密接な関係がある．実際，ある弱い条件のもとで，FPTASを持つNP-困難問題は，必ず擬多項式時間アルゴリズムを持つことが知られている．それを簡単に説明する．

整数の値からなる問題 P の入力 I に対して，I に現れる各数値（入力パラメーターの各値）の絶対値の総和を $|I_u|$ とする．たとえば，完了時刻最小化スケジューリング問題では，$|I_u| = \sum_{j=1}^{n} t_j$ と考えてよい．同様に，最大部分集合和問題では，$|I_u| = \sum_{i=1}^{n} a_i$ と考えてよい．一方，入力 I のサイズ $|I|$ は，I を表現するのに必要なビット数である．したがって，たとえば，完了時刻最小化スケジューリング問題では，$|I| = \sum_{j=1}^{n}(1 + \log_2 t_j) \le n \log_2 |I_u|$ である．入力 I のサイズ $|I|$ の多項式の計算時間のアルゴリズムは**多項式時間アルゴリズム** (polynomial time algorithm) であり，入力 I に現れる各数値（入力パラメーターの各値）の絶対値の総和 $|I_u|$ の多項式の計算時間のアルゴリズムは，**擬多項式時間アルゴリズム** (pseudo polynomial time algorithm) と呼ばれる．

以下の定理3.3はFPTASを持つNP-困難問題が擬多項式時間アルゴリズムを持つための十分条件を与えている．

定理 3.3 問題 P は，目的関数 f_P が正の整数値（すなわち，P の任意の入力 I に対する解 S_I の値 $f_P(S_I)$ が整数値）をとるようなNP-困難な最適化問題であるとする．さらに，任意の入力 I に対して，$\mathrm{OPT}(I) < p(|I_u|)$ を満たすような多項式 p が存在するものとする（たとえば，完了時刻最小化スケジューリング問題では $|I_u| = \sum_{j=1}^{n} t_j$ で $\mathrm{OPT}(I) < |I_u|$ であり，ナップサック問題では $|I_u| = \sum_{i=1}^{n} c_i + \sum_{i=1}^{n} a_i + b$ で $\mathrm{OPT}(I) \le \sum_{i=1}^{n} c_i < |I_u|$ であるので，いずれでもこの条件を満たす多項式は $p(x) = x$ と考えることができる）．このとき，問題 P はFPTASを持てば，擬多項式時間アルゴリズムも持つ．

証明： 最小化問題に限定して証明を与える．最大化問題の証明も同様に得られる．最小化問題 P がFPTAS $A(\varepsilon)$ を持つとする．すると，FPTASの定義より，P の任意の入力 I と任意の誤差パラメーター $\varepsilon > 0$ に対するこのFPTAS $A(\varepsilon)$ の計算時間が，$\mathrm{O}\left(q\left(|I|, \frac{1}{\varepsilon}\right)\right)$ と表せるような I の入力サイズ $|I|$ と $\frac{1}{\varepsilon}$ の多項式関数 q が存在する．そこで，入力 I に対して，誤差パラメーター ε を $\varepsilon = \frac{1}{p(|I_u|)}$ と置いてFPTAS $A(\varepsilon)$ を走らせる．すると，$A(\varepsilon)$ がFPTASでありかつ補題の仮定より $\mathrm{OPT}(I) < p(|I_u|)$

であるので，得られる解 S_I の値 $f_P(S_I)$ は高々

$$(1+\varepsilon)\mathrm{OPT}(I) = \mathrm{OPT}(I) + \varepsilon\mathrm{OPT}(I) < \mathrm{OPT}(I) + \varepsilon p(|I_u|) = \mathrm{OPT}(I) + 1$$

となる．したがって，$\mathrm{OPT}(I) \leq f_P(S_I) \leq (1+\varepsilon)\mathrm{OPT}(I) < \mathrm{OPT}(I)+1$ かつ $\mathrm{OPT}(I), f_P(S_I)$ がともに整数であることから，$\mathrm{OPT}(I) = f_P(S_I)$ となる．すなわち，この誤差パラメーター ε のもとでは，FPTAS $A(\varepsilon)$ で実際に最適解が得られることになる．さらに，計算時間は $\mathrm{O}(q(|I|, p(|I_u|)))$ となり，$q(|I|, p(|I_u|)$ が $|I| = \sum_{j=1}^{n}(1+\log_2 t_j) \leq n\log_2|I_u|$ から $|I_u|$ の多項式関数となるので，$A(\varepsilon)$ は P に対する擬多項式時間アルゴリズムとなる．　□

一方，入力パラメーターの値の和 $|I_u|$ が入力サイズの多項式で抑えられるような入力 I（すなわち，$|I_u| = \mathrm{O}(p(|I|))$ となるような多項式関数 $p(x)$ が存在する入力 I）に限定しても NP-困難な問題は，**強 NP-困難問題** (strongly NP-hard problem) と呼ばれる．グラフの最小点カバー問題（n 個の点と m 本の辺からなるグラフが入力 I のときには，$|I_u| = \mathrm{O}(m^2n^2)$ かつ $|I| = (m+n)\log_2(m+n)$ と見なせるので $|I_u| = \mathrm{O}(|I|^4)$ である）などは強 NP-困難問題である．さらに，最大独立集合問題，TSP，完了時刻最小化スケジューリング問題なども強 NP-困難である．一方，ナップサック問題は，$\mathbf{P} \neq \mathbf{NP}$ の仮定のもとで，強 NP-困難ではない．これは以下のことからわかる．

強 NP-困難問題の定義から，強 NP-困難問題は，$|I_u| = \mathrm{O}(p(|I|))$ となるような多項式関数 $p(x)$ が存在する入力 I に限定しても NP-困難であるので，$\mathbf{P} \neq \mathbf{NP}$ ならば，擬多項式時間アルゴリズムを持たないことが言える．実際，強 NP-困難問題 P のどの入力 I も $|I_u|$ の多項式 $q(|I_u|)$ の計算時間の擬多項式時間アルゴリズムで解けたとすると，$|I_u| = \mathrm{O}(p(|I|))$ となるような多項式関数 $p(x)$ が存在するようなすべての入力 I は $\mathrm{O}(q(p(|I|)))$ の計算時間（すなわち，$|I|$ の多項式時間）で解けることになり，P が強 NP-困難問題であることから，$\mathbf{P} = \mathbf{NP}$ が得られるからである．すなわち，$\mathbf{P} \neq \mathbf{NP}$ ならば，強 NP-困難問題 P は擬多項式時間アルゴリズムを持たない．

ナップサック問題は，定理 3.2 より FPTAS を持ち，さらに，定理 3.1 より，擬多項式時間アルゴリズムを持つ．したがって，上記の議論より，ナップサック問題は，強 NP-困難ではないことが得られる．

以上の議論より，定理 3.3 の条件を満たす強 NP-困難問題は FPTAS を持た

ないことが得られる．これを系として記しておく．

系 3.4 定理 3.3 の条件を満たす NP-困難な最適化問題 P は，強 NP-困難ならば，$\mathbf{P} \neq \mathbf{NP}$ の仮定のもとで，FPTAS を持たない．

証明： P が FPTAS を持つとする．すると，定理 3.3 より，擬多項式時間アルゴリズムを持つ．したがって，$|I_u|$ が入力サイズの多項式で抑えられるような入力 I に限定すると，強 NP-困難な問題 P が $|I|$ の多項式時間で解けることになって，$\mathbf{P} = \mathbf{NP}$ が得られる．すなわち，$\mathbf{P} \neq \mathbf{NP}$ の仮定のもとではこれは矛盾である． □

この系から，$\mathbf{P} \neq \mathbf{NP}$ の仮定のもとで，強 NP-困難な完了時刻最小化スケジューリング問題などは FPTAS を持たないことが得られる．一方，2.8 節の発展で述べたように，完了時刻最小化スケジューリング問題は PTAS を持つ．したがって，完了時刻最小化スケジューリング問題はクラス **PTAS** に属するが，$\mathbf{P} \neq \mathbf{NP}$ の仮定のもとでは，クラス **FPTAS** に属さない問題であり，**FPTAS** は **PTAS** の真部分集合（定義から FPTAS は PTAS でもあるので **FPTAS** が **PTAS** の部分集合であることは明らか）である．すなわち，$\mathbf{FPTAS} \subset \mathbf{PTAS}$ である．

3.6 まとめと文献ノート

ナップサック問題を例にとり，それがクラス **FPTAS** に属する問題であることを，実際に FPTAS のアルゴリズムを与えてその近似保証と計算時間を解析して示した．本章の記述は Vazirani (2001) [79]（邦訳：浅野 (2002)）に基づいている．そこでも述べられているように，アルゴリズム 3.2 は Ibara-Kim (1975) [55] によるものであり，定理 3.3 は Garey-Johnson (1978) [38] による．なお，Ibara-Kim (1975) [55] は，実際には，ナップサック問題に対する FPTAS として計算時間 $\mathrm{O}(n \log \frac{1}{\varepsilon} + (\frac{1}{\varepsilon})^4)$ の $(1-\varepsilon)$-近似アルゴリズム $A(\varepsilon)$ を与えている．Chan (2018) [23] はこれを改善して計算時間 $\mathrm{O}(n \log \frac{1}{\varepsilon} + (\frac{1}{\varepsilon})^{5/2}/2^{\Omega(\sqrt{\log(\frac{1}{\varepsilon})})})$ の $(1-\varepsilon)$-近似アルゴリズム $A(\varepsilon)$（FPTAS）を与えている．

最小二分割問題が PTAS を持つことを 2.2 節で示したが，それに深く関係する以下の最小部分集合和比問題は FPTAS を持つ．

問題 3.4　最小部分集合和比問題 (minimum subset-sums ratio problem)

入力：　n 個の正整数 $a_i \in \mathbf{N}$ $(i = 1, 2, \ldots, n)$.

タスク：　$\frac{\max\{\sum_{i \in X_1} a_i,\ \sum_{i \in X_2} a_i\}}{\min\{\sum_{i \in X_1} a_i,\ \sum_{i \in X_2} a_i\}}$ が最小になるような $X = \{1, 2, \ldots, n\}$ の分割 $\{X_1, X_2\}$ を求める.

この問題は，Woeginger-Yu (1992) [85] で提案され，Bazgan-Santha-Tuza (2002) [18] で FPTAS が与えられた．さらに，より単純化された FPTAS が Nanongaki (2013) [74] で与えられている.

マシーンの個数 m が定数のときの完了時刻最小化スケジューリング問題に対する FPTAS が Horowitz-Sahni (1976) [54] により与えられている．その後，**少し一般化された**完了時刻最小化スケジューリング問題に対して，マシーンの個数 m が定数のときの FPTAS が Ji-Cheng (2008) [57] により与えられている．さらに，それが FPTAS であること証明の単純化版が Woeginger (2009) [84] により与えられている.

前章の 2.6 節で，漸近的近似保証についてふれ，最小ビンパッキング問題に対する漸近的 PTAS が存在することを述べた．実は，最小ビンパッキング問題に対しては**漸近的 FPTAS** も存在することが知られている．すなわち，最小ビンパッキング問題に対する漸近的 FPTAS は，最適解で使用されるビンの個数が十分多くなるような任意の入力 I に対しては，任意の正数 ε に対して，近似保証 $1 + \varepsilon$ を達成する入力 I のサイズ $|I|$ と $\frac{1}{\varepsilon}$ の多項式時間のアルゴリズム $A(\varepsilon)$ が存在し，ε を 0 に近づければその近似保証も限りなく 1 に近づけることができる，というものである．Korte-Vygen (2007) [64]（邦訳：浅野・浅野・小野・平田 (2009)）には，最小ビンパッキング問題に対する漸近的 PTAS と漸近的 FPTAS の詳細が述べられている.

3.7　演習問題

1.　ナップサック問題の入力 $n = 6$, $b = 19800$,

$$a_1 = 1100,\ a_2 = 2300,\ a_3 = 3300,\ a_4 = 4400, a_5 = 13200, a_6 = 16500$$
$$c_1 = 2090,\ c_2 = 5500,\ c_3 = 7700,\ c_4 = 9900,\ c_5 = 27500,\ c_6 = 33000$$

に対して $\varepsilon = 0.2$ として FPTAS のアルゴリズム 3.2 を適用して得られる近似解 $\boldsymbol{x}^a = (x_1^a, x_2^a, \ldots, x_n^a)$ とその近似率を与えよ.

2. ナップサック問題に対する以下のグリーディ法を考える.

アルゴリズム 3.3 ナップサック問題に対するグリーディ法

---

1. 品物を単位価値（すなわち，$\frac{c_i}{a_i}$）の大きい順番に並べる.
   $\frac{c_1}{a_1} \geq \frac{c_2}{a_2} \geq \cdots \geq \frac{c_n}{a_n}$ とする.
2. $i = 1$ から n まで順番に，$a_i \leq b - \sum_{j=1}^{i-1} a_j x_j^g$ ならば $x_i^g = 1$ とし，そうでないならば $x_i^g = 0$ として，x_i^g を定める.
3. 上記の解 $X^g = \{i : x_i^g = 1\}$ と最大価値の品物を一つ選んだ解のうち価値の大きいほうを近似解 X^a として採用して，X^a を出力する.

このナップサック問題に対するグリーディ法は $\frac{1}{2}$-近似アルゴリズムであることを示せ.

3. 3.5 節では最小化問題に限定して定理 3.3 の証明を与えたが，最大化問題の証明も同様に得られることを示せ.

4. 完了時刻最小化スケジューリングは強 NP-困難であることを示し，完了時刻最小化スケジューリングに対する FPTAS が存在しないことを与えよ.

第4章

クラスlog-APXとクラスpoly-APX

本章の目標

クラス **APX** に属さない問題が存在することを理解し，**APX** を真部分集合として含むクラス **log-APX** および **log-APX** を真部分集合として含むクラス **poly-APX** について理解する．

キーワード

集合カバー，支配集合，独立集合，点彩色，**log-APX**，**poly-APX**，調和数

4.1 ウォーミングアップ問題

都市 X は 12 個の地域 $x_1, x_2, \ldots, x_{12}$ に分割されていて，すべての地域の住民にサービスを提供するために，施設をいくつか建設することになっている．建設可能な候補施設が $S_1, S_2, \ldots, S_7$ と 7 個あり，各施設 S_i がサービスを提供できる地域は，以下の図のとおりである．

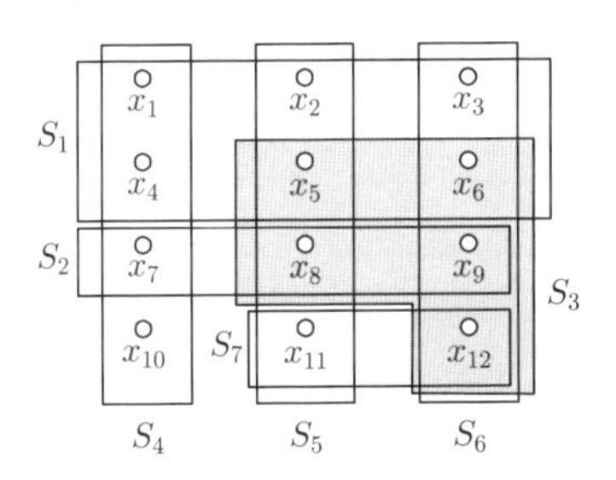

すなわち，S_1 を建設すると，S_1 は地域 $x_1, x_2, x_3, x_4, x_5, x_6$ にのみサービスを提供できて，それ以外の地域にはサービスを提供できない．他も同様である．したがって，

$$S_1 = \{x_1, x_2, x_3, x_4, x_5, x_6\},\ S_2 = \{x_7, x_8, x_9\},$$
$$S_3 = \{x_5, x_6, x_8, x_9, x_{12}\},\ S_4 = \{x_1, x_4, x_7, x_{10}\},$$
$$S_5 = \{x_2, x_5, x_8, x_{11}\},\ S_6 = \{x_3, x_6, x_9, x_{12}\},\ S_7 = \{x_{11}, x_{12}\}$$

と書ける．以下の (a), (b) に答えよ．

(a) できるだけ建設する施設を少なくして都市 X のすべての地域 $\{x_1, x_2, \ldots, x_{12}\}$ にサービスを提供できるようにしたい．どの施設を建設すればよいか？

(b) 各施設 S_i $(i = 1, 2, \ldots, 7)$ を建設する費用 $w(S_i)$ が

$$w(S_1) = 13,\ w(S_2) = 6,\ w(S_3) = 11,\ w(S_4) = 12,\ w(S_5) = 10,$$
$$w(S_6) = 9,\ w(S_7) = 3$$

であるとする．できるだけ建設費を少なくして都市 X のすべての地域 $\{x_1, x_2, \ldots, x_{12}\}$ にサービスを提供できるようにしたい．どの施設を建設すればよいか？

4.1.1　ウォーミングアップ問題の解説

(a) 3 個の施設 S_4, S_5, S_6 を建設すると，X のすべての地域にサービスを提供できる．2 個以下の施設をどのように建設してもサービスを提供できない X の地域が存在するので，これが最小である．一方，4 個の施設 S_1, S_2, S_4, S_7 を建設しても X のすべての地域にサービスを提供できるが，この解の近似率は $\frac{4}{3}$ となる．

(b) 3 個の施設 S_4, S_5, S_6 を建設すると，X のすべての地域にサービスを提供でき，その建設費は $w(S_4) + w(S_5) + w(S_6) = 12 + 10 + 9 = 31$ である．建設費 31 未満では，施設をどのように建設してもサービスを提供できない X の地域が存在するので，これが最小である．一方，4 個の施設

S_1, S_2, S_4, S_7 を建設しても X のすべての地域にサービスを提供できるが，その建設費は $w(S_1)+w(S_2)+w(S_4)+w(S_7)=13+6+12+3=34$ であるので，この解の近似率は $\frac{34}{31}$ となる．

これらの問題は，**集合カバー問題**と呼ばれる．とくに，問題 (a) のときは建設費がすべて等しい場合であるので，**重みなし集合カバー問題**と呼ばれることもある．一方，問題 (b) は，重みなし集合カバー問題と区別するため，**重み付き集合カバー問題**と呼ばれることもある．

4.2 集合カバー問題

問題 P のサイズ n の任意の入力に対して，P が最小化問題ならば近似保証 α が $\log n$ の多項式で抑えられるような α-近似アルゴリズム，P が最大化問題ならば近似保証 α が $\log n$ の多項式の逆数（x の関数 $f(x)$ の逆数は $\frac{1}{f(x)}$ である）以上となるような α-近似アルゴリズムは，**log-APX** と呼ばれる．本書では，log-APX を持つ問題のクラスも **log-APX** と書くことにする．最小化問題の集合カバー問題は，**APX** に属さない問題であるが，**log-APX** には属する．以下それについて説明する．なお，集合カバー問題は形式的には以下のように定義される．

問題 4.1　集合カバー問題 (set cover problem)

入力： 台集合 X と $\bigcup_{S\in\mathcal{C}} S = X$ を満たす X の部分集合の族 $\mathcal{C}$ および各 $S \in \mathcal{C}$ に対する非負の重み $w(S)$.

タスク： $\bigcup_{S\in\mathcal{A}} S = X$ を満たす $\mathcal{C}$ の部分集合族 $\mathcal{A}$ のうちで最小重みのものを求める．

本章で用いる記法と用語の説明を述べる．部分集合族 $\mathcal{A} \subseteq \mathcal{C}$ に対して

$$X(\mathcal{A}) = \bigcup_{S\in\mathcal{A}} S \tag{4.1}$$

とする．そして，各要素 $i \in X(\mathcal{A})$ は $\mathcal{A}$ で**カバーされている**といい，各要素 $i' \in X - X(\mathcal{A})$ は $\mathcal{A}$ で**カバーされていない**という．$X(\mathcal{A}) = X$ を満たす（す

なわち，X のすべての要素を $\mathcal{A}$ がカバーする）ような部分集合族 $\mathcal{A} \subseteq \mathcal{C}$ は X の**カバー集合** (covering set) あるいは**集合カバー** (set cover) と呼ばれる．さらに，$\mathcal{A} \subseteq \mathcal{C}$ の重み $w(\mathcal{A})$ は

$$w(\mathcal{A}) = \sum_{S \in \mathcal{A}} w(S) \tag{4.2}$$

として定義される．

4.2.1　集合カバー問題に対するグリーディアルゴリズム

グリーディ法に基づく集合カバーアルゴリズムは以下のように書ける．

アルゴリズム 4.1　集合カバー問題に対するグリーディアルゴリズム

入力：　台集合 X と $X(\mathcal{C}) = X$ を満たす X の部分集合の族 $\mathcal{C}$ および各 $S \in \mathcal{C}$ に対する非負の重み $w(S)$．

（以下，この入力を $(X, \mathcal{C}, w)$ と表記する．）

出力：　$X(\mathcal{A}) = X$ を満たすような部分集合族 $\mathcal{A} \subseteq \mathcal{C}$．

アルゴリズム：

1. $\mathcal{A} = \emptyset$ とする．
2. $X(\mathcal{A}) \neq X$ である限り以下を繰り返す．

   現在の反復で $\mathcal{C} - \mathcal{A}$ に含まれる集合で実質平均重み（定義後述）の最も小さいものを S として選んで $\mathcal{A} = \mathcal{A} \cup \{S\}$ とする．
3. $\mathcal{A}$ を出力する．

以下はアルゴリズムの補足説明である．2. の反復の開始時における $X(\mathcal{A})$ は $\mathcal{A}$ で既にカバーされている要素集合である．この反復で $S - X(\mathcal{A}) \neq \emptyset$ となる集合 $S \in \mathcal{C} - \mathcal{A}$ の**実質平均重み** $w_e(S)$ は，$\mathcal{A}$ でまだカバーされていない S の要素による S の重みの平均，すなわち，

$$w_e(S) = \frac{w(S)}{|S - X(\mathcal{A})|} \tag{4.3}$$

として定義される．

4.2.2 アルゴリズム 4.1 の実行例

ウォーミングアップ問題 (b) に対してアルゴリズム 4.1 で得られる解は以下のようになる.

2. の最初の反復では,

$$
\begin{aligned}
&S_1 = \{x_1, x_2, x_3, x_4, x_5, x_6\}, \quad S_2 = \{x_7, x_8, x_9\}, \\
&S_3 = \{x_5, x_6, x_8, x_9, x_{12}\}, \quad S_4 = \{x_1, x_4, x_7, x_{10}\}, \\
&S_5 = \{x_2, x_5, x_8, x_{11}\}, \quad S_6 = \{x_3, x_6, x_9, x_{12}\}, \quad S_7 = \{x_{11}, x_{12}\},
\end{aligned}
$$

$$
\begin{aligned}
&w(S_1) = 13, \quad w(S_2) = 6, \quad w(S_3) = 11, \quad w(S_4) = 12, \quad w(S_5) = 10, \\
&w(S_6) = 9, \quad w(S_7) = 3
\end{aligned}
$$

であるので, 各 S_i の実質平均重み $w_e(S_i)$ は,

$$
\begin{aligned}
&w_e(S_1) = \tfrac{13}{6} = 2.166.., \quad w_e(S_2) = \tfrac{6}{3} = 2, \quad w_e(S_3) = \tfrac{11}{5} = 2.2, \\
&w_e(S_4) = \tfrac{12}{4} = 3, \quad w_e(S_5) = \tfrac{10}{4} = 2.5, \quad w_e(S_6) = \tfrac{9}{4} = 2.25, \\
&w_e(S_7) = \tfrac{3}{2} = 1.5
\end{aligned}
$$

である. したがって, 実質平均重みの 1 番小さい S_7 が選ばれ, $\mathcal{A} = \{S_7\}$ となり, $X(\mathcal{A}) = \{x_{11}, x_{12}\}$ となる.

この段階で,

$$
\begin{aligned}
&S_1 - X(\mathcal{A}) = \{x_1, x_2, x_3, x_4, x_5, x_6\}, \quad S_2 - X(\mathcal{A}) = \{x_7, x_8, x_9\}, \\
&S_3 - X(\mathcal{A}) = \{x_5, x_6, x_8, x_9\}, \quad S_4 - X(\mathcal{A}) = \{x_1, x_4, x_7, x_{10}\}, \\
&S_5 - X(\mathcal{A}) = \{x_2, x_5, x_8\}, \quad S_6 - X(\mathcal{A}) = \{x_3, x_6, x_9\}
\end{aligned}
$$

であるので, 各 S_i $(i \neq 7)$ の実質平均重み $w_e(S_i)$ は,

$$
\begin{aligned}
&w_e(S_1) = \tfrac{13}{6} = 2.166.., \quad w_e(S_2) = \tfrac{6}{3} = 2, \quad w_e(S_3) = \tfrac{11}{4} = 2.75, \\
&w_e(S_4) = \tfrac{12}{4} = 3, \quad w_e(S_5) = \tfrac{10}{3} = 3.33.., \quad w_e(S_6) = \tfrac{9}{3} = 3
\end{aligned}
$$

となる. したがって, 2. の次の反復では実質平均重みの 1 番小さい S_2 が選ばれ, $\mathcal{A} = \{S_2, S_7\}$ となり, $X(\mathcal{A}) = \{x_7, x_8, x_9, x_{11}, x_{12}\}$ となる.

この段階で, 各 S_i $(i \neq 2, 7)$ の実質平均重み $w_e(S_i)$ は,

$$
\begin{aligned}
&w_e(S_1) = \tfrac{13}{6} = 2.166.., \quad w_e(S_3) = \tfrac{11}{2} = 5.5, \quad w_e(S_4) = \tfrac{12}{3} = 4, \\
&w_e(S_5) = \tfrac{10}{2} = 5, \quad w_e(S_6) = \tfrac{9}{2} = 4.5
\end{aligned}
$$

となる．したがって，2. の次の反復では実質平均重みの 1 番小さい S_1 が選ばれ，$\mathcal{A} = \{S_1, S_2, S_7\}$ となり，$X(\mathcal{A}) = \{x_1, x_2, x_3, x_4, x_5, x_6, x_7, x_8, x_9, x_{11}, x_{12}\}$ となる．

この段階で，$S_3, S_4, S_5, S_6 \in \mathcal{C} - \mathcal{A}$ であるが，$S_3, S_5, S_6 \subseteq X(\mathcal{A})$ となり，$S_i - X(\mathcal{A}) = \emptyset$ $(i = 3, 5, 6)$ となる．すなわち，S_4 のみが $S_4 - X(\mathcal{A}) \neq \emptyset$ となるので，2. の次の反復では S_4 が選ばれ，$\mathcal{A} = \{S_1, S_2, S_4, S_7\}$，$X(\mathcal{A}) = \{x_1, x_2, x_3, x_4, x_5, x_6, x_7, x_8, x_9, x_{10}, x_{11}, x_{12}\} = X$ となる．

こうして，$\mathcal{A} = \{S_1, S_2, S_4, S_7\}$ が出力され，その重みの総和 $w(\mathcal{A})$ は

$$w(\mathcal{A}) = w(S_1) + w(S_2) + w(S_4) + w(S_7) = 13 + 6 + 12 + 3 = 34$$

である．

一方，最適解は $\mathcal{A}^* = \{S_4, S_5, S_6\}$ でその重みの総和は

$$w(\mathcal{A}^*) = w(S_4) + w(S_5) + w(S_6) = 12 + 10 + 9 = 31$$

であるので，アルゴリズム 4.1 で得られる解 $\mathcal{A} = \{S_1, S_2, S_4, S_7\}$ の近似率は $\frac{34}{31}$ である．

問題 (a) に対しては，すべての S_i の重みを 1 と考えればよいので，以下のような解が得られる．

2. の最初の反復では，各 S_i の実質平均重み $w_e(S_i)$ は，

$$w_e(S_1) = \tfrac{1}{6},\quad w_e(S_2) = \tfrac{1}{3},\quad w_e(S_3) = \tfrac{1}{5},\quad w_e(S_4) = \tfrac{1}{4},$$
$$w_e(S_5) = \tfrac{1}{4},\quad w_e(S_6) = \tfrac{1}{4},\quad w_e(S_7) = \tfrac{1}{2}$$

である．したがって，実質平均重みの 1 番小さい S_1 が選ばれ，$\mathcal{A} = \{S_1\}$ となり，$X(\mathcal{A}) = \{x_1, x_2, x_3, x_4, x_5, x_6\}$ となる．

この段階で，

$$S_2 - X(\mathcal{A}) = \{x_7, x_8, x_9\},\quad S_3 - X(\mathcal{A}) = \{x_8, x_9, x_{12}\},$$
$$S_4 - X(\mathcal{A}) = \{x_7, x_{10}\},\qquad S_5 - X(\mathcal{A}) = \{x_8, x_{11}\},$$
$$S_6 - X(\mathcal{A}) = \{x_9, x_{12}\},\qquad S_7 - X(\mathcal{A}) = \{x_{11}, x_{12}\}$$

であるので，各 S_i $(i \neq 1)$ の実質平均重み $w_e(S_i)$ は，

$$w_e(S_2) = \tfrac{1}{3},\quad w_e(S_3) = \tfrac{1}{3},\quad w_e(S_4) = \tfrac{1}{2},$$
$$w_e(S_5) = \tfrac{1}{2},\quad w_e(S_6) = \tfrac{1}{2},\quad w_e(S_7) = \tfrac{1}{2}$$

となる．したがって，2. の次の反復では実質平均重みの 1 番小さい S_2 が選ばれるとすると，$\mathcal{A} = \{S_1, S_2\}$ となり，$X(\mathcal{A}) = \{x_1, x_2, x_3, x_4, x_5, x_6, x_7, x_8, x_9\}$ となる．

この段階で，

$$S_3 - X(\mathcal{A}) = \{x_{12}\}, \quad S_4 - X(\mathcal{A}) = \{x_{10}\}, \quad S_5 - X(\mathcal{A}) = \{x_{11}\},$$
$$S_6 - X(\mathcal{A}) = \{x_{12}\}, \quad S_7 - X(\mathcal{A}) = \{x_{11}, x_{12}\}$$

であるので，各 S_i（$i \neq 1, 2$）の実質平均重み $w_e(S_i)$ は，

$$w_e(S_3) = \tfrac{1}{1}, \quad w_e(S_4) = \tfrac{1}{1}, \quad w_e(S_5) = \tfrac{1}{1}, \quad w_e(S_6) = \tfrac{1}{1}, \quad w_e(S_7) = \tfrac{1}{2}$$

となる．したがって，2. の次の反復では実質平均重みの 1 番小さい S_7 が選ばれ，$\mathcal{A} = \{S_1, S_2, S_7\}$ となり，$X(\mathcal{A}) = \{x_1, x_2, x_3, x_4, x_5, x_6, x_7, x_8, x_9, x_{11}, x_{12}\}$ となる．

この段階で，$S_3, S_4, S_5, S_6 \in \mathcal{C} - \mathcal{A}$ であるが，$S_3, S_5, S_6 \subseteq X(\mathcal{A})$ となり，$S_i - X(\mathcal{A}) = \emptyset$（$i = 3, 5, 6$）となる．すなわち，$S_4$ のみが $S_4 - X(\mathcal{A}) \neq \emptyset$ となるので，2. の次の反復では S_4 が選ばれ，$\mathcal{A} = \{S_1, S_2, S_4, S_7\}$，$X(\mathcal{A}) = \{x_1, x_2, x_3, x_4, x_5, x_6, x_7, x_8, x_9, x_{10}, x_{11}, x_{12}\} = X$ となる．

こうして，$\mathcal{A} = \{S_1, S_2, S_4, S_7\}$ が出力され，$\mathcal{A}$ に含まれる部分集合の個数は 4 である．

一方，最適解は $\mathcal{A}^* = \{S_4, S_5, S_6\}$ で 3 個の集合からなるので，アルゴリズム 4.1 で得られる解 $\mathcal{A} = \{S_1, S_2, S_4, S_7\}$ の近似率は $\frac{4}{3}$ である．

4.2.3 アルゴリズム 4.1 の近似保証解析

調和数 H_n を用いると，アルゴリズム 4.1 の近似保証は以下のように得られる．なお，**調和数** (harmonic number) H_n は，自然数 n に対して $\mathrm{H}_n \equiv 1 + \frac{1}{2} + \cdots + \frac{1}{n}$ として定義される値である．

定理 4.1 アルゴリズム 4.1 は，集合カバー問題の任意の入力 $(X, \mathcal{C}, w)$ に対して，$n = |X|$，$m = |\mathcal{C}|$ とすると，最適解の重みの H_n 倍以下の重みを持つ近似解を $\mathrm{O}(mn^2)$ 時間で求める．したがって，アルゴリズム 4.1 で得られる解の近似率は H_n 以下であり，アルゴリズム 4.1 は H_n-近似アルゴリズムである．

証明：アルゴリズム 4.1 の 2. の反復の開始時にそれまでに選んだ部分集合の族 $\mathcal{A}$ で既にカバーされている X の要素の集合を $X(\mathcal{A})$ として，この反復で，各集合 $S \in \mathcal{C} - \mathcal{A}$ に対して S の実質平均重み $w_e(S)$ を $\mathcal{A}$ でまだカバーされていない要素による S の重みの平均，すなわち，式 (4.3) で $\frac{w(S)}{|S-X(\mathcal{A})|}$ として定義して用いた．もちろん，$S - X(\mathcal{A}) = \emptyset$ となる集合 $S \in \mathcal{C} - \mathcal{A}$ は，その後に用いても $|S - X(\mathcal{A})| = 0$ から実質平均重みは ∞ と見なせて，$\mathcal{A}$ に加えても重みが増えるだけでカバーされる要素は増えないので無視できる．

さらに，アルゴリズム 4.1 の 2. の反復の開始時に，カバーされていない要素 $x \in X - X(\mathcal{A})$ の**負担重み** $\mathrm{effect}'(x)$ を，x を含む集合 $S \in \mathcal{C} - \mathcal{A}$ のなかで実質平均重み $w_e(S)$ の最も小さい集合の実質平均重みとして定義する．負担重み $\mathrm{effect}'(x)$ に関しては以下が成立する．

$|S - X(\mathcal{A})| \neq 0$ を満たす $S \in \mathcal{C} - \mathcal{A}$ に対して $|S - X(\mathcal{A})|$ は 2. の反復とともに単調減少（単調非増加）するので $w_e(S)$ は単調増加（単調非減少）する．したがって，カバーされていない要素 $x \in X - X(\mathcal{A})$ の負担重み $\mathrm{effect}'(x)$ は，2. の反復とともに単調増加（単調非減少）する．なお，x がカバーされるとそれ以降 $\mathrm{effect}'(x)$ は不変とする．そこで，最終的な $\mathrm{effect}'(x)$ を $\mathrm{effect}(x)$ と定義する．すなわち，最終的な $\mathrm{effect}'(x) = \mathrm{effect}(x)$ は要素 x が初めてカバーされる 2. の反復で選ばれた集合 S の実質平均重み $w_e(S)$ である．

したがって，2. のある反復で S が選ばれるとその反復の開始時の $\mathcal{A}$ に対して

$$\sum_{x \in S - X(\mathcal{A})} \mathrm{effect}(x) = \sum_{x \in S - X(\mathcal{A})} \mathrm{effect}'(x) = w(S) \tag{4.4}$$

が成立する．これから，集合 S の重み $w(S)$ をそのとき初めてカバーされる要素のみで均等負担する（集合 $S \in \mathcal{A}$ を建設する施設と考えれば，その施設を建設する時点で初めてサービスを受けられることになった地域 x だけでその建設費を均等負担する）と考えるとわかりやすい．

X の要素をアルゴリズム 4.1 でカバーされる順に並べ，それを $y_1, y_2, \ldots, y_n$ とする（同時にカバーされる要素は任意に並べてよい）．すると，アルゴリズム 4.1 は，カバーされていない要素の負担重みが最小となる集合，すなわち，実質平均重みの最も小さい集合を選んで，$\mathcal{A}$ に入れていること，および上述のように，カバーされていない要素 $x \in X - X(\mathcal{A})$ の負担重み $\mathrm{effect}'(x)$ が 2. の反復とともに単調増加（単調非減少）することから，各 $1 \leq i < j \leq n$ に対して

$$\mathrm{effect}(y_i) \leq \mathrm{effect}(y_j) \tag{4.5}$$

であり，最終的に出力される集合カバー $\mathcal{A}$ の重み $w(\mathcal{A})$ は，

$$w(\mathcal{A}) = \sum_{k=1}^{n} \mathrm{effect}(y_k) \tag{4.6}$$

を満たす．$\mathcal{A}$ に取り込まれた集合 S の重み $w(S)$ はそのとき S で初めてカバーされた要素に負担重みとして均等に分配されているからである．

さらに，最小重み集合カバー $\mathcal{A}^*$ と各 $k = 1, 2, \ldots, n$ に対して，

$$\mathrm{effect}(y_k) \leq \frac{w(\mathcal{A}^*)}{n-k+1} \tag{4.7}$$

が成立する．この不等式が成立することの証明は後述する．

したがって，アルゴリズム 4.1 で得られる解 $\mathcal{A}$ の近似率 α は，式 (4.6), (4.7) より，

$$\alpha = \frac{w(\mathcal{A})}{w(\mathcal{A}^*)} = \sum_{k=1}^{n} \frac{\mathrm{effect}(y_k)}{w(\mathcal{A}^*)} \leq 1 + \frac{1}{2} + \cdots + \frac{1}{n} = \mathrm{H}_n$$

を満たすことが言える．すなわち，H_n の近似保証が得られる．

一方，アルゴリズム 4.1 の計算時間に関しては，2. の各反復で実質平均重み最小の部分集合を求める部分が最も時間のかかるところであるが，それは $\mathrm{O}(mn)$ 時間でできる．さらに，2. の各反復で少なくとも 1 個の要素は新しくカバーされるので，反復回数は高々 n である．したがって，アルゴリズム 4.1 の計算時間は $\mathrm{O}(mn^2)$ となる．

以上の議論より，アルゴリズム 4.1 は H_n-近似アルゴリズムとなる．

最後に，式 (4.7) が成立することの証明を与える．そこで，アルゴリズム 4.1 の 2. の一つの反復に固定して議論する．この反復の開始時点でカバーされていない要素 $x \in X - X(\mathcal{A})$ の負担重み $\mathrm{effect}'(x)$ の総和 $\sum_{x \in X - X(\mathcal{A})} \mathrm{effect}'(x)$ が，

$$\sum_{x \in X - X(\mathcal{A})} \mathrm{effect}'(x) \leq \sum_{S \in \mathcal{A}^* - \mathcal{A}} w(S) \leq \sum_{S \in \mathcal{A}^*} w(S) = w(\mathcal{A}^*) \tag{4.8}$$

を満たすことを示す．この式 (4.8) が言えてしまえば，もし y_k がこの反復で実質平均重みの最も小さい集合でカバーされたとすると，$\mathrm{effect}(y_k)$ の定義より，

$$\mathrm{effect}(y_k) = \mathrm{effect}'(y_k) = \min_{x \in X - X(\mathcal{A})} \{\mathrm{effect}'(x)\}$$

であり，さらに，この反復の開始以前に高々 $k-1$ 個の要素だけがカバーされていて，まだカバーされていない要素が少なくとも $n-k+1$ 個の存在したことになり，

$$\min_{x \in X - X(\mathcal{A})} \{\mathrm{effect}'(x)\} \leq \frac{\sum_{x \in X - X(\mathcal{A})} \mathrm{effect}'(x)}{|X - X(\mathcal{A})|} \leq \frac{w(\mathcal{A}^*)}{|X - X(\mathcal{A})|} \leq \frac{w(\mathcal{A}^*)}{n-k+1}$$

となるので，式 (4.7) が得られることになることに注意しよう．

したがって，以下では式 (4.8) が成立することを示す．

アルゴリズム 4.1 の 2. の一つの反復に固定して議論する．$X(\mathcal{A}^*) = X$ から，各 $x \in X - X(\mathcal{A})$ に対して $x \in S$ を満たす $S \in \mathcal{A}^* - \mathcal{A} \subseteq \mathcal{C} - \mathcal{A}$ が常に存在するので，そのような S を任意に一つ選んで S_x とする．さらに，$x \in S' \in \mathcal{C} - \mathcal{A}$ となるような $S' \in \mathcal{C} - \mathcal{A}$ も常に存在するので，そのような S' のうちで実質平均重み $w_e(S')$ が最小のものを S'_x とする．すると，$\mathrm{effect}(x)$ の定義より，

$$\mathrm{effect}'(x) = \min_{S' \in \mathcal{C} - \mathcal{A} : S' \ni x} \{w_e(S')\} = w_e(S'_x) \leq w_e(S_x) \leq \sum_{S \in \mathcal{A}^* - \mathcal{A} : S \ni x} w_e(S)$$

である．したがって，

$$\begin{aligned}\sum_{x\in X-X(\mathcal{A})} \mathrm{effect}'(x) &\le \sum_{x\in X-X(\mathcal{A})} w_e(S_x)\\ &\le \sum_{x\in X-X(\mathcal{A})} \sum_{S\in\mathcal{A}^*-\mathcal{A}:S\ni x} w_e(S)\\ &= \sum_{S\in\mathcal{A}^*-\mathcal{A}} \sum_{x\in S-X(\mathcal{A})} w_e(S)\\ &= \sum_{S\in\mathcal{A}^*-\mathcal{A}} w(S)\\ &\le \sum_{S\in\mathcal{A}^*} w(S) = w(\mathcal{A}^*)\end{aligned}$$

が得られる．なお，最初の等式は二重和において和のとる順番の交換によるものであり，2 番目の等式は，各 $S \in \mathcal{A}^* - \mathcal{A}$ に対して $\sum_{x\in S-X(\mathcal{A})} w_e(S) = w(S)$ であることから得られる．これで式 (4.8) が得られた．□

4.2.4　アルゴリズム 4.1 のタイトな例

H_n の近似保証がタイトであることは次の例からも言える．

重み $w(S_k) = \frac{1}{n-k+1}$ の n 個の集合 $S_k = \{x_k\}$ $(k = 1, 2, \ldots, n)$ と重み $1+\varepsilon$（ε は十分小さい正の数）の集合 $S_{n+1} = X = \{1, 2, \ldots, n\}$ からなる集合族 $\mathcal{C}$ が入力として与えられると，アルゴリズム 4.1 では $\mathcal{A} = \{S_1, S_2, \ldots, S_n\}$ が集合カバーとして求められ，その重みは H_n となる．一方，最小重み集合カバーは $\mathcal{A}^* = \{S_{n+1}\}$ で重み $1+\varepsilon$ であり，近似解 $\mathcal{A}$ の近似率は $\frac{w(\mathcal{A})}{w(\mathcal{A}^*)} = \frac{\mathrm{H}_n}{1+\varepsilon}$ となって ε を 0 に近づけると H_n に近づく．

なお，調和数 H_n については，自然対数 $\log_{\mathrm{e}} n$ を $\ln n$ と表記すると，近似式

$$\ln(n+1) \le \mathrm{H}_n \le 1 + \ln n \tag{4.9}$$

が成立する．これは，図 4.1 からもわかるように，上界 $\frac{1}{x}$ と下界 $\frac{1}{x+1}$ の積分を利用して得られる．すなわち，

$$\int_0^n \frac{1}{x+1}\,\mathrm{d}x \le \mathrm{H}_n = \sum_{i=1}^n \frac{1}{i} = 1 + \frac{1}{2} + \cdots + \frac{1}{n} \le 1 + \int_1^n \frac{1}{x}\,\mathrm{d}x$$

であり，

$$\ln(n+1) = \int_0^n \frac{1}{x+1}\,\mathrm{d}x, \quad \ln n = \int_1^n \frac{1}{x}\,\mathrm{d}x$$

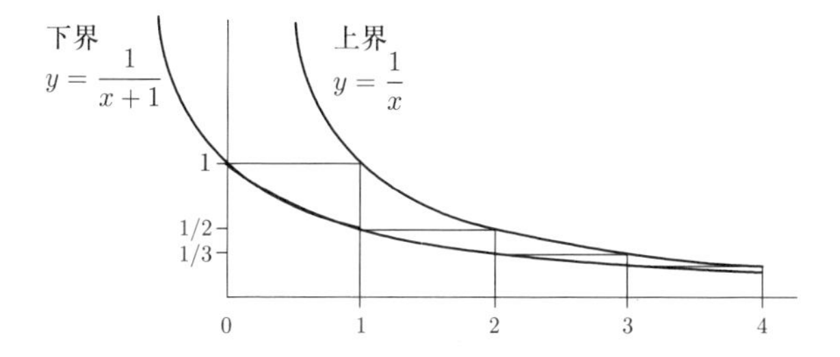

図 4.1　調和数 H_n の上界と下界の説明図 ($n = 4$).

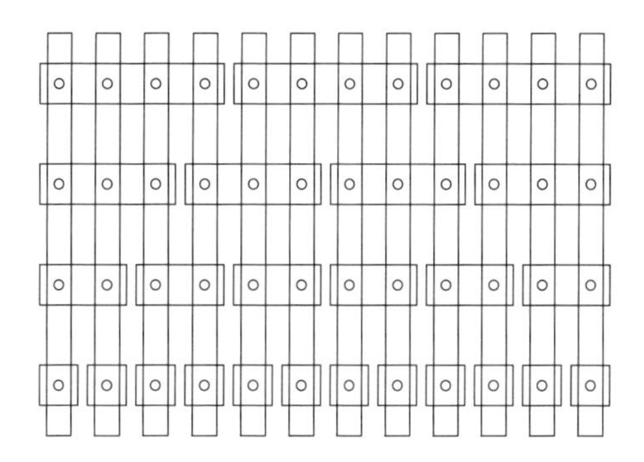

図 4.2　アルゴリズム 4.1 に対する悪い入力例 ($k = 4$).

であることから

$$\ln(n+1) = \int_0^n \frac{1}{x+1}\,\mathrm{d}x \le \mathrm{H}_n \le 1 + \int_1^n \frac{1}{x}\mathrm{d}x = 1 + \ln n$$

となり，式 (4.9) が得られる．したがって，$\mathrm{H}_n = \Theta(\log n)$ である

どの $S \in \mathcal{C}$ も重みが 1 である重みなし集合カバー問題に対しても，さらにどの $S \in \mathcal{C}$ も要素は高々 k 個以下である（このような問題は **k-集合カバー問題**と呼ばれる）に対しても，アルゴリズム 4.1 に対する意地悪な入力例が作れる．

図 4.2 は $k = 4$ のときの重みなしの k-集合カバー問題に対する最悪の入力 I の例である．アルゴリズム 4.1 では，近似解 $\mathcal{A}(I)$ として，最初に 1 番上の段の 3 個の集合が選ばれ，次に 2 番目の段の 4 個の集合が選ばれ，その次に 3 番目の段の 6 個の集合が選ばれ，最後に 4 番目の段の 12 個の集合が選ばれることもある．もちろん，最小重み集合カバー $\mathcal{A}^*(I)$ は各集合が 4 個の要素をカバーする縦に選んだ 12 個の集合族である．したがって，この入力 I に対して

アルゴリズム 4.1 で得られる上記の近似解 $\mathcal{A}(I)$ の近似率は

$$\frac{|\mathcal{A}(I)|}{|\mathcal{A}^*(I)|} = \frac{3+4+6+12}{12} = 1 + \frac{1}{2} + \frac{1}{3} + \frac{1}{4} = \mathrm{H}_4$$

となる．このような入力の例は一般の k-集合カバー問題に対しても容易に作れるので，アルゴリズム 4.1 の最悪の入力に対する近似率は H_k 以上になる（なお，k-集合カバー問題に対するアルゴリズム 4.1 の近似保証が H_k 以下であることは重み付きの場合とほぼ同じ解析で得られる）．

前述のように，近似保証を $\mathrm{O}(\log n)$ とできるような問題はクラス **log-APX** に属するというが，$k = n$ のとき $\mathrm{H}_n = \Theta(\log n)$ であるので，集合カバー問題はクラス **log-APX** に属する．

一方，Raz-Safra (1997) [75] は，集合カバー問題に対して $c \ln n$-近似アルゴリズムが存在すれば $\mathbf{P} = \mathbf{NP}$ となるというような正定数 $c < 1$ が存在することを与えている．したがって，$\mathbf{P} \neq \mathbf{NP}$ の仮定のもとで，集合カバー問題に対して，この正定数 c を用いて近似保証が $c \ln n$ となるような近似アルゴリズムは存在しない．これは，$\mathbf{P} \neq \mathbf{NP}$ の仮定のもとで，任意の正定数 C に対して，集合カバー問題に対する近似保証が C となるような近似アルゴリズムが存在しないことも意味する．したがって，$\mathbf{P} \neq \mathbf{NP}$ の仮定のもとで，集合カバー問題はクラス **APX** に属さない．すなわち，$\mathbf{P} \neq \mathbf{NP}$ の仮定のもとで，クラス **APX** はクラス **log-APX** の真部分集合である．

$\mathbf{P} \neq \mathbf{NP}$ の仮定のもとで，**log-APX** に属し **APX** に属さない他の問題の例としては，最小支配集合問題が挙げられる．なお，2.9 節でも述べたように，最小支配集合問題は，入力として点に非負の重みの付随する無向グラフが与えられて，最小重みの支配集合を求める問題である．

4.3　クラス poly-APX

NP-困難な最小点彩色問題（入力としてグラフ $G = (V, E)$ が与えられて，どの辺 $e = (u, v) \in E$ に対しても両端点の色が異なるように点を彩色するときに，最少の色で彩色する問題）に対しては近似保証 $\alpha = \mathrm{O}(n(\log\log n)/(\log n)^3)$ のアルゴリズムが，Halldórsson (1993) [48] によって示されている．このように，問題 P の入力サイズ n に対して，P が最小化問題ならば近似保証 α が n の多項式 n^c（c は正定数）で抑えられるような問題，P が最大化問題ならば近似保証 α が n の多項式の逆数 $\frac{1}{n^c}$ （c は正定数）以上となるような問題はクラス **poly-APX** に属すると呼ばれる．したがって，最小点彩色問題はクラス **poly-APX** に属する．一方，Bellare-Goldreich-Sudan (1998) [19] は，$\mathbf{P} \neq \mathbf{NP}$ の仮定のもとで，$0 < \varepsilon < \frac{1}{7}$ を満たす任意の ε に対して，近似保証 α を $\alpha = n^{\frac{1}{7}-\varepsilon}$ とすることはできないことを示している．すなわち，$\mathbf{P} \neq \mathbf{NP}$ の仮定のもとで，最小点彩色問題はクラス **log-APX** に属さない．すなわち，この仮定のもとでクラス **log-APX** はクラス **poly-APX** の真部分集合である．

最大化問題である最大独立集合問題に対しては，$\mathbf{P} \neq \mathbf{NP}$ の仮定のもとで，$0 < \varepsilon < 1$ を満たす任意の ε に対して，$\Omega(\frac{1}{n^{1-\varepsilon}})$-近似アルゴリズム（近似保証 $\Omega(\frac{1}{n^{1-\varepsilon}})$ の多項式時間アルゴリズム）は存在しない．したがって，$\mathbf{P} \neq \mathbf{NP}$ の仮定のもとで，最大独立集合問題もクラス **log-APX** に属さない．

4.4 まとめと文献ノート

本章では，$\mathbf{P} \neq \mathbf{NP}$ の仮定のもとで，集合カバー問題が **log-APX** に属し，クラス **APX** に属さないことを述べた．すなわち，この仮定のもとでクラス **APX** はクラス **log-APX** の真部分集合であることを示した．また，$\mathbf{P} \neq \mathbf{NP}$ の仮定のもとで，最小点彩色問題がクラス **poly-APX** に属し，クラス **log-APX** に属さないことを述べた．すなわち，この仮定のもとでクラス **log-APX** はクラス **poly-APX** の真部分集合であることを示した．

要約すると，これまでの章で，NP-困難な問題に対して

$$\mathbf{FPTAS} \subseteq \mathbf{PTAS} \subseteq \mathbf{APX} \subseteq \textbf{log-APX} \subseteq \textbf{poly-APX}$$

が成立することを眺め，さらに，$\mathbf{P} \neq \mathbf{NP}$ の仮定のもとで，これらのクラスの包含関係 $\subseteq$ はすべて等号なしの包含関係 $\subset$ であることを示した．すなわち，

$$\mathbf{FPTAS} \subset \mathbf{PTAS} \subset \mathbf{APX} \subset \textbf{log-APX} \subset \textbf{poly-APX}$$

が成立することを示した．

なお，集合カバー問題に対して，$c \ln n$-近似アルゴリズムが存在すれば $\mathbf{P} = \mathbf{NP}$ となるというような正定数 $c < 1$ が存在することを証明した Raz-

Safra (1997) [75] では，その c はかなり 1 より小さい値であったが，その値は Arora-Sudan (1997) [5] で改善され，さらに，Alon-Moshkovitz-Safra (2006) [3] により $c = 0.2267$ に改善された．現在は，Dinur-Steurer (2014) [30] により最善とも言える $c = 1 - \mathrm{o}(1)$ に改善されている．

本書では，近似アルゴリズムの性能保証に基づく問題のクラス分類はこれで終了とする．なお，これらの分類の記述においては，Ausiello-Crescenzi-Gambosi-Kann-Marchetti-Spaccamela-Protasi (1999) [14] を参考とした．

次章からは，整数計画および線形計画緩和としての定式化による近似アルゴリズムデザインの代表的手法に基づいて，いくつかの代表的な問題に対する近似アルゴリズムを取り上げる．

4.5　演習問題

1. $\mathbf{P} \neq \mathbf{NP}$ の仮定のもとで，集合カバー問題が **log-APX** に属し，クラス **APX** に属さないことを用いて，最小支配集合問題が **log-APX** に属し，クラス **APX** に属さないことを示せ．

第5章

線形計画と整数計画

本章の目標

NP-困難な最適化問題に対する近似アルゴリズムの理論では，まず最適化問題を（線形）整数計画問題として定式化し，次にその整数制約を緩和して線形計画問題とし，その最適解に基づいて近似解を構成しその性能を解析することが，しばしば行われている．そこで，本章では線形計画法の基礎概念を理解する．

キーワード

整数計画，線形計画，目的関数，制約式，実行可能解，最適解，双対定理，弱双対定理，相補性条件，最小最大関係

5.1　ウォーミングアップ問題

線形計画問題は，以下の問題 (a), (b) で取り上げているように，subject to で規定されている線形不等式の制約式をすべて満たす変数の値（**実行可能解**と呼ばれる）のうちで，線形の目的関数を最小（minimize のとき）あるいは最大（maximize のとき）にするもの（**最適解**と呼ばれる）を求める問題である．

(a)　次の線形計画問題の最適解の値を z^* とする．

$$\begin{array}{lrrrcr}
\text{minimize} & 6x_1 + & x_2 + & 9x_3 & & \\
\text{subject to} & x_1 - & 3x_2 + & 5x_3 & \geq & 13 \\
 & 4x_1 + & 2x_2 - & x_3 & \geq & 10 \\
 & & x_1,\ x_2,\ & x_3 & \geq & 0.
\end{array}$$

このとき，$z^* \leq 50$ かどうかを判定せよ．さらに，$z^* \leq 50$ であるときは，それを納得させる説明を与えよ．また，$z^* \geq 20$ かどうかを判定せよ．さらに，$z^* \geq 20$ であるときは，それを納得させる説明を与えよ．

(b) 次の線形計画問題の最適解 $\boldsymbol{y}^* = (y_1^*, y_2^*)$ を求めよ．

$$\begin{array}{lrrcr}
\text{maximize} & 13y_1 + 10y_2 & & & \\
\text{subject to} & y_1 + & 4y_2 & \leq & 6 \\
 & -3y_1 + & 2y_2 & \leq & 1 \\
 & 5y_1 - & y_2 & \leq & 9 \\
 & y_1,\ & y_2 & \geq & 0.
\end{array}$$

5.1.1　ウォーミングアップ問題の解説

(a) $\boldsymbol{x} = (x_1, x_2, x_3) = (3, 1, 3)$ は，

$$x_1 = 3 \geq 0, \quad x_2 = 1 \geq 0, \quad x_3 = 3 \geq 0,$$

$$x_1 - 3x_2 + 5x_3 = 3 - 3 \cdot 1 + 5 \cdot 3 = 15 \geq 13,$$

$$4x_1 + 2x_2 - x_3 = 4 \cdot 3 + 2 \cdot 1 - 3 = 11 \geq 10$$

より，この線形計画問題のすべての制約式を満たすので，実行可能解である．さらに，この実行可能解 $\boldsymbol{x} = (x_1, x_2, x_3) = (3, 1, 3)$ における目的関数値は

$$6x_1 + x_2 + 9x_3 = 6 \cdot 3 + 1 + 9 \cdot 3 = 46 \leq 50$$

である．したがって，最適解の値 z^* は明らかに $z^* \leq 50$ であることがわかる．

一方，1 番目の制約式と 2 番目の制約式を加えると，

$$5x_1 - x_2 + 4x_3 = (x_1 - 3x_2 + 5x_3) + (4x_1 + 2x_2 - x_3) \geq 23$$

となり，さらに x_1, x_2, x_3 の非負制約より，

$$6x_1 - x_2 + 4x_3 \geq 5x_1 - x_2 + 4x_3 \geq 23$$

が得られる．この線形計画問題の任意の実行可能解 $\boldsymbol{x}$ に対する目的関数値は（実行可能解 $\boldsymbol{x} = (x_1, x_2, x_3) = (3, 1, 3)$ が実際に存在するので），23 以上である．したがって，$z^* \geq 23 \geq 20$ であることがわかる．

(b) 最適解 $\boldsymbol{y}^* = (y_1^*, y_2^*)$ は，下図（太枠の中が実行可能解の集合）からもわかるように，$\boldsymbol{y}^* = (2, 1)$ で目的関数値は $13y_1^* + 10y_2^* = 36$ である．

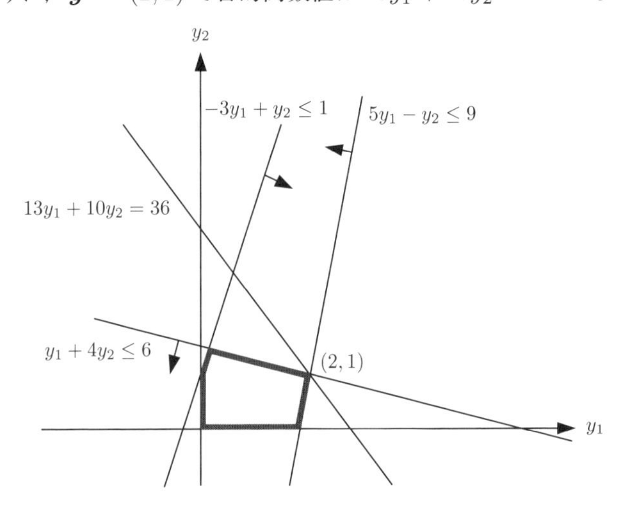

5.2 線形計画問題：主問題と双対問題

ウォーミングアップ問題でも取り上げたように，**線形計画問題** (linear program) は，**目的関数** (objective function) と呼ばれる線形関数を，**制約式** (constraints) と呼ばれる線形の不等式のもとで最適化（最小化あるいは最大化）する問題である[*1]．通常，目的関数を最小化（最大化）するときには，目的関数

[*1] 本節の記述は，浅野 孝夫：『グラフ・ネットワークアルゴリズムの基礎：数理と C プログラム』（近代科学社，2017）に基づいている．

の前に minimize（maximize）をつけて書き，制約式は subject to の後に並べて書く．線形計画問題は，簡略化して **LP 問題**と呼ばれることも多い．線形計画問題の**変数** (variables)（上の例では x_1, x_2, x_3）に対する値の設定である解は，すべての制約式を満たすとき，**実行可能解** (feasible solution) と呼ばれる．線形計画問題のすべての実行可能解のうちで，目的関数を最適化（minimize のときは最小化，maximize ときは最大化）する解は**最適解** (optimal solution) と呼ばれ，最適解での目的関数の値をその線形計画問題の**最適値** (optimal value) という．

線形計画問題のとくに興味深い点は，後述の**良い特徴付け** (good characterization) を持つという点であろう．ウォーミングアップ問題の例

$$\begin{array}{llcrcrcl} \text{minimize} & 6x_1 & + & x_2 & + & 9x_3 & & \\ \text{subject to} & x_1 & - & 3x_2 & + & 5x_3 & \geq & 13 \\ & 4x_1 & + & 2x_2 & - & x_3 & \geq & 10 \\ & & & x_1, & x_2, & x_3 & \geq & 0 \end{array}$$

を用いて説明する．この問題の例では，制約式がすべて "$\geq$" の形をしていて，変数もすべて非負であることに注意しよう．この形は，線形計画最小化問題の**正準形** (canonical form) と呼ばれる．どの線形計画問題もこの形式に簡単に変換できる．z^* をこの線形計画問題の最適値とする．

ここで，与えられた数 α に対して，"z^* は α 以下であるか？" という質問を考えてみよう．たとえば，ウォーミングアップ問題でも取り上げたような $z^* \leq 50$ かというような質問である．目的関数値が 50 以下の実行可能解はいずれもこの質問に対する **Yes 証明** (Yes certificate) と呼ばれる．たとえば，$\boldsymbol{x} = (3, 1, 3)$ は，ウォーミングアップ問題の解説でも述べたように，最後の非負制約式を満たし，さらに

$$3 - 3 \cdot 1 + 5 \cdot 3 = 15 \geq 13, \quad 4 \cdot 3 + 2 \cdot 1 - 3 = 11 \geq 10$$

からこの問題の最初の二つの制約式も満たし，$6 \cdot 3 + 1 + 9 \cdot 3 = 46 \leq 50$ を目的関数値とするので，Yes 証明になる．したがって，このような質問に対する Yes 証明はいずれも z^* の上界を与える（$z^* \leq 50$ の Yes 証明 $\boldsymbol{x} = (3, 1, 3)$ は z^* の上界 $46 \leq 50$ を与える）．

それでは，このような質問に対する**No 証明** (No certificate)，すなわち，“z^* は α 以下であるか？” という質問に対する “$z^* > \alpha$” の証明，はどのように与えたらよいだろうか？ z^* に対する良い下界を与えるにはどうしたらいいのだろうかと言い換えることもできる．

なお，Yes 証明と No 証明を持つ問題は**良い特徴付け** (good characterization) を持つと呼ばれる．

上の例では最初の不等式からそのような下界が一つ得られる．実際，各変数 x_i はすべて非負と限定しているので，項別に各 x_i の係数を比較して，目的関数と最初の制約式の左辺から $6x_1 + x_2 + 9x_3 \geq x_1 - 3x_2 + 5x_3$ が得られる．一方この不等式の右辺である最初の制約式の左辺はその右辺の 13 以上であるので，目的関数はどの実行可能解でも 13 以上の値を持つ．さらに，二つの制約式の和をとると，

$$6x_1 + x_2 + 9x_3 \geq (x_1 - 3x_2 + 5x_3) + (4x_1 + 2x_2 - x_3) \geq 13 + 10 = 23$$

となり，任意の実行可能解 $\boldsymbol{x}$ の目的関数値に対するもっと良い下界が得られる．

このように，より良い下界を決めていくプロセスの背景にあるアイデアは，各制約式に非負数を掛けて和をとって，左辺の各変数 x_i の係数が目的関数の x_i の係数以下になるようにしている点にあると言える．一方，このようにして得られた制約式の和の右辺の値は，どの実行可能解でもすべての x_i が非負数に制限されているので，z^* の下界になる．注意しておきたいことは，掛ける数は非負であるという点である．負の数を掛けると不等式の向きが変わり上記のことは言えなくなってしまう．

残る問題は，この和の右辺の値が最大になるように掛ける数を決めることであることは明らかであろう．興味深い点は，この最大値を見つける問題が線形計画問題

$$\begin{array}{lrcrcr}
\text{maximize} & 13y_1 & + & 10y_2 & & \\
\text{subject to} & y_1 & + & 4y_2 & \leq & 6 \\
 & -3y_1 & + & 2y_2 & \leq & 1 \\
 & 5y_1 & - & y_2 & \leq & 9 \\
 & & & y_1,\ y_2 & \geq & 0
\end{array}$$

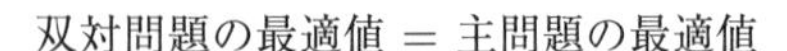

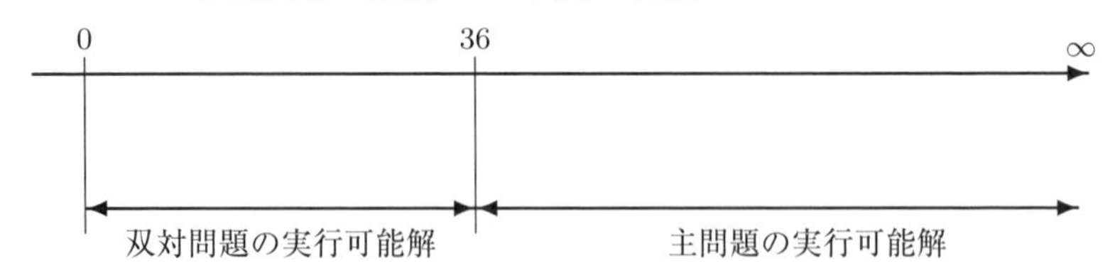

図 5.1　主問題と双対問題の実行可能解の値の関係.

として定式化できる点であろう．この線形計画問題での変数の y_1 と y_2 はそれぞれ，最初の線形計画問題の 1 番目と 2 番目の制約式に掛ける数である．最初の線形計画問題は**主問題** (primal program)，2 番目の線形計画問題は（この主問題の）**双対問題** (dual program) と呼ばれる．一方は最小化問題で，他方は最大化問題となる．さらに，双対問題の双対問題は最初の主問題そのものになる（演習問題）.

上記の双対問題の構成法から，双対問題のどの実行可能解の目的関数値も主問題の最適値の下界を与える．同様に逆も言えることに注意しよう．すなわち，主問題のどの実行可能解の目的関数値も双対問題の最適値の上界を与える．したがって，主問題と双対問題それぞれに対する実行可能解で目的関数値の一致するものを見つければ，それらはともに最適解になる．上の例では，$\boldsymbol{x} = (3, 0, 2)$ と $\boldsymbol{y} = (2, 1)$ が目的関数値 36 を達成し，それらがともに最適解である（図 5.1).

5.3　双対定理と相補性条件

上の例では，このようなことが起こるように恣意的に例題を作ったと思うかもしれない．しかし，これは例外ではなく，常に成立する線形計画法の中核となる定理で，**LP-双対定理** (LP-duality theorem) あるいは簡略化して**双対定理** (duality theorem) とも呼ばれるものである.

以下のように正準形で書かれた問題を主問題とする線形計画問題を用いて,

この定理を一般的な形で記述する．なお，a_{ij}, b_i, c_j は与えられた数である．

$$
\begin{array}{llrcll}
\text{(P)} & \text{minimize} & \sum_{j=1}^{n} c_j x_j & & & \\
& \text{subject to} & \sum_{j=1}^{n} a_{ij} x_j & \geq & b_i & (i = 1, \ldots, m) \\
& & x_j & \geq & 0 & (j = 1, \ldots, n).
\end{array}
$$

第 i 番目の制約式に対する変数 y_i を用いて双対問題は以下のように書ける．

$$
\begin{array}{llrcll}
\text{(D)} & \text{maximize} & \sum_{i=1}^{m} b_i y_i & & & \\
& \text{subject to} & \sum_{i=1}^{m} a_{ij} y_i & \leq & c_j & (j = 1, \ldots, n) \\
& & y_i & \geq & 0 & (i = 1, \ldots, m).
\end{array}
$$

定理 5.1 (LP-双対定理) 主問題 (P) が $\pm\infty$ でない有限な値の（以下，**有界な** (bounded) という）最適解を持つための必要十分条件は，双対問題 (D) が有界な最適解を持つことである．さらに，$\boldsymbol{x}^* = (x_1^*, \ldots, x_n^*)$ と $\boldsymbol{y}^* = (y_1^*, \ldots, y_m^*)$ がそれぞれ主問題 (P) と双対問題 (D) の最適解ならば，

$$
\sum_{j=1}^{n} c_j x_j^* = \sum_{i=1}^{m} b_i y_i^* \tag{5.1}
$$

が成立する．

LP-双対定理は，一方が最小化問題であり他方が最大化問題であるので，実際に**最小最大関係** (mini-max relation) になっていることに注意しよう．この定理の系として，線形計画問題は良い特徴付けを持つことが得られる．すなわち，“主問題の最適解の値は α 以下か？” という質問に対して，主問題の実行可能解で目的関数値が α 以下の解が存在するときにはそれが Yes 証明となり，（主問題の実行可能解で目的関数値が α 以下の解が）存在しないときには，双対問題の実行可能解で目的関数値が α より大きい解が存在してそれが No 証明となる．

前にも述べたように，双対問題の構成法により，双対問題に対するどの実行可能解の目的関数値も主問題の最適解の値の下界を与えている．実際には，そ

れは，主問題の任意の実行可能解で達成される目的関数値の下界も与えている．これはLP-双対定理の簡単版で，**弱双対定理** (weak duality theorem) と呼ばれるものである．以下この定理の形式的な証明を与えよう．証明のステップに，重要な次なる成果に結びついていくものも多いからである．厳密解を求めるアルゴリズムではLP-双対定理を基盤にしているが，近似アルゴリズムでは，通常，弱双対定理で十分なことも多い．

定理 5.2 (弱双対定理) $\boldsymbol{x} = (x_1, \ldots, x_n)$ と $\boldsymbol{y} = (y_1, \ldots, y_m)$ がそれぞれ主問題 (P) と双対問題 (D) の実行可能解ならば，以下の不等式が成立する．

$$\sum_{j=1}^{n} c_j x_j \geq \sum_{i=1}^{m} b_i y_i. \tag{5.2}$$

証明： $\boldsymbol{y}$ は双対問題 (D) の実行可能解であり，x_j はすべて非負数であるので，

$$\sum_{j=1}^{n} c_j x_j \geq \sum_{j=1}^{n} \left(\sum_{i=1}^{m} a_{ij} y_i \right) x_j \tag{5.3}$$

である．同様に，$\boldsymbol{x}$ は主問題 (P) の実行可能解であり，y_i はすべて非負数であるので，

$$\sum_{i=1}^{m} \left(\sum_{j=1}^{n} a_{ij} x_j \right) y_i \geq \sum_{i=1}^{m} b_i y_i \tag{5.4}$$

である．したがって，二重和における和をとる順序の交換により，

$$\sum_{j=1}^{n} \left(\sum_{i=1}^{m} a_{ij} y_i \right) x_j = \sum_{i=1}^{m} \left(\sum_{j=1}^{n} a_{ij} x_j \right) y_i$$

となるので，定理が得られる． □

なお $\boldsymbol{x}$ と $\boldsymbol{y}$ がそれぞれともに最適解であるときには，LP-双対定理より式 (5.2) は等式で成立することになる．これは明らかに，式 (5.3) と式 (5.4) の両方が等式で成立することに等価である．逆に，$\boldsymbol{x}$ と $\boldsymbol{y}$ がそれぞれともに実行可能解であり，かつ式 (5.3) と式 (5.4) の両方が等式で成立するときには，式 (5.2) も等式で成立するので，$\boldsymbol{x}$ と $\boldsymbol{y}$ はそれぞれともに最適解であることになる．したがって，以下の最適解の構造に関する結果が得られる．

定理 5.3 (相補性条件) $\boldsymbol{x}$ と $\boldsymbol{y}$ をそれぞれ主問題 (P) と双対問題 (D) の実行可能解とする．このとき，$\boldsymbol{x}$ と $\boldsymbol{y}$ がそれぞれ主問題 (P) と双対問題 (D) の最適解であるための必要十分条件は，以下の二つの条件がともに成立することである．

主相補性条件：

各 $1 \leq j \leq n$ に対して，$x_j = 0$ あるいは $\sum_{i=1}^{m} a_{ij} y_i = c_j$ である．

双対相補性条件：

各 $1 \leq i \leq m$ に対して，$y_i = 0$ あるいは $\sum_{j=1}^{n} a_{ij} x_j = b_i$ である．

なお，主相補性条件は，

$$\text{各 } 1 \leq j \leq n \text{ に対して，} x_j > 0 \text{ ならば } \sum_{i=1}^{m} a_{ij} y_i = c_j \text{ である}$$

と言い換えることもできる．同様に，双対相補性条件は，

$$\text{各 } 1 \leq i \leq m \text{ に対して，} y_i > 0 \text{ ならば } \sum_{j=1}^{n} a_{ij} x_j = b_i$$

であると言い換えることもできる．

相補性条件の成立することを確認してみよう．前述の例の主問題

$$\begin{array}{llcrcrcrcr}
\text{minimize} & 6x_1 & + & x_2 & + & 9x_3 & & \\
\text{subject to} & x_1 & - & 3x_2 & + & 5x_3 & \geq & 13 \\
& 4x_1 & + & 2x_2 & - & x_3 & \geq & 10 \\
& & & x_1, & x_2, & x_3 & \geq & 0
\end{array}$$

の実行可能解 $\boldsymbol{x} = (3, 0, 2)$ とその双対問題

$$\begin{array}{llcrcr}
\text{maximize} & 13y_1 + 10y_2 & & \\
\text{subject to} & y_1 \;+\; 4y_2 & \leq & 6 \\
& -3y_1 \;+\; 2y_2 & \leq & 1 \\
& 5y_1 \;-\; y_2 & \leq & 9 \\
& y_1,\; y_2 & \geq & 0
\end{array}$$

の実行可能解 $\boldsymbol{y} = (2, 1)$ に対して，$x_1 = 3 > 0$, $x_3 = 2 > 0$ に対応する $y_1 + 4y_2 \leq 6$, $5y_1 - y_2 \leq 9$ は，

$$y_1 + 4y_2 = 2 + 4 \cdot 1 = 6, \qquad 5y_1 - y_2 = 5 \cdot 2 - 1 = 9$$

で等式で成立し，$y_1 = 2 > 0$, $y_2 = 1 > 0$ に対応する $x_1 - 3x_2 + 5x_3 \geq 13$, $4x_1 + 2x_2 - x_3 \geq 10$ は,

$$x_1 - 3x_2 + 5x_3 = 3 - 3 \cdot 0 + 5 \cdot 2 = 13, \quad 4x_1 + 2x_2 - x_3 = 4 \cdot 3 + 2 \cdot 0 - 2 = 10$$

で等式で成立する．すなわち，主問題の実行可能解 $\boldsymbol{x} = (3,0,2)$ と双対問題の実行可能解 $\boldsymbol{y} = (2,1)$ は相補性条件を満たしていて，それぞれ，最適解である．

厳密解および近似解を求めるアルゴリズムのどちらでも，この相補性条件は，効率的アルゴリズムデザインにおいて極めて重要な役割を果たしてきている．本書のこれ以降のアルゴリズムでもしばしば用いることになる．

5.4　最適化問題の整数計画問題による定式化

各変数が整数の値をとるように限定された線形計画問題は，**線形整数計画問題** (linear integer program) と呼ばれる（以下，線形を省略して，**整数計画問題** (integer program) と呼び，**IP 問題**と書くことも多い）．本節では，最小点カバー問題と最大マッチング問題が整数計画問題として定式化できることを具体例を用いて説明する．

5.4.1　最小点カバー問題の整数計画問題としての定式化

グラフ $G = (V, E)$ の各点 $v_i \in V$ $(i = 1, 2, \ldots, n,\ n = |V|)$ に対して変数 $x_i \in \{0, 1\}$ を考える．そして，$U \subseteq V$ に対して $\boldsymbol{x}(U) = (x_1, x_2, \ldots, x_n) \in \{0,1\}^n$ を $v_i \in U$ であるときそしてそのときのみ $x_i = 1$ （$v_j \notin U$ であるときそしてそのときのみ $x_j = 0$）であるとする．さらに，各辺 $e_k = (v_i, v_j) \in E$ $(k = 1, 2, \ldots, m,\ m = |E|)$ に対して制約式 $x_i + x_j \geq 1$ を考える．すると，U が G の点カバーならば $\boldsymbol{x}(U) = (x_1, x_2, \ldots, x_n) \in \{0,1\}^n$ はすべての制約式を満たす．したがって，目的関数は $|U| = \sum_{v_i \in V} x_i$ となる．一方，これらの制約式をすべて満たす $\boldsymbol{x} = (x_1, x_2, \ldots, x_n) \in \{0,1\}^n$ に対して，$U(\boldsymbol{x}) = \{v_j \in V : x_j = 1\}$ は G の点カバーとなることも言える．

したがって，図 5.2 の二部グラフ $G = (V, E)$ における最小点カバー問題は線形整数計画問題として

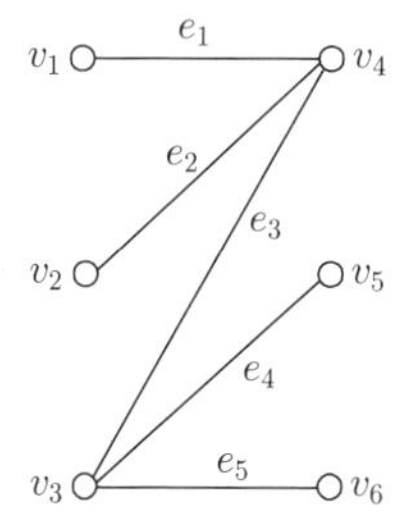

図 5.2　二部グラフ $\boldsymbol{G = (V, E)}$.

$$
\begin{array}{llcl}
\text{minimize} & \displaystyle\sum_{v_i \in V} x_i & = & x_1 + x_2 + x_3 + x_4 + x_5 + x_6 \\
\text{subject to} & x_1 + x_4 & \geq & 1 \\
& x_2 + x_4 & \geq & 1 \\
& x_3 + x_4 & \geq & 1 \\
& x_3 + x_5 & \geq & 1 \\
& x_3 + x_6 & \geq & 1 \\
& (x_1, x_2, \ldots, x_6) & \in & \{0, 1\}^6
\end{array}
\tag{5.5}
$$

と書ける.

これはグラフの接続行列を用いると，より簡潔に書ける．なお，グラフ $G = (V, E)$ の接続行列 $A = (a_{ki})$ は

$$
a_{ki} = \begin{cases} 1 & (v_i \text{ が辺 } e_k \text{ の端点のとき}) \\ 0 & (v_i \text{ が辺 } e_k \text{ の端点でないとき}) \end{cases}
$$

として定義される $m \times n$ 行列である．図 5.2 の二部グラフ $G = (V, E)$ では $m = 5,\ n = 6$ で

$$
A = \begin{pmatrix} 1 & 0 & 0 & 1 & 0 & 0 \\ 0 & 1 & 0 & 1 & 0 & 0 \\ 0 & 0 & 1 & 1 & 0 & 0 \\ 0 & 0 & 1 & 0 & 1 & 0 \\ 0 & 0 & 1 & 0 & 0 & 1 \end{pmatrix}
$$

となる．また，すべての成分が 1 の d 次元ベクトルを $\mathbf{1}_d = (1, 1, \ldots, 1)$ とす

る．これらの記法を用いると，制約式 (5.5) は

$$A\boldsymbol{x} \geq \mathbf{1}_m, \qquad \boldsymbol{x} \in \{0,1\}^n \tag{5.6}$$

と書ける．また，目的関数は

$$\mathbf{1}_n \boldsymbol{x} = \sum_{i=1}^{n} x_i \tag{5.7}$$

と書ける．

注意： 制約式 (5.6) での $A\boldsymbol{x}$ の $\boldsymbol{x}$ は，正確には $\boldsymbol{x}$ を転置したベクトル $\boldsymbol{x}^T$ であるが，文脈から正確に判断できて誤解は生じないと思われるので，行列の転置の操作 ^{T} は特別な事情がない限り省略する．したがって，$\mathbf{1}_m$ も正確には $\mathbf{1}_m^T$ である．

したがって，最小点カバー問題は線形整数計画問題として

$$\begin{array}{llcl} \text{minimize} & \mathbf{1}_n \boldsymbol{x} & = & \displaystyle\sum_{i=1}^{n} x_i \\ \text{subject to} & A\boldsymbol{x} & \geq & \mathbf{1}_m \\ & \boldsymbol{x} & \in & \{0,1\}^n \end{array} \tag{5.8}$$

と定式化できる．

たとえば，図 5.2 の二部グラフ $G=(V,E)$ では，目的関数の部分は

$$\text{minimize} \quad x_1 + x_2 + x_3 + x_4 + x_5 + x_6$$

となり，制約式は

$$\begin{pmatrix} 1 & 0 & 0 & 1 & 0 & 0 \\ 0 & 1 & 0 & 1 & 0 & 0 \\ 0 & 0 & 1 & 1 & 0 & 0 \\ 0 & 0 & 1 & 0 & 1 & 0 \\ 0 & 0 & 1 & 0 & 0 & 1 \end{pmatrix} \begin{pmatrix} x_1 \\ x_2 \\ x_3 \\ x_4 \\ x_5 \\ x_6 \end{pmatrix} \geq \begin{pmatrix} 1 \\ 1 \\ 1 \\ 1 \\ 1 \end{pmatrix}, \qquad \begin{pmatrix} x_1 \\ x_2 \\ x_3 \\ x_4 \\ x_5 \\ x_6 \end{pmatrix} \in \{0,1\}^6$$

となる．

5.4.2　二部グラフの最大マッチング問題の整数計画問題定式化

二部グラフ $G=(V,E)$ の各辺 $e_k=(v_i,v_j) \in E$ $(k=1,2,\ldots,m,\ m=|E|)$ に対して変数 $y_k \in \{0,1\}$ を考える．そして，$M \subseteq E$ に対して $\boldsymbol{y}(M) =$

$(y_1, y_2, \ldots, y_m) \in \{0,1\}^m$ を $e_k \in M$ であるときそしてそのときのみ $y_k = 1$（$e_k \notin M$ であるときそしてそのときのみ $y_k = 0$）であるとする．さらに各点 $v_i \in V$ $(i = 1, 2, \ldots, n,\ n = |V|)$ に対して制約式 $\sum_{e_k \in \delta(v_i)} y_k \le 1$ を考える．なお，$\delta(v_i)$ は点 $v_i \in V$ に接続している G のすべての辺の集合を表す．すると，M が G のマッチングならば $\boldsymbol{y}(M) = (y_1, y_2, \ldots, y_m) \in \{0,1\}^m$ はすべての制約式を満たす．したがって，目的関数は $|M| = \sum_{e_k \in E} y_k$ となる．一方，これらの制約式をすべて満たす $\boldsymbol{y} = (y_1, y_2, \ldots, y_m) \in \{0,1\}^m$ に対して，$M(\boldsymbol{y}) = \{e_k \in E : y_k = 1\}$ は G のマッチングとなることも言える．

たとえば，図 5.2 の二部グラフ $G = (V, E)$ では，目的関数は

$$\mathbf{1}_5 \boldsymbol{y} = \sum_{k=1}^{5} y_k = y_1 + y_2 + y_3 + y_4 + y_5$$

となり，制約式は

$$\begin{array}{rcl}
y_1 & \le & 1 \\
y_2 & \le & 1 \\
y_3 + y_4 + y_5 & \le & 1 \\
y_1 + y_2 + y_3 & \le & 1 \\
y_4 & \le & 1 \\
y_5 & \le & 1 \\
(y_1, y_2, \ldots, y_m) & \in & \{0,1\}^5
\end{array}$$

となる．

したがって，二部グラフ $G = (V, E)$ の $m \times n$ 接続行列 $A = (a_{ki})$ とすべての成分が 1 の n 次元ベクトル $\mathbf{1}_n = (1, 1, \ldots, 1)$ を用いて，制約式は

$$\boldsymbol{y} A \le \mathbf{1}_n, \qquad \boldsymbol{y} \in \{0,1\}^m \tag{5.9}$$

と書ける．また，目的関数は

$$\mathbf{1}_m \boldsymbol{y} = \sum_{k=1}^{m} y_k \tag{5.10}$$

と書ける．すなわち，二部グラフの最大マッチング問題は線形整数計画問題として

$$\begin{array}{lrcl} \text{maximize} & \mathbf{1}_m\boldsymbol{y} & = & \displaystyle\sum_{k=1}^{m} y_k \\ \text{subject to} & \boldsymbol{y}A & \leq & \mathbf{1}_n \\ & \boldsymbol{y} & \in & \{0,1\}^m \end{array} \tag{5.11}$$

と定式化できる.

たとえば, 図 5.2 の二部グラフ $G = (V, E)$ では, 目的関数の部分は

$$\text{maximize} \quad y_1 + y_2 + y_3 + y_4 + y_5$$

となり, 制約式は

$$(y_1\ y_2\ y_3\ y_4\ y_5)\begin{pmatrix} 1 & 0 & 0 & 1 & 0 & 0 \\ 0 & 1 & 0 & 1 & 0 & 0 \\ 0 & 0 & 1 & 1 & 0 & 0 \\ 0 & 0 & 1 & 0 & 1 & 0 \\ 0 & 0 & 1 & 0 & 0 & 1 \end{pmatrix} \leq (1\ 1\ 1\ 1\ 1\ 1),$$

$$(y_1\ y_2\ y_3\ y_4\ y_5) \in \{0,1\}^5$$

となる.

5.4.3 二部グラフの最小点カバーと最大マッチングの双対性

二部グラフの最小点カバー問題と最大マッチング問題は, それぞれ整数計画問題として

$$\begin{array}{lrcl} \text{minimize} & \mathbf{1}_n\boldsymbol{x} & = & \displaystyle\sum_{i=1}^{n} x_i \\ \text{subject to} & A\boldsymbol{x} & \geq & \mathbf{1}_m \\ & \boldsymbol{x} & \in & \{0,1\}^n \end{array} \tag{5.12}$$

と

$$\begin{array}{lrcl} \text{maximize} & \mathbf{1}_m\boldsymbol{y} & = & \displaystyle\sum_{k=1}^{m} y_k \\ \text{subject to} & \boldsymbol{y}A & \leq & \mathbf{1}_n \\ & \boldsymbol{y} & \in & \{0,1\}^m \end{array} \tag{5.13}$$

と書けた．ここで，それらの 0-1 整数制約を 0 と 1 の間の実数値をとってもよいと緩和すると，以下の線形計画問題

$$
\begin{array}{lrcl}
\text{minimize} & \mathbf{1}_n \boldsymbol{x} & = & \displaystyle\sum_{i=1}^{n} x_i \\
\text{subject to} & A\boldsymbol{x} & \geq & \mathbf{1}_m \\
 & -\boldsymbol{x} & \geq & -\mathbf{1}_n \\
 & \boldsymbol{x} & \geq & \mathbf{0}_n
\end{array}
\tag{5.14}
$$

と

$$
\begin{array}{lrcl}
\text{maximize} & \mathbf{1}_m \boldsymbol{y} & = & \displaystyle\sum_{k=1}^{m} y_k \\
\text{subject to} & \boldsymbol{y}A & \leq & \mathbf{1}_n \\
 & \boldsymbol{y} & \leq & \mathbf{1}_m \\
 & \boldsymbol{y} & \geq & \mathbf{0}_m
\end{array}
\tag{5.15}
$$

が得られる．なお，$\mathbf{0}_n$ と $\mathbf{0}_m$ は，それぞれすべての成分が 0 の n 次元ベクトルと m 次元ベクトルである．このように，一般に，整数計画問題の整数制約を実数値をとってもよいと緩和して得られる線形計画問題は，**緩和問題** (relaxation) と呼ばれる．さらに，$-\boldsymbol{x} \geq -\mathbf{1}_n$ と $\boldsymbol{y} \leq \mathbf{1}_m$ は省略しても最適解は不変であるので，冗長であり省略できる．したがって，二部グラフの最小点カバー問題と最大マッチング問題の線形計画緩和問題として，

$$
\begin{array}{lrcl}
\text{minimize} & \mathbf{1}_n \boldsymbol{x} & = & \displaystyle\sum_{i=1}^{n} x_i \\
\text{subject to} & A\boldsymbol{x} & \geq & \mathbf{1}_m \\
 & \boldsymbol{x} & \geq & \mathbf{0}_n
\end{array}
\tag{5.16}
$$

と

$$
\begin{array}{lrcl}
\text{maximize} & \mathbf{1}_m \boldsymbol{y} & = & \displaystyle\sum_{k=1}^{m} y_k \\
\text{subject to} & \boldsymbol{y}A & \leq & \mathbf{1}_n \\
 & \boldsymbol{y} & \geq & \mathbf{0}_m
\end{array}
\tag{5.17}
$$

が得られる．

注目したい点は，これらの一方が他方の双対問題である点である．たとえば，図 5.2 の二部グラフ $G=(V,E)$ の例では，

$$\begin{aligned}&\text{minimize} \quad x_1+x_2+x_3+x_4+x_5+x_6\\&\text{subject to}\end{aligned}$$

$$\begin{pmatrix}1&0&0&1&0&0\\0&1&0&1&0&0\\0&0&1&1&0&0\\0&0&1&0&1&0\\0&0&1&0&0&1\end{pmatrix}\begin{pmatrix}x_1\\x_2\\x_3\\x_4\\x_5\\x_6\end{pmatrix}\geq\begin{pmatrix}1\\1\\1\\1\\1\end{pmatrix},\quad\begin{pmatrix}x_1\\x_2\\x_3\\x_4\\x_5\\x_6\end{pmatrix}\geq\begin{pmatrix}0\\0\\0\\0\\0\\0\end{pmatrix}$$

と

$$\begin{aligned}&\text{maximize} \quad y_1+y_2+y_3+y_4+y_5\\&\text{subject to}\\&\qquad(y_1\ y_2\ y_3\ y_4\ y_5)\begin{pmatrix}1&0&0&1&0&0\\0&1&0&1&0&0\\0&0&1&1&0&0\\0&0&1&0&1&0\\0&0&1&0&0&1\end{pmatrix}\leq(1\ 1\ 1\ 1\ 1\ 1),\\&\qquad(y_1\ y_2\ y_3\ y_4\ y_5)\geq(0\ 0\ 0\ 0\ 0)\end{aligned}$$

となる．このとき，

$$\begin{aligned}\boldsymbol{x}&=(x_1,x_2,x_3,x_4,x_5,x_6)=(0,0,1,1,0,0),\\\boldsymbol{y}&=(y_1,y_2,y_3,y_4,y_5)=(1,0,0,1,0)\end{aligned}$$

は，それぞれ上記の二つの線形計画問題の実行可能解であり，かつ，相補性条件を満たしているので，最適解になる．

一般に，緩和された最適化問題のほうが制約式を満たす実行可能解の領域が広がるので，より良い値をとりうる．したがって，二部グラフ G に対して

(G の最大マッチングの辺数)
= (G の最大マッチングの整数計画問題の最適解の値)
≤ (G の最大マッチングの整数計画問題を緩和した線形計画問題の
最適解の値)

および

(G の最小カバーの整数計画問題を緩和した線形計画問題の
最適解の値)
≤ (G の最小カバーの整数計画問題の最適解の値)
= (G の最小カバーの点数)

が成立する．さらに，双対定理より，

(G の最大マッチングの整数計画問題を緩和した線形計画問題の
最適解の値)
= (G の最小カバーの整数計画問題を緩和した線形計画問題の
最適解の値)

が成立する．したがって，

(G の最大マッチングの辺数)
= (G の最大マッチングの整数計画問題の最適解の値)
≤ (G の最大マッチングの整数計画問題を緩和した線形計画問題の
最適解の値)
= (G の最小カバーの整数計画問題を緩和した線形計画問題の
最適解の値)
≤ (G の最小カバーの整数計画問題の最適解の値)
= (G の最小カバーの点数)

が成立する．

一方，二部グラフ G においては

$$(G \text{ の最大マッチングの辺数}) = (G \text{ の最小カバーの点数})$$

という König の定理が知られている [64]．したがって，上記の不等式はすべて等式で成立する（上記の不等式の $\leq$ はすべて $=$ で成立する）ことになる．

5.5　まとめと文献ノート

近似アルゴリズムのデザインと解析において，現在線形計画法が中心的な役割を果たしていることに注目して，線形計画法の基礎概念を述べた．なお，線形計画問題は入力サイズ（すなわち，変数の個数と制約式の個数および各係数の絶対値の 2 進表現の桁数の総和）の多項式時間で解けることが知られている．さらに，線形計画問題を解くシンプレックス法（単体法とも呼ばれる）は，最悪の場合，入力サイズの指数時間かかるが，多く実際の問題では，きわめて高速に最適解を求めると言われている．

線形計画問題（より一般的な最適化問題）に対するソルバーとしては，（有料の）Gurobi Optimizer, Numerical Optimizer, CPLEX Optimizer などがよく用いられている（無料のソルバーも複数存在する）．

線形計画法に関する書籍としては，Guenin-Könemann-Tuncel (2014) [45]，今野 (1990) [63]，Chvátal (1983) [28]（邦訳：阪田・藤野・田口（1988））などが利用しやすい．

5.6　演習問題

1. 線形計画問題の双対問題の双対問題は元の問題になることを示せ．
2. 最小化問題の線形計画問題はどの問題も 99 ページの問題 (P) の形式の正準系に変換できることを示せ．
3. König の定理，すなわち，二部グラフ G において

$$(G \text{ の最大マッチングの辺数}) = (G \text{ の最小カバーの点数})$$

　　が成立することの証明を与えよ．

第6章

線形計画による近似アルゴリズムデザイン

本章の目標

集合カバー問題を線形整数計画問題として定式化し，さらにそれを緩和して線形計画問題とすることにより，線形計画に基づいた近似アルゴリズムのデザインと近似保証の解析ができることを理解する．

キーワード

集合カバー，確定的ラウンディング，乱択ラウンディング，整数性ギャップ，主双対アルゴリズム，双対フィット法，グリーディアルゴリズム，局所探索

6.1 ウォーミングアップ問題

4 人の集合 $\{1, 2, 3, 4\}$ の何人かにサービスを提供できる 3 個の候補施設 A, B, C がある．具体的には，施設 A が開設されると $\{1, 2, 4\}$ にサービスを提供できる．同様に，施設 B が開設されると $\{1, 3\}$ に，施設 C が開設されると $\{2, 3, 4\}$ にサービスを提供できる．また，施設 A を開設するには 20 万円の費用がかかる．同様に，施設 B と施設 C の開設には，それぞれ，12 万円，15 万円費用がかかる．以下の二部グラフはこの状況を表している．

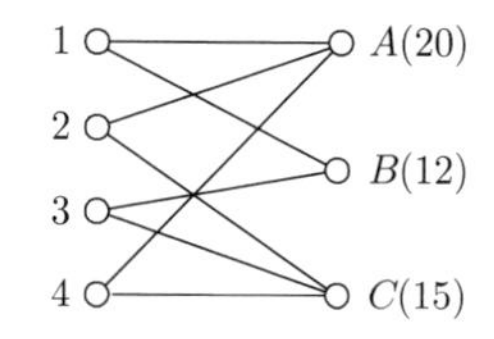

どのように施設を開設すれば開設費用最小でかつ 4 人全員にサービスを提供できるようになるか？という問題を考える．以下の (a), (b), (c) に答えよ．

(a) 施設 A, B, C に対応して 0-1 変数 x_A, x_B, x_C を考えて（たとえば，A を開設することと $x_A = 1$ を 1 対 1 対応させて），この問題を整数計画問題として定式化せよ．

(b) この整数計画問題を緩和して得られる線形計画問題を与えよ．

(c) 上記の整数計画問題と線形計画問題の最適解を求めよ．

6.1.1　ウォーミングアップ問題の解説

(a) 以下のように整数計画問題として定式化できる．

$$
\begin{array}{lrcrcrcr}
\text{minimize} & 20x_A & + & 12x_B & + & 15x_C & & \\
\text{subject to} & x_A & + & x_B & & & \geq & 1 \\
 & x_A & & & + & x_C & \geq & 1 \\
 & & & x_B & + & x_C & \geq & 1 \\
 & x_A & & & + & x_C & \geq & 1 \\
 & & & & x_A, x_B, & x_C & \in & \{0,1\}.
\end{array}
$$

なお，2 番目と 4 番目の制約式は同一であるので一つあればよいが，ここではそれをとくに考慮することはせずに，そのまま残しておく．

(b) 上の整数計画問題の $x_A, x_B, x_C \in \{0,1\}$ を $0 \leq x_A, x_B, x_C \leq 1$ と緩和すると以下の線形計画問題が得られる．

$$
\begin{array}{llll}
\text{minimize} & 20x_A + 12x_B + 15x_C & & \\
\text{subject to} & x_A + x_B & \geq & 1 \\
& x_A + x_C & \geq & 1 \\
& x_B + x_C & \geq & 1 \\
& x_A + x_C & \geq & 1 \\
& x_A, x_B, x_C & \geq & 0 \\
& -x_A, -x_B, -x_C & \geq & -1.
\end{array}
$$

なお，$-x_A, -x_B, -x_C \geq -1$（すなわち，$x_A, x_B, x_C \leq 1$）を除去して得られる線形計画問題の最適解でも，常に $-x_A, -x_B, -x_C \geq -1$ は満たされるので，冗長となり省略できる．

(c) 整数計画問題の最適解は $\boldsymbol{x} = (x_A, x_B, x_C) = (0, 1, 1)$ である．すなわち，施設 B, C を開設して費用は 27 万円である．一方，線形計画問題の最適解は $\boldsymbol{x} = (x_A, x_B, x_C) = (\frac{1}{2}, \frac{1}{2}, \frac{1}{2})$ であり，費用は $23\frac{1}{2}$ 万円である．これは双対問題が

$$
\begin{array}{llll}
\text{maximize} & y_1 + y_2 + y_3 + y_4 & & \\
\text{subject to} & y_1 + y_2 + y_4 & \leq & 20 \\
& y_1 + y_3 & \leq & 12 \\
& y_2 + y_3 + y_4 & \leq & 15 \\
& y_1, y_2, y_3, y_4 & \geq & 0
\end{array}
$$

と書けて，実行可能解 $\boldsymbol{y} = (y_1, y_2, y_3, y_4) = (8\frac{1}{2}, 5\frac{3}{4}, 3\frac{1}{2}, 5\frac{3}{4})$ における目的関数値が $23\frac{1}{2}$ であることからもわかる（$\boldsymbol{y} = (y_1, y_2, y_3, y_4) = (8\frac{1}{2}, 5\frac{3}{4}, 3\frac{1}{2}, 5\frac{3}{4})$ は双対問題の最適解となる）．整数計画問題の最適解の値と緩和した線形計画問題の最適解の値の比 $\frac{27}{23\frac{1}{2}} = \frac{54}{47} = 1.2489...$ は，**整数性ギャップ** (integrality gap) と呼ばれる．

6.2 集合カバー問題の整数計画問題としての定式化

本章では，線形計画による近似アルゴリズムデザインの枠組みを解説する．その枠組みの説明に問題 4.1 で定義した集合カバー問題を用いるので，集合カ

バー問題の定義を再度与えておく．

問題 6.1　集合カバー問題 (set cover problem)

入力：　台集合 $X = \{1, 2, \ldots, n\}$ と $\bigcup_{S_j \in \mathcal{C}} S_j = X$ を満たす X の部分集合の族 $\mathcal{C} = \{S_1, S_2, \ldots, S_m\}$ および各 $S_j \in \mathcal{C}$ に対する非負の重み w_j．

タスク：　$\bigcup_{S_j \in \mathcal{A}} S_j = X$ を満たす $\mathcal{C}$ の部分集合族 $\mathcal{A}$ のうちで最小重みのものを求める．

繰り返しになるが，任意の部分集合族 $\mathcal{A} \subseteq \mathcal{C}$ に対して，

$$X(\mathcal{A}) = \bigcup_{S_j \in \mathcal{A}} S_j \tag{6.1}$$

とする．そして，各要素 $i \in X(\mathcal{A})$ は $\mathcal{A}$ で**カバーされている**といい，各要素 $i' \in X - X(\mathcal{A})$ は $\mathcal{A}$ で**カバーされていない**という．さらに，部分集合族 $\mathcal{A} \subseteq \mathcal{C}$ は $X(\mathcal{A}) = X$ を満たすとき X の**集合カバー** (set cover)，あるいは**カバー集合** (covering set) と呼ばれる．もちろん，$\mathcal{A}$ の重みは

$$w(\mathcal{A}) = \sum_{S_j \in \mathcal{A}} w_j \tag{6.2}$$

として定義される．

各要素 $i \in X$ に対して i を含む $\mathcal{C} = \{S_1, S_2, \ldots, S_m\}$ の S_j の個数を i の**包含回数** (frequency) と呼び，f_i と表記する．包含回数最大の要素の包含回数を**最大包含回数** (maximum frequency) と呼び，f と表記する．すなわち，

$$f_i = |\{S_j \in \mathcal{C} : i \in S_j\}| \quad (i \in X), \qquad f = \max_{i \in X} f_i \tag{6.3}$$

である．

ウォーミングアップ問題でも簡単に取り上げたが，集合カバー問題の整数計画問題としての定式化を形式的に与えることから始める．

$X = \{1, 2, \ldots, n\}$ を左端点の集合，$\mathcal{C} = \{S_1, S_2, \ldots, S_m\}$ を右端点の集合，

$$E = \{(i, S_j) : i \in S_j,\ i \in X,\ S_j \in \mathcal{C}\} \tag{6.4}$$

を辺集合とする二部グラフ $G=(X,\mathcal{C},E)$ （ウォーミングアップ問題での二部グラフがこれに対応する）を考える．すると，集合カバー問題は，この二部グラフ $G=(X,\mathcal{C},E)$ の各右端点 S_j に重み $w_j = w(S_j)$ の付随するネットワーク $N=(G;w)$ において，右端点部分集合で左端点のすべてをカバーする最小重みのものを求める問題ととらえることもできる．

$G=(X,\mathcal{C},E)$ の各右端点 S_j に対応して 0-1 変数 x_j を考える．そして，

$$x_j = 1 \text{ のときそしてそのときのみ } S_j \in \mathcal{C}(\boldsymbol{x}) \tag{6.5}$$

として，m 次元ベクトル $\boldsymbol{x}=(x_1,x_2,\ldots,x_m)$ と右端点集合 $\mathcal{C}$ の部分集合 $\mathcal{C}(\boldsymbol{x})=\{S_j\in\mathcal{C}: x_j=1\}$ との 1 対 1 対応を考える．したがって，m 次元ベクトル $\boldsymbol{x}=(x_1,x_2,\ldots,x_m)\in\{0,1\}^m$ と右端点部分集合 $\mathcal{C}(\boldsymbol{x})=\{S_j\in\mathcal{C}: x_j=1\}$ を同一視できる．すると，集合カバー問題は整数計画問題

$$\text{(IPSC)}\quad \text{minimize} \sum_{j=1}^{m} w_j x_j \tag{6.6}$$

$$\text{subject to} \sum_{S_j:\ i\in S_j} x_j \geq 1 \qquad (i=1,2,\ldots,n) \tag{6.7}$$

$$x_j \in \{0,1\} \quad (j=1,2,\ldots,m) \tag{6.8}$$

として定式化できる．制約式 (6.8) と式 (6.5) での 1 対 1 対応に注意すれば，制約式 (6.7) は，各要素 $i=1,2,\ldots,n$ に対して，i を含む集合 S_j のうちの少なくとも一つ（の x_j）を集合カバーに選ぶ（$x_j=1$ とする）ことを強制するものになっているからである．

この整数計画問題 (IPSC) の制約式 (6.8) の $x_j\in\{0,1\}$ $(j=1,2,\ldots,m)$ の整数制約を $0\leq x_j\leq 1$ と緩和すると，この整数計画問題の線形計画緩和が得られる．実際には，$x_j\leq 1$ が冗長であることに注意して省略すると，

$$\text{(LPSC)}\quad \text{minimize} \sum_{j=1}^{m} w_j x_j \tag{6.9}$$

$$\text{subject to} \sum_{S_j:\ i\in S_j} x_j \geq 1 \quad (i=1,2,\ldots,n) \tag{6.10}$$

$$x_j \geq 0 \quad (j=1,2,\ldots,m) \tag{6.11}$$

が得られる．この線形計画問題 (LPSC) の実行可能解 $\boldsymbol{x} = (x_1, x_2, \ldots, x_m)$ は**小数集合カバー** (fractional set cover) と見なせる．

この線形計画問題 (LPSC) を主問題と考えると，その双対問題は

$$\text{(DLPSC)} \quad \text{maximize} \sum_{i=1}^{n} y_i \tag{6.12}$$

$$\text{subject to} \sum_{i \in S_j} y_i \leq w_j \qquad (j = 1, 2, \ldots, m) \tag{6.13}$$

$$y_i \geq 0 \qquad (i = 1, 2, \ldots, n) \tag{6.14}$$

と書ける．各変数 y_i は要素 $i \in X$ に対応する．

OPT を最小集合カバー（すなわち，整数計画問題 (IPSC) の最適解）の重みとし，OPT_f を最小小数集合カバー（すなわち，線形計画問題 (LPSC) の最適解）の重みとする．すると，

$$\mathrm{OPT}_f \leq \mathrm{OPT} \tag{6.15}$$

が成立することは明らかである．さらに，弱双対定理（定理 5.2）より，双対問題 (DLPSC) の実行可能解の重みはいずれも OPT_f の下界になるので，OPT の下界でもある．以下はこの説明図である．なお図では，整数計画問題 (IPSC) の実行可能解を整数実行可能解，線形計画問題 (LPSC)（主問題）の実行可能解を主実行可能解，双対問題 (DLPSC) の実行可能解を双対実行可能解と表示している．

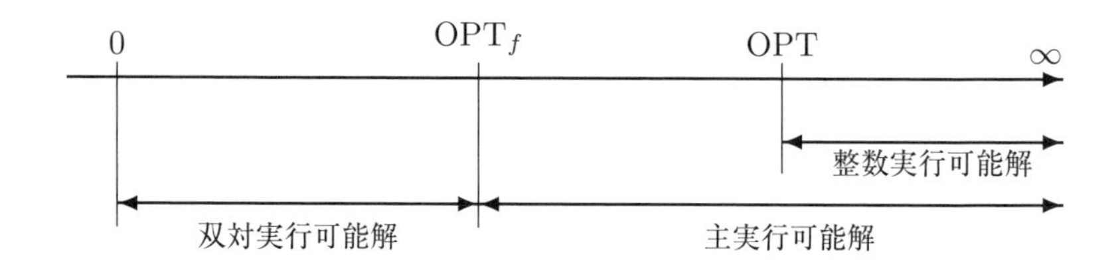

前章でも述べたように，制約式での変数の係数行列を用いると集合カバー問題は簡潔表現できる．そこで X と $\mathcal{C}$ の接続行列 $A = (a_{ij})$ を用いる．した

がって，$A = (a_{ij})$ は

$$a_{ij} = \begin{cases} 1 & (i \in S_j \text{ のとき}) \\ 0 & (i \notin S_j \text{ のとき}) \end{cases} \tag{6.16}$$

として定義される $n \times m$ 行列である．これは，$X = \{1, 2, \ldots, n\}$ を左端点の集合，$\mathcal{C} = \{S_1, S_2, \ldots, S_m\}$ を右端点の集合，式 (6.4) で定義される E（すなわち，$E = \{(i, S_j) : i \in S_j, i \in X, S_j \in \mathcal{C}\}$）を辺集合とする二部グラフ $G = (X, \mathcal{C}, E)$ の隣接行列の，行 X と列 $\mathcal{C}$ に対応する部分行列でもある．さらに，m 次元ベクトル $\boldsymbol{w} = (w_1, w_2, \ldots, w_m)$，すべての成分が 1 の d 次元ベクトル $\mathbf{1}_d$，すべての成分が 0 の d 次元ベクトル $\mathbf{0}_d$，n 次元ベクトル $\boldsymbol{y} = (y_1, y_2, \ldots, y_n)$ を用いる．すると，集合カバー問題の整数計画問題 (IPSC)，線形計画緩和問題 (LPSC)，その双対問題 (DLPSC) は以下のように簡潔表現できる．

$$\begin{array}{llrcl} \text{(IPSC)} & \text{minimize} & \boldsymbol{wx} & = & \displaystyle\sum_{j=1}^{m} w_j x_j \\ & \text{subject to} & A\boldsymbol{x} & \geq & \mathbf{1}_n \\ & & \boldsymbol{x} & \in & \{0, 1\}^m \end{array} \tag{6.17}$$

$$\begin{array}{llrcl} \text{(LPSC)} & \text{minimize} & \boldsymbol{wx} & = & \displaystyle\sum_{j=1}^{m} w_j x_j \\ & \text{subject to} & A\boldsymbol{x} & \geq & \mathbf{1}_n \\ & & \boldsymbol{x} & \geq & \mathbf{0}_m \end{array} \tag{6.18}$$

$$\begin{array}{llrcl} \text{(DLPSC)} & \text{maximize} & \mathbf{1}_n \boldsymbol{y} & = & \displaystyle\sum_{i=1}^{n} y_i \\ & \text{subject to} & \boldsymbol{y}A & \leq & \boldsymbol{w} \\ & & \boldsymbol{y} & \geq & \mathbf{0}_n \end{array} \tag{6.19}$$

注意： 前章でも注意したように，上記の (6.17) での制約式 $A\boldsymbol{x} \geq \mathbf{1}_n$ の $\boldsymbol{x}$ は，正確には $\boldsymbol{x}$ を転置したベクトル $\boldsymbol{x}^T$ であるが，文脈から正確に判断できて誤解は生じないと思われるので，本章でも，行列の転置の操作 ^{T} は特別な事情がない限り省略する．したがって，$\mathbf{1}_n$ も正確には $\mathbf{1}_n^T$ である．

本章では，これらの定式化に基づいて，集合カバー問題に対する近似アルゴリズムデザインと近似保証解析の標準的な技法を解説することにする．これらは後続の章で頻繁に用いられることになる．

6.3　集合カバー問題に対する確定的ラウンディング

本節では，近似アルゴリズムデザインの最初の技法として確定的ラウンディング技法を取り上げ，最大包含回数 f の集合カバー問題に対して，近似保証 f を達成する確定的ラウンディング技法に基づくアルゴリズムを与える．ラウンディングにおいて乱数を使用するアルゴリズムも考えられるが，確率の基礎知識が必要であるので 6.7 節で取り上げる．

集合カバー問題に対する線形計画緩和 (LPSC) を考える．この線形計画問題の最適解（最小小数集合カバー）を整数解（集合カバー）にする一つの方法は，最大包含回数 $f \geq 1$ を用いて，$\frac{1}{f}$ 以上の値を持つ変数の値を 1 に**ラウンディング** (rounding) する（整数化する，丸める）ことである．これにより，最大包含回数 f の集合カバー問題に対して近似保証 f を達成することができる．

アルゴリズム 6.1　確定的ラウンディングによる集合カバーアルゴリズム

---

1. 集合カバー問題 (IPSC) の線形計画緩和である (LPSC) の最適解（最小小数集合カバー）$\boldsymbol{x}^{LP} = (x_1^{LP}, x_2^{LP}, \ldots, x_m^{LP})$ を求める．
2. その解 $\boldsymbol{x}^{LP} = (x_1^{LP}, x_2^{LP}, \ldots, x_m^{LP})$ において，$x_j^{LP} \geq \frac{1}{f}$ となるすべての j に対して $x_j^A = 1$ とし（集合 $S_j \in \mathcal{C}$ を $\mathcal{A}$ に入れる)，それ以外の j' に対しては $x_{j'}^A = 0$ とする．
3. $\boldsymbol{x}^A = (x_1^A, x_2^A, \ldots, x_m^A)$（すなわち，$\mathcal{A} = \{S_j \in \mathcal{C} : x_j^A = 1\}$）を出力する．

注意： 上記のアルゴリズムの記述形式は前章までの形式と異なることに注意しよう．本章では取り上げる問題は集合カバー問題のみであり，その問題一つに対して複数のアルゴリズムを与えるので，重複を避けて，これまでの形式での入力と出力の部分を省略している．すなわち，問題 6.1 で記述している入力と最適解に対する近似解の出力の部分を省略している．次章以降でも，取り上げる一つの問題に対して複数のアル

ゴリズムを述べるときにはこの形式を用いることにする.

6.1 節のウォーミングアップ問題における集合カバー問題 (IPSC) では，線形計画問題 (LPSC) の最適解が $\boldsymbol{x}^{LP} = (x_A^{LP}, x_B^{LP}, x_C^{LP}) = (\frac{1}{2}, \frac{1}{2}, \frac{1}{2})$ であり，$f = 2$ である．したがって，アルゴリズム 6.1 を適用すると，近似解 $\boldsymbol{x}^A = (x_A^A, x_B^A, x_C^A) = (1, 1, 1)$ が出力され，その重みは $20x_A^A + 12x_B^A + 15x_C^A = 20 + 12 + 15 = 47$ となる．これは線形計画問題 (LPSC) の最適解の重み $23\frac{1}{2}$（集合カバー問題 (IPSC) の最適解の重み 27）の $f = 2$ 倍以下である．一般にこれが成立するので定理として与えておく.

定理 6.1 アルゴリズム 6.1 は最大包含回数 f の集合カバー問題に対して近似保証 f を達成する.

証明： $\mathcal{A} \subseteq \mathcal{C}$ をアルゴリズム 6.1 で出力された集合族とする．任意の要素 $i \in X$ を考える．式 (6.3) から i を含む $\mathcal{C}$ の要素（である X の部分集合）は f_i 個であるので，それらを $k = f_i$ と置いて $S_{i_1}, S_{i_2}, \ldots, S_{i_k}$ とする．もちろん，式 (6.3) から $k \leq f$ である．さらに，i に対する式 (6.10) の制約式は,

$$x_{i_1} + x_{i_2} + \cdots + x_{i_k} \geq 1$$

であるので，最小小数集合カバー $\boldsymbol{x}^{LP} = (x_1^{LP}, x_2^{LP}, \ldots, x_m^{LP})$ において少なくとも 1 個の集合 S_{i_ℓ} は i を $\frac{1}{f}$ 以上含んでいる（すなわち，$x_{i_\ell}^{LP} \geq \frac{1}{f}$ である)．したがって，$x_{i_\ell}^A = 1$ となり，i は $\mathcal{A}$ でカバーされる．すなわち，$\mathcal{A}$ は正しい集合カバーになる.

各集合 $S_j \in \mathcal{A}$ に対してラウンディングは x_j^{LP} を高々 f 倍するだけである．すなわち，どの $j = 1, 2, \ldots, m$ でも $x_j^A \leq f \cdot x_j^{LP}$ が成立する．したがって，$\mathcal{A}$ の重みは最小小数集合カバーの重み OPT_f から高々 f 倍されるだけであるので，式 (6.15) より

$$\sum_{j=1}^{m} w_j x_j^A \leq f \cdot \sum_{j=1}^{m} w_j x_j^{LP} = f \cdot \mathrm{OPT}_f \leq f \cdot \mathrm{OPT}$$

となり，所望の近似保証が得られる（OPT は最小集合カバーの重みである). □

定理 6.1 のアルゴリズム 6.1 の近似保証解析に対するタイトな例も与えることができる（演習問題).

注意： グラフの**最小点カバー問題** (minimum vertex cover problem)（問題 1.2）は，集合カバー問題の $f = 2$ の特殊版と見なせる．実際，与えられたグラフ $G = (V, E)$ に対して，集合カバー問題の入力の X を $X = E$ とし，$\mathcal{C}$ を各点 $j \in V$ に対して $S_j = \delta(j)$（すなわち，点 j に接続する G の辺の集合を S_j）として $\mathcal{C} = \{S_j : j \in V\}$

とし，各 $S_j \in \mathcal{C}$ の重み w_j を1とする．すると，各辺 $k=(j,j') \in E = X$ は $\mathcal{C}$ の正確に2個の $S_j, S_{j'}$ に含まれるので，$f=2$ となる．この集合カバー問題の入力の解 $\mathcal{A}$ に対して，$U(\mathcal{A}) = \{j \in V : S_j \in \mathcal{A}\}$ とすると，$U(\mathcal{A})$ は与えられたグラフ $G=(V,E)$ の点カバーになる．したがって，アルゴリズム6.1は最小点カバー問題に対する2-近似アルゴリズムと見なせる．

6.4 近似アルゴリズムにおける主双対法の概観

次に，近似アルゴリズムデザインの2番目の技法として主双対法を取り上げ，主双対法による集合カバーアルゴリズムを与える．本節では，その準備として，厳密アルゴリズムに対する主双対法の背景にある中心的アイデアを説明する．

主双対法 (primal dual method) は，相補性条件を満たす双対問題の実行可能解と主問題の（**実行可能解とは限らない**）解の対を用いて出発して，（**実行可能性を保ちながら双対問題の解を更新しそれに基づいて相補性条件を満たしながら**）主問題の解の実行不可能性の度合いが減少するように反復する．そして主問題の実行可能解が得られたとき，双対問題の解と主問題の解は，相補性条件を満たし，ともに実行可能解であるので，定理5.3より，最適解となることになる．さらに反復の各段階で，主問題の解が常に整数解に維持されながら更新されるときには，最終的に主問題の整数の最適解が得られる．

整数計画問題として定式化されたNP-困難問題に対する線形計画緩和は，一般に，最適解として整数解を持たないことが多い．したがって，上記の相補性条件に基づくアプローチはそのままでは用いることができない．しかし，相補性条件を少し緩和して用いることにすれば，有効なアルゴリズムが得られる．これが，主双対法に基づく近似アルゴリズムデザインの通常のパターンであるが，もちろん一通りとは限らない．以下にその例を与える．

正準系で書かれた主問題

$$
\begin{array}{llll}
\text{(P)} & \text{minimize} & \sum_{j=1}^{m} c_j x_j & \\
& \text{subject to} & \sum_{j=1}^{m} a_{ij} x_j \ge b_i & (i=1,\ldots,n) \\
& & x_j \ge 0 & (j=1,\ldots,m)
\end{array}
\qquad (6.20)
$$

を考えよう．ここで，a_{ij}, b_i, c_j は入力を規定する数である．双対問題は

$$
\begin{array}{llll}
\text{(D)} & \text{maximize} & \sum_{i=1}^{n} b_i y_i & \\
& \text{subject to} & \sum_{i=1}^{n} a_{ij} y_i \leq c_j & (j = 1, \ldots, m) \\
& & y_i \geq 0 & (i = 1, \ldots, n)
\end{array}
\tag{6.21}
$$

と書ける．主双対法に基づく既知の近似アルゴリズムの多くは，一方の相補性条件をそのままにして，他方の相補性条件を緩和して用いている．以下の記述では，両方の相補性条件を緩和する形にして，どちらにも対応できるようにしている．すなわち，主相補性条件を成立させたいときは $\alpha = 1$ と置けばよいし，双対相補性条件を成立させたいときは $\beta = 1$ と置けばよい．

緩和主相補性条件

$\alpha \geq 1$ とする．

各 $1 \leq j \leq m$ に対して，$x_j = 0$ あるいは $\frac{c_j}{\alpha} \leq \sum_{i=1}^{n} a_{ij} y_i \leq c_j$ が成立する．

緩和双対相補性条件

$\beta \geq 1$ とする．

各 $1 \leq i \leq n$ に対して，$y_i = 0$ あるいは $b_i \leq \sum_{j=1}^{m} a_{ij} x_j \leq \beta \cdot b_i$ が成立する．

定理 6.2 $\boldsymbol{x}$ と $\boldsymbol{y}$ がそれぞれ主問題 (P) と双対問題 (D) の実行可能解であり，さらに上の緩和相補性条件をともに満たすならば，

$$
\sum_{j=1}^{m} c_j x_j \leq \alpha \cdot \beta \cdot \sum_{i=1}^{n} b_i y_i \tag{6.22}
$$

が成立する．

証明： Vazirani (2001) [79]（邦訳：浅野 (2002)）に基づいて証明を与える．

各双対変数 y_i は $\alpha\beta b_i y_i$ の額の “お金” を所有しているものとする．したがって，双対変数全体の所有しているお金の総額は証明しようとしている不等式 (6.22) の右辺の値になり，主問題の解の重み（以下，コストと呼ぶ）は不等式 (6.22) の左辺の値となる．ここで，双対変数は主問題の制約式に 1 対 1 対応していることを思い出そう．この対応を以下の議論で用いることにする．

双対問題の各変数 y_i が主問題の各変数 x_j に $\alpha y_i a_{ij} x_j$ のお金を支払うことにして，双対変数全体で主問題の全体の解のコストをまかなえることを示す．y_i が支払うお金の総額は

$$\alpha y_i \sum_{j=1}^{m} a_{ij} x_j \leq \alpha\beta b_i y_i \tag{6.23}$$

となる．なお不等式は緩和双対相補性条件から得られる．したがって，y_i が支払うお金の総額は y_i の所有しているお金の総額以下であり十分まかなえる．

一方，x_j に支払われるお金の総額は

$$\alpha x_j \sum_{i=1}^{n} a_{ij} y_i \geq c_j x_j \tag{6.24}$$

となる．なお不等式は緩和主相補性条件から得られる．したがって，これらの不等式 (6.23), (6.24) から

$$\sum_{j=1}^{m} c_j x_j \leq \sum_{j=1}^{m} \left(\alpha x_j \sum_{i=1}^{n} a_{ij} y_i \right), \quad \sum_{i=1}^{n} \left(\alpha y_i \sum_{j=1}^{m} a_{ij} x_j \right) \leq \alpha \cdot \beta \cdot \sum_{i=1}^{n} b_i y_i$$

が得られる．さらに，二重和のを和のとり方を交換すると

$$\sum_{j=1}^{m} \left(\alpha x_j \sum_{i=1}^{n} a_{ij} y_i \right) = \sum_{i=1}^{n} \left(\alpha y_i \sum_{j=1}^{m} a_{ij} x_j \right)$$

となるので，

$$\sum_{j=1}^{m} c_j x_j \leq \sum_{j=1}^{m} \left(\alpha x_j \sum_{i=1}^{n} a_{ij} y_i \right) = \sum_{i=1}^{n} \left(\alpha y_i \sum_{j=1}^{m} a_{ij} x_j \right) \leq \alpha \cdot \beta \cdot \sum_{i=1}^{n} b_i y_i$$

が得られる．すなわち，双対変数全体の所有しているお金の総額は，双対問題の変数全体が主問題の変数全体に支払うお金の総額以上であり，さらに主問題の変数全体に支払われたお金の総額が主問題の解のコスト以上であるので，十分まかなえることになり，不等式 (6.22) が得られた． □

上記の定理 6.2 の不等式 (6.22) の証明で用いた技法は**局所支払いメカニズム**と呼ばれることもある．主双対法に基づく近似アルゴリズムは，主双対法に基づく厳密アルゴリズムのときと同様に，上記の適切に選んだ α と β の**緩和相補性条件を満たす**双対問題の単純な実行可能解と主問題の（**実行可能解とは限らない**）解の対を用いて出発する．通常この初期値には，自明な解 $\boldsymbol{x} = \boldsymbol{0}$ と $\boldsymbol{y} = \boldsymbol{0}$ を用いることが多い．そして，両問題の解が上記の緩和相補性条件をすべて満たすようにしながら，主問題の解の実行不可能性の度合いと双対問題の

実行可能解の最適性の度合いの改善を各反復で達成し，最終的に，主問題の実行可能解を得るようにする．通常，主問題の解は常に整数の値をとりながら更新され，したがって最終的な解でも整数解となる．そして最後に，双対問題の解のコスト $\sum_{i=1}^{n} b_i y_i$ を主問題の最適解の値 OPT の下界として用いて，定理 6.2 の不等式 (6.22) からアルゴリズムの近似保証 $\alpha\beta$ が得られる．

主問題の解と双対問題の解の改善はともに作用しながら行われる．現在の主問題の解を用いて，双対問題の解の改善が決定され，改善された双対問題の解を用いて主問題の解の実行不可能性の度合いが改善される．改善は局所的に定理 6.2 の証明で概説した局所支払いメカニズムの精神に基づいて行われる．このように，二つのプロセスが相互に局所改善を行いながら最終的に大域的最適解を達成するというメカニズムも主双対法に横たわるパラダイムである．

6.5 主双対法による集合カバーアルゴリズム

本節では，前節で概説した主双対法を用いて，集合カバー問題に対する f-近似アルゴリズムを与える．主問題 (LPSC) と双対問題 (DLPSC) の対で考える．アルゴリズムでは，$\alpha = 1$ と $\beta = f$ を選んでいる．したがって，緩和相補性条件は以下のように書ける．なお，$\alpha = 1$ であるので，緩和主相補性条件は

緩和主相補性条件

$$\text{すべての } S_j \in \mathcal{C} \text{ に対して：} x_j \neq 0 \ \Rightarrow \sum_{i \in S_j} y_i = w_j$$

となり，通常の主相補性条件に一致することに注意しよう．集合 S_j は

$$\sum_{i \in S_j} y_i = w_j \tag{6.25}$$

を満たすとき**タイト** (tight) と呼ばれる．

アルゴリズムでは，$\boldsymbol{x} = \boldsymbol{0}$（最終的に得られる集合カバー $\mathcal{A}$ が空集合），$\boldsymbol{y} = \boldsymbol{0}$ と初期設定され，主問題の変数 x_j はタイトな集合 S_j に対して $x_j = 1$ と整数性を保ちながら更新される（$x_j = 1$ となる j が増える）ので，この主相補性条件を，**集合カバー $\mathcal{A}$ に選べる集合はタイトな集合のみである**と言い換え

ることもできる．

一方，緩和双対相補性条件は

緩和双対相補性条件

$$\text{すべての } i \in X \text{ に対して：} y_i \neq 0 \ \Rightarrow \sum_{S_j:\ i \in S_j} x_j \leq f$$

となる．主問題の変数 $\boldsymbol{x}$ に対して 0-1 整数解を求めようとしているので，この条件は，**双対変数の値が非零の各要素** $i \in X$ **を含む部分集合** $S_j \in \mathcal{C}$ **で集合カバー** $\mathcal{A}$ **に選ばれて含められる**（$x_j = 1$ **とできる**）**のは高々** f **個である**，に等価である．なお，この条件は，X の各要素は $\mathcal{C}$ の高々 f 個の集合に含まれるだけであるので，常に成立する．

上記の二つの条件に基づいて，以下のアルゴリズムが自然に得られる．

アルゴリズム 6.2　主双対法による集合カバーアルゴリズム

---

1. （初期化）$\boldsymbol{x} = \boldsymbol{0}$（すなわち，$\mathcal{A} = \emptyset$），$\boldsymbol{y} = \boldsymbol{0}$ とする．
2. すべての要素がカバーされるまで（すなわち，$X - X(\mathcal{A}) \neq \emptyset$ である限り）以下を繰り返す：
   (a) カバーされていない要素を一つ選び i とし，$i \in X - X(\mathcal{A})$ を含むすべての集合 $S_j \in \mathcal{C}$ において $\sum_{i' \in S_j} y_{i'} \leq w_j$ を満たしながら，これらのいずれかの集合が初めてタイトになるまで y_i の値（のみ）を増加する．
   (b) このときタイトになった集合 $S_j \in \mathcal{C}$ をすべて $x_j = 1$ として（すなわち，タイトになった集合 $S_j \in \mathcal{C}$ をすべて $\mathcal{A}$ に追加して），$\boldsymbol{x}$（すなわち，$\mathcal{A}$）を更新する．
   (c) このときタイトになった集合 S_j に含まれる要素は（更新された）$X(\mathcal{A})$ に含まれるので“カバーされている”とする．
3. 集合カバーとして $\boldsymbol{x}$（すなわち，$\mathcal{A} = \{S_j \in \mathcal{C} : x_j = 1\}$）を出力する．

以下はアルゴリズムの補足説明である．1. で初期設定された $\boldsymbol{x} = \boldsymbol{0}$（$\mathcal{A} = \emptyset$）は主問題の実行不可能解であり $\boldsymbol{y} = \boldsymbol{0}$ は双対問題の実行可能解である．さら

に，$\boldsymbol{x} = \mathbf{0}$ から主相補性条件が満たされている（緩和相補性条件は無条件で満たされている）．2.(a) では，双対変数のある一つの y_i の値のみが，$\boldsymbol{y}$ が実行可能解であることを保ちながら，増やされていることに注意しよう．2.(b) では，主相補性条件を満たしながら，主問題の解の実行不可能性の度合いを軽減している（すなわち，タイトになった集合 $S_j \in \mathcal{C}$ がすべて $\mathcal{A}$ に追加されて $|X - X(\mathcal{A})|$ が減少してカバーされない X の要素が少なくなる）ことにも注意しよう．

なお，このアルゴリズムからも理解できるように，主双対法に基づくアルゴリズムでは，主問題と双対問題の線形計画問題を，直接的に線形計画アルゴリズムを用いて解くことはしていないことを，とくに強調しておく．

6.5.1　アルゴリズム 6.2 の実行例

6.1 節のウォーミングアップ問題における集合カバー問題に対しては，1. で

$$\boldsymbol{x} = (x_A, x_B, x_C) = (0,0,0)\ (\mathcal{A} = \emptyset),\ \boldsymbol{y} = (y_1, y_2, y_3, y_4) = (0,0,0,0)$$

と初期設定される．

次に 2. の最初の反復で $X(\mathcal{A}) = \emptyset$ であるので，2.(a) で要素 $i \in X - X(\mathcal{A})$ として 1 が選ばれる（$i_1 = 1$ と表記する）と，$i_1 = 1$ を含む $\mathcal{C}$ の集合は

$$S_A = \{1,2,4\}\ (w(S_A) = w_A = 20),\ S_B = \{1,3\}\ (w(S_B) = w_B = 12)$$

であるので，y_1 を 0 から 12 まで増やすと

$$y_1 + y_2 + y_4 = 12 \leq w_A = 20,\ \ y_1 + y_3 = 12 = w_B$$

となり，$S_B = \{1,3\}$ がタイトになる．したがって，

$$\boldsymbol{y} = (y_1, y_2, y_3, y_4) = (12,0,0,0)$$

と更新される．そして 2.(b) で $x_B = 1\,(\mathcal{A} = \{S_B\})$ と更新され，$X(\mathcal{A}) = \{1,3\}$ となる．

$X - X(\mathcal{A}) = \{2,4\}$ であるので 2. の次の反復の 2.(a) で要素 $i \in X - X(\mathcal{A})$ として 2 が選ばれる（$i_2 = 2$ と表記する）と，$i_2 = 2$ を含む $\mathcal{C}$ の集合は

$$S_A = \{1,2,4\}\ (w(S_A) = w_A = 20),\ S_C = \{2,3,4\}\ (w(S_C) = w_C = 15)$$

であるので，y_2 を 0 から 8 まで増やすと

$$y_1 + y_2 + y_4 = 20 = w_A,\ \ y_2 + y_3 + y_4 = 8 \le w_C = 15$$

となり，$S_A = \{1, 2, 4\}$ がタイトになる．したがって，

$$\boldsymbol{y} = (y_1, y_2, y_3, y_4) = (12, 8, 0, 0)$$

と更新される．そして 2.(b) で $x_A = 1$（$\mathcal{A} = \{S_A, S_B\}$）と更新され，$X(\mathcal{A}) = \{1, 2, 3, 4\}$ となる．

ここで $X(\mathcal{A}) = \{1, 2, 3, 4\}$ となったので，$\boldsymbol{x} = (x_A, x_B, x_C) = (1, 1, 0)$（$\mathcal{A} = \{S_A, S_B\}$）が出力され，その重みは

$$20x_A + 12x_B + 15x_C = 20 + 12 = 32$$

となる．これは線形計画問題 (LPSC) の最適解の重み $23\frac{1}{2}$（集合カバー問題 (IPSC) の最適解の重み 27）の $f = 2$ 倍以下である．

一般にこれが成立するので定理として与えておく．

定理 6.3　アルゴリズム 6.2 は近似保証 f を達成する．

証明： アルゴリズムの最後では，カバーされない要素も $\sum_{i \in S_j} y_i > w_j$ となる集合 $S_j \in \mathcal{C}$ もないこと，すなわち，$X(\mathcal{A}) = X$ かつすべての $j = 1, 2, \ldots, m$ で $\sum_{i \in S_j} y_i \le w_j$ であることは明らかである．したがって，主問題の解 $\boldsymbol{x}$ と双対問題の解 $\boldsymbol{y}$ はともに実行可能解である．

さらに，それらの解は，前述のように，$\alpha = 1, \beta = f$ とおいた緩和相補性条件を満たしているので，定理 6.2 より，近似保証 f が得られる．　□

例題 6.1　このアルゴリズムのタイトな例を挙げる．$X = \{1, 2, \ldots, n\}$ であり，$\mathcal{C}$ は，$n - 2$ 個の重み 1 の集合 $\{1, n-1\}, \ldots, \{n-2, n-1\}$ と 1 個の重み $1 + \varepsilon$ の集合 $\{1, 2, \ldots, n\} = X$ からなるとする．なお，ε は十分小さい正の数とする．さらに，$n - 1$ は $\mathcal{C}$ の $n - 1$ 個の集合すべてに含まれているので，この入力では $f = n - 1$ である．

アルゴリズムは最初の反復で y_{n-1} を増加したとする．y_{n-1} が 1 に増加されると，$i = 1, \ldots, n-2$ なる集合 $\{i, n-1\}$ すべてがタイトになる．これらの集

合はすべてカバーに選ばれ，要素 $1, 2, \ldots, n-1$ はすべてカバーされることになる．

次の反復で，y_n が ε に増加されて，集合 $\{1, 2, \ldots, n\}$ がタイトになり，カバーに加えられ，要素 $1, 2, \ldots, n$ がすべてカバーされることになる．したがって，得られる集合カバーの重みは $n-1+\varepsilon$ となる．

一方，最小集合カバーは重み $1+\varepsilon$ の集合 $\{1, 2, \ldots, n\} = X$ からなるので，得られた集合カバーの近似率は $\frac{n-1+\varepsilon}{1+\varepsilon}$ となる．したがって，ε が 0 に近づくに従い近似率も $n-1 = f$ に限りなく近づくことになる．

6.6　双対フィット法による近似保証解析

前の二つの節で，線形計画による近似アルゴリズムデザインの二つの基本技法，すなわち，**ラウンディング** (rounding) と**主双対法** (primal–dual method) を述べた．どちらの技法も基本的な問題に対して広く用いることができるので，後続の章ではこれらの技法のより複雑な使用法を説明する．

本節では，組合せ的に得られた近似アルゴリズムの近似保証解析に線形計画の双対理論に基づく双対フィット法も有効であることを解説する．実際この方法を用いて，集合カバー問題（問題 4.1）に対する自然なグリーディアルゴリズム（アルゴリズム 4.1）の別の解析が得られる．4.2 節では，このアルゴリズムの基づいている下界スキームを具体的に説明せず，先延ばししていたことを思い出そう．その答えを本節で述べることにしよう．

最小化問題に対する双対フィット法は以下のように記述できる（最大化問題に対する双対フィット法もほぼ同様であるのでここでは省略する）．基本となるアルゴリズムは (線形計画問題を実際に解くようなことはせず) 組合せ的で，実際，集合カバーの場合は単純なグリーディアルゴリズムになる．問題の線形計画緩和とその双対問題を用いて，アルゴリズムで求められた主問題の整数解は，その時点までに得られた双対問題の解で，過不足なく支払われていることを示すことができる．ただし，得られた双対問題の解に対しては，その時点で実行可能であることの保証はされていない．また，**過不足なく支払われている**

とは，求められた主問題の解の目的関数値が，得られた双対問題の解の目的関数値と等しいことを意味している．解析の主たるステップは，双対問題の解を適切な数で割って得られる縮小解が双対問題の実行可能解になるようにして，与えられた入力に適合する（フィットする）ようにしている点であると言える．こうして縮小解の値は OPT の下界になり，割るのに用いた数がアルゴリズムの近似保証になる．

アルゴリズム 4.1 で用いた下界スキームをこれで説明できるようになった．OPT を最小集合カバー（すなわち，整数計画問題 (IPSC) の最適解）の重みとし，OPT_f を最小小数集合カバー（すなわち，線形計画問題 (LPSC) の最適解）の重みとする．すると，$\mathrm{OPT}_f \le \mathrm{OPT}$ が成立することは明らかである．さらに，弱双対定理（定理 5.2）より，双対問題 (DLPSC) の実行可能解の重みはいずれも OPT_f の下界になるので，OPT の下界でもある．アルゴリズム 4.1 は，実際にはこれを下界スキームに用いていたのである．理解の容易性を考慮して，アルゴリズム 4.1 に双対問題の解を求める部分も加えた以下のアルゴリズムで説明を行う．

アルゴリズム 6.3　集合カバー問題に対するグリーディアルゴリズム

---

1. （初期化）$\boldsymbol{x} = \boldsymbol{0}$（すなわち，$\mathcal{A} = \emptyset$），$\boldsymbol{y} = \boldsymbol{0}$ とする．
2. すべての要素がカバーされるまで（すなわち，$X - X(\mathcal{A}) \neq \emptyset$ である限り）以下を繰り返す：
   (a) 現在の反復で $\mathcal{C} - \mathcal{A}$ に含まれる集合 S で実質平均重み $w_e(S) = \frac{w(S)}{|S - X(\mathcal{A})|}$ の最も小さいものを S_j として選ぶ．
   (b) 各 $i \in S_j - X(\mathcal{A})$ に対して $y_i = w_e(S_j)$ とする．
   (c) $\mathcal{A} = \mathcal{A} \cup \{S_j\}$（$x_j = 1$）とする．
3. 集合カバーとして $\boldsymbol{x}$（すなわち，$\mathcal{A} = \{S_j \in \mathcal{C} : x_j = 1\}$）を出力する．

6.6.1　アルゴリズム 6.3 の実行例

6.1 節のウォーミングアップ問題における集合カバー問題に対しては，1. で

$$\boldsymbol{x} = (x_A, x_B, x_C) = (0,0,0)\ \ (\mathcal{A} = \emptyset),\ \boldsymbol{y} = (y_1, y_2, y_3, y_4) = (0,0,0,0)$$

と初期設定される．

次に 2. の最初の反復で $X(\mathcal{A}) = \emptyset$ であり，集合 S_A, S_B, S_C の実質平均重みはそれぞれ，

$$w_e(S_A) = \tfrac{20}{3} = 6.66...,\ w_e(S_B) = \tfrac{12}{2} = 6,\ w_e(S_C) = \tfrac{15}{3} = 5$$

となるので，2.(a) で S_C が選ばれ，2.(b) で各 $i \in S_C - X(\mathcal{A}) = S_C = \{2,3,4\}$ に対して $y_i = w_e(S_C) = 5$ とされる．したがって，

$$\boldsymbol{y} = (y_1, y_2, y_3, y_4) = (0,5,5,5)$$

と更新される．そして 2.(c) で $x_C = 1$ ($\mathcal{A} = \{S_C\}$) と更新され，$X(\mathcal{A}) = \{2,3,4\}$ となる．

$X - X(\mathcal{A}) = \{1\}$ であるので 2. の次の反復の 2.(a) で，$\mathcal{C} - \mathcal{A} = \{S_A, S_B\}$ であり，集合 S_A, S_B の実質平均重みはそれぞれ，

$$w_e(S_A) = \tfrac{20}{1} = 20,\ w_e(S_B) = \tfrac{12}{1} = 12$$

となるので，2.(a) で S_B が選ばれ，2.(b) で各 $i \in S_B - X(\mathcal{A}) = \{1\}$ に対して $y_i = w_e(S_B) = 12$ とされる．したがって，

$$\boldsymbol{y} = (y_1, y_2, y_3, y_4) = (12,5,5,5)$$

と更新される．そして 2.(c) で $x_B = 1$ ($\mathcal{A} = \{S_B, S_C\}$) と更新され，$X(\mathcal{A}) = \{1,2,3,4\}$ となる．

したがって，$\boldsymbol{x} = (x_A, x_B, x_C) = (0,1,1)$ ($\mathcal{A} = \{S_B, S_C\}$) が出力され，その重みは

$$20x_A + 12x_B + 15x_C = 12 + 15 = 27$$

となる．

これは線形計画問題 (LPSC) の最適解の重み $23\frac{1}{2}$（集合カバー問題 (IPSC) の最適解の重み 27）の $\mathrm{H}_4 = 1 + \frac{1}{2} + \frac{1}{3} + \frac{1}{4} = \frac{25}{12}$ 倍以下である．

6.6.2 集合カバーアルゴリズムの双対フィット法による解析

繰り返しになるが，以下はアルゴリズム 6.3 の補足説明である．

$X(\mathcal{A})$ は 2. の反復の開始時に $\mathcal{A}$ で既にカバーされている要素集合である．この反復で $S_j - X(\mathcal{A}) \neq \emptyset$ となる集合 $S_j \in \mathcal{C} - \mathcal{A}$ の実質平均重み $w_e(S_j)$ は S_j のまだカバーされていない要素による S_j の重みの平均，すなわち，

$$w_e(S_j) = \frac{w_j}{|S_j - X(\mathcal{A})|} \tag{6.26}$$

である．

したがって，アルゴリズム 6.3 で定められる各要素 $i \in X$ に対応する双対変数 y_i は，i が $\mathcal{A}$ に追加される集合 S_j で初めてカバーされるときの S_j の実質平均重み $w_e(S)$ に等しいので，4.2.3 項の定理 4.1 の証明で用いた effect(i) に一致する，すなわち，

$$y_i = \mathrm{effect}(i) \quad (i \in X = \{1, 2, \ldots, n\}) \tag{6.27}$$

が成立することに注意しよう．

さらに，アルゴリズム 4.1 でも述べたように，アルゴリズム 6.3 で選ばれた集合からなる集合カバー $\mathcal{A}$ の重み $w(\mathcal{A}) = \sum_{S_j \in \mathcal{A}} w(S_j) = \sum_{j=1}^{m} w_j x_j$ は，この双対問題の解 $\boldsymbol{y} = (y_1, y_2, \ldots, y_n)$ で過不足なく支払われている，すなわち，

$$w(\mathcal{A}) = \sum_{i=1}^{n} y_i \tag{6.28}$$

が成立することにも注意しよう．

しかし，一般に，この解 $\boldsymbol{y} = (y_1, y_2, \ldots, y_n)$ は双対問題 (DLPSC) の実行可能解でない．たとえば，6.1 節のウォーミングアップ問題で取り上げた問題に対しては，$\boldsymbol{y} = (y_1, y_2, y_3, y_4) = (12, 5, 5, 5)$ となり，(c) で与えた双対問題の実行可能解ではない（$y_1 + y_3 + y_4 \leq 20$ と $y_1 + y_3 \leq 12$ の制約式を満たさない）．この解 $\boldsymbol{y} = (y_1, y_2, \ldots, y_n)$ を H_n の割合で縮小すれば，与えられた集合カバー問題での双対問題 (DLPSC) に適合する（フィットする），すなわち，すべての $j = 1, 2, \ldots, m$ に対して $\sum_{i \in S_j} y_i \leq w_j$ の制約式 (6.13) が成立するようになることを示そう．

各要素 $i \in X$ に対して，

$$y'_i = \frac{y_i}{\mathrm{H}_n} \tag{6.29}$$

とおく．アルゴリズム 6.3 は双対実行可能解 $\boldsymbol{y}' = (y'_1, y'_2, \ldots, y'_n)$ を OPT の下界スキームとして用いていると言える．

補題 6.4 式 (6.29) で定義されたベクトル $\boldsymbol{y}' = (y'_1, y'_2, \ldots, y'_n)$ は双対問題 (DLPSC) の実行可能解である．

証明： 解 $\boldsymbol{y}' = (y'_1, y'_2, \ldots, y'_n)$ がすべての $j = 1, 2, \ldots, m$ で制約式 (6.13)，すなわち，

$$\sum_{i \in S_j} y'_i \le w_j \tag{6.30}$$

を満たすことを示せば十分である．

任意の集合 $S_j \in \mathcal{C}$ を考える．$k = |S_j|$ とする．S_j の要素を，アルゴリズムでカバーされる順番に（同時にカバーされる複数の要素は勝手に順番を付けて），$e_1, \ldots, e_k$ とする．もちろん，$S_j = \{e_1, \ldots, e_k\}$ である．

アルゴリズムで要素 e_i がカバーされるときの反復を考えよう．この反復の開始時点で，$e_i, \ldots, e_k$ は $\mathcal{A}$ でまだカバーされていないので，S_j は少なくとも $k-i+1$ 個のまだカバーされていない要素を含んでいる．したがって，この反復で，S_j の実質平均重みは高々 $\frac{w_j}{k-i+1}$ であり，アルゴリズムはこの反復で実質平均重み最小のものを選んでいたので，

$$y_{e_i} \le \frac{w_j}{k-i+1}$$

が成立する．したがって，

$$y'_{e_i} = \frac{y_{e_i}}{\mathrm{H}_n} \le \frac{1}{\mathrm{H}_n} \cdot \frac{w_j}{k-i+1}$$

が得られる．S_j のすべての要素について総和をとると，

$$\sum_{i=1}^{k} y'_{e_i} \le \frac{w_j}{\mathrm{H}_n} \cdot \left(\frac{1}{k} + \frac{1}{k-1} + \cdots + \frac{1}{1} \right) = \frac{\mathrm{H}_k}{\mathrm{H}_n} \cdot w_j \le w_j$$

となり，j で不等式 (6.30) が成立することが得られた．

したがって，すべての $j = 1, 2, \ldots, m$ で制約式 (6.13) が満たされることが得られ，$\boldsymbol{y}' = (y'_1, y'_2, \ldots, y'_n)$ は双対問題 (DLPSC) の実行可能解であることが得られた．□

定理 6.5 グリーディ集合カバーアルゴリズム（アルゴリズム 6.3）は近似保証 H_n を達成する．

証明： 選ばれた集合カバーの重み $w(\mathcal{A})$ は，OPT を最適集合カバーの重みとすれば，式 (6.28) より

$$w(\mathcal{A}) = \sum_{i \in X} y_i = \mathrm{H}_n \left(\sum_{i \in X} y'_i \right) \le \mathrm{H}_n \cdot \mathrm{OPT}$$

となる．最後の不等式は，$\boldsymbol{y}' = (y'_1, y'_2, \ldots, y'_n)$ が双対実行可能解であることから得られる． □

6.7　乱択ラウンディング

6.3 節で最大包含回数 f の集合カバー問題に対して近似保証 f を達成する単純な確定的ラウンディングアルゴリズムを述べたが，本節では，集合カバー問題の線形計画緩和 (LPSC) の最適解のラウンディングにおいて乱数を使用する乱択ラウンディングアルゴリズムを与える．

集合カバー問題の線形計画緩和 (LPSC) の最適解を

$$\boldsymbol{x}^{LP} = (x_1^{LP}, x_2^{LP}, \ldots, x_m^{LP})$$

とする．すると，各変数 x_j^{LP} が $0 \le x_j^{LP} \le 1$ であるので，整数解を得る以下のラウンディングが考えられる．すなわち，x_j^{LP} を確率と見なして，確率 x_j^{LP} で表が出るコイン投げに基づいて，表が出たら $x_j^A = 1$ とし，裏が出たら $x_j^A = 0$ として，整数解 $\boldsymbol{x}^A = (x_1^A, x_2^A, \ldots, x_m^A)$ を得ることができる．このアイデアから以下の乱択ラウンディングアルゴリズムが得られる．

アルゴリズム 6.4　集合カバー問題に対する乱択ラウンディングアルゴリズム

---

1. 集合カバー問題 (IPSC) の線形計画緩和である (LPSC) の最適解（最小小数集合カバー）$\boldsymbol{x}^{LP} = (x_1^{LP}, x_2^{LP}, \ldots, x_m^{LP})$ を求める．
2. $\boldsymbol{x}^A = \boldsymbol{0}$（すなわち，$\mathcal{A} = \emptyset$）と初期設定する．
3. 以下の (a) を $2 \ln n$ 回繰り返す：
   (a) 各 $j = 1, 2, \ldots, m$ に対して，確率 x_j^{LP} で表が出るコイン投げを独立に行い，表が出たら $x_j^A = 1$ とする．
4. 集合カバーとして $\boldsymbol{x}^A = (x_1^A, x_2^A, \ldots, x_m^A)$（すなわち，$\mathcal{A} = \{S_j \in \mathcal{C} : x_j^A = 1\}$）を出力する．

定理 6.6　アルゴリズム 6.4 は，高い確率で（すなわち，$\frac{n-1}{n}$ 以上の確率で）集合カバーを返す乱択 $\mathrm{O}(\log n)$-近似アルゴリズムである．

証明： 3. において (a) を最初の 1 回行なったときに $x_j^A = 1$ となる集合 S_j をすべて集めたものを $\mathcal{A}_1$ とする．すると，各要素 i がある定数以上の確率で $\mathcal{A}_1$ でカバーされること（すなわち，$i \in X(\mathcal{A}_1)$ となること）をまずはじめに示す．

そこで，任意の命題 A が成立する（真となる）確率を

$$\Pr[\text{命題 } A]$$

と表記することにする．

線形計画問題の最適解 $\boldsymbol{x}^{LP} = (x_1^{LP}, x_2^{LP}, \ldots, x_m^{LP})$ を用いて各集合 $S_j \in \mathcal{C}$ に対して，S_j を確率

$$p_j = x_j^{LP} \tag{6.31}$$

で選んで得られた集合の族が $\mathcal{A}_1$ であるので $\mathcal{A}_1$ の重み $w(\mathcal{A}_1)$ の期待値 $\mathbf{E}[w(\mathcal{A}_1)]$ は，

$$\mathbf{E}[w(\mathcal{A}_1)] = \sum_{S_j \in \mathcal{C}} \Pr[S_j \text{ が選ばれる}] \cdot w_j = \sum_{S_j \in \mathcal{C}} p_j \cdot w_j = \mathrm{OPT}_f \tag{6.32}$$

を満たす．

次に，要素 $i \in X$ が $\mathcal{A}_1$ でカバーされる確率を計算する．i が $\mathcal{C}$ のちょうど k 個の集合 $S_{i_1}, S_{i_2}, \ldots, S_{i_k}$ に含まれるとする．i を含むこれらの k 個の集合 $S_{i_1}, S_{i_2}, \ldots, S_{i_k}$ に付随する確率は，式 (6.31) より，それぞれ $p_{i_1}, p_{i_2}, \ldots, p_{i_k}$ であるとしているので，i は最適解において，

$$p_{i_1} + p_{i_2} + \cdots + p_{i_k} \geq 1 \tag{6.33}$$

と小数的にカバーされている．この条件のもとで $\mathcal{A}_1$ で i のカバーされる確率は，各 $j = 1, 2, \ldots, m$ に対する確率 x_j^{LP} で表が出るコイン投げが独立に行われるので，

$$\Pr[\,i \text{ が } \mathcal{A}_1 \text{ でカバーされる}] = 1 - (1 - p_{i_1})(1 - p_{i_2}) \cdots (1 - p_{i_k}) \tag{6.34}$$

と書ける．この値が最小になるのは，各 p_{i_j} が $\frac{1}{k}$ と等しくなるときであることが，初等的な計算により得られる．したがって，i が $\mathcal{A}_1$ でカバーされる確率は，

$$\Pr[\,i \text{ が } \mathcal{A}_1 \text{ でカバーされる}] \geq 1 - \left(1 - \frac{1}{k}\right)^k \geq 1 - \frac{1}{\mathrm{e}} \tag{6.35}$$

を満たす．ここで，e は自然対数の底である．したがって，各要素 $i \in X$ は定数 $1 - \frac{1}{\mathrm{e}}$ 以上の確率で $\mathcal{A}_1$ にカバーされる．これは，余事象を考えて，各要素 $i \in X$ が $\mathcal{A}_1$ でカバーされない確率は定数 $\frac{1}{\mathrm{e}}$ 以下である，すなわち，

$$\Pr[\,i \text{ が } \mathcal{A}_1 \text{ でカバーされない}] \leq \frac{1}{\mathrm{e}} \tag{6.36}$$

と言い換えることもできる．

3. において (a) を $2 \ln n$ 回繰り返すので，h 回目の反復の開始時に x_j^A が 0 であっても 1 であっても，その値にかかわらず，h 回目の反復で $x_j^A = 1$ とされる集合 S_j

をすべて集めたものを $\mathcal{A}_h$ とする．すると，

$$\mathcal{A} = \mathcal{A}_1 \cup \mathcal{A}_2 \cup \cdots \cup \mathcal{A}_{2\ln n} \tag{6.37}$$

と書ける．したがって，式 (6.36) と式 (6.37) より，

$$\begin{aligned}\Pr[\, i \text{ が } \mathcal{A} \text{ でカバーされない}] &= \prod_{k=1}^{2\ln n} \Pr[\, i \text{ が } \mathcal{A}_k \text{ でカバーされない}] \\ &\leq \left(\frac{1}{\mathrm{e}}\right)^{2\ln n} = \frac{1}{n^2}\end{aligned}$$

となるので，すべての要素 $i \in X$ での和をとって以下の不等式

$$\Pr[\mathcal{A} \text{ は正しい集合カバーでない}] \leq n \cdot \frac{1}{n^2} = \frac{1}{n} \tag{6.38}$$

が得られる．すなわち，

$$\Pr[\mathcal{A} \text{ は正しい集合カバーである}] \geq 1 - \frac{1}{n} \tag{6.39}$$

が得られる．

式 (6.32) と式 (6.37) より，複数の $\mathcal{A}_1, \mathcal{A}_2, \ldots, \mathcal{A}_{2\ln n}$ に含まれる $S_j \in \mathcal{A}$ もありうるので，

$$\mathbf{E}[w(\mathcal{A})] \leq \mathrm{OPT}_f \cdot 2\ln n \tag{6.40}$$

であることは明らかである．

しかしながら，得られる解が正しい集合カバーであるものとして，解の期待値に上界を与えたい．そこで，F を上記の手続きで得られる解が正しい集合カバーである事象とし，$\bar{F}$ をその余事象とする．すると，得られる解が正しい集合カバーであるものとしての解の期待値は，条件付き期待値として，$\mathbf{E}\left[\sum_{j=1}^{m} w_j X_j \middle| F\right]$ と書ける．なお，X_j は $S_j \in \mathcal{A}$ のとき 1，そうでないとき 0 をとる確率変数である．したがって，$\mathbf{E}[w(\mathcal{A})] = \mathbf{E}\left[\sum_{j=1}^{m} w_j X_j\right]$ である．また同様に，得られる解が正しい集合カバーでないものとしての解の期待値は，$\mathbf{E}\left[\sum_{j=1}^{m} w_j X_j \middle| \bar{F}\right]$ と書ける．したがって，

$$\mathbf{E}\left[\sum_{j=1}^{m} w_j X_j\right] = \mathbf{E}\left[\sum_{j=1}^{m} w_j X_j \middle| F\right] \Pr[F] + \mathbf{E}\left[\sum_{j=1}^{m} w_j X_j \middle| \bar{F}\right] \Pr[\bar{F}]$$

と書ける．さらに，式 (6.39) より $\Pr[F] \geq 1 - \frac{1}{n}$ であるので，$n \geq 2$ で，

$$
\begin{aligned}
\mathbf{E}\left[\sum_{j=1}^{m} w_j X_j \middle| F\right] &= \frac{1}{\Pr[F]}\left(\mathbf{E}\left[\sum_{j=1}^{m} w_j X_j\right] - \mathbf{E}\left[\sum_{j=1}^{m} w_j X_j \middle| \bar{F}\right]\Pr[\bar{F}]\right) \\
&\leq \frac{1}{\Pr[F]}\cdot\mathbf{E}\left[\sum_{j=1}^{m} w_j X_j\right] \\
&\leq \frac{(2\ln n)\mathrm{OPT}_f}{1-\frac{1}{n}} \\
&\leq 4(\ln n)\mathrm{OPT}_f
\end{aligned}
$$

が成立する．最初の不等号（に対応する不等式）は，すべての j で $w_j \geq 0$ であるので，$\mathbf{E}\left[\sum_{j=1}^{m} w_j X_j \middle| \bar{F}\right] \geq 0$ であることから得られる． □

アルゴリズム 6.4 の 4. で返される $\mathcal{A}$ は，正しい集合カバーでないときもあるし，$w(\mathcal{A}) \neq \mathrm{O}(\mathrm{OPT}\log n)$ であることもありうる．これらは多項式時間で判定できる．したがって，このようなことが起こったときにはどう対処すれば良いのであろうか？ 以下にその解決法の一つを与える．

式 (6.40) より $\mathbf{E}[w(\mathcal{A})] \leq \mathrm{OPT}_f \cdot 2\ln n$ であるので，$t = \mathrm{OPT}_f \cdot 8\ln n$ として**マルコフの不等式** (Markov's inequality)[*1] を適用すると

$$\Pr[w(\mathcal{A}) \geq \mathrm{OPT}_f \cdot 8\ln n] \leq \frac{1}{4} \tag{6.41}$$

が得られる．さらに，式 (6.38) より，$n \geq 4$ では

$$\Pr[\mathcal{A}\ \text{は正しい集合カバーでない}] \leq \frac{1}{n} \leq \frac{1}{4} \tag{6.42}$$

である．したがって，$n \geq 4$ では，二つの都合の悪い事象のいずれかが起こる確率は $\frac{1}{2}$ 以下となり，正しい集合カバーであり重み $\mathrm{OPT}_f \cdot 8\ln n$ 以下となる確率は $\frac{1}{2}$ 以上となる．すなわち，

$$\Pr[\mathcal{A}\ \text{は正しい集合カバーであり重みが}\ \mathrm{OPT}_f \cdot 8\ln n\ \text{以下である}] \geq \frac{1}{2} \tag{6.43}$$

[*1] 非負の値をとる確率変数 X の期待値を $\mathbf{E}[X]$ とすると，

$$\text{任意の}\ t \in \mathbf{R}_+\ \text{に対して，}\quad \Pr[X \geq t] \leq \frac{\mathbf{E}[X]}{t}\ \text{が成立する}$$

というものがマルコフの不等式である．

となる．前にも述べたように，$\mathcal{A}$ がこれら二つの条件を満たすかどうかは，すなわち，正しい集合カバーであり，かつ $w(\mathcal{A}) = \mathrm{O}(\mathrm{OPT}\log n)$ であるかどうかは，多項式時間で判定できる．

したがって，アルゴリズム 6.4 の 4. で，$\mathcal{A}$ がこれら二つの条件を満たさないときには，アルゴリズム 6.4 の 2. と 3. の操作をさらに繰り返すように，アルゴリズム 6.4 を修正する．すると，式 (6.43) により，$\mathcal{A}$ がこれら二つの条件を満たすようになるまでの 2. と 3. の操作の試行回数の期待値は高々 2 となる．

6.8　まとめと文献ノート

本章では，線形計画法に基づく近似アルゴリズムのデザインと解析の基本技法を，集合カバー問題の単純な枠組みを用いて説明した．とくに，ラウンディングと主双対法の二つの基本技法に重点をおいて述べた．後続の章でも取り上げているように，どちらの技法も多くの基本的な問題に対して広く用いられている．そしてどちらの技法も，多くの問題に対して本質的に緩和問題の整数性ギャップと等しい近似保証を達成するアルゴリズムの設計に成功してきている．さらに，双対フィット法を用いて解析することも同様に有効であることを述べた．

ラウンディングは，より直接的方法で，線形計画問題を解いて小数解を重みがそれほど増加しないようにして整数解に替えるというものである．近似保証は，整数解と小数解の値の比をとって確立される．

一方，主双対法は，間接的でより複雑であり，線形計画緩和の双対問題を用いる方法である．すなわち，主問題（最小化問題）の整数解と双対問題（最大化問題）の実行可能解が繰り返し構成されていく．そして，得られる主問題の解の近似保証は，双対問題の解とで値の比として確立される．それは，任意の双対問題の実行可能解の値が主問題の最適値に対する下界を与えることに基づいている．

これらの二つの技法の主たる違いは，得られるアルゴリズムの計算時間と言えるだろう．ラウンディングでは，線形計画緩和の最適解を求めることが必要である．一方，主双対法では，線形計画緩和を直接的には解く必要がないので，個々の問題の個別の組合せ構造を利用する余地が十分あり，計算時間をかなり短縮することも可能になる．

本章の記述においては，Williamson-Shmoys (2011) [83]（邦訳：浅野 (2015)）を参考にした．さらに，Vazirani (2001) [79]（邦訳：浅野 (2002)）と Korte-Vygen (2007) [64]（邦訳：浅野・浅野・小野・平田 (2009)）も参考にした．

アルゴリズム 6.1 は Hochbaum (1982) [51] による．アルゴリズム 6.2 は Bar-Yehuda, Even (1981) [17] による．双対フィット法に基づく集合カバーアルゴリズムの解析は，Lovász (1975) [69] と Chvátal (1979) [27] による．次節の演習問題 6 のカバー最大化問題は Hochbaum (1982) [51] による．

6.9 演習問題

1. アルゴリズム 6.1 の近似保証解析に対するタイトな例を与えよ．
2. 小数解の非零の集合を全部選んでくるようにアルゴリズム 6.1 を修正したアルゴリズムもまた近似保証 f を達成することを示せ．
3. k を固定された定数とする．最大包含回数 f が k で抑えられるような入力に限定された式 (6.17) の集合カバー問題の整数計画問題による定式化 (IPSC) に対して，式 (6.18) の線形計画緩和の (LPSC) の整数性ギャップが k で上から抑えられることを，アルゴリズム 6.2 は示している．この限界が本質的にタイトになる例を挙げよ．
4. 固定された定数 f に対して，アルゴリズム 6.2 のタイトな例を挙げよ（例題 6.1 で構成された無限個の例では f は有界でなかったことに注意しよう）．
5. 定理 6.5 の系として，式 (6.17) の集合カバー問題の整数計画問題による定式化 (IPSC) に対して，式 (6.18) の線形計画緩和 (LPSC) の整数性ギャップの上界 H_n が得られる．この上界が本質的にタイトになる例を挙げよ．
6. **カバー最大化問題** (maximum coverage problem) は，各要素に非負の重みが付随する n 個の要素の台集合 $X = \{1, 2, \ldots, n\}$，X の部分集合の族 $S_1, \ldots, S_m$ および整数 k が入力として与えられて，カバーされる要素の重みが最大となるように $S_1, \ldots, S_m$ から k 個の集合を選ぶ問題である．こ

の問題に対して，各反復で最善の集合をグリーディに選んで k 個の集合を求める自明なアルゴリズムが近似保証

$$1-\left(1-\frac{1}{k}\right)^k > 1-\frac{1}{\mathrm{e}}$$

を達成することを示せ（e は自然対数の底）．

第7章

施設配置問題

本章の目標

前章で集合カバー問題に対して展開した近似アルゴリズムデザインの技法が施設配置問題に対しても適用できることを理解する.

キーワード

施設配置問題, 確定的ラウンディング, 乱択ラウンディング, 主双対アルゴリズム, 双対フィット法, グリーディアルゴリズム, 局所探索

7.1 ウォーミングアップ問題

以下の図に示しているように, 3人の利用者の集合 $\{1,2,3\}$ (各利用者を○の中の数字で表示) とサービスを提供できる2個の候補施設の集合 $\{1,2\}$ (各候補施設を□の中の数字で表示) において, 各候補施設 $i=1,2$ を開設するときの開設コスト f_i と各利用者 $j=1,2,3$ が各候補施設 $i=1,2$ を利用するときの利用コスト c_{ij} (利用者 j と施設 i を結ぶ辺のそばに表示) が付随している ($f_1=4, f_2=6, c_{11}=3, c_{12}=5, c_{13}=8, c_{21}=4, c_{22}=2, c_{23}=6$).

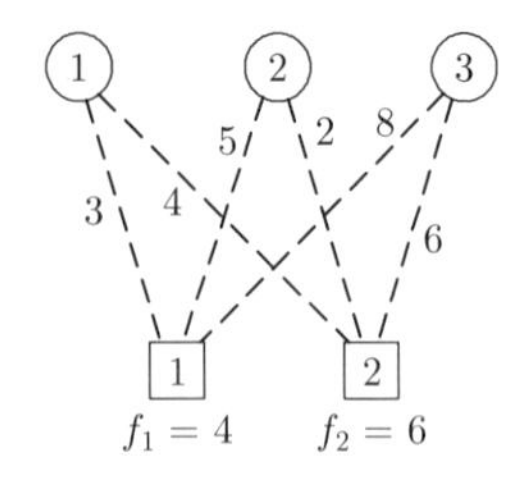

このとき，候補施設を適切に開設して各利用者を開設された施設の一つに割り当てる．ただし，開設された施設の開設コストの総和と各利用者が割り当てられた開設施設の利用コストの総和の和が最小になるようにしたい．どのように施設を開設し，どのように利用者を開設された施設に割り当てればよいか答えよ．

7.1.1　ウォーミングアップ問題の解説

施設 1 を開設し，すべての利用者を施設 1 に割り当てると，開設コストの総和は 4 であり，利用コストの総和は $3 + 5 + 8 = 16$ であり，それらの和は 20 となる．同様に，施設 2 を開設し，すべての利用者を施設 2 に割り当てると，開設コストの総和は 6 であり，利用コストの総和は $4 + 2 + 6 = 12$ であり，それらの和は 18 となる．一方，施設 1,2 を開設し，各利用者を利用コストのより小さい施設に割り当てると，開設コストの総和は $4 + 6 = 10$ であり，利用コストの総和は $3 + 2 + 6 = 11$ であり，それらの和は 21 となる．したがって，この入力に対する最適解は，以下の図に示しているように，施設 2 を開設し，すべての利用者を施設 2 に割り当てるものになる（以下の図において，□は開設候補の施設または未開設施設，灰色の□は開設された施設，◯は利用者，点線分はグラフの辺，実線分は割当てを示すグラフの辺を表している）．

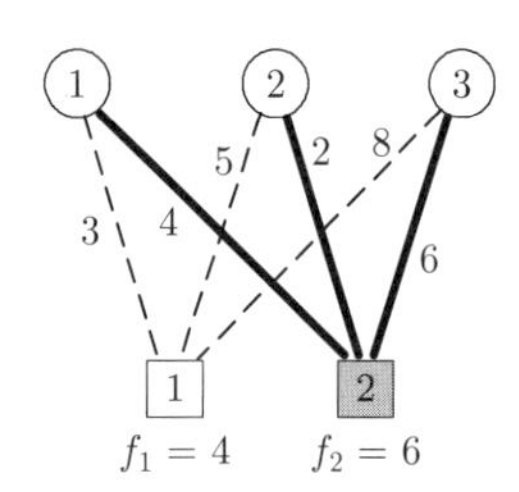

7.2 施設配置問題の定義

ウォーミングアップ問題で取り上げた問題は施設配置問題と呼ばれる．本章では，前章で集合カバー問題に対して行った線形計画による近似アルゴリズムデザインの枠組みを施設配置問題に適用する．施設配置問題は形式的には以下のように定義される．

問題 7.1　施設配置問題 (facility location problem)

入力：　**利用者** (client) の集合 D，候補**施設** (facility) の集合 F，各利用者 $j \in D$ が各施設 $i \in F$ を利用するときの利用コスト $c_{ij} \geq 0$，および各施設 $i \in F$ の開設コスト $f_i \geq 0$.

タスク：　候補施設の集合 F から部分集合 $S \subseteq F$ を選び，各利用者 $j \in D$ を S の施設のうちで最も利用コストの小さい施設に割り当てる際に，S に含まれる施設のコストの総和と割り当てられた利用者の利用コストの総和の和が最小になるようにする．すなわち，

$$\sum_{i \in S} f_i + \sum_{j \in D} \min_{i \in S} c_{ij}$$

を最小化するような $S \subseteq F$ を求める．

施設配置問題における和の式の最初の部分

$$\sum_{i \in S} f_i$$

は**施設開設コスト** (facility cost) と呼ばれ，2 番目の部分

$$\sum_{j \in D} \min_{i \in S} c_{ij}$$

は**割当てコスト** (assignment cost) あるいは**利用コスト** (service cost) と呼ばれる．このとき，S に含まれる施設を“開設する”と呼ぶ．利用者は，**顧客**あるいは**需要** (demand) と呼ばれることも多い．利用者 $j \in D$ が施設 $i \in F$ を利用できないときには，$c_{ij} = \infty$ であると考える．

上記の定義では，開設された施設 $i \in S$ に割り当てられる利用者の人数に対して制約はなかったことに注意しよう．したがって，上記の施設配置問題は，**容量制約なし施設配置問題** (uncapacitated facility location problem) と呼ばれることも多い．一方，開設された施設に対して割り当てられる人数に上限のあるときには，**容量制約付き施設配置問題** (capacitated facility location problem) と呼ばれる．本書では，とくに断らない限り，**容量制約なし施設配置問題**のみをとり上げ，簡約化して，それを**施設配置問題**と呼ぶことにする．

施設配置問題は，完全に一般的なケースでは，集合カバー問題と同程度に近似困難である．一方，通常起こる施設配置問題では，施設も利用者もあるメトリック空間の点と見なせることも多い．このようなことから，本書では，以下のように定義されるメトリック施設配置問題を考えていくことにする．メトリック施設配置問題では，任意の利用者 $j, l \in D$ と任意の施設 $i, k \in F$ に対して，

$$c_{ij} \leq c_{il} + c_{kl} + c_{kj} \tag{7.1}$$

が成立すると考える（図 7.1）．

したがって，メトリック施設配置問題の定義は以下のように書ける．

問題 7.2　メトリック施設配置問題 (metric facility location problem)

入力：　利用者の集合 D，候補施設の集合 F，各利用者 $j \in D$ と各施設 $i \in F$ に対する式 (7.1) を満たす利用コスト c_{ij}，および各施設 $i \in F$ の開設コスト f_i．

タスク：　$\sum_{i \in S} f_i + \sum_{j \in D} \min_{i \in S} c_{ij}$ を最小化するような $S \subseteq F$ を求める．

このメトリック版の施設配置問題に対しては，一般の版の問題と比較して，格段に良い近似アルゴリズムを得ることができる．これ以降本書では，とくに断らない限り，**メトリック施設配置問題**のみをとり上げ，簡約化して，それを**施設配置問題**と呼ぶことにする．

この問題に対して，前章で述べた近似アルゴリズムデザインの様々な技法に基づいて，近似アルゴリズムを与える．具体的には，確定的ラウンディング技

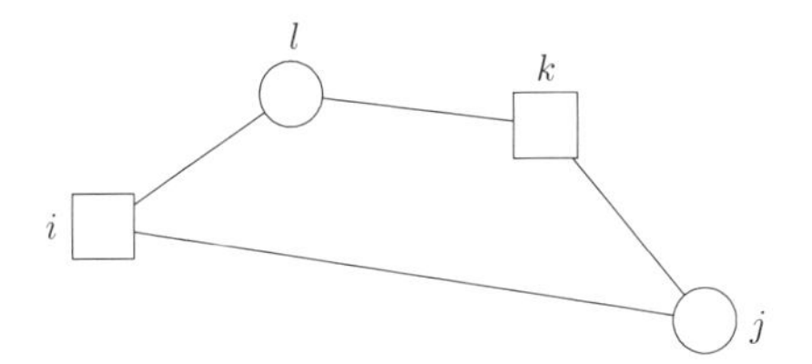

図 7.1　利用コストで成立する不等式 (7.1) の説明図．○が利用者に対応し，□が施設に対応する．利用者 j, l と施設 i, k に対して，$c_{ij} \leq c_{il} + c_{kl} + c_{kj}$ が成立する．

法に基づく 4-近似アルゴリズムを最初に与える．その後，乱択ラウンディング，主双対法，局所探索，グリーディ法の各技法を用いて，さらに近似保証を改善していく．そこで，整数計画による問題の定式化から始める．

7.3　施設配置問題の整数計画による定式化

各施設 $i \in F$ に対応して決定変数 $y_i \in \{0, 1\}$ を導入する．y_i は，施設 i が開設されるとき $y_i = 1$ と設定され，そうでないとき $y_i = 0$ と設定される．さらに，各施設 $i \in F$ と各利用者 $j \in D$ に対応して決定変数 $x_{ij} \in \{0, 1\}$ を導入する．x_{ij} は，利用者 j が施設 i に割り当てられるとき $x_{ij} = 1$ と設定され，そうでないとき $x_{ij} = 0$ と設定される．前節の問題定義でのタスクで述べたように，開設する施設の総コストと割当ての総コストの和の最小化が目標であるので，開設する施設の総コストと割当ての総コストの和が目的関数である．したがって，目的関数の最小化は

$$\text{minimize} \sum_{i \in F} f_i y_i + \sum_{i \in F, j \in D} c_{ij} x_{ij}$$

と書ける．さらに，各利用者 $j \in D$ が正確に一つの施設に割り当てられることを保証しなければならない．これは，制約式

$$\sum_{i \in F} x_{ij} = 1$$

で表現できる．最後に，利用者は開設された施設にのみ割り当てられること

も保証しなければならない．これは，すべての施設 $i \in F$ とすべての利用者 $j \in D$ に対して，

$$x_{ij} \leq y_i$$

の制約式を導入することで達成できる．すなわち，$x_{ij} = 1$ であり，利用者 j が施設 i に割り当てられているときには，この制約式から $y_i = 1$ となり，施設 i は開設されなければならないからである．したがって，容量制約なし施設配置問題の整数計画による定式化は以下のように書ける．

$$\begin{aligned}
\text{(IPFL)} \quad \text{minimize} \quad & \sum_{i \in F} f_i y_i + \sum_{i \in F, j \in D} c_{ij} x_{ij} && (7.2)\\
\text{subject to} \quad & \sum_{i \in F} x_{ij} = 1 \quad (j \in D), && (7.3)\\
& x_{ij} \leq y_i \quad (i \in F, j \in D), && (7.4)\\
& x_{ij} \in \{0,1\} \quad (i \in F, j \in D),\\
& y_i \in \{0,1\} \quad (i \in F).
\end{aligned}$$

これまでと同様に，制約式の $x_{ij} \in \{0,1\}$ と $y_i \in \{0,1\}$ を，それぞれ $x_{ij} \geq 0$ と $y_i \geq 0$ に置き換えて線形計画緩和が得られる（$x_{ij} \leq 1$ と $y_i \leq 1$ は冗長となるので省略できる）．

$$\begin{aligned}
\text{(LPFL)} \quad \text{minimize} \quad & \sum_{i \in F} f_i y_i + \sum_{i \in F, j \in D} c_{ij} x_{ij} && (7.5)\\
\text{subject to} \quad & \sum_{i \in F} x_{ij} = 1 \quad (j \in D), && (7.6)\\
& x_{ij} \leq y_i \quad (i \in F, j \in D), && (7.7)\\
& x_{ij} \geq 0 \quad (i \in F, j \in D), && (7.8)\\
& y_i \geq 0 \quad (i \in F). && (7.9)
\end{aligned}$$

この線形計画緩和 (LPFL) を主問題とする双対問題を考えることも役に立つ．

$$
\begin{aligned}
\text{(DLPFL)} \quad & \text{maximize} \quad \sum_{j \in D} v_j & & (7.10)\\
& \text{subject to} \quad \sum_{j \in D} w_{ij} \le f_i & (i \in F), & \quad (7.11)\\
& \qquad v_j - w_{ij} \le c_{ij} & (i \in F, j \in D), & \quad (7.12)\\
& \qquad w_{ij} \ge 0 & (i \in F, j \in D). & \quad (7.13)
\end{aligned}
$$

ウォーミングアップ問題の入力で，具体的に容量制約なし施設配置問題の整数計画による定式化の線形計画緩和 (LPFL) とその双対問題 (DLPFL) を以下に示す.

線形計画緩和 (LPFL) の式 (7.5) の目的関数は

$$
\begin{aligned}
& f_1 y_1 + f_2 y_2 + c_{11} x_{11} + c_{21} x_{21} + c_{12} x_{12} + c_{22} x_{22} + c_{13} x_{13} + c_{23} x_{23}\\
&= 4y_1 + 6y_2 + 3x_{11} + 4x_{21} + 5x_{12} + 2x_{22} + 8x_{13} + 6x_{23}
\end{aligned}
$$

であり，式 (7.6) の制約式は

$$x_{11} + x_{21} = 1, \quad x_{12} + x_{22} = 1, \quad x_{13} + x_{23} = 1$$

であり，式 (7.7) の制約式は

$$x_{11} \le y_1, \quad x_{21} \le y_2, \quad x_{12} \le y_1, \quad x_{22} \le y_2, \quad x_{13} \le y_1, \quad x_{23} \le y_2$$

であり，式 (7.8) と式 (7.9) の制約式は

$$x_{11} \ge 0, \quad x_{21} \ge 0, \quad x_{12} \ge 0, \quad x_{22} \ge 0, \quad x_{13} \ge 0, \quad x_{23} \ge 0,$$

$$y_1 \ge 0, \quad y_2 \ge 0$$

である．一方，双対問題 (DLPFL) の式 (7.10) の目的関数は

$$v_1 + v_2 + v_3$$

であり，式 (7.11) の制約式は

$$w_{11} + w_{12} + w_{13} \le f_1 = 4, \quad w_{21} + w_{22} + w_{23} \le f_2 = 6$$

であり，式 (7.12) の制約式は

$$v_1 - w_{11} \le c_{11} = 3, \quad v_1 - w_{21} \le c_{21} = 4,$$

$$v_2 - w_{12} \le c_{12} = 5, \quad v_2 - w_{22} \le c_{22} = 2,$$

$$v_3 - w_{13} \le c_{13} = 8, \quad v_3 - w_{23} \le c_{23} = 6$$

であり，式 (7.13) の制約式は

$$w_{11} \ge 0, \quad w_{21} \ge 0, \quad w_{12} \ge 0, \quad w_{22} \ge 0, \quad w_{13} \ge 0, \quad w_{23} \ge 0$$

である．

これらの線形計画緩和 (LPFL) と双対問題 (DLPFL) に対する行列とベクトルによる記述も与えてみよう．

なお，これまでの章では，行列 A の転置行列 A^T や $\boldsymbol{x}$ の転置ベクトル $\boldsymbol{x}^T$ に対して，転置の操作 ^{T} は文脈から正確に判断できて誤解は生じないと考えて省略したが，本章では，正確性を期して，転置の操作 ^{T} を省略せずに表記する．したがって，行列 A の転置行列を A^T と，ベクトル $\boldsymbol{x}$ の転置ベクトルを $\boldsymbol{x}^T$ と表記する．

$$A = \begin{pmatrix} A_{11} & A_{12} \\ A_{21} & A_{22} \end{pmatrix},$$

$$A_{11} = \begin{pmatrix} 0 & 0 \\ 0 & 0 \\ 0 & 0 \end{pmatrix}, \quad A_{12} = \begin{pmatrix} 1 & 1 & 0 & 0 & 0 & 0 \\ 0 & 0 & 1 & 1 & 0 & 0 \\ 0 & 0 & 0 & 0 & 1 & 1 \end{pmatrix},$$

$$A_{21} = \begin{pmatrix} 1 & 0 \\ 0 & 1 \\ 1 & 0 \\ 0 & 1 \\ 1 & 0 \\ 0 & 1 \end{pmatrix}, \quad A_{22} = \begin{pmatrix} -1 & 0 & 0 & 0 & 0 & 0 \\ 0 & -1 & 0 & 0 & 0 & 0 \\ 0 & 0 & -1 & 0 & 0 & 0 \\ 0 & 0 & 0 & -1 & 0 & 0 \\ 0 & 0 & 0 & 0 & -1 & 0 \\ 0 & 0 & 0 & 0 & 0 & -1 \end{pmatrix}$$

とする．したがって，

$$A = \begin{pmatrix} 0 & 0 & 1 & 1 & 0 & 0 & 0 & 0 \\ 0 & 0 & 0 & 0 & 1 & 1 & 0 & 0 \\ 0 & 0 & 0 & 0 & 0 & 0 & 1 & 1 \\ 1 & 0 & -1 & 0 & 0 & 0 & 0 & 0 \\ 0 & 1 & 0 & -1 & 0 & 0 & 0 & 0 \\ 1 & 0 & 0 & 0 & -1 & 0 & 0 & 0 \\ 0 & 1 & 0 & 0 & 0 & -1 & 0 & 0 \\ 1 & 0 & 0 & 0 & 0 & 0 & -1 & 0 \\ 0 & 1 & 0 & 0 & 0 & 0 & 0 & -1 \end{pmatrix}$$

である．さらに，定数ベクトル

$$\mathbf{1}_3 = \begin{pmatrix} 1 \\ 1 \\ 1 \end{pmatrix}, \quad \mathbf{0}_6 = \begin{pmatrix} 0 \\ 0 \\ 0 \\ 0 \\ 0 \\ 0 \end{pmatrix}, \quad \mathbf{0}_3 = \begin{pmatrix} 0 \\ 0 \\ 0 \end{pmatrix}, \quad \mathbf{0}_2 = \begin{pmatrix} 0 \\ 0 \end{pmatrix}$$

と係数ベクトル

$$\boldsymbol{f} = \begin{pmatrix} f_1 \\ f_2 \end{pmatrix} = \begin{pmatrix} 4 \\ 6 \end{pmatrix}, \quad \boldsymbol{c} = \begin{pmatrix} c_{11} \\ c_{21} \\ c_{12} \\ c_{22} \\ c_{13} \\ c_{23} \end{pmatrix} = \begin{pmatrix} 3 \\ 4 \\ 5 \\ 2 \\ 8 \\ 6 \end{pmatrix}$$

を用いる．そして，以下の変数ベクトル $(\boldsymbol{x}, \boldsymbol{y})$, $(\boldsymbol{v}, \boldsymbol{w})$ を用いる．

$$\boldsymbol{x} = \begin{pmatrix} x_{11} \\ x_{21} \\ x_{12} \\ x_{22} \\ x_{13} \\ x_{23} \end{pmatrix}, \quad \boldsymbol{y} = \begin{pmatrix} y_1 \\ y_2 \end{pmatrix}, \quad \boldsymbol{v} = \begin{pmatrix} v_1 \\ v_2 \\ v_3 \end{pmatrix}, \quad \boldsymbol{w} = \begin{pmatrix} w_{11} \\ w_{21} \\ w_{12} \\ w_{22} \\ w_{13} \\ w_{23} \end{pmatrix}.$$

すると，線形計画緩和 (LPFL) は

$$\begin{array}{lrcl} \text{minimize} & (\boldsymbol{f}^T \boldsymbol{c}^T) \begin{pmatrix} \boldsymbol{y} \\ \boldsymbol{x} \end{pmatrix} & & \\ \text{subject to} & (A_{11}\ A_{12}) \begin{pmatrix} \boldsymbol{y} \\ \boldsymbol{x} \end{pmatrix} & = & \mathbf{1}_3, \\ & (A_{21}\ A_{22}) \begin{pmatrix} \boldsymbol{y} \\ \boldsymbol{x} \end{pmatrix} & \geq & \mathbf{0}_6, \\ & \boldsymbol{x} & \geq & \mathbf{0}_6, \\ & \boldsymbol{y} & \geq & \mathbf{0}_2 \end{array} \tag{7.14}$$

と書ける．同様に，線形計画緩和 (LPFL) の双対問題 (DLPFL) は

$$\begin{array}{lrcl} \text{maximize} & \mathbf{1}_3^T \boldsymbol{v} & & \\ \text{subject to} & (\boldsymbol{v}^T \boldsymbol{w}^T) \begin{pmatrix} A_{11} \\ A_{21} \end{pmatrix} & \leq & \boldsymbol{f}^T, \\ & (\boldsymbol{v}^T \boldsymbol{w}^T) \begin{pmatrix} A_{12} \\ A_{22} \end{pmatrix} & \leq & \boldsymbol{c}^T, \\ & \boldsymbol{w} & \geq & \mathbf{0}_6 \end{array} \tag{7.15}$$

と書ける．

より一般的な入力の $F = \{1, 2, \ldots, m\}$，$D = \{1, 2, \ldots, n\}$，$\boldsymbol{f} = (f_i)$ $(i = 1, 2, \ldots, m)$，$\boldsymbol{c} = (c_{ij}) = (c_k)$ $(i = 1, 2, \ldots, m,\ j = 1, 2, \ldots, n,\ k = i + (j-1)m)$ に対しては，すべての要素が 1 の d 次元ベクトル $\mathbf{1}_d$，すべての要素が 0 の d 次元ベクトル $\mathbf{0}_d$，m 次元の変数ベクトル $\boldsymbol{y} = (y_i)$ $(i = 1, 2, \ldots, m)$，n 次元の変数ベクトル $\boldsymbol{v} = (v_j)$ $(j = 1, 2, \ldots, n)$，mn 次元の変数ベクト

ル $\boldsymbol{x} = (x_{ij}) = (x_k)$ と $\boldsymbol{w} = (w_{ij}) = (w_k)$ ($i = 1, 2, \ldots, m$, $j = 1, 2, \ldots, n$, $k = i + (j-1)m$) およびすべての要素が 0 の $n \times m$ 行列 A_{11}，各 $j = 1, 2, \ldots, n$ に対して第 j 行目が，第 $m(j-1)+1$ 列目から第 mj 列目までの m 個の列が 1 で残りの列がすべて 0 である $n \times mn$ 行列 A_{12}（したがって，各 $i = 1, 2, \ldots, m$ に対して第 $i, i+m, \ldots, i+m(n-1)$ 列の n 個の列からなる A_{12} の部分行列は $n \times n$ の恒等行列 I_n となる)，$m \times m$ の恒等行列 I_m を縦に n 個並べた $mn \times m$ の行列 A_{21}，$mn \times mn$ の恒等行列 I_{mn} に負符号をつけた行列 $A_{22} = -I_{mn}$ を用いると，線形計画緩和 (LPFL) は

$$\begin{array}{lll} \text{minimize} & (\boldsymbol{f}^T \boldsymbol{c}^T) \begin{pmatrix} \boldsymbol{y} \\ \boldsymbol{x} \end{pmatrix} & \\ \text{subject to} & (A_{11}\ A_{12}) \begin{pmatrix} \boldsymbol{y} \\ \boldsymbol{x} \end{pmatrix} = & \mathbf{1}_n, \\ & (A_{21}\ A_{22}) \begin{pmatrix} \boldsymbol{y} \\ \boldsymbol{x} \end{pmatrix} \geq & \mathbf{0}_{mn}, \\ & \boldsymbol{x} \geq & \mathbf{0}_{mn}, \\ & \boldsymbol{y} \geq & \mathbf{0}_m \end{array} \tag{7.16}$$

と書ける．同様に，線形計画緩和 (LPFL) の双対問題 (DLPFL) は

$$\begin{array}{lll} \text{maximize} & \mathbf{1}_n^T \boldsymbol{v} & \\ \text{subject to} & (\boldsymbol{v}^T \boldsymbol{w}^T) \begin{pmatrix} A_{11} \\ A_{21} \end{pmatrix} \leq & \boldsymbol{f}^T, \\ & (\boldsymbol{v}^T \boldsymbol{w}^T) \begin{pmatrix} A_{12} \\ A_{22} \end{pmatrix} \leq & \boldsymbol{c}^T, \\ & \boldsymbol{w} \geq & \mathbf{0}_{mn} \end{array} \tag{7.17}$$

と書ける．これ以降，線形計画緩和 (LPFL) の (7.16) の解 $\boldsymbol{x}, \boldsymbol{y}$ と双対問題 (DLPFL) の (7.17) の解 $\boldsymbol{v}, \boldsymbol{w}$ を，誤解することはないと思われるので，単に，(7.16) の解 (x, y) と (7.17) の解 (v, w) と表記する．

施設配置問題の与えられた入力の最適解の値を OPT とし，その入力に対する整数計画問題 (IPFL) の線形計画緩和 (LPFL)（以下，主問題 (LPFL) と呼ぶ）の最適解の値を Z_{LP}^* とする．すると，双対問題 (DLPFL) の任意の実行可

能解 (v, w) に対して，弱双対定理（定理 5.2）から

$$\sum_{j \in D} v_j \leq Z_{LP}^* \leq \mathrm{OPT} \tag{7.18}$$

が得られる．もちろん，主問題の制約式（主制約式）と双対問題の変数（双対変数）は一対一対応し，その逆も成立する．すなわち，双対問題の制約式（双対制約式）と主問題の変数（主変数）も一対一対応する．したがって，たとえば，双対変数 w_{ij} は式 (7.7) の主制約式 $x_{ij} \leq y_i$ に対応し，主変数 x_{ij} は式 (7.12) の双対制約式 $v_j - w_{ij} \leq c_{ij}$ に対応する．

7.4　確定的ラウンディングアルゴリズム

主問題 (LPFL) の最適解 (x^*, y^*) をラウンディングして近似解（整数解）を得るために，(x^*, y^*) の情報を以下のように利用する．(x^*, y^*) において，利用者 j がある施設 i に小数的に割り当てられているとする．すなわち，$x_{ij}^* > 0$ であるとする．このとき，施設 i と利用者 j は**隣接する** (neighbor) という．利用者 j に隣接するすべての施設の集合を $N(j)$，施設 i に隣接するすべての利用者の集合を $N(i)$ とする．さらに，利用者 j の隣接する施設のいずれかに隣接する j 以外の利用者の集合を $N^2(j)$ と表記する（図 7.2）．すなわち，

$$N(j) = \{i \in F : x_{ij}^* > 0\} \quad (j \in D), \tag{7.19}$$

$$N(i) = \{j \in D : x_{ij}^* > 0\} \quad (i \in F), \tag{7.20}$$

$$\begin{aligned} N^2(j) &= \{j' \in D - \{j\} : \text{利用者 } j' \text{ はある施設 } i \in N(j) \text{ に隣接する}\} \\ &= \bigcup_{i \in N(j)} N(i) - \{j\} \quad (j \in D) \end{aligned} \tag{7.21}$$

である．したがって，辺集合

$$E(x^*, y^*) = \{(i, j) : x_{ij}^* > 0,\ i \in F,\ j \in D\} \tag{7.22}$$

で定義されるグラフ $G(x^*, y^*) = (F \cup D, E(x^*, y^*))$ を考えていることになる．

以下の補題は，利用者 j を隣接する施設へ割り当てるときのコストと双対変数の値との関係を示している．

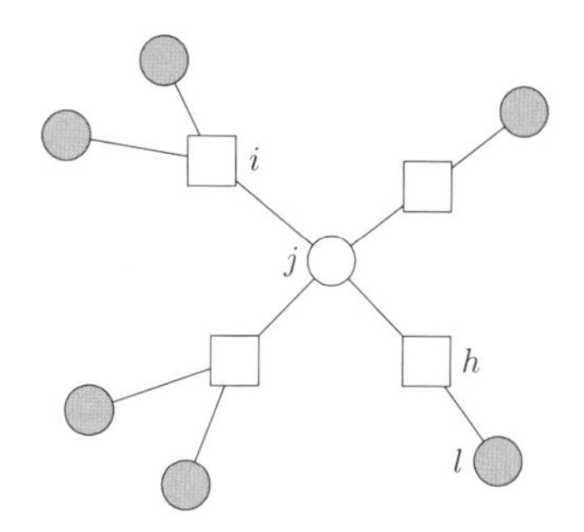

図 7.2　$N(j)$ と $N^2(j)$ の説明図．○が利用者に対応し，□が施設に対応する．施設 i' と利用者 j' に対して，$x^*_{i'j'} > 0$ のときに，i' と j' を辺で結んでいる．中央の利用者 j に隣接する 4 個の施設が $N(j)$ を形成し，灰色の利用者が $N^2(j)$ を形成する．

補題 7.1　(x^*, y^*) を主問題 (LPFL) の最適解とし，(v^*, w^*) を双対問題 (DLPFL) の最適解をする．すると，$x^*_{ij} > 0$ ならば $c_{ij} \le v^*_j$ である．

証明： 定理 5.3 の相補性条件より，$x^*_{ij} > 0$ ならば $v^*_j - w^*_{ij} = c_{ij}$ となる．さらに，$w^*_{ij} \ge 0$ であるので，$c_{ij} \le v^*_j$ が得られる．□

この補題に基づいて，以下の確定的ラウンディングアルゴリズムが提案された．

アルゴリズム 7.1　確定的ラウンディングアルゴリズム

入力：　利用者の集合 D，候補施設の集合 F，各利用者 $j \in D$ と各施設 $i \in F$ に対する式 (7.1) を満たす非負の利用コスト c_{ij}，および各施設 $i \in F$ の非負の開設コスト f_i.

出力：　開設する施設集合 $S \subseteq F$ と各利用者 $j \in D$ の開設施設への割当て $\sigma(j) \in S$（すなわち，利用者集合 D から開設集合 S への割当て関数 $\sigma : D \to S$).

アルゴリズム：

1. 主問題 (LPFL) の最適解 (x^*, y^*) と双対問題 (DLPFL) の最適解 (v^*, w^*) を求める；
2. $C \leftarrow D$;　// C はまだ割当ての決まっていない利用者の集合

$U \leftarrow F$; // U は開設されるかされないか未確定の施設の集合

$S \leftarrow \emptyset$; // S は開設される施設の集合

$k \leftarrow 0$; // k は反復回数

3. $C \neq \emptyset$ である限り以下を繰り返す．

　$k \leftarrow k+1$;

　すべての $j \in C$ のうちで v_j^* が最小となる $j_k \in C$ を選ぶ;

　$N(j_k)$ のうちで最小コストの施設 $i_k \in N(j_k)$ を選び開設する;

　// すなわち，$S \leftarrow S \cup \{i_k\}$

　j_k と $N^2(j_k) \cap C$ のすべての利用者 j を i_k に割り当てる;

　// すなわち，各 $j \in \{j_k\} \cup (N^2(j_k) \cap C)$ に対して $\sigma(j) \leftarrow i_k$

　$C \leftarrow C - \{j_k\} - N^2(j_k)$;

　$U \leftarrow U - N(j_k)$;

　// $N(j_k) - \{i_k\}$ は開設されないことが確定した施設の集合

4. S と σ を出力する．

定理 7.2　アルゴリズム 7.1 は施設配置問題に対する 4-近似アルゴリズムである．

証明： 3. の反復が p 回行われたとする．すると，出力される S（開設された施設の集合）は

$$S = \{i_1, i_2, \ldots, i_p\}$$

と書ける．まず，この施設配置問題の入力における最適解の値 OPT，主問題 (LPFL) の最適解の値 Z_{LP}^* および式 (7.18) を用いて

$$\sum_{k=1}^{p} f_{i_k} \leq \sum_{i \in F} f_i y_i^* \leq \sum_{i \in F} f_i y_i^* + \sum_{i \in F, j \in D} c_{ij} x_{ij}^* = Z_{LP}^* \leq \mathrm{OPT} \tag{7.23}$$

が成立することを示す．すなわち，開設された施設のコストの総和が OPT で抑えられることを示す．

アルゴリズムにおける 3. の k $(k = 1, 2, \ldots, p)$ 回目の反復を考える (図 7.3)．この反復で，まず，まだ割当ての決まっていない利用者 $j \in C$ のうちで v_j^* の値が最小となる利用者 j_k が選ばれ，次に，$N(j_k)$ に含まれる隣接する施設で開設コストの最も小さい施設 i_k が開設する施設として選ばれ，最後に，j_k とまだ割当ての決まっていない $N^2(j_k)$ に含まれるすべての利用者が i_k に割り当てられる．したがって，どの利用者 $j' \in C - (N^2(j_k) \cup \{j_k\})$ も $N(j_k)$ の施設とは隣接していない．すなわち，

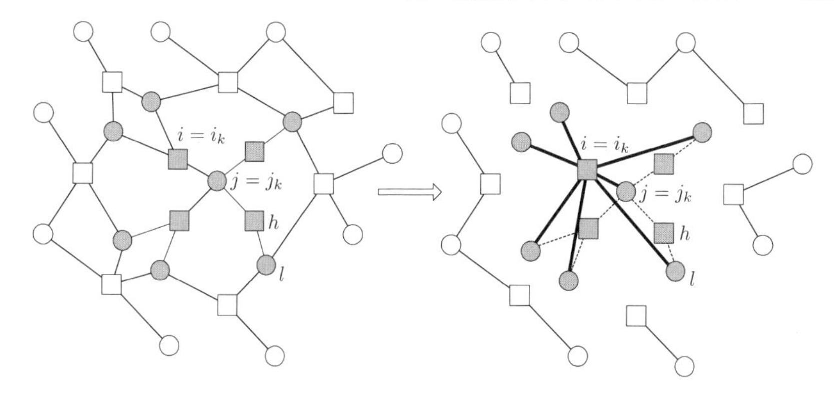

図 7.3 式 (7.22) の辺集合で定義されるグラフ $G(x^*, y^*)$ を G と初期設定してアルゴリズムは動作すると考えることができる．k 回目の反復で，太線で示しているように，利用者 j_k とまだ割当ての決まっていない $N^2(j_k) \cap C$ の利用者（灰色の○のすべての利用者）が施設 i_k に割り当てられる．灰色の□の施設の集合が $N(j_k)$ である．そしてグラフ G から $\{j_k\} \cup (N^2(j_k) \cap C) \cup N(j_k)$ が除去されて G が更新される．それ以降の反復 $h > k$ では，更新されたグラフ G のもとで灰色にされていない□の施設から $N(j_h)$ が選ばれるので，$N(j_h)$ $(h > k)$ と $N(j_k)$ とは共通部分を持たない（$N(j_h) \cap N(j_k) = \emptyset$ である）．

$$\text{各 } j' \in C - (N^2(j_k) \cup \{j_k\}) \text{ に対して } N(j') \cap N(j_k) = \emptyset \tag{7.24}$$

である．したがって，異なる $h, k \in \{1, 2, \ldots, p\}$ に対して

$$N(j_h) \cap N(j_k) = \emptyset \tag{7.25}$$

である．そこで，利用者 j_k に隣接する施設集合 $N(j_k)$ のすべての $k = 1, 2, \ldots, p$ での和集合を F' とする．すなわち，

$$F' = N(j_1) \cup N(j_2) \cup \cdots \cup N(j_p) = F - U \tag{7.26}$$

である．また各 $k = 1, 2, \ldots, p$ で施設 $i_k \in N(j_k)$ を開設するコスト f_{i_k} は，

$$f_{i_k} = f_{i_k} \sum_{i \in N(j_k)} x^*_{ij_k} \leq \sum_{i \in N(j_k)} f_i x^*_{ij_k} \tag{7.27}$$

と上から抑えることができる．なお，等式は，式 (7.19) と制約式 (7.6) より $\sum_{i \in N(j_k)} x^*_{ij_k} = \sum_{i \in F} x^*_{ij_k} = 1$ となることから得られ，不等式は $N(j_k)$ の中から開設コストの最も小さい施設 i_k を選んだことから得られる．さらに，制約式 (7.7) から $x^*_{ij} \leq y^*_i$ で

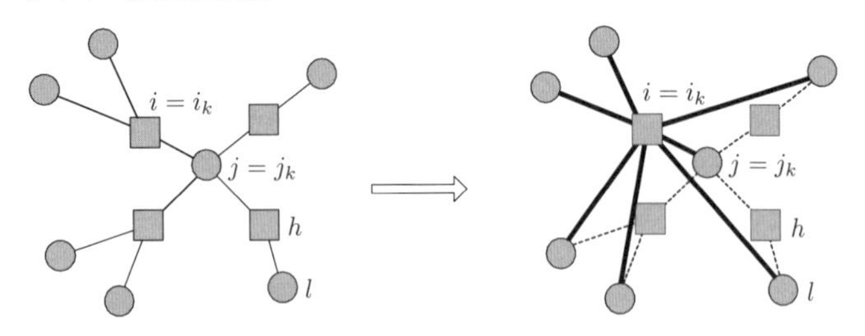

図 7.4　定理 7.2 の証明における説明図.

あるので,

$$f_{i_k} \leq \sum_{i \in N(j_k)} f_i x^*_{ij_k} \leq \sum_{i \in N(j_k)} f_i y^*_i \tag{7.28}$$

が得られる．すべての $k = 1, 2, \ldots, p$ でこの不等式の和をとると,

$$\sum_{k=1}^{p} f_{i_k} \leq \sum_{k=1}^{p} \sum_{i \in N(j_k)} f_i y^*_i = \sum_{i \in F'} f_i y^*_i \leq \sum_{i \in F} f_i y^*_i \leq Z^*_{LP} \leq \mathrm{OPT} \tag{7.29}$$

が得られる．等式は，式 (7.25), (7.26) より，$F' \subseteq F$ が $N(j_1), N(j_2), \ldots, N(j_p)$ の直和であることから得られる．すなわち，不等式 (7.23) が証明できた.

開設される施設の総コストが，主問題 (LPFL) の最適解のコスト OPT（より正確には，最適解の値 Z^*_{LP} から割当てコストの総和 $\sum_{i \in F, j \in D} c_{ij} x^*_{ij}$ を引いた値，すなわち，主問題 (LPFL) の最適解で開設される施設の総コスト）で抑えることができたので，次に，割当てのコストの総和を抑える.

まず k 回目の反復に固定して考える．補題 7.1 より，j_k を i_k に割り当てるコストは,

$$c_{i_k j_k} \leq v^*_{j_k} \tag{7.30}$$

を満たす．図 7.4 にも示しているように，まだ割り当てられていない利用者 $l \in N^2(j_k)$ を i_k に割り当てるときのコストを考える．なお，利用者 l は，（利用者 j_k に隣接する）施設 $h \in N(j_k)$ に隣接しているとする．すると，メトリックの制約式 (7.1) と補題 7.1 より,

$$c_{i_k l} \leq c_{i_k j_k} + c_{h j_k} + c_{hl} \leq v^*_{j_k} + v^*_{j_k} + v^*_l$$

が得られる．さらに，この反復で，まだ施設に割り当てられていない利用者のうちで双対変数の値 $v^*_{j_k}$ が最小であるということで j_k が選ばれたことを思いだそう．一方，l はまだ割り当てられていない利用者であるので，$v^*_{j_k} \leq v^*_l$ が得られる．したがって,

$$c_{i_k l} \leq 3 v^*_l \tag{7.31}$$

が得られる．これらの不等式 (7.30), (7.31) から割当ての総コストは高々 $3 \sum_{j \in D} v^*_j = 3Z^*_{LP} \leq 3\mathrm{OPT}$ であることが得られる（双対定理も用いている）.

以上の議論より，開設される施設の総コストは高々 OPT であり，割当ての総コストは高々 3OPT であるので，得られる解の総コストは最適解の値 OPT の高々 4 倍である．□

注意： アルゴリズムで出力される $\sigma : D \to S$ では，$c_{\sigma(j)j} > \min_{i \in S} c_{ij}$ となる $j \in D$ が存在することもあることに注意しよう．したがって，$\sigma^A(j) = \arg\min_{i \in S} c_{ij}$（すなわち，$c_{\sigma^A(j)j} = \min_{i \in S} c_{ij}$ である）として $\sigma^A : D \to S$ を定義し，アルゴリズムで S と σ^A を出力すると変更することもできる．これにより，解の品質はより良いものになる（より悪いものになることはない）．これ以降のアルゴリズムでも，"S のすべての施設を開設し各利用者 $j \in D$ に対して S のうちで j に最も近い施設を $\sigma(j)$ として割り当て，S と σ を出力する" と記述していないときには，この注意が適用できることを強調しておく．

次節では，乱択化を用いてこのアルゴリズムより良い近似保証を持つ乱択 3-近似アルゴリズムを与える．一方，容量制約なしメトリック施設配置問題に対する近似困難性に対しては，集合カバー問題からのリダクションを用いて，以下の結果が知られている．

定理 7.3 (Guha-Khuller (1999) [46]) **NP** のすべての問題に対し $O(n^{O(\log\log n)})$ 時間アルゴリズムが存在すると主張できない限り，容量制約なしメトリック施設配置問題に対する正定数 $\alpha < 1.463$ の α-近似アルゴリズムは存在しない．

7.5 乱択ラウンディングアルゴリズム

前節では，メトリック施設配置問題（問題 7.2）に対して確定的ラウンディングに基づく 4-近似アルゴリズムを与えたが，本節では，乱択ラウンディングに基づいて（乱択）3-近似アルゴリズムを与える．

前節で与えた確定的ラウンディングアルゴリズム（アルゴリズム 7.1）では，まだ施設に割り当てられていない利用者 j のうちで v_j^* が最小となるような j を選び，さらに $N(j)$ に含まれる施設から開設コストの最も小さい施設 i を選んで開設し，j と開設された施設にまだ割り当てられていない $N^2(j)$ の利用者をすべてこの施設 i に割り当てるという，4-近似アルゴリズムを与えた．実際には，主問題 (LPFL) の最適解 (x^*, y^*) と双対問題 (DLPFL) の最適解 (v^*, w^*)

に対して，アルゴリズムで得られる解は，コストが高々

$$\sum_{i\in F} f_i y_i^* + 3\sum_{j\in D} v_j^* \le 4\mathrm{OPT} \tag{7.32}$$

であることを示した．

しかし，その解析では $\sum_{i\in F} f_i y_i^*$ を OPT で抑えているので，その点が少し不満である．すなわち，実際には，$\sum_{i\in F} f_i y_i^* + \sum_{i\in F, j\in D} c_{ij}x_{ij}^* \le \mathrm{OPT}$ という，より強いことも言えるからである．本節では，乱択ラウンディングを用いて 7.4 節のアルゴリズムを少し修正することで，より良い 3-近似アルゴリズムが得られることを示す．

基本的なアイデアは以下の 2 点である．先のアルゴリズムでは，利用者 j を選んだ後に，$N(j)$ に含まれる施設から開設コストの最も小さい施設 i を選んで開設したが，ここではそうではなく，式 (7.19) と制約式 (7.6) より $\sum_{i\in N(j)} x_{ij}^* = 1$ であることに注意して，各施設 $i \in N(j)$ を確率 x_{ij}^* で開設する点が第一のアイデアである．さらに，主問題 (LPFL) の最適解 (x^*, y^*) において，利用者 j が割り当てられる施設の利用コストの期待値である C_j^*，すなわち，

$$C_j^* = \sum_{i\in F} c_{ij}x_{ij}^* \tag{7.33}$$

を用いて，各反復で開設された施設にまだ割り当てられていない利用者のうちで，$v_j^* + C_j^*$ の値が最小となるような j を選ぶことにする点が第二のアイデアである．アルゴリズム 7.2 に，この新しいアルゴリズムをまとめている．

アルゴリズム 7.2　施設配置問題に対する乱択ラウンディングアルゴリズム

---

1. 主問題 (LPFL) の最適解 (x^*, y^*) と双対問題 (DLPFL) の最適解 (v^*, w^*) を求める;
2. $C \leftarrow D$;　// C はまだ割り当ての決まっていない利用者の集合
   $U \leftarrow F$;　// U は開設されるかされないか未確定の施設の集合
   $S \leftarrow \emptyset$;　// S は開設される施設の集合
   $k \leftarrow 0$;　// k は反復回数
3. $C \ne \emptyset$ である限り以下を繰り返す．
   $k \leftarrow k+1$;

すべての $j \in C$ のうちで $v_j^* + C_j^*$ が最小となる $j_k \in C$ を選ぶ；
確率分布 $x_{ij_k}^*$ に基づいて施設 $i \in N(j_k)$ を一つ選び i_k とする；
i_k を開設する； // すなわち，$S \leftarrow S \cup \{i_k\}$
j_k と $N^2(j_k) \cap C$ のすべての利用者 j を i_k に割り当てる；
// すなわち，各 $j \in \{j_k\} \cup N^2(j_k) \cap C$ に対して $\sigma(j) \leftarrow i_k$
$C \leftarrow C - \{j_k\} - N^2(j_k)$；
$U \leftarrow U - N(j_k)$；

4. S と σ を出力する．

繰り返しになるが，ここの乱択ラウンディングアルゴリズムが，先の 7.4 節の確定的ラウンディングに基づくアルゴリズム（アルゴリズム 7.1）と異なる点は，3. の j_k の選び方（すべての $j \in C$ のうちで $v_j^* + C_j^*$ が最小となる $j_k \in C$ を選ぶこと）と i_k の選び方（確率分布 $x_{ij_k}^*$ に基づいて施設 $i_k \in N(j_k)$ を選び開設すること）の部分だけであることに注意しよう．

これで解析を改善することができるのである．実際，乱択を導入しない先のアルゴリズムでは，開設した施設に割り当てられる利用者の利用コストを最悪の値で解析を進めなければならなかったのに対して，ここの乱択版では，$N(j)$ の施設のすべてにわたって，そのコストを平均化できるからである．

なお，アルゴリズム 7.1 では，入力と出力を明記していたが，ここの乱択ラウンディングアルゴリズムでは（これ以降の節のアルゴリズムでも）その部分は同じであるので，省略する形式を用いている（第 6 章での集合カバー問題に対するアルゴリズムの形式と同じである）．

定理 7.4 アルゴリズム 7.2 は施設配置問題に対する乱択 3-近似アルゴリズムである．

証明： 3. の反復が p 回行われたとする．すると，出力される S（開設された施設の集合）は $S = \{i_1, i_2, \ldots, i_p\}$ と書ける．k 回目の反復で開設される施設のコストの期待値は，制約式 (7.7) の $x_{ij_k}^* \leq y_i^*$ から

$$\sum_{i \in N(j_k)} f_i x_{ij_k}^* \leq \sum_{i \in N(j_k)} f_i y_i^*$$

である．7.4 節でも議論したように，k ($k = 1, 2, \ldots, p$) 回目の反復で選ばれる利用者 j_k の隣接施設集合 $N(j_k)$ の和集合 $F' = N(j_1) \cup N(j_2) \cup \cdots \cup N(j_p) \subseteq F$ は，$N(j_1), N(j_2), \ldots, N(j_p)$ の直和であるので，開設される施設の総コストの期待値は，高々

$$\sum_{k=1}^{p} \sum_{i \in N(j_k)} f_i y_i^* \le \sum_{i \in F} f_i y_i^*$$

である．

次に，k 回目の反復に固定して議論する．k 回目の反復で選ばれ開設される i_k を i と表記する．j_k がランダムな $i \in N(j_k)$ に割り当てられる利用コストの期待値は

$$\sum_{i \in N(j_k)} c_{ij_k} x_{ij_k}^* = C_{j_k}^*$$

となる．7.4 節の図 7.4 でも示したように，割り当てられていない利用者 $l \in N^2(j_k)$ がランダムな $i \in N(j_k)$ に割り当てられる利用コストの期待値は，利用者 l が（利用者 j_k に隣接する）施設 $h \in N(j_k)$ に隣接しているとすると，高々

$$c_{hl} + c_{hj_k} + \sum_{i \in N(j_k)} c_{ij_k} x_{ij_k}^* = c_{hl} + c_{hj_k} + C_{j_k}^*$$

である．補題 7.1 より，$c_{hl} \le v_l^*$, $c_{hj_k} \le v_{j_k}^*$ となるので，この右辺の値は $v_l^* + v_{j_k}^* + C_{j_k}^*$ 以下である．さらに，まだ割り当てられていない利用者のうちで $v_{j_k}^* + C_{j_k}^*$ の値が最小となるような利用者 j_k を選んでいるので，$v_{j_k}^* + C_{j_k}^* \le v_l^* + C_l^*$ が成立する．したがって，l を i に割り当てるときの利用コストの期待値は高々

$$v_l^* + v_{j_k}^* + C_{j_k}^* \le 2v_l^* + C_l^*$$

である．

以上の議論より，総コスト（開設される施設の総コストと利用コストの総和の和）の期待値は，式 (7.33) および $Z_{LP}^* \le \mathrm{OPT}$ より，高々

$$\begin{aligned} \sum_{i \in F} f_i y_i^* + \sum_{j \in D} (2v_j^* + C_j^*) &= \sum_{i \in F} f_i y_i^* + \sum_{i \in F, j \in D} c_{ij} x_{ij}^* + 2 \sum_{j \in D} v_j^* \\ &= 3Z_{LP}^* \le 3\mathrm{OPT} \end{aligned}$$

であることが得られる．　□

注意： 近似保証を 4 から 3 に改善できたのは，施設をランダムに選んで開設することにより，解析で割当てのコスト C_j^* を含めることができたからであることに注意しよう．すなわち，施設開設のコストのみを OPT で抑えるのではなく，施設開設のコストと割当てのコストを合わせて，OPT で抑えることができたのである．

さらに，以下の乱択ラウンディングアルゴリズムのほうがより自然であると考えるかもしれない．すなわち，主問題 (LPFL) の最適解 (x^*, y^*) に対して，施設 $i \in F$ を

確率 y_i^* で独立に開設し，各利用者を開設された施設のうちで最も利用コストの小さいものに割り当てるというアルゴリズムである．

このアルゴリズムは，開設される施設のコストの期待値が $\sum_{i \in F} f_i y_i^*$ であるというきわめて良い特徴を持つ．しかし，この単純なアルゴリズムでは，開設される施設がまったくないという状況がゼロでない確率で起こる．したがって，利用者を施設に割り当てる利用コストの期待値が無限大になることもありうる．これが問題なのである．

しかし，この問題点は以下のようにして克服できる．すなわち，この乱択ラウンディングアルゴリズムと，(各利用者が開設されている施設から遠く離れていないことを保証する）クラスタリングを用いるこれまでに述べてきた乱択アルゴリズムとを組み合わせて，この問題点を克服できる．これにより，近似保証 $1 + \frac{2}{\mathrm{e}} \approx 1.736$ の近似アルゴリズムが得られることになる（e は自然対数の底）．この詳細については，Chudak-Shmoys (2003) [26] の原論文や Williamson-Shmoys (2011) [83] の本を参照されたい．

7.6 主双対法

前の 2 節では，メトリック施設配置問題（問題 7.2）に対して確定的ラウンディングに基づく 4-近似アルゴリズムと乱択ラウンディングに基づく乱択 3-近似アルゴリズムを与えたが，本節では，主双対法に基づく 3-近似アルゴリズムを与える．前にも述べたように，ここでもメトリック施設配置問題のみをとり上げ，簡約化して，それを施設配置問題と呼ぶことにする．施設配置問題の整数計画による定式化 (IPFL) とその線形計画緩和である主問題 (LPFL) とその双対問題 (DLPFL) を用いる．

集合カバー問題に対する双対問題のときとほぼ同様に，双対問題 (DLPFL) の実行可能解 (v, w) においても，v_j は利用者 j が施設 i に割り当てられたときに施設 i を利用するコストと施設 i の開設費用の負担額の和と考えられる（集合カバー問題では，各利用者（要素）の施設（部分集合）の利用コストは，その要素がその部分集合に含まれるときには 0 で含まれないときは ∞ と見なせる）．すなわち，$v_j \geq c_{ij}$ かつ $x_{ij} = 1$ のときには，$w_{ij} = v_j - c_{ij}$ が施設 i を開設するときの利用者 j の負担額と見なせる．そこで，本節では以下の定義を用いる．

定義 7.5　双対問題 (DLPFL) の実行可能解 (v, w) において，$v_j \geq c_{ij}$ であるとき，利用者 j は施設 i に（同様に，施設 i は利用者 j に）**隣接する**という．（このとき制約式 (7.12) より $w_{ij} \geq v_j - c_{ij} \geq 0$ であるので）さらに，$w_{ij} > 0$ であるときには，利用者 j は施設 i に**貢献する**という．利用者 j に隣接する施設の集合を

$$N(j) = \{i \in F : v_j \geq c_{ij}\}$$

と表記し，施設 i に隣接する利用者 j の集合を

$$N(i) = \{j \in D : v_j \geq c_{ij}\}$$

と表記する．

注意： ここの定義の “隣接する” は前の 2 節で用いた定義の “隣接する” とは異なる．前の 2 節では主問題 (LPFL) の最適解 (x^*, y^*) において，$x^*_{ij} > 0$ のとき利用者 j は施設 i に “隣接する” としていたことに注意しよう．

双対問題 (DLPFL) の実行可能解 (v, w) において，制約式 (7.12), (7.13) より $w_{ij} \geq v_j - c_{ij}$ かつ $w_{ij} \geq 0$ であるので，

$$w'_{ij} = \max\{0, v_j - c_{ij}\} \leq w_{ij}$$

とすることにより，(v, w') も双対問題 (DLPFL) の実行可能解になることに注意しよう．したがって，双対問題 (DLPFL) に，v と対になって実行可能解になるようなものがあるときには，

$$w_{ij} = \max\{0, v_j - c_{ij}\} \tag{7.34}$$

として w を導出できることに注意しよう．

そこで，以下の議論では，双対問題 (DLPFL) の実行可能解 (v, w) は式 (7.34) を満たすと考える．このように w を導出して，利用者 j が施設 i に貢献すると，$w_{ij} > 0$ から $v_j > c_{ij}$ となるので，j と i は隣接することになる（すなわち，$j \in N(i)$ となる）．さらに，

$$j \in N(i) \quad \text{（すなわち，} v_j \geq c_{ij} \text{）ならば } v_j = c_{ij} + w_{ij} \tag{7.35}$$

となることも得られる．

これで，主双対アルゴリズムを述べられるようになった．なお，以下のアルゴリズム 7.3 では，負担額の総和が施設 i の開設コストと等しくなる（対応する双対制約式 (7.11) の $\sum_{j \in D} w_{ij} \le f_i$ が等式で成立してタイトになる）ような施設の集合を T としている．すなわち，

$$T = \left\{ i \in F : \sum_{j \in D} w_{ij} = f_i \right\}$$

としている．

アルゴリズム 7.3　施設配置問題に対する主双対アルゴリズム

1.　$v \leftarrow 0$;　$w \leftarrow 0$;　$T \leftarrow \emptyset$;
　　$C \leftarrow D$; // C は T のいずれの施設にも隣接しない利用者の集合
2.　$C \neq \emptyset$ である限り以下を繰り返す．
　　　// T に含まれるどの施設にも隣接しない利用者が存在する
　　　どれかの $j \in C$ がある $i \in T$ に隣接するようになるか，または
　　　ある $i \in F - T$ で双対制約式 (7.11) が等式で成立するように
　　　なるまで，
　　　　すべての $j \in C$ に対して v_j を一様に増加する；
　　　　// 式 (7.34) より $v_j \ge c_{ij}$ のときは w_{ij} も一様に増加する
　　　if ある $j \in C$ がある $i \in T$ と隣接するようになった
　　　then そのようなすべての j で $C \leftarrow C - \{j\}$；
　　　if ある $i \in F - T$ で式 (7.11) が等式で成立するようになった
　　　then そのようなすべての i で $T \leftarrow T \cup \{i\}$; $C \leftarrow C - N(i)$;
　　　　// 施設 i を T に加え i に隣接する利用者を C から除去する
3.　$T' \leftarrow T$; $S \leftarrow \emptyset$;　// S は実際に開設する施設の集合
4.　$T' \neq \emptyset$ である限り以下を繰り返す．
　　　T' から任意に一つ i を選び $S \leftarrow S \cup \{i\}$；
　　　$T' \leftarrow T' - \left\{ h \in T' : \exists k \in D,\ w_{ik} > 0 \text{ かつ } w_{hk} > 0 \right\}$；
　　　// i を T' から除去する
　　　// さらに，i かつ $h \in T'$ に貢献する利用者がいるときには
　　　// そのような $h \in T'$ もすべて T' から除去する

5. S のすべての施設を開設し，各利用者 $j \in D$ に対して S のうちで j に最も近い施設を $\sigma(j)$ として割り当て，S と σ を出力する．

7.6.1　アルゴリズム 7.3 の実行例

図 7.5 はアルゴリズム 7.3 の実行例である．

図の (a) は施設配置問題の入力で，候補施設の集合 F は $F = \{1, 2, 3\}$ であり（□はその内部の数値 i とともに候補施設 i を表す），利用者の集合 D は $D = \{1, 2, 3, 4\}$ である (◯はその内部の数値 j とともに利用者 j を表す)．また，各施設 $i \in F$ に付随する数値は i の開設コスト f_i である．すなわち，施設 1 の開設コスト f_1 は 6 であり，施設 2 の開設コスト f_2 は 8 であり，施設 3 の開設コスト f_3 は 7 である．一方，各施設 $i \in F$ と各利用者 $j \in D$ を結ぶ点線に付随する数値はその利用コスト c_{ij} である．すなわち，$c_{11} = 2, c_{12} = 13, c_{13} = 4, c_{14} = 9,$ $c_{21} = 4, c_{22} = 10, c_{23} = 6, c_{24} = 5,$ $c_{31} = 12, c_{32} = 7, c_{33} = 11, c_{34} = 8$ である．さらに，アルゴリズムの 1. で $v_j = 0$ $(j = 1, 2, 3, 4)$, $w_{ij} = 0$ $(i = 1, 2, 3,$ $j = 1, 2, 3, 4)$, $T = \emptyset$, $C = D$ と初期設定される．なお，コメントにもあるように，T は双対制約式 (7.11) が等式で成立するような施設の集合であり，C は T のいずれの施設にも隣接しない利用者の集合である．

図の (b)〜(j) は，アルゴリズムの 2. の反復に対応するもので，時刻 t とともにどれかの $j \in C$ がある $i \in T$ に隣接するようになるか，または，ある $i \in F - T$ で双対制約式 (7.11) が等式で成立するようになるまで，各利用者 $j \in C$ に対して v_j を $v_j = t$ かつ各施設 $i \in F - T$ に対して w_{ij} を $w_{ij} = \max\{0, v_j - c_{ij}\}$ とすることを示している．以下は，より詳しい説明である．

(b) では，時刻 $t = 2$ で利用者 1 が $v_1 = c_{11} = 2$ となり，利用者 1 と施設 1 が隣接するようになる．（これ以降，隣接する施設と利用者を結ぶ辺を細い実線で示している．各施設□の内部の数値 f は (a) のときとは異なり，その施設に集まる貢献額の和である．各利用者 j の◯のそばの数値は v_j を表す．）

さらに (c) では，時刻 $t = 4$ で利用者 1 に対して $v_1 = 4 = c_{21}$, $w_{11} = 2$ となり，利用者 1 は施設 1 に 2 だけ貢献するようになるとともに施設 2 にも隣接するようになる（これ以降，各施設とその施設に貢献する利用者を結ぶ辺を太い

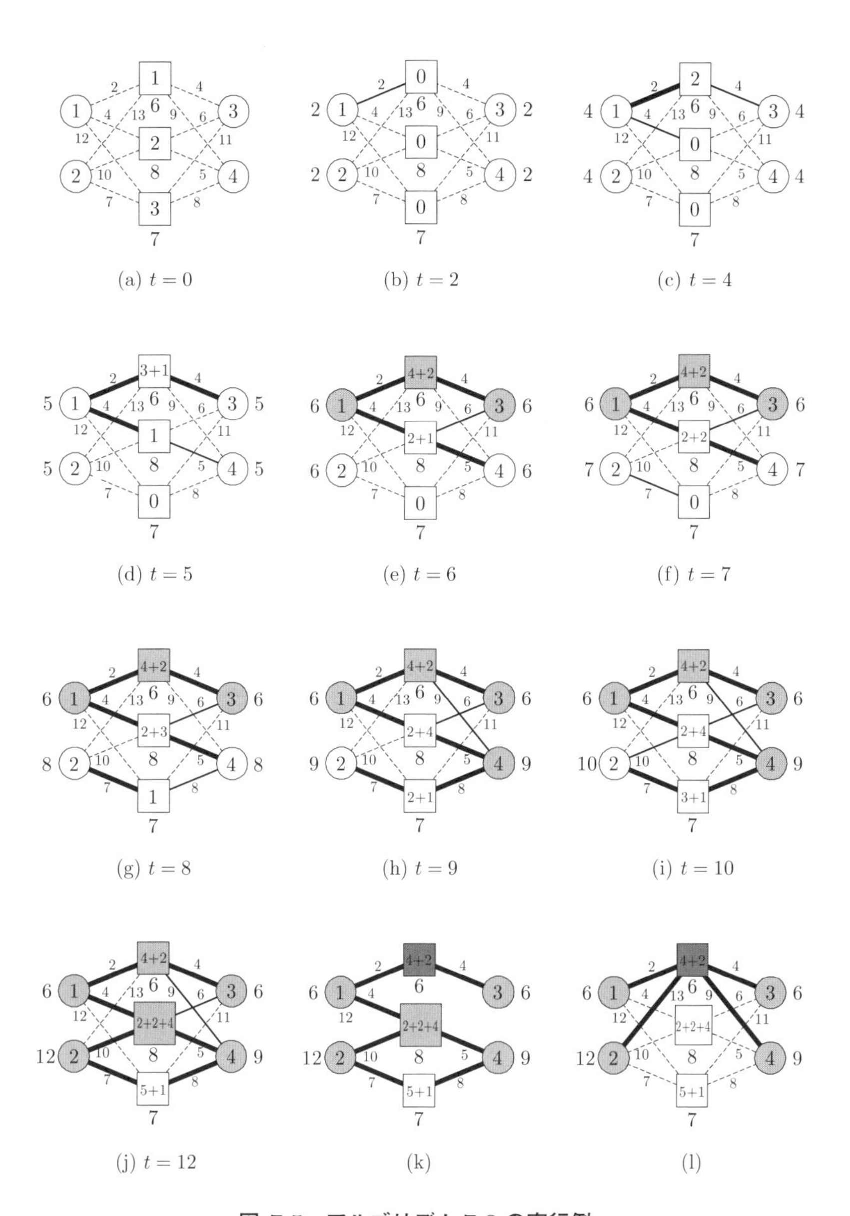

図 7.5　アルゴリズム 7.3 の実行例.

実線で示している）．同様に，利用者 3 は $v_3 = c_{13} = 4$ から施設 1 に隣接するようになる．各施設□の内部の数値 f はその施設に集まる貢献額の和である．

(d) では，時刻 $t = 5$ で利用者 1 に対して $v_1 = 5 > c_{21} = 4 > c_{11} = 2$, $w_{11} = 3$, $w_{21} = 1$ となり，利用者 1 は施設 1 に 3 貢献し施設 2 に 1 貢献するようになる．さらに，利用者 3 は施設 1 に 1 貢献するようになり，利用者 4 は施設 2 に隣接するようになる．

(e) では，時刻 $t = 6$ で利用者 1 に対して $v_1 = 6 > c_{21} = 4 > c_{11} = 2$, $w_{11} = 4$, $w_{21} = 2$ となり，利用者 1 は施設 1 に 4 貢献し施設 2 に 2 貢献するようになる．さらに，利用者 3 は施設 1 に 2 貢献し，施設 2 に隣接するようになり，利用者 4 は施設 2 に 1 貢献するようになる．この時点で，施設 $1 \in F-T = \{1,2,3\}$ で双対制約式 (7.11) が等式 ($f_1 = w_{11}+w_{13} = 4+2 = 6$) で成立するようになったので，$T = \{1\}$，$C = C - \{1,3\} = \{2,4\}$ となる（これ以降，T の施設と $D - C$ の利用者は灰色で表示している）．$D - C$ の各利用者 j は初めて C から除去される時点の時刻 t で $v_j = t$ と固定されてその後不変であることに注意しよう．すなわち，この時点で $v_1 = v_3 = 6$ と固定される．

その後同様に時刻が進んで，(h) の時刻 $t = 9$ で利用者 $j = 4 \in C = \{2,4\}$ が施設 $i = 1 \in T$ に隣接するようになったので，$T = \{1\}$，$C = C - \{4\} = \{2\}$ となる．すなわち，この時点で $v_4 = 9$ と固定される．その後同様に時刻が進んで，(j) の時刻 $t = 12$ で利用者 1 が施設 2 に 2 貢献し，利用者 2 が施設 2 に 2 貢献し，利用者 4 が施設 2 に 4 貢献するようになり，この時点で施設 $2 \in F-T = \{2,3\}$ で双対制約式 (7.11) が等式 ($f_2 = w_{21} + w_{22} + w_{24} = 2+2+4 = 8$) で成立するようになったので，$T = \{1\} \cup \{2\} = \{1,2\}$，$C = C - \{2\} = \emptyset$ となる．したがって，アルゴリズムの 2. の反復は終了する．

そして図の (k) は，アルゴリズムの 3. で，$T' = T$, $S = \emptyset$ と初期設定され，4. での反復で施設 $1 \in T' = \{1,2\}$ が選ばれて，$S = S \cup \{1\} = \{1\}$ と更新される（これ以降，S に含まれる施設は最終的に開設される施設で濃い灰色で表示している）とともに，利用者 $k = 1 \in D$ が施設 $i = 1, h = 2 \in T'$ に貢献するので，$T' = T' - \{1,2\} = \emptyset$ となり，4. の反復は終了することを示している．

最後に，図の (l) は，アルゴリズムの 5. で，開設する施設の集合 S と各利用者 $j \in D$ を最も利用コストの小さい S の施設に割り当てている（太い実線で表示している）.

7.6.2 アルゴリズム 7.3 の解析

施設 $i \in T$ に対して，施設 i の開設コストと i に隣接する $N(i)$ のすべての利用者を施設 i に割り当てる利用コストの和は，隣接する $N(i)$ の利用者 j の双対変数 v_j の総和に等しくなる．すなわち，

$$f_i + \sum_{j \in N(i)} c_{ij} = \sum_{j \in N(i)} w_{ij} + \sum_{j \in N(i)} c_{ij} = \sum_{j \in N(i)} (w_{ij} + c_{ij}) = \sum_{j \in N(i)} v_j$$

が成立する．実際，最初の等式は，施設 $i \in T$ の開設コスト f_i が i に貢献する利用者の貢献額の総和に等しいこと，すなわち，$f_i = \sum_{j \in N(i): w_{ij} > 0} w_{ij}$ から得られ，2 番目の等式は自明であり，最後の等式は，式 (7.35) より $j \in N(i)$ のときには $w_{ij} + c_{ij} = v_j$ であることから得られる．

なお，どの利用者も T のいずれかの施設に隣接しているので，T のすべての施設を開設して，各利用者を隣接する T の一つの施設に割り当てるというアルゴリズムで最適解が得られると考えるかもしれない．しかし，このアプローチでは，利用者 j は隣接する施設が T に複数個あってそれらに同時に貢献することになるという問題が生じる．すなわち，このアプローチでは，利用者 j が貢献する T のすべての施設に貢献分を v_j からすべて出さなければならなくなってしまうという点が問題なのである．

これは，T の部分集合 S に含まれる施設だけを開設して，各利用者が S の高々一つの施設の開設コストの分担に貢献するということで解決できる．このようにして，S のいずれの施設にも隣接しないどの利用者に対しても，S の施設からの距離（利用コスト）がそれほど大きくならないように S を選択できれば，アルゴリズムに対する良い近似保証が得られることになる．

繰り返しになるが，アルゴリズムでは，双対変数 v_j の値を増加して双対実行可能解を生成している．双対変数が増加される利用者の集合を C とし，双対制約式がタイトで等式で成立する施設の集合を T とする．最初，$C = D$ と $T = \emptyset$ に設定する．すべての $j \in C$ の v_j を一様に（同じ値だけ）増加する．ある i で $v_j = c_{ij}$ となるとその後は，式 (7.34) より $w_{ij} = \max\{0, v_j - c_{ij}\}$ であるので，w_{ij} は，v_j とともに同じ値だけ増加する．より具体的には，以下の

二つのうちの一つが起こるまで v_j を増加する．すなわち，j が T のいずれかの施設に隣接するようになるか，あるいは，ある施設 $i \in F - T$ に対して双対制約式がタイトになる（等式で成立する）ようになるまで v_j を増加する．前者のケースが起こったときには C から j を除去し，後者のケースが起こったときには，T に i を加えて，i に隣接する $N(i)$ の利用者をすべて C から除去する．C が空集合になって，どの利用者も T のいずれかの施設と隣接するようになると，T の部分集合 S を決定するフェーズに移る．そこでは，まず $S = \emptyset$, $T' = T$ とする．その後，任意の $i \in T'$ を選んで i を S に加えると同時に，施設 i と h（$h = i$ も認める）の両方に貢献する利用者 j がいるようなすべての施設 $h \in T'$ を T' から除去する．したがって，この利用者 j は S の唯一の施設 i にのみ貢献する．これを，$T' = \emptyset$ になるまで繰り返し行う．最後に，S のすべての施設を開設し，各利用者を開設した施設のうちで最も近い施設に割り当てる．

アルゴリズム 7.3 で得られる開設施設集合 S と双対解 (v, w) に対して，以下の補題が得られる．それは，$N(j) \cap S = \emptyset$ となる利用者 j（すなわち，S に隣接する施設を持たない利用者 j）でも，それほど遠く離れていない施設が S の中にあることを与えている．

補題 7.6　各利用者 $j \in D$ に対して以下が成立する．

(a) S の施設のなかで j が貢献する施設は高々 1 個である．

(b) $N(j) \cap S \neq \emptyset$ である（j の隣接する施設が S に存在する）ときには，各施設 $i \in N(j) \cap S$ に対して $c_{ij} \leq v_j$ である．

(c) $N(j) \cap S = \emptyset$ である（j の隣接する施設が S に存在しない）ときには，$c_{ij} \leq 3v_j$ となる施設 $i \in S$ が存在する．

この補題の証明は本節の最後で述べることにして，補題からアルゴリズムの近似保証 3 が得られることをまず証明する．なお，利用者 j が S のどの施設とも隣接しないとき（$N(j) \cap S = \emptyset$ のとき）には，アルゴリズムにおける 4. での S の決定法により，図 7.6 に示しているような施設 $i \in S$, $h \in T - S$ と利用者 k が存在していたことになる．すなわち，利用者 j の隣接するあるタイトな施設（双対制約式を等式で満たす施設）$h \in T - S$ とある施設 $i \in S$ の両方

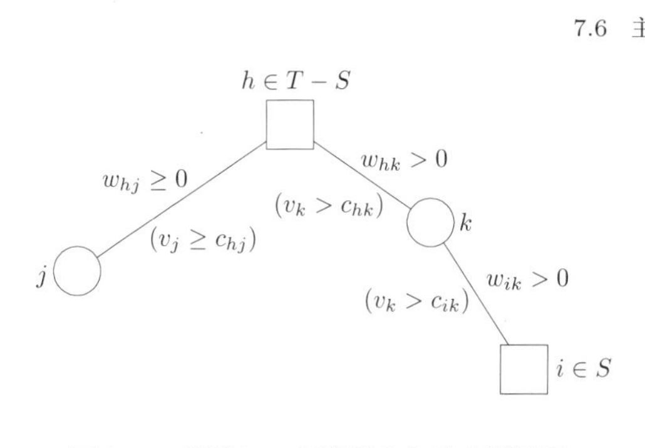

図 7.6　補題 7.6 の証明のための説明図.

に貢献するようなほかの利用者 k が存在する．三角不等式を用いると，これから 3-近似であることが得られる．

定理 7.7　アルゴリズム 7.3 は，施設配置問題に対する 3-近似アルゴリズムである．

証明： 割当てコストの解析のために，以下の割当て σ' を考える．S のいずれかの施設に貢献する各利用者 j に対して，j が貢献する S の施設に j を割り当てる．アルゴリズムの構成法により，どの利用者も S の高々一つの施設にしか貢献していないことに注意すると，この割当ては唯一である．S の施設に貢献していない各利用者 j に対して，j の隣接する施設が S に存在するときには，S の隣接する任意の一つの施設に割り当てる．j の隣接する施設が S に存在しないときにはダミーの施設 $0 \notin F$ を割り当てる．したがって，$\sigma' : D \to S \cup \{0\}$ である．

施設 $i \in S$ に割り当てられた隣接する利用者の集合を $A(i) \subseteq N(i)$ とする．すなわち，

$$A(i) = \{j \in D : \sigma'(j) = i\}$$

である．すると，上で議論したように，S の施設を開設する総コストと隣接する利用者のこの割当てによる利用コストの総和は合計で

$$\sum_{i \in S} \left(f_i + \sum_{j \in A(i)} c_{ij} \right) = \sum_{i \in S} \sum_{j \in A(i)} (w_{ij} + c_{ij}) = \sum_{i \in S} \sum_{j \in A(i)} v_j \tag{7.36}$$

となる．なお，最初の等式は，$i \in S$ ならば $\sum_{j \in D} w_{ij} = f_i$ であり，$w_{ij} > 0$ ならば $j \in A(i)$ であることから得られる．ここで，S の中に隣接する施設を持たない利用者の集合を Z とする．すなわち，

$$Z = D - \bigcup_{i \in S} A(i) = \{j \in D : \sigma'(j) = 0\}$$

である．補題 7.6 より，どの $j \in Z$ に対しても，アルゴリズムで割り当てられる S の施設までの利用コストは高々 $3v_j$ である．したがって，これらの利用者の利用コストの総和は高々

$$3\sum_{j \in Z} v_j$$

である．これらを全部一緒にすると，アルゴリズムで得られる解のコストは高々

$$\sum_{i \in S}\sum_{j \in A(i)} v_j + 3\sum_{j \in Z} v_j \leq 3\sum_{j \in D} v_j \leq 3\mathrm{OPT} \qquad (7.37)$$

であることが得られる．なお，最後の不等式は弱双対定理に基づいている．　□

最後に補題 7.6 の証明を与える．

補題 7.6 の証明： (a) と (b) は自明であるので (c) のみを証明する．

j を S の中に隣接する施設を持たない任意の利用者とする．アルゴリズムでは，v_j の増加は，

(i) ある $h \in T$ に j が隣接するようになったか，あるいは

(ii) ある $h \in F - T$ の双対制約式が等式で成立するようになった

（このときも j は h に隣接する）

ことから終了したことになる．したがって，このようにして定まる h は明らかに $h \notin S$ である．そうでない ($h \in S$) とすると，j は S の施設 h に隣接していることになってしまうからである．したがって，施設 h は，h と別の施設 $i \in S$ の両方に貢献するような利用者 k が存在したので，アルゴリズムの最後のフェーズで T から除去されたことになる（図 7.6）．この施設 i に j を割り当てるときの利用コストが高々 $3v_j$ であることを示したい．とくに，$c_{hj} + c_{hk} + c_{ik}$ の三つのいずれの項も v_j 以下であることを示したい．すると，三角不等式から $c_{ij} \leq 3v_j$ が得られるからである．

j が h に隣接することから $c_{hj} \leq v_j$ は明らかである．そこで，アルゴリズムで v_j の増加が終了した時点を考える．h の選び方より，

(i) アルゴリズムのその時点で h は既に T に含まれていたか，あるいは，

(ii) その時点でアルゴリズムで h が T に加えられたか

のいずれかである．利用者 k は施設 h に貢献しているので，

(i) v_k の増加がそれ以前に終了していたか，あるいは，

(ii) v_j の増加の終了と同時に v_k の増加も終了したか

のいずれかである．双対変数は一様に増加されているので，これから $v_j \geq v_k$ が得られる．利用者 k は施設の h と i の両方に貢献しているので，$v_k \geq c_{hk}$ かつ $v_k \geq c_{ik}$ が成立する．したがって，所望の $v_j \geq v_k \geq c_{hk}$ と $v_j \geq v_k \geq c_{ik}$ が得られる．　□

7.7 グリーディアルゴリズム

本節では，施設配置問題に対してグリーディアルゴリズムを与えて，双対フィット法に基づく解析の概略を述べる．これは，集合カバー問題に対して，6.6 節で行なったこととほぼ同様である．

きわめて単純なグリーディアルゴリズムとして，毎回開設する施設をある基準に従いグリーディに一つ選んで，その施設に利用者を割り当てることを繰り返すことが挙げられる．すなわち，選んだ施設を開設し，その施設に適切に選んだ利用者を割り当て，この施設と割り当てた利用者を除去し，残った施設と利用者に対して，同じことを繰り返す．ここでも，6.6 節の集合カバー問題に対するグリーディアルゴリズムで用いた基準を用いる．すなわち，割り当てられる各利用者の負担が最小になるような施設を選ぶ．

より正確には，以下のように記述できる．それまでに開設した施設の集合を S とし，開設した S の施設にまだ割り当てられていない利用者の集合を C とする．このとき，施設 $i \in F - S$ と利用者の部分集合 $Y \subseteq C$ に対して，比

$$\frac{f_i + \sum_{j \in Y} c_{ij}}{|Y|} \tag{7.38}$$

が最小となる施設 $i \in F - S$ と利用者の部分集合 $Y \subseteq C$ を求める．そして，施設 i を開設集合 S に加え，Y のすべての利用者を i に割り当て，（割り当てられていない利用者の集合）C から Y を除去する．そして，C が空集合になるまでこれを繰り返す．

任意に与えられた施設 i に対して，上記の式 (7.38) の比 $\frac{f_i + \sum_{j \in Y} c_{ij}}{|Y|}$ を最小にする $Y \subseteq C$ は，以下のようにして得られる．すなわち，最初に C の利用者を i からの距離が小さい順にソートする．すると，上記の比を最小とする Y は，この順番のあるところまでのすべての利用者の集合となることが言えることに注意しよう．したがって，1 から $|C|$ の各 k に対して，i への距離が小さい順に k 番目までの利用者の集合を Y とし，$|Y| = k$ として上記の比を計算して，最小値を達成する Y を求めればよい．

この提案するアルゴリズムに，さらに以下の二つの単純な改善を加える．第一の改善は，開設する施設 i を（初めて）選択したときに，これまでは開設済み施設集合に加えて，これから開設する可能性のある施設の集合から除去していたが，ここでは，i を今後も開設コスト 0 で開設できるものとして，開設する可能性のある施設の集合に残しておくというものである．このアイデアは，アルゴリズムの進行に伴い，将来，新しく施設を開設して適切に利用者を割り当てるよりも，開設コスト 0 の開設済みの施設 i に利用者を適切に割り当てるほうが，式 (7.38) の比がより小さくなることもありうるということによる．

第二の改善は，開設された施設への利用者の割当てを固定化するのではなく，後に開設する施設へ割当てを変えることも許すというものである．したがって，毎回この割当ての変更による節約も考慮に入れて，開設する施設を選ぶことにする．

より具体的には，以下のとおりである．

$$c(j,S) = \min_{i \in S} c_{ij}, \quad (a)_+ = \max\{a, 0\}$$

とする．ここで，施設 i を開設するかどうかを考えているとする．このとき，$c(j,S) > c_{ij}$ を満たすすべての利用者 $j \in D - C$（$D - C$ は開設済みの S のいずれかの施設に既に割り当てられている利用者の集合）に対して，割当てを現在割り当てられている S の施設から i に変更すると，割当てのコストを削減できる．これによる総節約分は

$$\sum_{j \in D-C} (c(j,S) - c_{ij})_+$$

となる．したがって，毎回，比

$$\frac{f_i - \sum_{j \in D-C}(c(j,S) - c_{ij})_+ + \sum_{j \in Y} c_{ij}}{|Y|} \tag{7.39}$$

を最小化する $i \in F$ を選んで開設し，$Y \subseteq C$ のすべての利用者（および $c(j,S) > c_{ij}$ を満たすすべての利用者 $j \in D - C$）を i に割り当てる．

これらの二つの改善を加えたこのアルゴリズムは以下のように書ける．

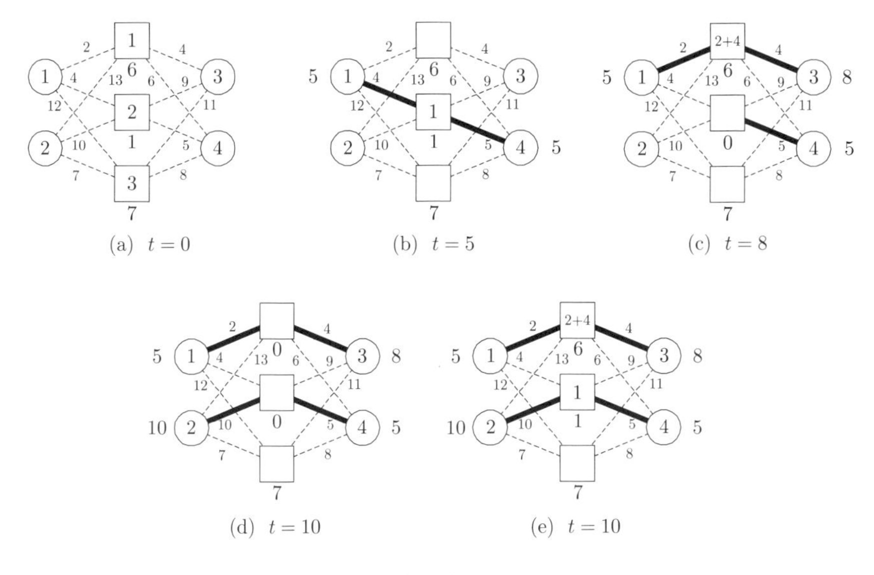

図 7.7 アルゴリズム 7.4 の実行例.

アルゴリズム 7.4 施設配置問題に対するグリーディアルゴリズム

1. $S \leftarrow \emptyset$; // S は開設される施設の集合
   $C \leftarrow D$; // C は S の施設に割り当てられていない利用者の集合
2. $C \neq \emptyset$ である限り以下を繰り返す.
   式 (7.39) の比 $\frac{f_i - \sum_{j \in D-C}(c(j,S)-c_{ij})_+ + \sum_{j \in Y} c_{ij}}{|Y|}$ を最小化する
   $i \in F$ と $Y \subseteq C$ を選ぶ;
   $f_i \leftarrow 0$; $C \leftarrow C - Y$; $S \leftarrow S \cup \{i\}$;
3. S のすべての施設を開設し，各利用者 $j \in D$ に対して S のうちで j に最も近い施設を $\sigma(j)$ として割り当て，S と σ を出力する.

7.7.1 アルゴリズム 7.4 の実行例

図 7.7 は，(a) の入力に対するアルゴリズム 7.4 の実行例である．なお，これらの図の各数値は，図 7.5 における数値と同じ役割を果たしている.

2. の最初の反復で (b) のように，$\frac{f_i - \sum_{j\in D-C}(c(j,S)-c_{ij})_+ + \sum_{j\in Y} c_{ij}}{|Y|}$ を最小化する $i = 2 \in F$ と $Y = \{1, 4\} \subseteq C$

$$(\frac{f_i - \sum_{j\in D-C}(c(j,S)-c_{ij})_+ + \sum_{j\in Y} c_{ij}}{|Y|} = \frac{f_2 - 0 + c_{21} + c_{24}}{|\{1,4\}|} = \frac{1+4+5}{2} = 5)$$

が選ばれ，$f_2 \leftarrow 0$;　$C \leftarrow C - Y = \{2, 3\}$;　$S \leftarrow S \cup \{i\} = \{2\}$ に更新される．

2. の次の反復で (c) のように，$\frac{f_i - \sum_{j\in D-C}(c(j,S)-c_{ij})_+ + \sum_{j\in Y} c_{ij}}{|Y|}$ を最小化する $i = 1 \in F$ と $Y = \{3\} \subseteq C$

$$(\frac{f_i - \sum_{j\in D-C}(c(j,S)-c_{ij})_+ + \sum_{j\in Y} c_{ij}}{|Y|} = \frac{f_1 - (c_{21} - c_{11}) + c_{13}}{|\{3\}|} = \frac{6-(4-2)+4}{1} = 8)$$

が選ばれ，$f_1 \leftarrow 0$;　$C \leftarrow C - Y = \{2\}$;　$S \leftarrow S \cup \{i\} = \{1, 2\}$ に更新される．

2. の最後の反復で (d) のように，$\frac{f_i - \sum_{j\in D-C}(c(j,S)-c_{ij})_+ + \sum_{j\in Y} c_{ij}}{|Y|}$ を最小化する $i = 2 \in F$ と $Y = \{2\} \subseteq C$

$$(\frac{f_i - \sum_{j\in D-C}(c(j,S)-c_{ij})_+ + \sum_{j\in Y} c_{ij}}{|Y|} = \frac{f_2 - 0 + c_{22}}{|\{2\}|} = \frac{0-0+10}{1} = 10)$$

が選ばれ，$f_2 \leftarrow 0$;　$C \leftarrow C - Y = \emptyset$;　$S \leftarrow S \cup \{i\} = \{1, 2\}$ に更新される．

したがって，開設される施設は 1 と 2 であり，その開設コスト $f_1 = 6$，$f_2 = 1$ の和は 7 であり，利用コスト $x_{11} = 2$，$x_{22} = 10$，$x_{13} = 4$，$x_{24} = 5$ の総和は 2+10+4+5=21 であり，総コストは 28 である．その額は利用者の負担金 ($v_1 = 5$，$v_2 = 10$，$v_3 = 8$，$v_4 = 5$) の総額 $5 + 10 + 8 + 5 = 28$ に等しい．また，

$w_{11} = v_1 - c_{11} = 5 - 2 = 3,$

$w_{21} = v_1 - c_{21} = 5 - 4 = 1,$

$w_{31} = \max\{v_1 - c_{31}, 0\} = \max\{5 - 12, 0\} = 0,$

$w_{12} = \max\{v_2 - c_{12}, 0\} = \max\{10 - 13, 0\} = 0,$

$w_{22} = v_2 - c_{22} = 10 - 10 = 0,$

$w_{32} = v_2 - c_{32} = 10 - 7 = 3,$

$w_{13} = v_3 - c_{13} = 8 - 4 = 4,$

$w_{23} = \max\{v_3 - c_{23}, 0\} = \max\{8 - 9, 0\} = 0,$

$w_{33} = \max\{v_3 - c_{33}, 0\} = \max\{8 - 11, 0\} = 0,$

$w_{14} = \max\{v_4 - c_{14}, 0\} = \max\{5 - 6, 0\} = 0,$

$$w_{24} = \max\{v_4 - c_{24}, 0\} = \max\{5-5, 0\} = 0,$$
$$w_{34} = \max\{v_4 - c_{34}, 0\} = \max\{5-8, 0\} = 0$$

である．したがって，

$$f_1 = 6 < w_{11} + w_{12} + w_{13} + w_{14} = 3+0+4+0 = 7$$

となるので，(v, w) は双対問題の実行可能解ではない．

このアルゴリズムの双対フィット法に基づく解析では，最初に，施設配置問題の整数計画問題としての定式化である (IPFL) の実行可能解のコストと目的関数の値が等しくなるような（(IPFL) の線形計画緩和である主問題 (LPFL) の）双対問題 (DLPFL) の実行不可能解を構成する．次に，この双対実行不可能解を値 2 で割ると双対問題の実行可能解になることを示す．したがって，整数計画問題 (IPFL)（かつ主問題 (LPFL)）のこの実行可能解のコストは，双対問題 (DLPFL) の実行可能解の値（この値は整数計画問題 (IPFL) の最適解の値以下）の 2 倍であることになり，アルゴリズムは 2-近似アルゴリズムであることになる．この詳細については，Williamson-Shmoys (2011) [83] の本などを参照されたい．さらに，このアルゴリズムは，きわめて複雑な解析をとおして，近似保証が 1.61 であることも示されている [56].

7.8 局所探索アルゴリズム

本節では，施設配置問題に対して局所探索アルゴリズムを用いてもかなり良い近似保証が達成できることを示す．なお，本節では，利用者と施設はメトリック空間内の点として与えられるものとする．したがって，利用コスト c_{ij} は利用者 j と施設 i 間の距離であると仮定する．さらに，施設もメトリック空間内の点であるので，施設間の距離，利用者間の距離もあることになる．すなわち，施設 $h, i \in F$ に対して h と i 間の距離 c_{hi} があり，利用者 $j, j' \in D$ に対して j と j' 間の距離 $c_{jj'}$ がある．したがって，各対 $i, j \in F \cup D$ に対して値 c_{ij} が付随していて，各 3 要素 $i, j, k \in F \cup D$ に対して

$$c_{ij} + c_{jk} \geq c_{ik} \tag{7.40}$$

が成立する．これは，問題 7.2 で定義を与えたメトリック施設配置問題におけ

る任意の利用者 $j, l \in D$ と任意の施設 $i, k \in F$ に対して，

$$c_{ij} \le c_{il} + c_{kl} + c_{kj} \tag{7.41}$$

が成立することも意味することに注意しよう．

この問題に対する局所探索アルゴリズムでは，開設する施設の（空集合でない）集合 $S \subseteq F$ と S の施設への利用者の割当て σ を管理する．すなわち，σ は，利用者 j が施設 $i \in S$ に割り当てられていることを $\sigma(j) = i$ として表す．対象とする解 S に対しては 3 種類の更新が可能である．すなわち，新しく施設を 1 個開設すること（“追加” 移動と呼ぶ）ができ，現在開設している施設を 1 個閉じること（“削除” 移動と呼ぶ）ができ，さらに現在開設している施設を 1 個閉じること（“削除”）と同時に新しく施設を 1 個開設すること（“追加”）（合わせて “交換” 移動と呼ぶ）ができる．もちろん，開設されている施設への利用者の現在の割当ても，これらの各更新の移動により更新される．アルゴリズムでは，各更新の移動に伴い，各利用者が開設されている最も近い施設へ割り当てられるように，管理される．現在の解 S に対するこれらの更新のいずれかの移動で，総コストが減少するかどうかの検証を繰り返し，減少するときにはその移動を現在の解 S に適用する．そして，総コストを減少するような更新の移動がなくなると，アルゴリズムは終了する．こうして得られる解 S は，**局所最適解** (locally optimal solution) と呼ばれる．このアルゴリズムを以下にまとめておく．

アルゴリズム 7.5　施設配置問題に対する局所探索アルゴリズム

---

1. F の空でない任意の部分集合を S とする．
   各利用者 $j \in D$ に対して S のうちで j に最も近い施設を $\sigma(j)$ として割り当てる（σ は関数 $\sigma : D \to S$ と見なせる）．
2. 上記の “追加” 移動，“削除” 移動，“交換” 移動のいずれかの更新で総コストが減少する限り，総コストが減少する移動を実行する（したがって，S と σ は適切に更新される）ことを繰り返す．
3. S と σ を出力する．

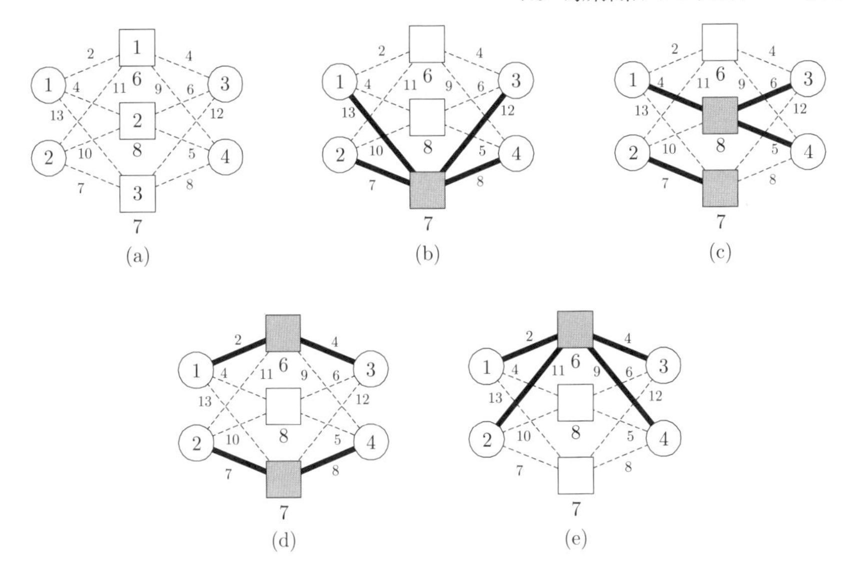

図 7.8 アルゴリズム 7.5 の実行例.

7.8.1 アルゴリズム 7.5 の実行例

図 7.8 は, (a) の入力に対するアルゴリズム 7.5 の実行例である. なお, これらの図の各数値は, 図 7.5 と図 7.7 における数値と同じ役割を果たしている.

1. で $S = \{3\}$ が開設されたとする. すると, (b) のようになり, $\sigma(1) = 3$, $\sigma(2) = 3$, $\sigma(3) = 3$, $\sigma(4) = 3$ である. このときの開設コストの総和は 7 であり, 利用コストの総和は $13 + 7 + 12 + 8 = 40$ であり, 総コストは $7 + 40 = 47$ である.

2. の最初の反復で施設 2 の追加移動が行われたとする. すると, (c) のようになり, 開設コストの総和 $8 + 7 = 15$ と利用コストの総和 $4 + 7 + 6 + 5 = 22$ の和である総コストは $15 + 22 = 37$ となる.

2. の次の反復で施設 1 と施設 2 の交換移動が行われたとする. すると, (d) のようになり, 開設コストの総和 $6+7 = 13$ と利用コストの総和 $2+7+4+8 = 21$ の和である総コストは $13 + 21 = 34$ となる.

2. の次の反復で施設 3 の削除移動が行われたとする．すると，(e) のようになり，開設コストの総和 6 と利用コストの総和 $2+11+4+9=26$ の和である総コストは $6+26=32$ となる．この解 $S=\{1\}$, $\sigma(1)=1$, $\sigma(2)=1$, $\sigma(3)=1$, $\sigma(4)=1$ は，“追加” 移動，“削除” 移動，“交換” 移動のいずれの更新でも総コストは減少しないので，アルゴリズムはこれで終了である．

7.8.2　局所最適解の性質

最初に，“任意の” 局所最適解が最適解にかなり近いことを証明する．具体的には，任意の局所最適解 (S,σ) に対して，総コストを減少する追加移動が存在しないことから，その解の割当ての総コストが比較的小さいことになることを示す．さらに，総コストを減少するような交換移動も削除移動も存在しないことから，その解で開設されている施設の総コストも比較的小さいことになることを示す．したがって，これらを組み合わせて，任意の局所最適解 (S,σ) のコストの上界が得られることになる．

より具体的に記述しよう．最適解を任意に選び固定する．この最適解で開設される施設の集合を S^* とし，各利用者 $j \in D$ の開設される S^* の最も近い施設への割当て（最適な割当て）を $\sigma^*(j)$ とする（したがって，σ^* は関数 $\sigma^*: D \to S^*$ と見なせる）．この最適解 (S^*,σ^*) と対象とする局所最適解 (S,σ) のコストを比較するために，F と F^* をそれぞれ，対象の局所最適解 (S,σ) と最適解 (S^*,σ^*) において開設されている施設の総コストとする．同様に，C と C^* をそれぞれ，対象の局所最適解 (S,σ) と最適解 (S^*,σ^*) における最適な割当て（各利用者 $j \in D$ の最も近い施設 $\sigma(j)$ と $\sigma^*(j)$ への割当て）の総コストとする．もちろん，最適解 (S^*,σ^*) の値（総コスト）OPT は F^*+C^* であり，対象の局所最適解 (S,σ) の値（総コスト）は $F+C$ である．なお，F は施設の集合を表すと同時に，開設される施設の総コストも表すことになるが，本文の文脈からそれらを明確に区別できるので，混乱を招くことはないと思われる．

この $F+C$ と F^*+C^* の比の上界を証明するための戦略は，可能な移動の**特別な部分集合**に焦点を当てることである．各移動は，開設施設集合 S の更新と割当て $\sigma: D \to S$ の更新からなり，更新後の開設施設集合を S'，最適な割当てを $\sigma': D \to S'$ とする．すると，対象としている解 (S,σ) は局所最適解であるので，そのような各移動での更新でコストの減少はないことから一つの不等式が得られる．

以下の解析では，更新された施設集合 S' に対する割当て σ の更新として，準最適な割当て $\sigma'' : D \to S'$ （各利用者 $j \in D$ の近い施設 S' への割当て $\sigma''(j)$）を用いる．最適な割当て $\sigma' : D \to S'$ に対してすべての利用者 $j \in D$ で $c_{\sigma'(j)j} \leq c_{\sigma''(j)j}$ が成立するので，実際には，最適に更新しなくても，そのような不等式が得られるからである．したがって，これから述べる解析においては，割当ての更新が準最適な $\sigma'' : D \to S'$ であっても何ら問題なく，各移動による更新で，コストは増加するか等しいことが常に成立する．

補題 7.8 局所最適解 (S, σ) に対して，

$$C \leq F^* + C^* = \mathrm{OPT} \tag{7.42}$$

が成立する．

証明： (S, σ) は局所最適解であるので，S に新しく 1 個の施設を追加して最適に割当てを更新しても，解は改善されない．そこで，現在の解に対する更新を特別な追加移動に限定して，コストの変化分を解析する．なお，更新は解析のためだけに行うのであって，実際に解を変えることはしないことに注意しよう．

施設 $i^* \in S^* - S$ を任意に選んで i^* も開設することにする．したがって，S は $S' = S \cup \{i^*\}$ に更新される．同時に，最適解 (S^*, σ^*) で i^* に割り当てられている各利用者 j （すなわち，$\sigma^*(j) = i^*$ となる利用者 j）を i^* に割り当て（$\sigma''(j) = i^*$ とする），それ以外の各利用者 j' の割当てはそのままにする（$\sigma''(j') = \sigma(j')$ とする）．したがって，更新された $\sigma'' : D \to S'$ は

$$\sigma''(j) = \begin{cases} i^* & (\sigma^*(j) = i^*) \\ \sigma(j) & (\sigma^*(j) \neq i^*) \end{cases} \tag{7.43}$$

である（図 7.9）．

現在の解の (S, σ) は局所最適解であるので，追加の施設 i^* の開設コストは，各利用者 j を S' の開設された施設のうちで最も近い施設 $\sigma'(j)$ に割り当てることにより得られるコストの減少分より大きいか等しい．すなわち，追加の施設 i^* の開設コスト f_{i^*} は，最適な割当て $\sigma' : D \to S'$ によるコストの減少分よりも大きいか等しいので，

$$f_{i^*} \geq \sum_{j \in D} (c_{\sigma(j)j} - c_{\sigma'(j)j}) \tag{7.44}$$

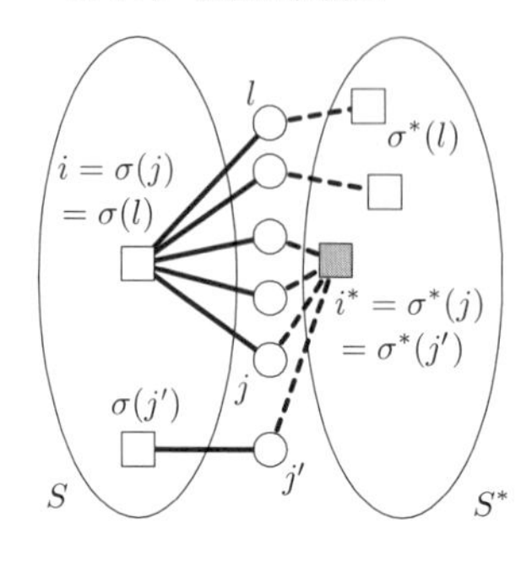

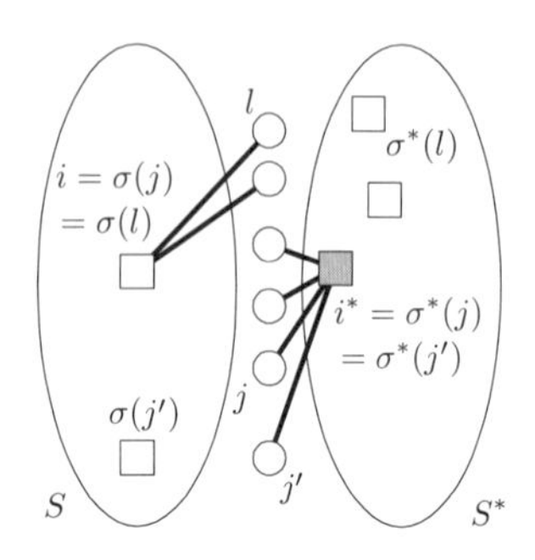

図 7.9　左図の局所最適解 (S, σ) と最適解 (S^*, σ^*) に対する S^* の施設 i^* の追加移動後の $S' = S \cup \{i^*\}$．左図の実線は $\sigma : D \to S$，破線は $\sigma^* : D \to S^*$，右図の実線は $\sigma'' : D \to S'$．σ'' では，最適解 (S^*, σ^*) で i^* に割り当てられている各利用者 j は i^* に割り当てられ，それ以外の各利用者 l の割当てはそのまま $\sigma(l)$ である．

が成立する．したがって，上記の式 (7.43) の準最適な割当て $\sigma'' : D \to S'$ ではすべての $j \in D$ で $c_{\sigma''(j)j} \geq c_{\sigma'(j)j}$ であり，かつ $\sigma^*(j) \neq i^*$ となるすべての $j \in D$ で $\sigma''(j) = \sigma(j)$ であるので，

$$\sum_{j \in D}(c_{\sigma(j)j} - c_{\sigma'(j)j}) \geq \sum_{j \in D}(c_{\sigma(j)j} - c_{\sigma''(j)j}) = \sum_{j \in D:\, \sigma^*(j)=i^*}(c_{\sigma(j)j} - c_{\sigma^*(j)j})$$

となり，

$$f_{i^*} \geq \sum_{j \in D:\, \sigma^*(j)=i^*}(c_{\sigma(j)j} - c_{\sigma^*(j)j}) \tag{7.45}$$

が得られる．

任意の施設 $i^* \in S \cap S^*$ に対しても同様に行う．このときも上記の不等式 (7.45) が成立することに注意しよう．(S, σ) が局所最適解であるので，$\sigma^*(j) = i^*$ を満たす各利用者 j は，開設されている S の最も近い施設 $i' = \sigma(j)$ に割り当てられていて $i^*, i' \in S$ から，

$$c_{i'j} = c_{\sigma(j)j} \leq c_{\sigma^*(j)j} = c_{i^*j}$$

が成立し，この不等式の右辺の和の各項は非正となるからである．

さらに，各 $i^* \in S^*$ に対する不等式 (7.45) をすべての $i^* \in S^*$ で和をとると，

$$\sum_{i^* \in S^*} f_{i^*} \geq \sum_{i^* \in S^*} \sum_{j \in D:\, \sigma^*(j)=i^*}(c_{\sigma(j)j} - c_{\sigma^*(j)j})$$

が得られる．この不等式の左辺は，明らかに，F^* に等しい．一方，この不等式の右辺は，割当て σ^* で各利用者 j が正確に一つの施設 $i^* \in S^*$ に割り当てられているの

で，二重和の値はすべての利用者 $j \in D$ による和の値と等しくなる．したがって，右辺の $c_{\sigma(j)j}$ の項に対応する和は

$$\sum_{i^* \in S^*} \sum_{j \in D:\, \sigma^*(j)=i^*} c_{\sigma(j)j} = \sum_{j \in D} c_{\sigma(j)j} = C$$

となり，$c_{\sigma^*(j)j}$ の項に対応する和は

$$\sum_{i^* \in S^*} \sum_{j \in D:\, \sigma^*(j)=i^*} c_{\sigma^*(j)j} = \sum_{j \in D} c_{\sigma^*(j)j} = C^*$$

となる．以上により，$F^* \geq C - C^*$ が得られて，補題が証明された． □

局所最適解 (S, σ) で開設される施設の総コストがそれほど大きくならないことの議論は少し複雑である．先の補題の証明と同様に，局所最適解 (S, σ) に対して各更新から対応する不等式が得られる特別な更新の集合を考える．施設 $i \in S$ を削除する任意の移動では，削除移動でも，施設 i を "交換除去する" 交換移動でも，i に割り当てられている各利用者の割当てを変えなければならない．単なる i の削除移動では，i に割り当てられている $\sigma(j) = i$ の各利用者 j を $S - \{i\}$ のいずれかの施設に割り当てることになる．

割り当てる施設を決定する一つの自然な方法は，以下のとおりである．すなわち，$\sigma(j) = i$ の各利用者 j に対して，固定している最適解 (S^*, σ^*) で割り当てられている施設 $i^* = \sigma^*(j)$ を考える．さらに，各 $i^* \in S^*$ に対して，i^* に最も近い S の施設を $\phi(i^*)$ とする．そして，この関数 $\phi : S^* \rightarrow S$ を用いて，$\sigma(j) = i$ の各利用者 j に対して $i' = \phi(\sigma^*(j))$ とおき，$i \neq i'$ であるときには，利用者 j を i' に割り当てるのが良さそうに思える（図 7.10）．以下の補題は，この直観が実際に正しいことを示している．

補題 7.9 $\sigma(j) = i$ である利用者 j に対して，$i' = \phi(\sigma^*(j))$ は i と異なるとする．このとき，利用者 j の割当てを i から i' に更新するときのコストの増加分 $c_{i'j} - c_{ij}$ は，高々 $2c_{\sigma^*(j)j}$ である．

証明： 図 7.10 を参考にして考える．三角不等式から，

$$c_{i'j} \leq c_{i'i^*} + c_{i^*j}$$

である．また，i' の選び方から，$c_{i'i^*} \leq c_{ii^*}$ であるので，

$$c_{i'j} \leq c_{ii^*} + c_{i^*j}$$

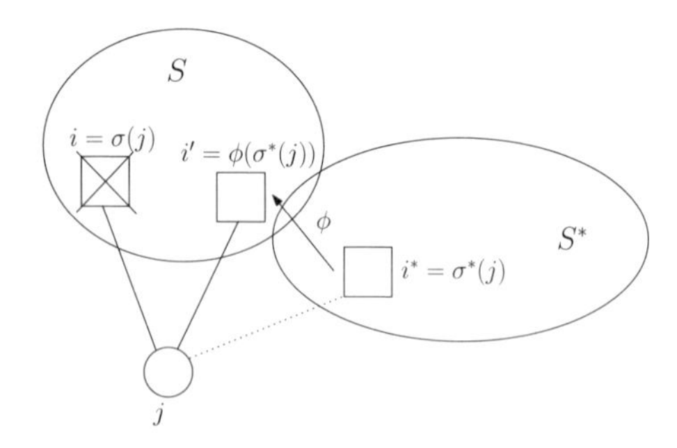

図 7.10　施設 $i = \sigma(j)$ が閉鎖されるときの，利用者 j に対する割当ての i から $i' = \phi(\sigma^*(j))$ への更新.

が得られる．さらに，三角不等式から，$c_{ii^*} \le c_{ij} + c_{i^*j}$ も言えるので，

$$c_{i'j} \le c_{ij} + 2c_{i^*j}$$

が得られる．すなわち，

$$c_{i'j} - c_{ij} \le 2c_{\sigma^*(j)j}$$

が得られた. □

この補題を，i が削除移動で解から削除されるときと，i が交換移動で解から削除されるときの両方に適用する.

補題 7.10　局所最適解 (S, σ) に対して

$$F \le F^* + 2C^* \tag{7.46}$$

が成立する.

証明： 補題 7.8 の証明でもそうであったが，局所最適解 (S, σ) に対する更新のある特別な部分集合を考えて，その集合に含まれる各更新に基づいて不等式を導出して証明を行う．(S, σ) が局所最適解であるので，削除，交換，追加のいずれの移動でも，総コストは非減少である（増加するかそのままである）．ここでも解析のためだけにこれらの移動を考える．ここの構成では，S の各施設に対する 1 個の削除移動あるいは交換移動での削除の集合と，S^* の各施設に対する 1 個の追加移動あるいは交換移動での追加の集合を与える．これらの各局所的な移動におけるコストは非減少であるので，開設施設の総コスト F を，(S^*, σ^*) における開設施設の総コスト F^* と割当ての総コスト C^* の 2 倍との和 $F^* + 2C^*$ で上から抑えることが可能になる.

最初に，施設 $i \in S$ の削除を考える．記述を明確にするために，いくつかの記法を導入する．関数 $\sigma : D \to S$ のもとで各 $i \in S$ に対して $\sigma(j) = i$ となる利用者 $j \in D$ の集合を $\sigma^{-1}(i)$ とする．すなわち，

$$\sigma^{-1}(i) = \{j \in D :\ \sigma(j) = i\} \tag{7.47}$$

である．同様に，関数 $\sigma^* : D \to S^*$ のもとで各 $i^* \in S^*$ に対して $\sigma^*(j) = i^*$ となる利用者 $j \in D$ の集合を $\sigma^{*-1}(i)$ とする．すなわち，

$$\sigma^{*-1}(i^*) = \{j \in D :\ \sigma^*(j) = i^*\} \tag{7.48}$$

である．さらに，関数 $\phi : S^* \to S$ のもとで各 $i \in S$ に対して $\phi(i^*) = i$ となる施設 $i^* \in S^*$ の集合を $\phi^{-1}(i)$ とする．すなわち，

$$\phi^{-1}(i) = \{i^* \in S^* :\ \phi(i^*) = i\} \tag{7.49}$$

である．施設 $i \in S$ の削除においては，各利用者 $j \in \sigma^{-1}(i)$（すなわち，現在施設 i に割り当てられている $\sigma(j) = i$ の利用者 $j \in D$）を，残っている施設の集合 $S - \{i\}$ のいずれかの施設に割り当てなければならない．

補題 7.9 をすべての利用者に適用するとすると，どの利用者 $j \in \sigma^{-1}(i)$ に対しても，$\phi(\sigma^*(j)) \neq i$ が成立しなければならない．そこで，すべての利用者 $j \in \sigma^{-1}(i)$ で $\phi(\sigma^*(j)) \neq i$ が成立するとき，施設 i は**安全**であるということにする．すなわち，どの利用者 $j \in \sigma^{-1}(i)$ に対しても，j の S^* で割り当てられている施設 $i^* = \sigma^*(j) \in S^*$ に最も近い S の施設 $\phi(i^*) \in S$ が i と異なるとき，施設 i は安全である．

安全な施設 $i \in S$ の削除移動では，各利用者 $j \in \sigma^{-1}(i)$ に対して $\phi(\sigma^*(j)) \neq i$（すなわち，$\phi(\sigma^*(j)) \in S - \{i\}$）であるので更新後の $S' = S - \{i\}$ では $\sigma'' : D \to S'$ を

$$\sigma''(j) = \begin{cases} \phi(\sigma^*(j)) & (j \in \sigma^{-1}(i)) \\ \sigma(j) & (j \in D - \sigma^{-1}(i)) \end{cases} \tag{7.50}$$

とする（図 7.11）．

任意の安全な施設 i に対して，各利用者 $j \in \sigma^{-1}(i)$ を安全に $\phi(\sigma^*(j))$ に割り当てることができるので，施設 i を閉鎖する削除移動を行い，利用者 j の再割当て $\sigma'' : D \to S' = S - \{i\}$ によるコストの増加分を，補題 7.9 を適用して上から抑える．繰り返しになるが，(S, σ) は局所最適解であり，この削除移動で総コストが減少することはないことがわかっているので，安全な施設 i の閉鎖により戻るコストは，i に割り当てられている利用者の再割当て σ'' によるコストの増加分 $\sum_{j \in D}(c_{\sigma''(j)j} - c_{ij})$ より大きくなることはない．すなわち，式 (7.50) と補題 7.9 を用いて

$$f_i \le \sum_{j \in D}(c_{\sigma''(j)j} - c_{ij}) = \sum_{j \in \sigma^{-1}(i)}(c_{\sigma''(j)j} - c_{ij}) \le \sum_{j \in \sigma^{-1}(i)} 2c_{\sigma^*(j)j}$$

が得られる．これは，

$$-f_i + \sum_{j \in \sigma^{-1}(i)} 2c_{\sigma^*(j)j} \ge 0 \tag{7.51}$$

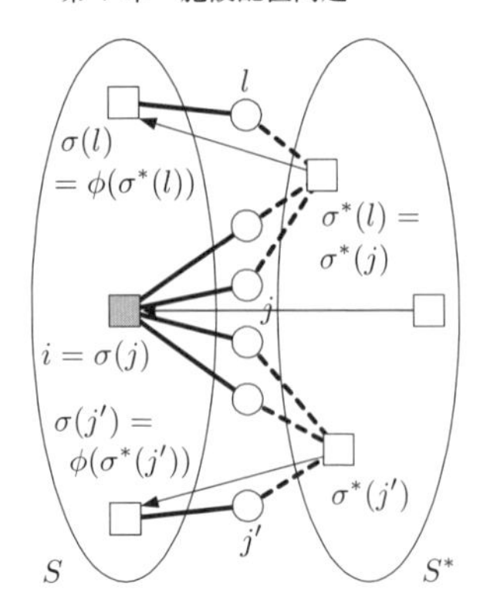

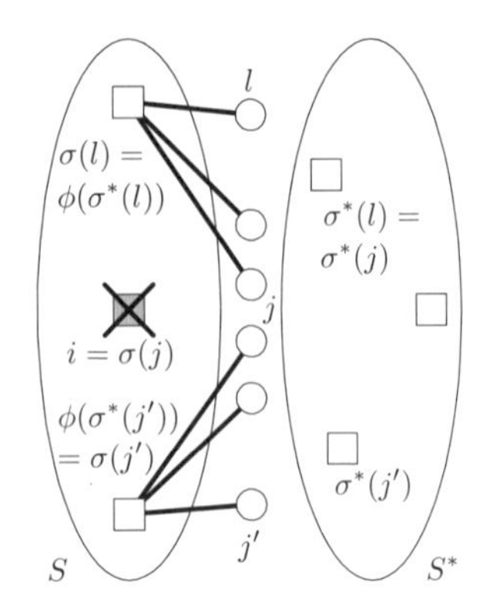

図 7.11　安全な施設 $i \in S$ の削除移動．左図の局所最適解 (S, σ) と最適解 (S^*, σ^*) に対する S の施設 i の削除移動後の $S' = S - \{i\}$．左図の実線は $\sigma : D \to S$，破線は $\sigma^* : D \to S^*$，実線の矢印は各 $i^* \in S^*$ の最も近い S の施設 $\phi(i^*)$ への関数 $\phi : S^* \to S$ である．右図の実線は $\sigma'' : D \to S'$．σ'' では，局所最適解 (S, σ) で i に割り当てられている各利用者 j は $\sigma^*(j)$ から最も近い $S' = S - \{i\}$ の施設 $\phi(\sigma^*(j))$ に割り当てられ，それ以外の各利用者 l の割当てはそのまま $\sigma(l)$ である．

とも書ける．

次に，S に安全でない施設も存在するときを議論する．S の施設 i に割り当てられているすべての利用者 $j \in \sigma^{-1}(i)$ に対して S^* で割り当てられている施設 $\sigma^*(j)$ の集合を $\sigma^*(\sigma^{-1}(i))$ とする．すなわち，

$$\sigma^*(\sigma^{-1}(i)) = \{\sigma^*(j) \in S^* :\ j \in \sigma^{-1}(i)\} \tag{7.52}$$

である．この中で $\phi(\sigma^*(j)) = i$ となる施設 $\sigma^*(j) \in \sigma^*(\sigma^{-1}(i))$ のすべての集合を $R_i^* \subseteq S^*$ とする．すなわち，

$$\begin{aligned} R_i^* &= \{i^* \in \sigma^*(\sigma^{-1}(i)) :\ \phi(i^*) = i\} \\ &= \{\sigma^*(j) \in S^* : j \in \sigma^{-1}(i),\ \phi(\sigma^*(j)) = i\} \\ &= \{i^* \in \phi^{-1}(i) : i^* \in \sigma^*(\sigma^{-1}(i))\} \\ &= \sigma^*(\sigma^{-1}(i)) \cap \phi^{-1}(i) \end{aligned} \tag{7.53}$$

である．したがって，

$$R_i^* = \sigma^*(\sigma^{-1}(i)) \cap \phi^{-1}(i) \subseteq \phi^{-1}(i) \subseteq S^* \tag{7.54}$$

である．この R_i^* を用いると，

$$i \in S \text{ が安全であることと } R_i^* \text{ が空集合であることは等価である} \tag{7.55}$$

ことがわかる．したがって，安全でない各施設 i に対しては R_i^* は空集合ではない．もちろん，$\phi^{-1}(i)$ が空集合のときには R_i^* も空集合となるので，施設 i は安全である．さらに，異なる $i, h \in S$ に対して ϕ^{-1} の定義式 (7.49) より，

$$\phi^{-1}(i) \cap \phi^{-1}(h) = \emptyset \tag{7.56}$$

が成立する．

以下では，施設 i は安全でないとする．$R_i^* \neq \emptyset$ の施設のうちで i に最も近い施設を i' とする（図 7.12）．そして，施設 i を閉鎖して施設 i' を開設する交換移動と $R_i^* - \{i'\}$ の各施設に対する追加移動のそれぞれに対して，対応する不等式をそれぞれ 1 個導出する．

最初に，各 $i^* \in R_i^* - \{i'\}$ の追加移動に対する不等式を導出する．補題 7.8 の証明のときと同様に，施設 i^* を開設して，局所最適解 (S, σ) で i に割り当てられていた（$\sigma(j) = i$ となる）各利用者 $j \in \sigma^{-1}(i)$ に対して，最適解 (S^*, σ^*) において i^* に割り当てられているときには，この利用者 j の割当てを i^* に変更する（$\sigma''(j) = i^*$ とする）．それ以外の各利用者 j' の割当てはそのままにする（$\sigma''(j') = \sigma(j')$ とする）．したがって，式 (7.48) の $\sigma^{*-1}(i^*) = \{j \in D : \ \sigma^*(j) = i^*\}$ から更新された $\sigma'' : D \to S'$ は

$$\sigma''(j) = \begin{cases} i^* & (j \in \sigma^{-1}(i) \cap \sigma^{*-1}(i^*)) \\ \sigma(j) & (j \in D - \sigma^{-1}(i) \cap \sigma^{*-1}(i^*)) \end{cases} \tag{7.57}$$

である．これは式 (7.43) の定義とわずかに異なることに注意しよう．式 (7.57) によるここでの定義では，$\sigma(j) = i$ かつ $\sigma^*(j) = i^*$ を満たす $j \in \sigma^{-1}(i) \subseteq D$ に対してのみ $\sigma''(j) = i^*$ としているのに対して，式 (7.43) では $\sigma^*(j) = i^*$ を満たすすべて $j \in D$ に対して（たとえ $\sigma(j) \neq i$ であっても）$\sigma''(j) = i^*$ としていたからである．

この $i^* \in R_i^* - \{i'\}$ の追加移動で総コストが減少することはないので，不等式

$$\begin{aligned} & f_{i^*} + \sum_{j \in \sigma^{-1}(i) \cap \sigma^{*-1}(i^*)} (c_{\sigma^*(j)j} - c_{ij}) \\ &= f_{i^*} + \sum_{j \in \sigma^{-1}(i) :\, \sigma^*(j) = i^*} (c_{\sigma^*(j)j} - c_{ij}) \geq 0 \end{aligned} \tag{7.58}$$

が得られる．各施設 $i^* \in R_i^* - \{i'\}$ の追加移動で得られる不等式 (7.58) をすべての施設 $i^* \in R_i^* - \{i'\}$ で和をとると，

$$\sum_{i^* \in R_i^* - \{i'\}} f_{i^*} + \sum_{j \in \sigma^{-1}(i) :\, \sigma^*(j) \in R_i^* - \{i'\}} (c_{\sigma^*(j)j} - c_{ij}) \geq 0 \tag{7.59}$$

が得られる．

次に，施設 i を閉鎖して施設 i' を開設する交換移動に基づく不等式を導出する．もちろん，この交換移動が意味をなすためには，$i' \neq i$ であることが必要である．しかしながら，この移動で得られる最終的な不等式は，$i' = i$ のときでも成立するので，$i' \neq i$ であることは重要ではなくなる．

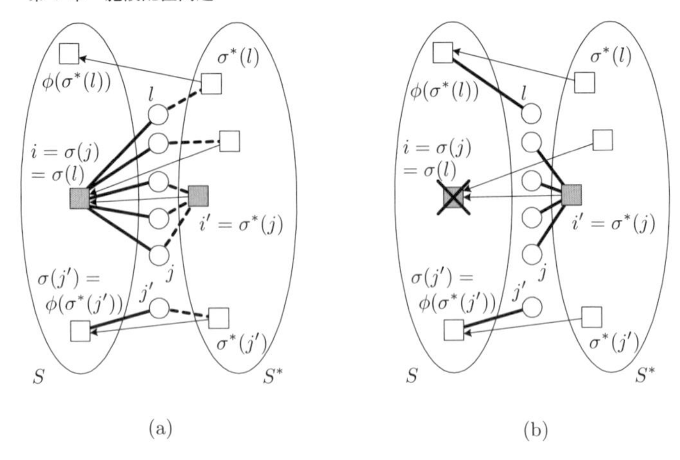

図 7.12　安全でない施設 $i \in S$ が存在するときには，$R_i^* = \{\sigma^*(j) \in S^* : j \in D,\ \sigma(j) = \phi(\sigma^*(j)) = i\}$ のうちで i に最も近い施設を i' とし，施設 i を閉鎖して施設 i' を開設する交換移動と，$R_i^* - \{i'\}$ の各施設に対する追加移動を行う．(a) 施設 i を閉鎖して施設 i' を開設する交換移動前の S と σ（太い実線），S^* と σ^*（太い破線）と関数 ϕ（細い実線の矢印）．(b) 交換移動後の $S' = S - \{i\} \cup \{i'\}$ と σ''（太い実線）．

この交換移動の解析では，以下のように定義される（準最適な）再割当て $\sigma'' : D \to S' = S - \{i\} \cup \{i'\}$ を用いる．σ で i に割り当てられていない利用者 j の割当てはそのままにする（$\sigma''(j) = \sigma(j)$ とする）．一方，σ で i に割り当てられている $\sigma(j) = i$ となる各利用者 j に対しては，$\sigma^*(j) \in S^* - R_i^*$ ならば $\phi(\sigma^*(j))$ に割り当て，それ以外の利用者は i' に割り当てる．したがって，更新された $\sigma'' : D \to S'$ は

$$\sigma''(j) = \begin{cases} i' & (j \in \sigma^{-1}(i),\ \sigma^*(j) \in R_i^*) \\ \phi(\sigma^*(j)) & (j \in \sigma^{-1}(i),\ \sigma^*(j) \in S^* - R_i^*) \\ \sigma(j) & (\text{それら以外の } j \in D) \end{cases} \tag{7.60}$$

である（図 7.12）．

この交換移動で生じるコストの変化を考えよう．明らかに，開設される施設のコストの増加分は $f_{i'} - f_i$ となる．利用者の再割当てで生じるコストの増加分の上界を与えるために，再割当てのルールの二つのケースを考える．

$\phi(\sigma^*(j))$ に再割当てされる各利用者 j に対しては，補題 7.9 が適用できる状況であるので，割当てコストの増加分は高々 $2c_{\sigma^*(j)j}$ となる．一方，j が i' に再割当てされるときには，割当てコストの増加分は正確に $c_{i'j} - c_{ij}$ である．

これらを組み合わせて，この交換移動で生じるコストの増加分の上界が得られる．

なお，これは単に上界である．解析における再割当ては準最適であり，さらに解析で与えた増加分の評価も上界であるからである．実際の交換移動における最適な再割当てでも増加分は 0 以上であるので，不等式

$$f_{i'} - f_i + \sum_{j \in \sigma^{-1}(i):\, \sigma^*(j) \in S^* - R_i^*} 2c_{\sigma^*(j)j} + \sum_{j \in \sigma^{-1}(i):\, \sigma^*(j) \in R_i^*} (c_{i'j} - c_{ij}) \geq 0 \qquad (7.61)$$

が得られる．この不等式は，$i' = i$ のときでも成立する．$i' = i$ のときには，左辺が $\sum_{j \in \sigma^{-1}(i):\, \sigma^*(j) \in S^* - R_i^*} 2c_{\sigma^*(j)j}$ となるので，不等式は

$$\sum_{j \in \sigma^{-1}(i):\, \sigma^*(j) \in S^* - R_i^*} 2c_{\sigma^*(j)j} \geq 0$$

となり，自明に成立するからである．

安全でない各施設 i に対して，これらの不等式を全部合わせる．すなわち，交換移動で得られる不等式 (7.61) と，$R_i^* - \{i'\}$ の施設の追加移動で得られるすべての不等式 (7.58) の和の不等式 (7.59) を加えると，不等式

$$\begin{aligned} -f_i + \sum_{i^* \in R_i^*} f_{i^*} &+ \sum_{j \in \sigma^{-1}(i):\, \sigma^*(j) \in S^* - R_i^*} 2c_{\sigma^*(j)j} \\ &+ \sum_{j \in \sigma^{-1}(i):\, \sigma^*(j) \in R_i^*} (c_{i'j} - c_{ij}) \\ &+ \sum_{j \in \sigma^{-1}(i):\, \sigma^*(j) \in R_i^* - \{i'\}} (c_{\sigma^*(j)j} - c_{ij}) \\ &\geq 0 \end{aligned}$$

が得られる．

この不等式の左辺の最後の二つの和の部分を組み合わせて，式を単純化する．一方の和にしか現れない $\sigma^*(j) = i'$ を満たす利用者 j に対しては，両方の和での寄与分は単純で $c_{i'j} - c_{ij}$ であるので，上から $2c_{i'j}$ で抑えられる．両方の和に現れる各利用者 j に対しても，両方の和での寄与分は，上から $2c_{\sigma^*(j)j}$ で抑えることができることを示す．すなわち，$\sigma(j) = i$ かつ $\sigma^*(j) \in R_i^* - \{i'\}$ を満たす両方の和に現れる各利用者 j に対して，両方の和での寄与分を考える．その寄与分は $c_{i'j} + c_{\sigma^*(j)j} - 2c_{ij}$ と書ける．三角不等式より，$c_{i'j} \leq c_{i'i} + c_{ij}$ が成立する．さらに，R_i^* での i' の選び方より，$c_{i'i} \leq c_{\sigma^*(j)i}$ が成立する．最後に三角不等式より，$c_{\sigma^*(j)i} \leq c_{\sigma^*(j)j} + c_{ij}$ が成立する．これらの三つの不等式を組み合わせて $c_{i'j} \leq c_{\sigma^*(j)j} + 2c_{ij}$ が成立するので，両方の和に現れる各利用者 j の両方の和での寄与分は，高々 $2c_{\sigma^*(j)j}$ となる．したがって，

$$\begin{aligned} \sum_{j \in \sigma^{-1}(i):\, \sigma^*(j) \in R_i^*} (c_{i'j} - c_{ij}) &+ \sum_{j \in \sigma^{-1}(i):\, \sigma^*(j) \in R_i^* - \{i'\}} (c_{\sigma^*(j)j} - c_{ij}) \\ &\leq \sum_{j \in \sigma^{-1}(i):\, \sigma^*(j) \in R_i^*} 2c_{\sigma^*(j)j} \end{aligned}$$

が得られる．

以上の議論より，これらの R_i^* での和における上界 $2c_{\sigma^*(j)j}$ と $S^* - R_i^*$ での和における $2c_{\sigma^*(j)j}$ とを合わせて，全体の不等式で考慮して整理すると，

$$-f_i + \sum_{i^* \in R_i^*} f_{i^*} + \sum_{j \in \sigma^{-1}(i)} 2c_{\sigma^*(j)j} \geq 0 \tag{7.62}$$

が得られる．なお，この不等式は，R_i^* が空集合のときには

$$-f_i + \sum_{j \in \sigma^{-1}(i)} 2c_{\sigma^*(j)j} \geq 0$$

となり，安全な施設 $i \in S$ の削除移動に対する不等式 (7.51) に一致することに注意しよう．さらに，式 (7.55) より $i \in S$ が安全であることと R_i^* が空集合であることは等価であるので，安全な各施設 $i \in S$ に対する不等式 (7.51) のすべてと安全でない各施設 $i \in S$ に対する不等式 (7.62) のすべてを加えると，

$$\begin{aligned} &\sum_{i \in S} \left(-f_i + \sum_{i^* \in R_i^*} f_{i^*} + \sum_{j \in \sigma^{-1}(i)} 2c_{\sigma^*(j)j} \right) \\ &= -\sum_{i \in S} f_i + \sum_{i \in S} \sum_{i^* \in R_i^*} f_{i^*} + \sum_{i \in S} \sum_{j \in \sigma^{-1}(i)} 2c_{\sigma^*(j)j} \\ &\geq 0 \end{aligned} \tag{7.63}$$

が得られる．ここで，

$$\sum_{i \in S} \sum_{j \in \sigma^{-1}(i)} 2c_{\sigma^*(j)j} = \sum_{j \in D} 2c_{\sigma^*(j)j}$$

は明らかに成立する．さらに，式 (7.56) より

$$\bigcup_{i \in S} \phi^{-1}(i) = S^*$$

でありかつ二つの異なる施設 $i, h \in S$ に対して $\phi^{-1}(i) \cap \phi^{-1}(h) = \emptyset$ であり，また式 (7.54) よりすべての $i \in S$ で $R_i^* \subseteq \phi^{-1}(i) \subseteq S^*$ であるので，

$$\sum_{i^* \in S^*} f_{i^*} = \sum_{i \in S} \sum_{i^* \in \phi^{-1}(i)} f_{i^*} \geq \sum_{i \in S} \sum_{i^* \in R_i^*} f_{i^*}$$

が成立する．したがって，式 (7.63) より，

$$\sum_{i^* \in S^*} f_{i^*} - \sum_{i \in S} f_i + \sum_{j \in D} 2c_{\sigma^*(j)j} \geq 0 \tag{7.64}$$

が得られる．すなわち，$F^* - F + 2C^* \geq 0$ が得られ，補題の証明が終了する．　□

これらの二つの補題の不等式，すなわち，$C \leq F^* + C^*$ と $F \leq F^* + 2C^*$ とを加えると $F + C \leq 2F^* + 3C^* \leq 3\mathrm{OPT}$ となり，以下の定理が得られる．

定理 7.11 施設配置問題の局所最適解 (S, σ) の総コストは，高々 3OPT である．

7.8.3 局所探索アルゴリズムの実装

定理 7.11 は，以下の二つの点から最終的な結果とは言い難い．第一に，実際には，より強力なこと，すなわち，コストが高々 $3C^* + 2F^*$ であることを証明していたからである．したがって，近似保証を少し改善することができることになる．第二に，そのような局所最適解を多項式時間で求める局所探索アルゴリズムを与えたわけではなかったからである．したがって，ここまでの段階では，3-近似アルゴリズムとはまだ言えない．たとえば，局所移動で解のコストが 1 しか改善されないときには，アルゴリズムの計算時間は，入力のサイズの指数関数となってしまう．

これらの二つの問題点において，前者の解決はより簡単である．各施設の開設コスト f_i を同一のパラメーター μ で割ってスケール変換するものとする．すると，元の入力の割当てコスト C^* と施設開設コスト F^* の最適解に対して，変換後の入力に対する割当てコスト C^* と施設開設コスト $\frac{F^*}{\mu}$ の解が存在する（この解は，一般には，変換後の入力の最適解ではない）．補題 7.10 と補題 7.8 より，局所探索で返される解では，割当てコストが高々 $C^* + \frac{F^*}{\mu}$ となり，（スケール変換された）開設施設のコストが高々 $2C^* + \frac{F^*}{\mu}$ となる．（なお，これらの補題の証明において，固定して用いた最適解が実際に最適解であるという事実は用いていなかったことに注意しよう．用いていたのは，ある指定された値の施設開設コストと割当てコストの実行可能解が存在するという事実だけであったのである．）この解を元のコストのもとで解釈し直して，各施設のコストを μ 倍すると，総コストが高々 $(1 + 2\mu)C^* + \left(1 + \frac{1}{\mu}\right)F^*$ の解となる．これらの二つの係数の値が等しくなるようにパラメーター μ の値を決定すると，これらの二つの係数の最大値は最小になることに注意しよう．すなわち，$\mu = \frac{\sqrt{2}}{2}$ とすると，（最も良い近似保証が得られ）近似保証は $1 + \sqrt{2} \approx 2.414$ となる．

局所探索アルゴリズムが多項式時間で走ることを保証するための背後にあるアイデアは単純である．アルゴリズムを高速化するためには，単なるコストの減少に基づくのではなく，各反復において，現在のコストが，1 より真に小さい定数の $1-\delta$ 倍以下のコストになるような移動（以下，**大きく改善する局所移動**と呼ぶ）のみを採用することが必要である．すなわち，大きく改善する局所移動があるときのみ，大きく改善する局所移動をするとする．すると，入力データがすべて整数であり，目的関数の値が最初 M に等しいとすると，任意の実行可能解の目的関数の値も整数となり，k を $(1-\delta)^k M < 1$ となるように選ぶと，高々 k 回の反復後には，アルゴリズムが終了することが保証される．一方，現在の解に対して $1-\delta$ 倍以下のコストとなるような大きく改善する局所移動が存在しないときには，アルゴリズムは終了するものとする．すると，アルゴリズムで最終的に得られる解は，$1-\delta$ 倍以下のコストにするような大きく改善する局所移動が存在しないという意味で，準局所最適であったことになる．

そこで，補題 7.8 の証明を再度考えてみる．不等式 (7.45) を導出するために，解を改善する局所移動が存在しないという事実を用いた．ここでは，大きく改善する局所移動が存在しないという事実しか用いることができないので，

$$f_{i^*} - \sum_{j \in D:\, \sigma^*(j)=i^*} (c_{\sigma(j)j} - c_{\sigma^*(j)j}) \geq -\delta(C+F) \tag{7.65}$$

という不等式しか結論づけることができない．補題 7.8 の証明の残りの部分はそのまま用いて，$|F|$ 個のそのような不等式の和をとる．すると，$m = |F|$ と置いて，

$$F^* - C + C^* \geq -m\delta(C+F)$$

と結論づけることができる．

同様に，補題 7.10 の証明では，不等式 (7.51)，不等式 (7.61) および不等式 (7.58) の和をとって，結果を導出した．ここでも，m 個の不等式が現れるが，今回は $1-\delta$ 倍以下のコストに減少するときにのみ局所移動するとしているので，各不等式の右辺は 0 ではなく $-\delta(C+F)$ となる．したがって，不等式

$$F^* - F + 2C^* \geq -m\delta(C+F)$$

が得られる．

これらの二つの不等式の和をとり，不等式

$$(1-2m\delta)(C+F) \leq 3C^* + 2F^* \leq 3\mathrm{OPT}$$

が得られる．したがって，“大きく改善する局所移動” の局所探索アルゴリズムの近似保証は $\frac{3}{1-2m\delta}$ となる．

ここで，$\delta = \frac{\varepsilon}{4m}$ と設定することにする．すると，多項式時間のアルゴリズムとともに，近似保証 $3(1+\varepsilon)$ も達成できることが，以下のように言える．第一に，反復回数 k は高々 $\frac{4m \ln M}{\varepsilon}$ である．なぜなら，

$$\left(1 - \frac{\varepsilon}{4m}\right)^{\frac{4m}{\varepsilon}} \leq \frac{1}{\mathrm{e}} \qquad (\mathrm{e}\text{ は自然対数の底})$$

であるので，最悪でも $\frac{4m \ln M}{\varepsilon}$ 回の反復後には，

$$\left(1 - \frac{\varepsilon}{4m}\right)^{\frac{4m \ln M}{\varepsilon}} M < 1$$

が成立するからである．なお，M は

$$M = \sum_{i \in F} f_i + \sum_{i \in F, j \in D} c_{ij}$$

とおくこともできる．すなわち，すべての施設を開設する解から出発することもできる．したがって，$\frac{4m \ln M}{\varepsilon}$ 回の反復は，多項式時間の反復である．さらに，$\varepsilon \leq 1$ を仮定すると，$\frac{1}{1-\varepsilon/2} \leq 1+\varepsilon$ は明らかである．したがって，“大きく改善する局所移動” に限定することにより，局所探索アルゴリズムは，任意に小さい正の値 ε だけ近似保証を悪くするだけの犠牲で，多項式時間で走るように変換できることが得られた．最後に，スケール変換のアイデアと大きい改善ステップのアイデアを組み合わせて，以下の定理が得られることは容易にわかる．

定理 7.12 (Charikar-Guha (2005) [24])　任意の定数 $\rho > 1 + \sqrt{2}$ に対して，“大きく改善する局所移動” とスケール変換のアイデアを用いる局所探索アルゴリズムから，施設配置問題に対する ρ-近似アルゴリズムが得られる．

7.9 まとめと文献ノート

本章では，集合カバー問題に対して展開した近似アルゴリズムのデザインと解析の基本技法が，容量制約なしメトリック施設配置問題に対しても適用

できることを示した．なお，これらの記述においては，Williamson-Shmoys (2011) [83]（邦訳：浅野 (2015)）を参考にした．さらに，Vazirani (2001) [79]（邦訳：浅野 (2002)）と Korte-Vygen (2007) [64]（邦訳：浅野・浅野・小野・平田 (2009)）にも施設配置問題に対する近似アルゴリズムが詳しく取り上げられている．

なお，容量制約なしメトリック施設配置問題に対する現在知られている最善の近似保証は，Li (2013) [67] による 1.488 である．また，Guha-Khuller (1999) [46] によって与えられた定理 7.3，すなわち，**NP** のすべての問題に対して $O(n^{O(\log\log n)})$ 時間アルゴリズムが存在すると主張できない限り，容量制約なしメトリック施設配置問題に対する正定数 $\alpha < 1.463$ の α-近似アルゴリズムは存在しないという定理，の証明が Williamson-Shmoys (2011) [83]（邦訳：浅野 (2015)）に理解しやすい形で述べられている．さらに，$\mathbf{P} \neq \mathbf{NP}$ の仮定のもとで，正定数 $\alpha < 1.463$ の α-近似アルゴリズムが存在しないことも得られている（Vygen 2005 [80] 参照）．これは定理 7.3 の一般化と言える．

第8章

k-センター問題とk-メディアン問題

本章の目標

前章の施設配置問題は，一種のクラスタリング問題と見なせる．本章では，クラスタリングの特別な版のk-センター問題とk-メディアン問題に対しても施設配置問題に対する近似アルゴリズムデザイン技法のいくつかが適用できることを理解する．

キーワード

k-センター問題，k-メディアン問題，ラグランジュ緩和，グリーディアルゴリズム，主双対アルゴリズム，局所探索

8.1 ウォーミングアップ問題

2次元平面上に$n = 8$人の利用者に対応する点が下図のように与えられる．これらの点からk点選んで，そこにショッピングセンターを開設する．そして，各利用者は最寄りの（すなわち，最も近い）ショッピングセンターを利用する．

このとき，最寄りのショッピングセンターが最も遠くなる利用者の距離が最小になるようにショッピングセンターを k 個開設する問題は **k-センター問題**と呼ばれる．$k=2$ と $k=3$ のときにどのように開設すればよいか答えよ．

さらに，最寄りのショッピングセンターまでの各利用者の距離の総和が最小になるようにショッピングセンターを k 個開設する問題は **k-メディアン問題**と呼ばれる．$k=2$ と $k=3$ のときにどのように開設すればよいか答えよ．

8.1.1　ウォーミングアップ問題の解説

最寄りのショッピングセンターが最も遠くなる利用者の距離が最小になるようにショッピングセンターを 2 店開設したいときには，以下の 2 点 $1^*, 2^*$ にショッピングセンターを開設すればよい．

同様に，最寄りのショッピングセンターが最も遠くなる利用者の距離が最小になるようにショッピングセンターを 3 店開設したいときには，以下の 3 点 $1^*, 2^*, 3^*$ にショッピングセンターを開設すればよい．

この例では，各 $k=2,3$ の k-メディアン問題の答えも，k-センター問題のと

きと同じになることが確認できる．本章では，k-センター問題と k-メディアン問題に対する近似アルゴリズムを与える．

8.2 k-センター問題

大量のデータから類似性や相違性を発見する問題は実用上頻繁に生じる．販売会社は類似の購買行動を持つ顧客を分類したいと考える．選挙顧問は有権者の投票行動で選挙区を分類したいと考える．検索エンジンはトピックの類似性に注目してウェブページを分類したいと考える．通常，この種のことは，データの**クラスタリング** (clustering) と呼ばれていて，良いクラスタリングを求める問題が幅広くそして深く研究されてきている．

本節では，クラスタリングの特別な版の k-センター問題を取り上げる．k-センター問題の形式的な定義は以下のとおりである．

問題 8.1　k-センター問題 (k-center problem)

入力： **利用者** (client) に対応する点の集合 V と各点対 $i, j \in V$ 間のコスト $c_{ij} \geq 0$ および正整数 k.

タスク： V から高々 k 個の点の部分集合 $S \subseteq V$ （S に含まれる点は**センター**と呼ばれる）を選び，各利用者 $j \in V$ を S のセンターのうちで最もコストの小さいセンターに割り当てる際に，割り当てられた利用者 $j \in V$ のコスト $c(j, S) = \min_{i \in S} c_{ij}$ の最大値が最小になるようにする．すなわち，

$$\max_{j \in V} c(j, S)$$

を最小化するような $|S| \leq k$ の $S \subseteq V$ を求める．

なお，各点対 $i, j \in V$ のコスト c_{ij} は i, j 間の**距離**と見なせることも多い．すなわち，各 $i \in V$ で $c_{ii} = 0$，各 2 点 $i, j \in V$ で $c_{ij} = c_{ji}$，各 3 点 $i, j, l \in V$ で $c_{ij} + c_{jl} \geq c_{il}$ （**三角不等式** (triangle inequality)）を満たすことも多い．このようなときには，そのことを強調して，**メトリック k-センター問題** (metric

k-center problem) と呼ばれる．以下では，とくに断らない限り，メトリック k-センター問題を，簡略化して，k-センター問題と呼んで用いる．

この k-センター問題では，コストで類似性をモデル化している．すなわち，より近い 2 点が類似性がより高く，より離れている 2 点は類似性がより低いと考える．したがって，k 個のセンターを求めて，各点を最寄りの（最も近い最も類似している）センターのクラスターにまとめる．すなわち，k 個の**クラスターセンター** (cluster center) からなる $|S| = k$ の部分集合 $S \subseteq V$ が選択され，各点は最も近いクラスターセンターに割り当てられて，V の点が k 個のクラスターにグループ化される．k-センター問題では，目標は，各点から自分の属するクラスターセンターまでのコストの最大値を最小とすることである．

幾何的なイメージで話せば，目標は，同一の半径 $r > 0$ を持つ k 個の円の中心をそれぞれ V の部分集合 S の各点に置いて，V のすべての点が k 個の円のいずれかに含まれるようにするとき，できるだけ半径 r が小さくなるようにすることである．より正確には，この問題の定義でも述べたように，点 j から点の部分集合 $S \subseteq V$ へのコストを

$$c(j, S) = \min_{i \in S} c_{ij} \tag{8.1}$$

とすると，S の各点を中心とする円の半径 r は

$$r = \max_{j \in V} c(j, S) \tag{8.2}$$

と置くことができ，k-センター問題の目標は，円の半径 r が最小になるようなサイズ k の集合 S を求めることである．

各点からクラスターセンター集合 S までのコストの総和を最小にする，すなわち，$\sum_{j \in V} c(j, S)$ を最小にするほかの目的関数も取り上げる．その問題は，***k*-メディアン問題** (k-median problem) と呼ばれている．本書では，この問題を 8.3 節と 8.4 節で取り上げる．

本節では，k-センター問題に対して，単純なグリーディ法に基づく 2-近似アルゴリズムを与える．アルゴリズムでは，最初に，$S = \emptyset$ としてから任意に 1 点 $i \in V$ を選びそれをクラスターセンター集合 S に加える．次に，S から最も遠い点を選んで S に加える．したがって，$|S| < k$ である限り，点 $j \in V$ でコ

スト $c(j,S)$ が最大となるものを S に加えることを繰り返す．そして，$|S|=k$ となった時点で S を返す．このアルゴリズムをアルゴリズム 8.1 にまとめている．

アルゴリズム 8.1　k-センター問題に対するグリーディ 2-近似アルゴリズム

入力：　メトリック（距離）空間内の点である利用者の集合 V と各点対 $i,j \in V$ 間の距離であるコスト $c_{ij} \geq 0$ および正整数 k.

出力：　$|S| \leq k$ を満たす $S \subseteq V$ と各利用者 $j \in V$ を S のセンターのうちで最もコストの小さいセンター $\sigma(j) \in S$ に割り当てる関数 $\sigma : V \rightarrow S$.

アルゴリズム：

1. $S \leftarrow \emptyset$;　// S は開設されるセンターの集合
   $p \leftarrow 1$;　// p は反復回数
   任意に $i_1 \in V$ を選ぶ;
   $S \leftarrow \{i_1\}$;
2. $p < k$ である限り以下を繰り返す．
   　$p \leftarrow p+1$;
   　$c(j,S) = \min_{i \in S} c_{ij}$ が最大となる $j \in V$ を i_p として選ぶ;
   　$S \leftarrow S \cup \{i_p\}$;
3. S と各利用者 $j \in V$ を S のセンターのうちで最もコストの小さいセンター $\sigma(j) \in S$ に割り当てる関数 $\sigma : V \rightarrow S$ を出力する．

図 8.1 にアルゴリズムの実行例を示している．

次に，このアルゴリズムが良い近似アルゴリズムであることを示す．

定理 8.1　アルゴリズム 8.1 は，k-センター問題に対する 2-近似アルゴリズムである．

証明： $S^* = \{i_1^*, \ldots, i_k^*\}$ を最適解とし，r^* をそのときの半径とする．すなわち，

$$r^* = \max_{j \in V} c(j, S^*)$$

である．この最適解から点集合 V のクラスター $V_1^*, \ldots, V_k^*$ への分割が得られる．すなわち，各点 $j \in V$ に対して，j が S^* のすべての点のうちで i_p^* に最も近いとき j は

図 8.1　$k=3$ で 2 点間のコストがユークリッド距離の k-センター問題の入力の例．グリーディアルゴリズムでは，（点 1 が最初に選ばれたとすると）点 1，2，3 がこの順にクラスターセンターに選ばれる．一方，最適解は点 1^*，2^*，3^* からなる．

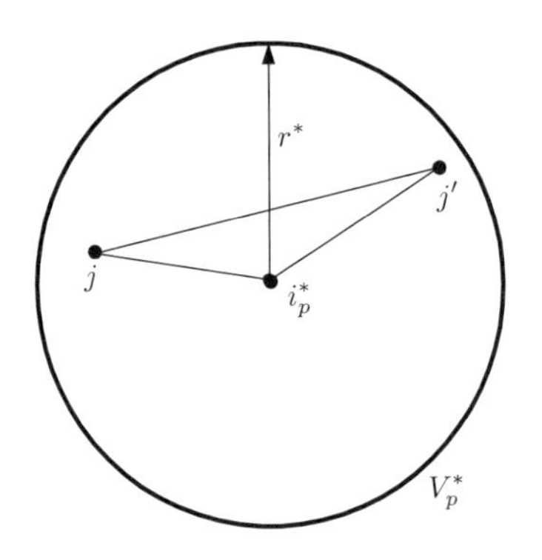

図 8.2　同じクラスター V_p^* に属するどの 2 点 j, j' もコスト $c_{jj'}$ は $2r^*$ 以下である．

V_p^* に入れられる（j に最も近い点が S^* に 2 個以上あるときにはその中から任意に 1 点 i_p^* を選んでタイブレークを行う）．同じクラスター V_p^* に属するどの 2 点 j, j' もコスト $c_{jj'}$ は $2r^*$ 以下である（図 8.2）．三角不等式により，$c_{jj'} \leq c_{i_p^* j} + c_{i_p^* j'}$ となり，さらに $c_{i_p^* j}$ と $c_{i_p^* j'}$ がともに r^* 以下であるので，$c_{jj'}$ は $2r^*$ 以下となるからである．

次に，グリーディアルゴリズムで得られる集合 $S \subseteq V$ は $S = \{i_1, \ldots, i_k\}$ であることに注意する．S の各センター i_p $(p = 1, 2, \ldots, k)$ が最適解 S^* の異なるクラスターに含まれるときには，上記の議論より，$V = V_1^* \cup \cdots \cup V_k^*$ のどの点も S のいずれかの点へのコストが高々 $2r^*$ となる．

そこで，以下では，アルゴリズムで S に選ばれた二つ以上のセンターが最適解 S^* の同じクラスターに含まれるときを考える．すなわち，アルゴリズムのある反復 h で，それ以前の反復 h' である点 $i_{h'} \in V_p^*$ を S に選んでいたにもかかわらず，

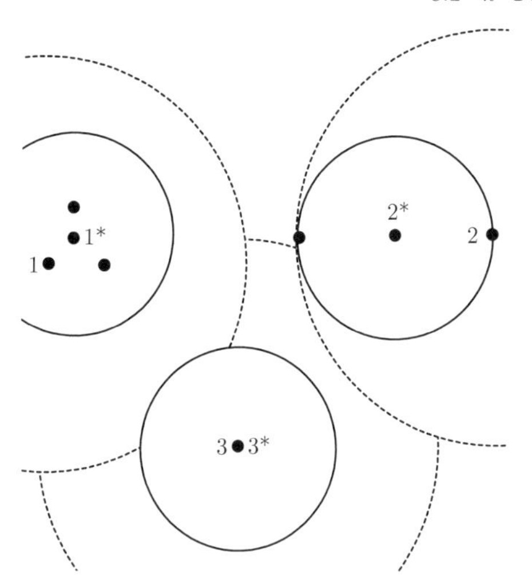

図 8.3 $\{1^*, 2^*, 3^*\}$ を中心とする半径 r^* の最適解の円（実線）と $\{1, 2, 3\}$ を中心とする半径 $2r^*$ の近似解の円（点線）.

別の点 $i_h \in V_p^*$ も S に選んだとする．そこで，反復 h の開始に入る直前の S を S_{h-1} とし，反復 h の終了後の S を S_h とする．したがって，$S_{h-1} = \{i_1, \ldots, i_{h-1}\}$，$S_h = S_{h-1} \cup \{i_h\} = \{i_1, \ldots, i_{h-1}, i_h\}$ である．$i_{h'}, i_h$ はともに V_p^* に含まれるのでこれらの 2 点 $i_{h'}, i_h$ 間のコストは $2r^*$ 以下である．さらに，この反復 h で i_h を選んだということは，S_{h-1} に含まれる点の集合から最も遠い点が i_h であったということである．したがって，その時点まで選ばれていなかった $V - S_{h-1}$ のどの点も，それ以前に選んだ点の集合 $S_{h-1} = \{i_1, \ldots, i_{h-1}\}$ までのコストは $2r^*$ 以下であることになる．これは，その後の反復で S に含まれる点が増えても明らかに成立する．したがって，定理が証明できた． □

図 8.3 は，上記の解析がタイトであることを示している．

この結果はこれ以上改善できないこと，すなわち，正定数 $\alpha < 2$ を満たす α-近似アルゴリズムが存在したとすると，$\mathbf{P} = \mathbf{NP}$ となってしまうことを次に議論する．そこで，NP-完全な**支配集合問題** (dominating set problem) を考える．

支配集合問題では，グラフ $G = (V, E)$ と整数 k が与えられ，サイズ k の部分集合 $S \subseteq V$ で，グラフの各点が S に入るかあるいは S のいずれかの点に隣接しているというようなものが存在するかどうかを判定する問題である（存在するときにはそれがサイズ k の**支配集合** (dominating set) と呼ばれる).

支配集合問題の入力が与えられたときに，k-センター問題の入力を以下のように構成する．すなわち，点集合は同一とし，2 点間のコストはグラフ $G = (V, E)$ で隣接しているときに 1 とし，そうでないときに 2 として定義する．すると，このコストは距離の条件を満たすので，得られた k-センター問題はメトリック k-センター問題である．このとき，k-センター問題の最適解の半径は，サイズ k の支配集合が存在するならば 1 であり，存在しないならば 2 以上である．

ここで，k-センター問題に対して正定数 $\alpha < 2$ を満たす α-近似アルゴリズムが存在したとする．すると，サイズ k の支配集合が存在するときには，k-センター問題の最適解の半径は 1 となり，α-近似アルゴリズムで得られる解の半径は高々 $\alpha < 2$ となるので，その解を用いてサイズ k の支配集合を得ることができる．サイズ k の支配集合が存在しないときには，k-センター問題の最適解の半径は 2 以上となり，α-近似アルゴリズムで得られる解の半径も 2 以上となるので，k-センター問題の最適解の半径は $\frac{2}{\alpha}$ 以上となって，1 より真に大きいとわかり，サイズ k の支配集合が存在しないと正しく判断できる．したがって，以下の定理が得られた．

定理 8.2 $\mathbf{P} = \mathbf{NP}$ でない限り，k-センター問題に対する正定数 $\alpha < 2$ の α-近似アルゴリズムは存在しない．

8.3 ラグランジュ緩和と k-メディアン問題

本節では，施設配置問題の変種版と見なせる k-メディアン問題を取り上げる．k-メディアン問題では，施設配置問題と同様に，入力として，利用者の集合 D と候補施設の集合 F およびすべての利用者 $j \in D$ に対する各施設 $i \in F$ の利用コスト c_{ij} が与えられる．異なる点は，施設に対する開設コストがこの問題ではないことである．代わりに，開設できる施設数に対して正の整数 k の上界が与えられる．目標は，k 個以下の施設を選択して開設して各利用者を施設に割り当てる際に，利用コストの総和が最小になるようにすることである．

さらに，メトリック施設配置問題のときと同様に，利用者と施設はメトリック（距離）空間内の点に位置し，利用コスト c_{ij} は利用者 j と施設 i 間の距離であることも多い．そのような k-メディアン問題はメトリック k-メディアン問題と呼ばれる．したがって，メトリック k-メディアン問題の形式的な定義は以下のとおりである．

問題 8.2　メトリック k-メディアン問題 (metric k-median problem)

入力：　メトリック（距離）空間内の点の集合として与えられる**利用者** (client) の集合 D と候補**施設** (facility) の集合 F および各利用者 $j \in D$ が各施設 $i \in F$ を利用するときの利用コスト $c_{ij} \geq 0$ と総開設施設数の上限を表す正整数 k.

タスク：　候補施設の集合 F から高々 k 個の施設の集合 $S \subseteq F$ を選び，各利用者 $j \in D$ を S の施設のうちで最も利用コストの小さい施設に割り当てる際に，割り当てられた利用者の利用コストの総和が最小になるようにする．すなわち，

$$\sum_{j \in D} \min_{i \in S} c_{ij}$$

を最小化するような $|S| \leq k$ の $S \subseteq F$ を求める．

7.8 節のときと同様に，メトリック k-メディアン問題では，各利用者と各施設はメトリック空間内の点であるので，利用コスト c_{ij} は利用者 j と施設 i 間の距離であることは上記のとおりである．さらに，施設間の距離，利用者間の距離もあることになる．すなわち，施設 $h, i \in F$ に対して h と i 間の距離 c_{hi} があり，利用者 $j, l \in D$ に対して j と l 間の距離 c_{jl} がある．したがって，各対 $i, j \in F \cup D$ に対して値 c_{ij} が付随していて，各 3 要素 $i, j, l \in F \cup D$ に対して

$$c_{ij} + c_{jl} \geq c_{il} \tag{8.3}$$

が成立する．これは，問題 7.2 で定義を与えたメトリック施設配置問題における任意の利用者 $j, l \in D$ と任意の施設 $i, h \in F$ に対して，

$$c_{ij} \leq c_{il} + c_{lh} + c_{hj} \tag{8.4}$$

が成立することも意味することに注意しよう．

これ以降本章では，メトリック k-メディアン問題を，簡略化して，k-メディアン問題と呼ぶことにする．本節の残りの部分では，施設配置問題を用いて，k-メディアン問題を議論することにする．

k-メディアン問題は，7.3 節の施設配置問題で用いた定式化ときわめて似た形式で，整数計画問題として定式化できる．そこで，$y_i \in \{0,1\}$ が施設 i が開設されているかどうかを表す変数とする．そして，開設する施設が k 個以下であることを表すために制約式 $\sum_{i \in F} y_i \leq k$ を導入する．すると，以下の整数計画による定式化が得られる．

$$
\begin{array}{llcll}
\text{minimize} & \displaystyle\sum_{i \in F, j \in D} c_{ij} x_{ij} & & & \\
\text{subject to} & \displaystyle\sum_{i \in F} x_{ij} & = & 1 & (j \in D), \\
 & x_{ij} & \leq & y_i & (i \in F, j \in D), \\
 & \displaystyle\sum_{i \in F} y_i & \leq & k & \\
 & x_{ij} & \in & \{0,1\} & (i \in F, j \in D), \\
 & y_i & \in & \{0,1\} & (i \in F).
\end{array}
\tag{8.5}
$$

7.3 節の施設配置問題に対する整数計画問題の定式化と異なる点は，一つ制約式が増えたことと，目的関数に施設の開設コストがないことである．なお，(8.5) は，

$$x_{ij} \leq y_i \qquad (i \in F, j \in D)$$

の制約式を意味するのではなく，この整数計画問題を意味することに注意しよう．したがって，整数計画問題 (8.5) では，この整数計画問題を参照していることになる．本章では，同様に，線形計画問題に対してもこのような参照のしかたを用いる．

k-メディアン問題を施設配置問題に帰着するために**ラグランジュ緩和** (Lagrangean relaxation) を用いる．ラグランジュ緩和では，複雑な制約式を除去し，その代わりに，それらの制約式を満たさないときのペナルティを目的関数に加える．具体的に述べよう．まず，k-メディアン問題に対する整数計画問題

の以下の線形計画緩和を考える.

$$
\begin{array}{llcll}
\text{minimize} & \displaystyle\sum_{i\in F, j\in D} c_{ij}x_{ij} & & & \\
\text{subject to} & \displaystyle\sum_{i\in F} x_{ij} & = & 1 & (j \in D), \\
& x_{ij} & \leq & y_i & (i \in F, j \in D), \\
& \displaystyle\sum_{i\in F} y_i & \leq & k & \\
& x_{ij} & \geq & 0 & (i \in F, j \in D), \\
& y_i & \geq & 0 & (i \in F).
\end{array}
\tag{8.6}
$$

さらに, 施設配置問題により類似するようにするために, 制約式 $\sum_{i\in F} y_i \leq k$ を除去したい. そこで, これを除去して, 目的関数に, ある定数 $\lambda \geq 0$ を用いて, ペナルティ $\lambda\left(\sum_{i\in F} y_i - k\right)$ を加える. ペナルティの項は, 制約式を満たす解をより好むことを表している. したがって, ラグランジュ緩和した新しい線形計画問題は以下のようになる.

$$
\begin{array}{llcll}
\text{minimize} & \displaystyle\sum_{i\in F, j\in D} c_{ij}x_{ij} + \sum_{i\in F} \lambda y_i - \lambda k & & & \\
\text{subject to} & \displaystyle\sum_{i\in F} x_{ij} & = & 1 & (j \in D), \\
& x_{ij} & \leq & y_i & (i \in F, j \in D), \\
& x_{ij} & \geq & 0 & (i \in F, j \in D), \\
& y_i & \geq & 0 & (i \in F).
\end{array}
\tag{8.7}
$$

この線形計画緩和 (8.7) は, 実際には, k-メディアン問題の線形計画緩和 (8.6) のラグランジュ緩和であるが, 簡略化して, これ以降, この線形計画緩和 (8.7) を k-メディアン問題の**ラグランジュ緩和**と呼ぶことにする.

注意: ここで, とくに注意しておきたい点は, k-メディアン問題の線形計画緩和 (8.6) の任意の実行可能解が, このラグランジュ緩和 (8.7) の実行可能解であるということである. さらに, 任意の $\lambda \geq 0$ に対して, k-メディアン問題の線形計画緩和 (8.6) の任意の実行可能解では, このラグランジュ緩和 (8.7) の目的関数の値が, 線形計画緩和 (8.6) の目的関数の値以下である. したがって, このラグランジュ緩和 (8.7) の最適解のコストは, k-メディアン問題の最適解のコスト OPT_k に対する下界を与える.

定数項の $-\lambda k$ を除いて，このラグランジュ緩和 (8.7) は，各施設の開設コストが $f_i = \lambda$ の施設配置問題の線形計画緩和と完全に一致している．そこでこのラグランジュ緩和の線形計画問題 (8.7) を主問題と考えると，双対問題は以下のように書ける．

$$\begin{array}{llll} \text{maximize} & \sum_{j \in D} v_j - \lambda k & & \\ \text{subject to} & \sum_{j \in D} w_{ij} \leq \lambda & (i \in F), & \\ & v_j - w_{ij} \leq c_{ij} & (i \in F, j \in D), & \\ & w_{ij} \geq 0 & (i \in F, j \in D). & \end{array} \tag{8.8}$$

これも，各施設の開設コストが $f_i = \lambda$ であることと目的関数にさらに定数項の $-\lambda k$ があることを除いて，施設配置問題の線形計画緩和（主問題）の双対問題と同じである．

すべての施設の開設コスト f_i をある値の $\lambda \geq 0$ として選んで，7.6 節の施設配置問題に対する主双対アルゴリズム（アルゴリズム 7.3）を用いて，k-メディアン問題のアルゴリズムを構築し，その近似保証解析を行う．そこで，アルゴリズム 7.3 が 3-近似アルゴリズムであることを主張した定理 7.7 の証明を，用いた記法とともに，振り返ってみよう．

アルゴリズム 7.3 で得られた開設する施設の集合 S と双対実行可能解 (v, w) に対して，施設 $i \in F$ に隣接する利用者の集合を $N(i) = \{j \in D : v_j \geq c_{ij}\}$ とし，さらに開設された施設 $i \in S$ に割り当てられた隣接する利用者の集合を $A(i) \subseteq N(i)$ とする．すると，式 (7.36)，すなわち，

$$\sum_{i \in S} \left(f_i + \sum_{j \in A(i)} c_{ij} \right) = \sum_{i \in S} \sum_{j \in A(i)} (w_{ij} + c_{ij}) = \sum_{i \in S} \sum_{j \in A(i)} v_j \tag{8.9}$$

が成立することを示した．さらに，各利用者 $j \in D$ に対して j の利用コストが最小の S の施設までのコストを $c(j, S)$ と表記する．すなわち，

$$c(j, S) = \min_{i \in S} c_{ij} \tag{8.10}$$

である．すると，S のいずれかの点に隣接する $j \in D$ に対して，j が $i \in S$ に割り当てられている（すなわち，$j \in A(i)$ である）ときには

$$c(j,S) = c_{ij} \tag{8.11}$$

である．これは，j が S のいずれかの施設 h に貢献する（すなわち，$v_j > c_{hj}$ である）ならば貢献する施設は唯一で $i = h$ となるので $c(j,S) = c_{ij}$ であり，j が S のいずれかの施設に隣接するものの，S のどの施設 h にも貢献しない（すなわち，$v_j \le c_{hj}$ である）ならば隣接する施設 $h \in S$（すなわち，$v_j = c_{hj}$ である）は $i \in S$ も含めて複数ありうるが，いずれも j からそれらの施設までのコストは同一であるので $c(j,S) = c_{ij}$ であることから得られる．したがって，

$$\sum_{i \in S} \left(f_i + \sum_{j \in A(i)} c_{ij} \right) = \sum_{i \in S} f_i + \sum_{j \in \cup_{i \in S} A(i)} c(j,S) \tag{8.12}$$

である．さらに，S のどの施設にも隣接しない利用者 $j \in D - \bigcup_{i \in S} A(i)$ に対して，補題 7.6(c) で $c(j,S) \le 3v_j$ であることを示した．そして，式 (7.37)，すなわち，

$$\begin{aligned}
&\sum_{i \in S} \left(f_i + \sum_{j \in A(i)} c_{ij} \right) + \sum_{j \in D - \bigcup_{i \in S} A(i)} c(j,S) \\
&\le \sum_{i \in S} \sum_{j \in A(i)} v_j + 3 \sum_{j \in D - \bigcup_{i \in S} A(i)} v_j \le 3 \sum_{j \in D} v_j
\end{aligned}$$

が成立することを示した．しかし実際には，

$$\begin{aligned}
&\sum_{i \in S} \left(3f_i + \sum_{j \in A(i)} c_{ij} \right) + \sum_{j \in D - \bigcup_{i \in S} A(i)} c(j,S) \\
&\le 3 \sum_{i \in S} \left(f_i + \sum_{j \in A(i)} c_{ij} \right) + \sum_{j \in D - \bigcup_{i \in S} A(i)} c(j,S) \\
&\le \sum_{i \in S} \sum_{j \in A(i)} 3v_j + 3 \sum_{j \in D - \bigcup_{i \in S} A(i)} v_j = 3 \sum_{j \in D} v_j
\end{aligned} \tag{8.13}$$

も成立する．式 (8.12) より，

$$\sum_{i \in S} \left(3f_i + \sum_{j \in A(i)} c_{ij} \right) + \sum_{j \in D - \bigcup_{i \in S} A(i)} c(j,S) = 3 \sum_{i \in S} f_i + \sum_{j \in D} c(j,S)$$

であるので，これから式 (8.13) は，

$$3\sum_{i\in S} f_i + \sum_{j\in D} c(j,S) \le 3\sum_{j\in D} v_j \tag{8.14}$$

と書ける．ここで便宜上，

$$c(S) = \sum_{j\in D} c(j,S) \tag{8.15}$$

と表記する．すると，式 (8.14) は

$$c(S) + 3\sum_{i\in S} f_i \le 3\sum_{j\in D} v_j \tag{8.16}$$

と書ける．

以上のことより，アルゴリズム 7.3 が 3-近似アルゴリズムであることを主張した定理 7.7 の証明は，実際には以下の補題を証明していたことになる．

補題 8.3　アルゴリズム 7.3 で得られた開設する施設の集合 S と双対実行可能解 (v,w) に対して，式 (8.16)，すなわち，

$$c(S) + 3\sum_{i\in S} f_i \le 3\sum_{j\in D} v_j$$

が成立する．

式 (8.16) において，各 $i \in F$ に対して $f_i = \lambda$ を代入して整理すると，

$$c(S) \le 3\left(\sum_{j\in D} v_j - \lambda|S|\right) \tag{8.17}$$

が得られる．ここで，すべての $i \in F$ で $f_i = \lambda$ となる施設配置問題に対してアルゴリズム 7.3 を実行する．そして，$|S| = k$ を満たすような施設集合 S を運良く開設できたとする．すると，式 (8.17) より，k-メディアン問題の最適解のコスト OPT_k に対して

$$c(S) \le 3\left(\sum_{j\in D} v_j - \lambda k\right) \le 3\mathrm{OPT}_k \tag{8.18}$$

となるので，最適解のコストの 3 倍以内のコストの解が得られたことになることに注意しよう．

なお，式 (8.18) の最後の不等式は，前にも注意して強調していたように，(v,w) が双対問題 (8.8) の実行可能解であり，$\sum_{j\in D} v_j - \lambda k$ が双対目的関数であるので，$\sum_{j\in D} v_j - \lambda k$ が（主問題のラグランジュ緩和 (8.7) の最適解のコストの下界であり，ラグランジュ緩和 (8.7) の最適解のコストは線形計画問題 (8.6) の最適解のコストの下界であり，さらに線形計画問題 (8.6) の最適解のコストは整数計画問題 (8.5)，すなわち，k-メディアン問題の最適解のコスト OPT_k の下界であるので）k-メディアン問題の最適解のコスト OPT_k の下界となることから得られる．

したがって，$|S|=k$ を満たす施設集合 S をアルゴリズム 7.3 が開設することになるような λ の値を見つけることができればよいことになる．アルゴリズム 7.3 で開設される施設集合 S は λ に依存するので，そのことを強調して，$S=S(\lambda)$ と表記する．すると，開設施設数 $|S(\lambda)|$ は施設開設のコスト λ の増加に伴い減少する関数であることがわかる．一方，$c(S(\lambda))$ は施設開設のコスト λ の増加に伴い増加する関数であることもわかる．たとえば，$\lambda=0$ のときには，$S(0)=F$ かつすべての $j\in D$ で $c(j,S(0))=\min_{i\in F} c_{ij}$ を満たすようになる．一方，$\lambda=\sum_{j\in D}\sum_{i\in F} c_{ij}$ のときには，アルゴリズムで開設される施設は唯一であることも得られる．開設施設集合 $S(\lambda)$ が 2 個以上の施設を含むとすると，総開設コストと総利用コストの和は $c(S(\lambda))+2\lambda$ 以上となるのに対して，任意に 1 個の施設 $i\in F$ を開設して $S=\{i\}$ とするときの総開設コストと総利用コストの和は

$$\lambda + c(S) = \lambda + \sum_{j\in D} c_{ij} < 2\lambda$$

となるからである．

そこで，$|S(\lambda)|=k$ を満たす λ を含むことがわかっている区間 $[\lambda_1,\lambda_2]$ 上で二分探索を行って，このような λ の値を求めることにする．

二分探索の区間 $[\lambda_1,\lambda_2]$ の初期設定として，上記の理由に基づいて，$\lambda_1=0$ と $\lambda_2=\sum_{j\in D}\sum_{i\in F} c_{ij}$ を用いる．区間 $[\lambda_1,\lambda_2]$ 上で二分探索が行われるときには，$\lambda=\lambda_1$ はアルゴリズム 7.3 で少なくとも k 個の施設が開設されるような

値であり，$\lambda = \lambda_2$ はアルゴリズム 7.3 で高々 k 個の施設が開設されるような値である．とくに，初期設定の $\lambda_1 = 0$ と $\lambda_2 = \sum_{j \in D} \sum_{i \in F} c_{ij}$ は，この性質を満たしていることは，上で説明したとおりである．

したがって，最初，$\lambda_1 = 0$ と $\lambda_2 = \sum_{j \in D} \sum_{i \in F} c_{ij}$ となる区間 $[\lambda_1, \lambda_2]$ 上で二分探索が行われる．上で議論したように，$\lambda = \lambda_1$ と $\lambda = \lambda_2$ を用いてアルゴリズム 7.3 を走らせると，それぞれ $|S_1| > k$ と $|S_2| < k$ を満たす解 $S_1 = S(\lambda_1)$ と $S_2 = S(\lambda_2)$ が返される．そこで，$\lambda = \frac{1}{2}(\lambda_1 + \lambda_2)$ として，アルゴリズム 7.3 を走らせる．アルゴリズム 7.3 で正確に k 個の施設からなる解 $S(\lambda)$ が返されるときには，上記の議論より，高々 $3\mathrm{OPT}_k$ のコストの解が得られたことになるので終了する．

アルゴリズム 7.3 で k 個より多くの施設からなる解 $S(\lambda)$ が返されるときには $\lambda_1 = \lambda$ かつ $S_1 = S(\lambda)$ とし，アルゴリズム 7.3 で k 個より少ない施設からなる解 $S(\lambda)$ が返されるときには $\lambda_2 = \lambda$ かつ $S_2 = S(\lambda)$ とする．したがって，更新された区間 $[\lambda_1, \lambda_2]$ に対して，$\lambda = \lambda_1$ と $\lambda = \lambda_2$ を用いてアルゴリズム 7.3 を走らせると，それぞれ $|S_1| > k$ と $|S_2| < k$ を満たす解 $S_1 = S(\lambda_1)$ と $S_2 = S(\lambda_2)$ が返されることが成立し続ける．そして，この二分探索を，アルゴリズム 7.3 で正確に k 個の施設からなる解 S が返されるか，あるいは，区間幅 $\lambda_2 - \lambda_1$ が十分に狭くなって，$S_1 = S(\lambda_1)$ と $S_2 = S(\lambda_2)$ の解を適切に組み合わせて k-メディアン問題に対する（十分小さい任意の正数 ε に対して高々 $2(3+\varepsilon)\mathrm{OPT}_k$ のコストの）解を得ることができるようになるまで繰り返すことにする．

そこで，$c_{\min}$ を正の利用コストの最小値とする．そして，与えられた十分小さい任意の正数 $\varepsilon > 0$ に対して二分探索を，アルゴリズム 7.3 で正確に k 個の施設からなる解 $S = S(\lambda)$ が返されるか，あるいは，

$$\lambda_2 - \lambda_1 \leq \frac{\varepsilon c_{\min}}{3|F|}$$

となるまで繰り返す．前者のときには，繰り返しになるが上記の議論より，高々 $3\mathrm{OPT}_k$ のコストの解が得られたことになる．一方，後者のときには，$S_1 = S(\lambda_1)$ と $S_2 = S(\lambda_2)$ を用いて $|S| = k$ かつ $c(S) \leq 2(3+\varepsilon)\mathrm{OPT}_k$ となるような解 S を多項式時間で得ることができることを後述する．こうして，k-

メディアン問題に対する $2(3+\varepsilon)$-近似アルゴリズムが得られることになる．このアルゴリズムを**ラグランジュ緩和 $\boldsymbol{k}$-メディアンアルゴリズム** (Lagrangean relaxation k-median algorithm) と呼ぶことにする．

これ以降，アルゴリズム 7.3 で正確に k 個の施設からなる解 $S = S(\lambda)$ が返されないで終了したときを議論する．アルゴリズム 7.3 は，$|S_1| > k > |S_2|$ を満たし，さらに，不等式 (8.17) より，各 $\ell = 1, 2$ に対して，

$$c(S_\ell) \le 3\left(\sum_{j \in D} v_j^\ell - \lambda_\ell |S_\ell|\right) \tag{8.19}$$

を満たすような二つの解 $S_1 = S(\lambda_1)$, $S_2 = S(\lambda_2)$ と対応する二つの双対実行可能解 (v^1, w^1), (v^2, w^2) で終了したことになる．さらに，終了条件より，

$$\lambda_2 - \lambda_1 \le \frac{\varepsilon c_{\min}}{3|F|} \tag{8.20}$$

である．

ここで，$0 < c_{\min} \le \mathrm{OPT}_k$ と一般性を失うことなく仮定できる．なぜなら，そうでないとすると $\mathrm{OPT}_k = 0$ であり，$\mathrm{OPT}_k = 0$ のときには，k-メディアン問題に対する最適解を多項式時間で求めることができるからである．λ 上での二分探索は，$M = \sum_{j \in D} \sum_{i \in F} c_{ij}$ と置くと，アルゴリズム 7.3 を $\mathrm{O}(\log \frac{3|F|M}{\varepsilon c_{\min}})$ 回呼ぶだけであるので，ラグランジュ緩和 k-メディアンアルゴリズムにおけるこの二分探索の部分の計算時間は多項式時間となる．

二つの解の $S_1 = S(\lambda_1)$ と $S_2 = S(\lambda_2)$ を用いて，$|S| = k$ と $c(S) \le 2(3+\varepsilon)\mathrm{OPT}_k$ を満たすような解 S を多項式時間で得る方法を与えることにする．そのためには，最初に二つの解のコストと OPT_k を関係づけることが必要である．α_1 と α_2 は，$\alpha_1|S_1| + \alpha_2|S_2| = k$, $\alpha_1 + \alpha_2 = 1$ および $\alpha_1, \alpha_2 \ge 0$ を満たすとする．すると，

$$\alpha_1 = \frac{k - |S_2|}{|S_1| - |S_2|} \quad \text{かつ} \quad \alpha_2 = \frac{|S_1| - k}{|S_1| - |S_2|} \tag{8.21}$$

となることに注意しよう．したがって，

$$\tilde{v} = \alpha_1 v^1 + \alpha_2 v^2 \quad \text{かつ} \quad \tilde{w} = \alpha_1 w^1 + \alpha_2 w^2 \tag{8.22}$$

として，双対解 $(\tilde{v}, \tilde{w})$ が得られる．さらに，$\lambda_1 < \lambda_2$ より，(v^1, w^1) と (v^2, w^2) はともに，施設の開設コスト λ_2 における双対線形計画問題 (8.8) の実行可能解

であるので，二つの双対実行可能解 (v^1, w^1) と (v^2, w^2) の凸結合であるこの解 $(\tilde{v}, \tilde{w})$ は，施設の開設コスト λ_2 の双対線形計画問題 (8.8) の実行可能解であることに注意しよう．

このとき，S_1 と S_2 のコスト $c(S_1)$ と $c(S_2)$ の凸結合は最適解のコストに近いことを述べている以下の補題が成立する．

補題 8.4

$$\alpha_1 c(S_1) + \alpha_2 c(S_2) \leq (3+\varepsilon)\mathrm{OPT}_k.$$

証明： 最初に，式 (8.17) より

$$\begin{aligned} c(S_1) &\leq 3\left(\sum_{j\in D} v_j^1 - \lambda_1|S_1|\right) \\ &= 3\left(\sum_{j\in D} v_j^1 - (\lambda_1+\lambda_2-\lambda_2)|S_1|\right) \\ &= 3\left(\sum_{j\in D} v_j^1 - \lambda_2|S_1|\right) + 3(\lambda_2-\lambda_1)|S_1| \\ &\leq 3\left(\sum_{j\in D} v_j^1 - \lambda_2|S_1|\right) + \varepsilon\mathrm{OPT}_k \end{aligned}$$

となることに注意する．なお，最後の不等式は，差の $\lambda_2 - \lambda_1$ に対する上界の式 (8.20) から得られる．

ここで，$c(S_1)$ に対する上の不等式の上界と $c(S_2)$ に対する式 (8.17) の上界の凸結合をとることにより，

$$\begin{aligned} \alpha_1 c(S_1) + \alpha_2 c(S_2) \quad &\leq \quad 3\alpha_1\left(\sum_{j\in D} v_j^1 - \lambda_2|S_1|\right) + \alpha_1\varepsilon\mathrm{OPT}_k \\ &\quad + 3\alpha_2\left(\sum_{j\in D} v_j^2 - \lambda_2|S_2|\right) \end{aligned}$$

が得られる．したがって，式 (8.22) の $\tilde{v} = \alpha_1 v^1 + \alpha_2 v^2$, $\tilde{w} = \alpha_1 w^1 + \alpha_2 w^2$ が施設コスト λ_2 に対する双対実行可能解であることと，$\alpha_1|S_1| + \alpha_2|S_2| = k$ かつ $\alpha_1 \leq 1$ であることを思いだせば，

$$\alpha_1 c(S_1) + \alpha_2 c(S_2) \leq 3\left(\sum_{j\in D} \tilde{v}_j - \lambda_2 k\right) + \alpha_1\varepsilon\mathrm{OPT}_k \leq (3+\varepsilon)\mathrm{OPT}_k$$

が得られる． □

そこで，ラグランジュ緩和 k-メディアンアルゴリズムは二つのケース分けをして対処する．すなわち，$\alpha_2 \geq \frac{1}{2}$ の単純なケースと $\alpha_2 < \frac{1}{2}$ のより複雑なケースに分ける．$\alpha_2 \geq \frac{1}{2}$ のときには，S_2 を解として返す．$|S_2| < k$ であるので，これは実行可能解である．さらに，$\alpha_2 \geq \frac{1}{2}$ と補題 8.4 を用いると，所望の

$$c(S_2) \leq 2\alpha_2 c(S_2) \leq 2\left(\alpha_1 c(S_1) + \alpha_2 c(S_2)\right) \leq 2(3+\varepsilon)\mathrm{OPT}_k$$

が得られる．

次に，$\alpha_2 < \frac{1}{2}$ のケースに対するラグランジュ緩和 k-メディアンアルゴリズムは，以下の乱択アルゴリズムを用いる．そこでは，式 (8.10) より $c(j,S) = \min_{i \in S} c_{ij}$ であり，式 (8.15) より $\sum_{j \in D} c(j,S) = c(S)$ であることに注意する．

まずステップ 1 では，各施設 $i \in S_2$ に対して，最も近い施設 $h \in S_1$ を開設する．すなわち，c_{ih} が最小となる施設 $h \in S_1$ を開設する．こうして開設された施設の集合を $S'_1 \subseteq S_1$ とする．なお，S_1 の同じ施設が S_2 の二つ以上の施設に対して最も近いことになって，S_1 の施設が $|S_2|$ 個開設されないときもある．そのようなとき（すなわち，$|S'_1| < |S_2|$ のとき）には，開設される施設が正確に $|S_2|$ 個になるように，$S_1 - S'_1$ の施設を任意に $|S_2| - |S'_1|$ 個選んで開設する．そして，このようにして開設された施設の集合を改めて S'_1 とする．

その後のステップ 2 では，開設されずに残っている S_1 の $|S_1| - |S_2|$ 個の施設から $k - |S_2|$ 個の施設をランダムに選んで開設する．

このようにしてステップ 1 とステップ 2 で開設されたすべての施設の集合を $S \subseteq S_1$ とする．すると，以下の補題が成立する．

補題 8.5 $\alpha_2 < \frac{1}{2}$ のときには，上記のように開設された施設の集合 S のコスト $c(S)$ の期待値 $\mathbf{E}[c(S)]$ は，$\mathbf{E}[c(S)] \leq 2(3+\varepsilon)\mathrm{OPT}_k$ を満たす．

証明： 補題を証明するために，乱択アルゴリズムで開設された施設へ利用者 $j \in D$ が割り当てられるときの利用コストの期待値を考える．

施設 $i_1(j) \in S_1$ が j に最も近い S_1 の施設であるとする．同様に，施設 $i_2(j) \in S_2$ が j に最も近い S_2 の施設であるとする．対称性から必要ならば施設のラベルを換え

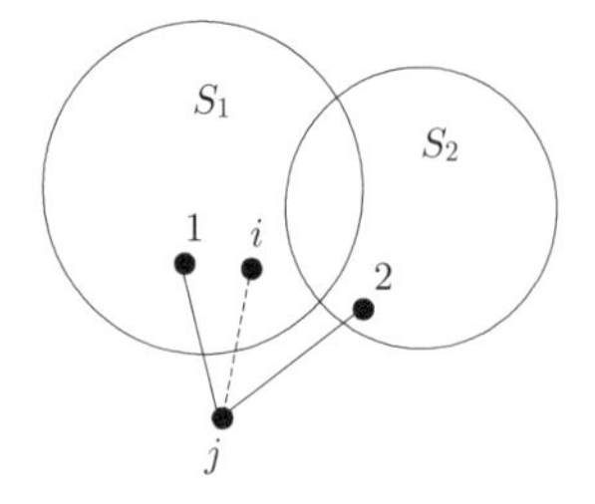

図 8.4　利用者の割当ての悪いケース．利用者 j は，S_1 の施設では施設 1 に最も近く，S_2 の施設では施設 2 に最も近いが，$2 \in S_2$ に最も近い S_1 の施設 i に割り当てられている．

て，$i_1(j) = 1, i_2(j) = 2$ と仮定できる．すなわち，$c_{1j} = c(j, S_1), c_{2j} = c(j, S_2)$ であるとする（図 8.4）．

乱択アルゴリズムのステップ 1 で施設 $1 \in S_1$ が開設されなかったとき（すなわち，$1 \notin S'_1$ のとき）には，アルゴリズムのステップ 2 で，施設 $1 \in S_1$ は確率 $\frac{k-|S_2|}{|S_1|-|S_2|} = \alpha_1$ で開設されることになる（$1 \in S$ となる）．したがって，この乱択アルゴリズムで施設 $1 \in S_1$ が開設される確率 $\Pr(1 \in S)$ は，$1 \in S'_1$ のときもあるので，少なくとも α_1 である．さらに，施設 $1 \in S_1$ が開設されたとき（すなわち，$1 \in S$ のとき）には，$S \subseteq S_1$ から施設 $1 \in S_1$ が利用者 $j \in D$ の利用コストが最小になる S_1 の施設である．したがって，開設された S の最も近い施設に割り当てられる j の利用コストは，少なくとも確率 α_1 で $c_{1j} = c(j, S_1)$ である．

一方，この乱択アルゴリズムで施設 $1 \in S_1$ が開設されない確率 $\Pr(1 \notin S)$ は高々 $1 - \alpha_1 = \alpha_2$ である．施設 $1 \in S_1$ が開設されないとき（すなわち，$1 \notin S$ のとき）には，j を最悪でも乱択アルゴリズムのステップ 1 で開設された施設集合 $S'_1 \subseteq S \subseteq S_1$ の施設に割り当てることができる．とくに，施設 $2 \in S_2$ に最も近い S_1 の施設 $i \in S'_1$ に j を割り当てることができる．もちろん，$i \in S'_1 \subseteq S \subseteq S_1$ から $i \neq 1$ であるので，

$$c_{1j} = c(j, S_1) \leq c_{ij}$$

である．さらに，三角不等式により，

$$c_{ij} \leq c_{i2} + c_{2j}$$

となる．i は $2 \in S_2$ に最も近い S_1 の施設であるので，$c_{i2} \leq c_{12}$ であり，

$$c_{ij} \leq c_{12} + c_{2j}$$

となる．最後に，三角不等式より，$c_{12} \leq c_{1j} + c_{2j}$ となり，

$$c_{ij} \leq c_{1j} + c_{2j} + c_{2j} = c(j, S_1) + 2c(j, S_2)$$

が得られる．したがって，

$$c_{1j} = c(j, S_1) \leq c_{ij} \leq c(j, S_1) + 2c(j, S_2)$$

である．なお，上記の議論は補題 7.9 の証明における議論と本質的に同じである．

以上の議論より，S の最も近い施設に j を割り当てる j の利用コストの期待値は

$$\mathbf{E}[c(j, S)] \leq \alpha_1 c(j, S_1) + \alpha_2(c(j, S_1) + 2c(j, S_2)) = c(j, S_1) + 2\alpha_2 c(j, S_2)$$

を満たす．$\alpha_2 < \frac{1}{2}$ の仮定により，$\alpha_1 = 1 - \alpha_2 > \frac{1}{2}$ であるので，

$$\mathbf{E}[c(j, S)] \leq 2(\alpha_1 c(j, S_1) + \alpha_2 c(j, S_2))$$

が得られる．そして，すべての $j \in D$ で和をとって，式 (8.15) と補題 8.4（および期待値の線形性）を用いると，

$$\begin{aligned}
\mathbf{E}[c(S)] &= \mathbf{E}\left[\sum_{j \in D} c(j, S)\right] \\
&= \sum_{j \in D} \mathbf{E}[c(j, S)] \\
&\leq 2\sum_{j \in D}(\alpha_1 c(j, S_1) + \alpha_2 c(j, S_2)) \\
&= 2(\alpha_1 c(S_1) + \alpha_2 c(S_2)) \\
&\leq 2(3 + \varepsilon)\mathrm{OPT}_k
\end{aligned}$$

が得られる． □

この乱択アルゴリズムは，条件付き期待値法で脱乱択できる．

なお，上記の議論では，施設配置問題に対して，ある α を用いて

$$c(S) + \alpha \sum_{i \in S} f_i \leq \alpha \sum_{j \in D} v_j$$

となるような解 S を返すアルゴリズムのあることが，解析に本質的であったことを注意しよう．これが成立するときには，$f_i = \lambda$ と置いて，

$$c(S) \leq \alpha\left(\sum_{j \in D} v_j - \lambda|S|\right)$$

が導出できて，解 S の値 $c(S)$ をラグランジュ緩和の双対問題の目的関数の値の α 倍を用いて上から抑えると同時に，その目的関数の値を，最適解の値を下

から抑える下界としても用いることができるのである．このようなアルゴリズムは，**ラグランジュ乗数保存** (Lagrangean multiplier preserving) と呼ばれる．

k-メディアン問題の困難性に対しては，以下の結果が知られている．それは，Guha-Khuller (1999) [46] によって与えられた容量制約なしメトリック施設配置問題に対する定理 7.3 の証明に基づいている．

定理 8.6　(Jain-Mahdian-Markakis-Saberi-Vazirani (2003) [56]) **NP** のすべての問題が $\mathrm{O}(n^{\mathrm{O}(\log\log n)})$ 時間のアルゴリズムを持つと主張できない限り，k-メディアン問題に対する正定数 $\alpha < 1 + \frac{2}{\mathrm{e}} \approx 1.736$ の α-近似アルゴリズムは存在しない．

8.4　k-メディアン問題に対する局所探索アルゴリズム

本節では，利用者の集合 D と候補施設の集合 F がともに同一の空間の同じ点集合の N からなる（したがって，$N = D = F$ である）k-メディアン問題を**単純版**の k-メディアン問題と呼び，単純版の k-メディアン問題に対する局所探索アルゴリズムを与える．混乱が生じることはないと思われるので，本節では，単純版の k-メディアン問題を，単に，k-メディアン問題を呼んで用いることにする．

対象とする現在の解で開設されている施設の集合を $S \subseteq N$ とし，任意に選ばれて固定された一つの最適解で開設されている施設の集合を $S^* \subseteq N$ とする．これらのいずれの解でも，各利用者は開設されている施設で最も近い施設に割り当てられているとする．なお，開設される施設の中で最も近い施設が複数あるときには，その中の任意の一つに割り当てられているとする．これらの割当てを，それぞれ，N から S への写像 $\sigma : N \to S$ と N から S^* への写像 $\sigma^* : N \to S^*$ を用いて表す．すなわち，解 S と解 S^* における各利用者 j の割当てを，それぞれ $\sigma(j)$ と $\sigma^*(j)$ と表記する．同様に，現在の解 S と最適解 S^* における割当てのコストを，それぞれ C と C^* と表記する．

これから与える局所探索アルゴリズムは，最も自然なアルゴリズムである．各時点で対象とする現在の解は，正確に k 個の点からなる部分集合 $S \subseteq N$ で記述されているとする．一つの実行可能解から近傍解への移動としては，二つの施設の**交換** (swap) による移動のみとする．すなわち，現在の解から 1 個の施設 $i \in S$ を選んでそれを S から除去すると同時に，現在の解に含まれない施設から 1 個の施設 $i' \in N - S$ を選んでそれを現在の解に加え，

$$S' = S - \{i\} \cup \{i'\} \tag{8.23}$$

に更新する．各利用者は開設されている施設で最も近い施設に再割当てされる（各利用者 $j \in N$ の最も近い S' の施設への割当ては $\sigma'(j)$ であるとする）．この局所探索アルゴリズム（手続き）では，交換移動により解のコストを減少させることができるかどうかを検証して，減少させることができるときにはその交換を実行して解を更新することを繰り返す．どの交換移動でも現在の解のコストを減少することができなくなると，繰り返しは終了し，そのときの解は，**局所最適解** (locally optimal solution) と呼ばれる．

局所最適解 S に対して，以下の定理が成立することをまず証明する．

定理 8.7　単純版の k-メディアン問題の任意の入力に対して，どの交換移動でも解のコストを減らすことができない実行可能な任意の局所最適解 S は，コストが最適解のコストの高々 5 倍である．

証明： 固定した最適解 S^* と局所最適解 S ($k = |S^*| = |S|$) に対して，各 $i^* \in S^*$ と $\pi(i^*) \in S$ を交換する特別な交換移動（すなわち，S^* の i^* を解に入れて，代わりに S から 1 個の $i = \pi(i^*)$ を除去する交換移動）の k 個の集合 $\{(i^*, \pi(i^*)) : i^* \in S^*\}$ を考え，それを**重要交換移動集合**と呼ぶことにする．したがって，重要交換移動集合は関数 $\pi : S^* \to S$ として表現できる．関数 $\pi : S^* \to S$ の具体的な定義については後述する．これが証明の中心となる．現在の解 S は局所最適解であるので，どのような交換移動でも（したがって，これらの重要交換移動でも）目的関数の値は改善されないことがわかっている．

重要交換移動集合の関数 $\pi : S^* \to S$ の定義を与える前に，各利用者 $j \in N$ が局所最適解 S で割り当てられている施設 $\sigma(j)$ を表す関数 $\sigma : N \to S$ の定義域を S^* に限定して得られる関数を ϕ とする．すなわち，

$$\phi : S^* \to S \quad \text{かつ} \quad \text{各 } i^* \in S^* \text{ に対して } \phi(i^*) = \sigma(i^*) \tag{8.24}$$

である．関数 ϕ で各 $i \in S$ に写像されるすべての $i^* \in S^*$ の集合を $\phi^{-1}(i)$ と表記することにする．すなわち，

$$\phi^{-1}(i) = \{i^* \in S^* : \phi(i^*) = i\} \tag{8.25}$$

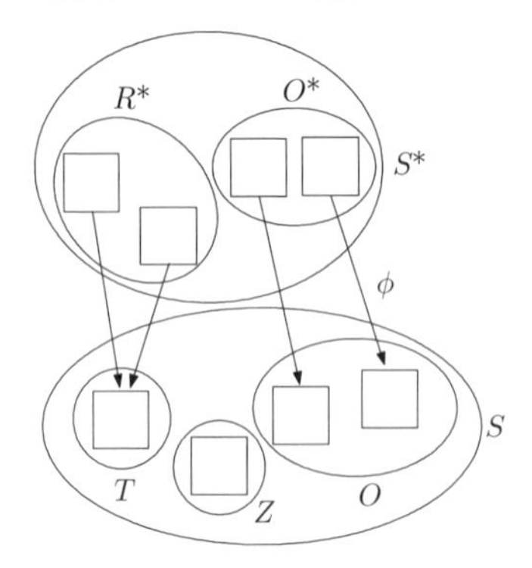

図 8.5　重要交換移動集合 $\pi: S^* \to S$ を構成するための基礎となる関数 $\phi: S^* \to S$.

である．すると，図 8.5 に示しているように，この関数 ϕ により，S の施設を以下のように O, Z, T の 3 種類に分類することができる．

$$O = \{i \in S : |\phi^{-1}(i)| = 1\}, \tag{8.26}$$

$$Z = \{i \in S : |\phi^{-1}(i)| = 0\}, \tag{8.27}$$

$$T = \{i \in S : |\phi^{-1}(i)| \geq 2\}. \tag{8.28}$$

すなわち，$O \subseteq S$ は，S^* の正確に 1 個の施設が写像されるような S の施設の集合であり，$Z \subseteq S$ は，S^* の施設が 1 個も写像されないような S の施設の集合であり，$T \subseteq S$ は，$\phi(i^*) = i$ となる施設 $i^* \in S^*$ が 2 個以上存在するような施設 $i \in S$ からなる．さらに，

$$O^* = \{i^* \in S^* : \phi(i^*) \in O\}, \quad R^* = S^* - O^*, \quad \ell = |R^*| \tag{8.29}$$

とする．すなわち，関数 ϕ により，O の施設に写像される S^* の施設の集合が O^* であり，T の施設に写像される S^* の施設の集合が R^* であり，ℓ は R^* の施設数 $|R^*|$ である．

これで重要交換移動集合の関数 $\pi : S^* \to S$ の定義を与えることができるようになった．

（O と O^* の定義より）集合 $O^* \subseteq S^*$ と集合 $O \subseteq S$ との間で ϕ による一対一対応が存在するので，この一対一対応に基づいて，任意の $i^* \in O^*$ に対して $\pi(i^*) = \phi(i^*)$ と定義できる．重要交換移動集合

$$\{(i^*, \pi(i^*)) : i^* \in S^*\}$$

の定義において，

$$\pi(i^*) = \phi(i^*) \quad (i^* \in O^*) \tag{8.30}$$

であることが，重要な役割を果たすことになる．

さらに，$R^* = S^* - O^*$ の施設 i^* に対する $\pi(i^*)$ の定義を述べる．$|S^*| = |S| = k$ かつ $|O^*| = |O|$ であるので，

$$\ell = |R^*| = |S^* - O^*| = |Z \cup T| = |Z| + |T|$$

が成立する．ϕ で T の各施設に写像される $R^* = S^* - O^*$ の施設は 2 個以上あるので，

$$|T| \leq \left\lfloor \frac{\ell}{2} \right\rfloor$$

となる．したがって，$\ell' = |Z|$ とすると，

$$|Z| = \ell' = \ell - |T| \geq \left\lceil \frac{\ell}{2} \right\rceil$$

である．これに基づいて，$R^* = S^* - O^*$ の施設 i^* に対する $\pi(i^*)$ を，以下のように定義する．R^* の施設を任意に並べて $R^* = \{r_1^*, r_2^*, \ldots, r_\ell^*\}$ とし，$Z = S - O - T$ の施設を任意に並べて $Z = \{z_1, z_2, \ldots, z_{\ell'}\}$ とする．そして，各 $h = 1, 2, \ldots, \lfloor \frac{\ell}{2} \rfloor$ に対して

$$\pi(r_{2h-1}^*) = \pi(r_{2h}^*) = z_h$$

とし，さらに，ℓ が奇数で $\ell = 2a + 1$ のときには，$\pi(r_\ell^*) = z_{a+1}$ とする．

このように，重要交換移動集合の関数 $\pi : S^* \to S$ を定義すると，重要交換移動集合

$$\{(i^*, \pi(i^*)) : i^* \in S^*\}$$

は以下の条件を満たす．すなわち，重要交換移動集合 $\{(i^*, \pi(i^*)) : i^* \in S^*\}$ において，各 $i^* \in S^*$ は正確に一度だけ現れ，各 $i \in O \subseteq S$ も正確に一度だけ現れ，各 $i \in Z \subseteq S$ は高々 2 回現れ，各 $i \in T \subseteq S$ は一度も現れない．この条件を，本節では**重要交換移動条件**と呼ぶことにする．

実際には，重要交換移動集合 $\{(i^*, \pi(i^*)) : i^* \in S^*\}$ が上記の重要交換移動条件を満たすならば，重要交換移動集合の関数 π における R^* と Z との間の交換移動はどんなものであっても構わない．また $\pi(i^*) = i^* \in S^* \cap S$ の可能性も排除しないことにする．このときは，実際には交換移動は縮退して解 S は不変であるが，以下で議論する解析においては，対応する割当てが変化することもあり，それでも現在の解の目的関数の値が減少しないということで，含めることができるからである．

以下の議論では，このような重要交換移動条件を満たす重要交換移動集合の関数 $\pi : S^* \to S$ が与えられているとする．

ここで，$i^* \in S^*$ と $i = \pi(i^*) \in S$ との間の重要交換移動 (i^*, i) を考える．すなわち，$i \in S$ の施設を閉鎖して，i^* の施設を代わりに解に入れることにより生じるコストの変化を解析する．S' をこの移動後に得られる解とする．すなわち，

$$S' = S - \{i\} \cup \{i^*\}$$

である．解析のために，N の各利用者に対する S' の開設施設の割当て σ'' を以下のように定める．すなわち，$\sigma'': N \to S'$ は

$$\sigma''(j) = \begin{cases} i^* & (j \in N,\ \sigma^*(j) = i^*) \\ \phi(\sigma^*(j)) & (j \in N,\ \sigma(j) = i,\ \sigma^*(j) \neq i^*) \\ \sigma(j) & (\text{それら以外の } j \in N) \end{cases} \tag{8.31}$$

である．これが矛盾のない定義であることは後述する．さらに，各利用者 $j \in N$ の最も近い S' の施設への割当て $\sigma'(j)$ とこの割当て $\sigma''(j)$ は一般に異なるが，

$$c_{\sigma'(j)j} \leq c_{\sigma''(j)j} \tag{8.32}$$

は常に成立する．

以下では，式 (8.31) の $\sigma'': N \to S'$ の定義に矛盾がないことを説明する．

まず，$\sigma^*(j) = i^*$ となる各利用者 j に対しては，i^* が S' にあるので，j を i^* に割り当て $\sigma''(j) = \sigma^*(j) = i^*$ とすることができる．

次に，$\sigma^*(j) \neq i^*$ かつ $\sigma(j) = i = \pi(i^*)$ である各利用者 j に対しては，これまで j が割り当てられている施設 i は除去されてなくなるので，j を i 以外の施設に割り当てなければならないが，$\phi(\sigma^*(j))$ が S' に含まれることが言える（理由は後述する）ので，$\phi(\sigma^*(j))$ に割り当て $\sigma''(j) = \phi(\sigma^*(j))$ とすることができる．

上記以外の各利用者 j（すなわち，$\sigma^*(j) \neq i^*$ かつ $\sigma(j) \neq i = \pi(i^*)$ である利用者 j）に対しては，$\sigma(j)$ が S' にあるので，割当てはそのままで $\sigma''(j) = \sigma(j)$ とすることができる．

最後に，$\sigma^*(j) \neq i^*$ かつ $\sigma(j) = i = \pi(i^*)$ であるとき，$\phi(\sigma^*(j)) \neq i$ であること，すなわち，$\phi(\sigma^*(j))$ が S' に含まれることを証明する．

背理法で証明する．$\phi(\sigma^*(j)) = i$ であったと仮定する．すると，$\sigma^*(j) \in S^*$ であるので $i \in O$ であることが得られる．なぜなら，上記の重要交換移動の関数 π の定義より，重要交換移動 $(\pi(i^*), i^*)$ で S から除去される施設 $i = \pi(i^*) \in S$ は Z あるいは O に含まれるが，Z に ϕ で写像される S^* の施設は定義より存在しないからである．さらに，式 (8.26) の O の定義より，O の施設 $i\,(= \pi(i^*))$ に ϕ で写像される S^* の施設は唯一であり O^* に含まれるので，それは仮定の $\phi(\sigma^*(j)) = i$ から $\sigma^*(j) \in O^*$ であることが得られる．したがって，式 (8.30) より，

$$\pi(\sigma^*(j)) = \phi(\sigma^*(j)) = i = \pi(i^*) \in O$$

である．さらに，上記の重要交換移動の関数 π の定義より，O の施設 $i\,(= \pi(i^*))$ に ϕ で写像される $O^* \subset S^*$ の施設は唯一であるので，$\sigma^*(j) = i^*$ が得られる．しかし，これは，$\sigma^*(j) \neq i^*$ であったことに反する．

したがって，新しい施設集合 S' と N の各利用者の S' の施設への割当て $\sigma'': N \to S'$ が正しく構成できたことになる．前にも述べたように，この割当て σ'' では，S' の最も近い施設に割り当てられていない利用者 j も存在しうる．しかしながら，現在の解 S から交換移動で解を改善することはできないので，この S' での準最適な上記の利

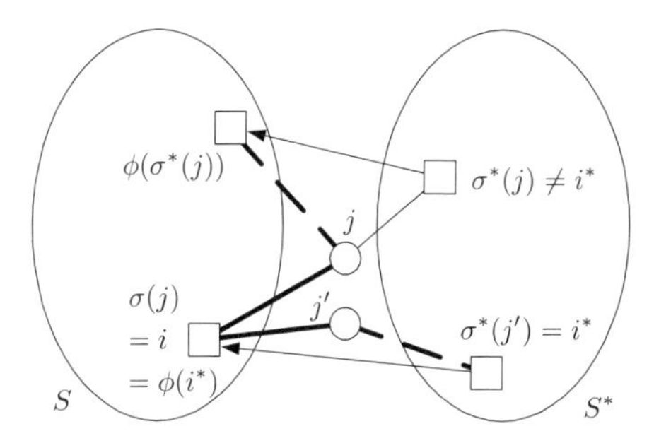

図 8.6 利用者の σ による割当て（太線の実線）と σ'' による割当て（太線の破線）.

用者の割当て σ'' でも総コストは，式 (8.32) により S の総コスト以上になる．したがって，S' と上記の利用者の割当て σ'' における総コストは，S と関数 σ で与えられる利用者の割当ての総コスト以上になる．

この交換移動による総コストは具体的にはどのように変化するのであろうか？ $\sigma^*(j) = i^*$ となる利用者 j と $\sigma^*(j) \neq i^*$ かつ $\sigma(j) = i = \pi(i^*)$ となる利用者 j のみに注目して（それ以外の利用者は割当てが変わらないので），総コストの増加分は，

$$\sum_{j:\sigma^*(j)=i^*} (c_{\sigma^*(j)j} - c_{\sigma(j)j}) + \sum_{j:\sigma^*(j)\neq i^* \text{ かつ } \sigma(j)=i=\pi(i^*)} (c_{\phi(\sigma^*(j))j} - c_{\sigma(j)j})$$

と書ける．最初の和の部分が $\sigma^*(j) = i^*$ である各利用者 j を i^* に割り当てる（すなわち，$\sigma''(j) = \sigma^*(j) = i^*$ とする）ときのコストの総増加分であり，2 番目の和の部分が $\sigma^*(j) \neq i^*$ かつ $\sigma(j) = i = \pi(i^*)$ である各利用者 j を $\phi(\sigma^*(j))$ に割り当てる（すなわち，$\sigma''(j) = \phi(\sigma^*(j))$ とする）ときのコストの総増加分である．

図 8.6 を参照しながら 2 番目の和の項の単純化を行う．それは本質的には，補題 7.9 および補題 8.5 の証明における議論と同じである．三角不等式から，

$$c_{\phi(\sigma^*(j))j} \leq c_{\phi(\sigma^*(j))\sigma^*(j)} + c_{\sigma^*(j)j}$$

が得られる．現在の解 S において，$\sigma^*(j) \in N$ は，$i = \sigma(j)$ ではなく，最も近い $\phi(\sigma^*(j)) = \sigma(\sigma^*(j))$ に割り当てられているので，

$$c_{\phi(\sigma^*(j))\sigma^*(j)} \leq c_{\sigma(j)\sigma^*(j)}$$

が成立することがわかる．再度三角不等式を用いて，$c_{\sigma(j)\sigma^*(j)} \leq c_{\sigma^*(j)j} + c_{\sigma(j)j}$ が得られるので，これらをすべて組み合わせて，

$$c_{\phi(\sigma^*(j))j} \leq 2c_{\sigma^*(j)j} + c_{\sigma(j)j}$$

が得られる．すなわち，

$$c_{\phi(\sigma^*(j))j} - c_{\sigma(j)j} \leq 2c_{\sigma^*(j)j}$$

が得られる．

以上により，i^* と $i=\pi(i^*)$ の重要交換移動に対してコストの増加分の簡潔な上界が得られたが，もちろん，それはゼロ以上であることがわかっている．したがって，

$$0 \le \sum_{j:\sigma^*(j)=i^*} (c_{\sigma^*(j)j} - c_{\sigma(j)j}) + \sum_{j:\sigma^*(j)\neq i^* \text{ かつ } \sigma(j)=i=\pi(i^*)} 2c_{\sigma^*(j)j} \tag{8.33}$$

が成立することが得られた．

ここで，すべての k 個の重要交換移動 $(i=\pi(i^*), i^*)$ で得られる不等式 (8.33) を加える．最初の和における二つの項のそれぞれの寄与を考える．各 $i^* \in S^*$ は正確に 1 個の重要交換移動 $\pi : S^* \to S$ に含まれることを思いだそう．したがって，

$$\sum_{i^*\in S^*} \sum_{j:\sigma^*(j)=i^*} (c_{\sigma^*(j)j} - c_{\sigma(j)j})$$

における二つの項のそれぞれの寄与を考えることになる．1 番目の項に対しては，$\sigma^*(j)=i^*$ となるすべての利用者 j で $c_{\sigma^*(j)j}$ の和をとり，さらに，この和に対して，S^* のすべての i^* で和をとっている．各利用者 j が固定された最適解 S^* で割り当てられている施設は唯一で $\sigma^*(j) \in S^*$ であるので，これらの二重和は，結果として $\sum_{j\in N} c_{\sigma^*(j)j} = C^*$ となる．2 番目の項に対しても同様のことが言える．すなわち，すべて利用者 j での和となり，これらの二重和は，結果として $-\sum_{j\in N} c_{\sigma(j)j} = -C$ となる．したがって，

$$\sum_{i^*\in S^*} \sum_{j:\sigma^*(j)=i^*} (c_{\sigma^*(j)j} - c_{\sigma(j)j}) = C^* - C$$

となる．

次に，不等式 (8.33) の 2 番目の和について考える．したがって，

$$\sum_{i^*\in S^*} \sum_{j:\sigma^*(j)\neq i^* \text{ かつ } \sigma(j)=i=\pi(i^*)} 2c_{\sigma^*(j)j}$$

を考えることになる．この二重和の内部の和に対しては

$$\sum_{j:\sigma^*(j)\neq i^* \text{ かつ } \sigma(j)=i=\pi(i^*)} 2c_{\sigma^*(j)j} \le \sum_{j:\sigma(j)=i=\pi(i^*)} 2c_{\sigma^*(j)j}$$

が成立することがわかる．この値をすべての重要交換移動 $(i=\pi(i^*), i^*)$ で和をとるとどうなるであろうか？ 各施設 $i \in S$ は，0, 1, あるいは 2 個の重要交換移動に含まれる．そこで，各 $i \in S$ が重要交換移動に含まれる回数を $n_i \in \{0,1,2\}$ とする．したがって，これらの二重和に対して，

$$\sum_{i\in S} \sum_{j:\sigma(j)=i=\pi(i^*)} 2c_{\sigma^*(j)j} = \sum_{i\in S} \sum_{j:\sigma(j)=i} 2n_i c_{\sigma^*(j)j} \le 4 \sum_{i\in S} \sum_{j:\sigma(j)=i} c_{\sigma^*(j)j}$$

が成立する．上述の議論がここでも適用できる．各利用者 j は現在の解 S で唯一の施設 $\sigma(j) \in S$ に割り当てられているので，これらの二重和は，結果として，すべての $j \in N$ での和に等しくなる．すなわち，

$$\sum_{i \in S} \sum_{j:\sigma(j)=i} c_{\sigma^*(j)j} = C^*$$

となり，

$$\sum_{i \in S} \sum_{j:\sigma(j)=i=\pi(i^*)} 2c_{\sigma^*(j)j} \leq 4 \sum_{i \in S} \sum_{j:\sigma(j)=i} c_{\sigma^*(j)j} = 4C^*$$

が得られる．

したがって，不等式 (8.33) から $0 \leq 5C^* - C$ となり，$C \leq 5C^*$ が得られる． □

最後に，前章の施設配置問題に対する多項式時間アルゴリズムで用いたアイデアをここでも用いることができることを注意しておく．その証明での中心となる構成要素は，総コストが $1-\delta$ 倍以下に減るような更新移動のみを採用することにするというものであった．ここでも，そのようにすることにより，得られる局所最適解の解析では，特別な交換移動の更新移動のみを考えて，その中の各移動によりコストの増加分が非負であるという不等式が $-\delta C$ 以上となる不等式が得られる．このような交換移動を**大きい改善の交換移動**と呼ぶことにする．そして，任意に与えられる小さい正の値だけ近似保証を悪くするだけで，大きい改善の交換移動のもとで局所最適解に到達するまでの移動回数が多項式になるように，δ の値を定めることができ，以下の結果が得られている．

定理 8.8 (Arya-Garg-Khandekar-Meyerson-Munagala-Pandit (2004) [6]) 任意の定数 $\rho > 5$ に対して，大きい改善の交換移動を用いることで，k-メディアン問題に対する ρ-近似アルゴリズムを得ることができる．

8.5 まとめと文献ノート

本章では，クラスタリングの特別な版の k-センター問題と k-メディアン問題に対しても，集合カバー問題と施設配置問題に対して展開した近似アルゴリズムのデザインと解析の基本技法が適用できることを示した．なお，これらの記述においては，Williamson-Shmoys (2011) [83]（邦訳：浅野 (2015)）を参考

にした．さらに，Vazirani (2001) [79]（邦訳：浅野 (2002)）と Korte-Vygen (2007) [64]（邦訳：浅野・浅野・小野・平田 (2009)）にも，k-センター問題と k-メディアン問題に対する近似アルゴリズムが取り上げられている．

第9章

シュタイナー森問題

本章の目標

シュタイナー木問題を理解するとともにその拡張版であるシュタイナー森問題に対する近似アルゴリズムデザイン技法のいくつかを理解する．

キーワード

シュタイナー木問題，シュタイナー森問題，グリーディアルゴリズム，主双対アルゴリズム，局所探索

9.1 ウォーミングアップ問題

2次元平面上で n 箇所に電話局が開設され，すべての電話局間で（有線）通信できるように通信ケーブルを張るとする．このとき，通信ケーブルは高価であるので，張るケーブルの総長が最小になるようにしたい．なお，ケーブルの総長が短くなるならば任意の位置に開設できる中継局を経由してもよいものとする．

以下の図のように，(a) 正三角形の頂点，(b) 正三角形を二等分した（内角が90度，60度，30度の）三角形の頂点，(c) 120度の内角を持つ二等辺三角形の頂点，に電話局 A, B, C が開設されるとき，(a), (b), (c) のそれぞれで，張るケーブルの総長が最小になるような解を求めよ．

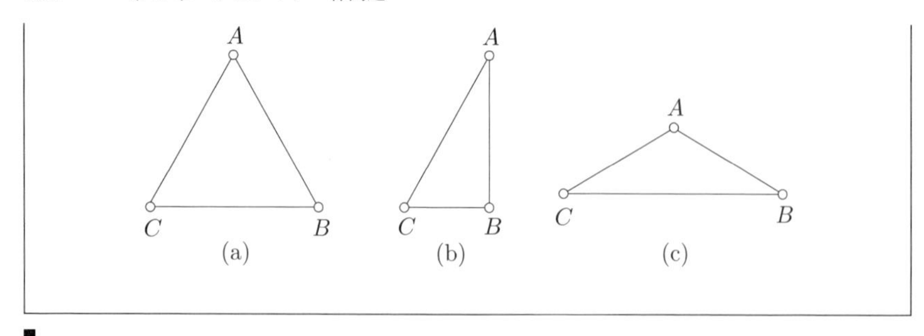

9.1.1　ウォーミングアップ問題の解説

(a) 正三角形の頂点に電話局 A, B, C が開設されるときには，たとえば，下図の (a1) のようにケーブルを張るとケーブルの総長は，この正三角形の 1 辺の長さを 1 とすると，2 となる．一方，下図の (a2) のように，正三角形の重心の位置にある中継局 X を経由してケーブルを張るとケーブルの総長は $\sqrt{3} = 1.732..$ となる．これが張るケーブルの総長が最小になる張り方であることについては後述する．

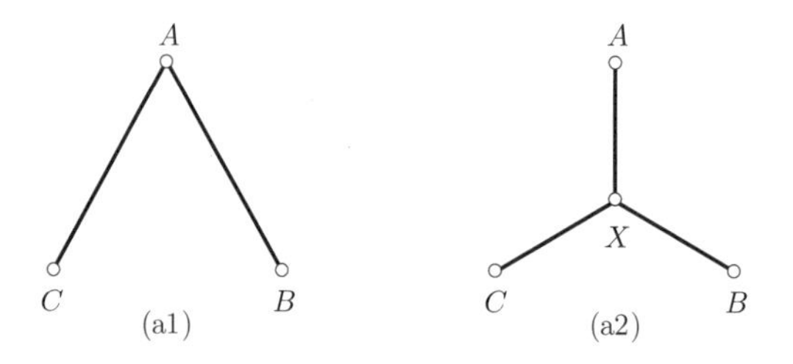

(b) 正三角形を二等分した（内角が 90 度，60 度，30 度の）三角形の頂点に電話局 A, B, C が開設されるときには，図 (b2) のように中継局 X を経由してケーブルを張るとケーブルの総長は最小になることも後述する．なお，辺 AB を 1 辺とする正三角形を図 (b1) のように描き，この正三角形の A, B 以外の残りの頂点を D として，正三角形 ABD に外接する円と線分 CD の交点を中継局 X の位置として求めている．

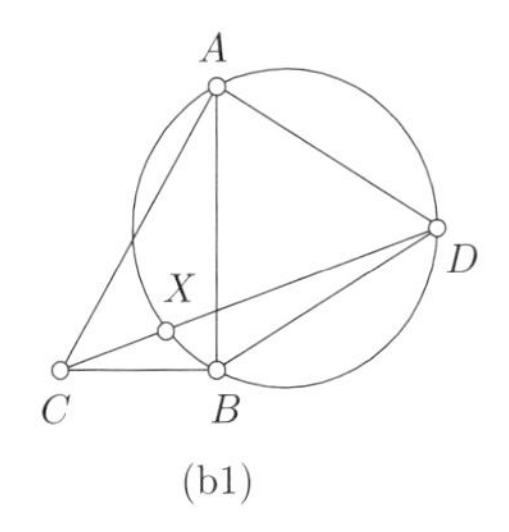

(b1)

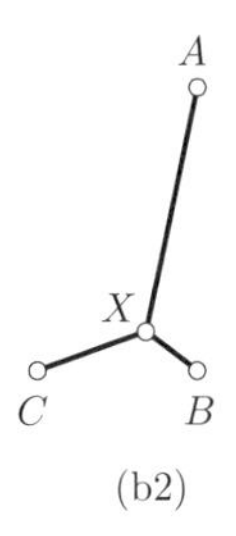

(b2)

(c) 120 度の内角を持つ二等辺三角形の頂点に電話局 A, B, C が開設されるときには，120 度の内角を持つ頂点を A とすると，図 (c1) のように，ケーブルを張るとケーブルの総長は最小になることも後述する．

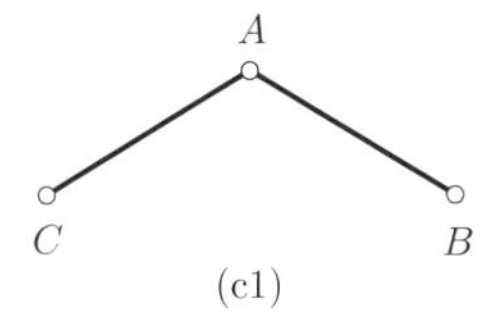

(c1)

ウォーミングアップ問題で取り上げた問題（n 箇所に電話局が開設され，すべての電話局間で（有線）通信できるように通信ケーブルを張るときに，必要ならば中継局を経由して，張るケーブルの総長が最小になるようにする問題）は**シュタイナー木問題**と呼ばれる．本章では，シュタイナー木問題とその拡張版であるシュタイナー森問題に対する近似アルゴリズムを与える．

9.2　シュタイナー木問題

シュタイナー木問題は，VLSI 設計における端子間の最短な相互配線問題から計算生物学における系統発生木の構成問題に至るまで，多岐にわたる応用分野を持つ問題である [20]．このように，近似アルゴリズムの研究の分野で中心的な役割を果たしているシュタイナー木問題は，Gauss が Schumacher に宛てた手紙の中で定義されたと思われていた [79]．しかし，最近の調査で，シュタイナー木問題は，1811 年に J.D. Gorgonne により提起され，コスト最小となるシュタイナー木におけるシュタイナー点の様々な性質が明らかにされていた

ことがわかった [21]．本書では，この問題とその一般化を広範に取り上げ研究する．

ウォーミングアップ問題でも取り上げたように，シュタイナー木問題では，電話局に対応する点は，**ターミナル点** (terminal) と呼ばれ，中継局に対応する点は**シュタイナー点** (steiner point) と呼ばれる．このとき，すべてのターミナル点を含む木は**シュタイナー木** (Steiner tree) と呼ばれる．シュタイナー木問題は，大きく分けて，シュタイナー点が明示的に与えられる**ネットワーク版**と（ウォーミングアップ問題でも取り上げたような）シュタイナー点が明示的には与えられない**幾何版**（**空間版**と呼ばれることも多い）がある．

まず，ネットワーク版の定義を与える．

問題 9.1　シュタイナー木問題 (Steiner tree problem)（ネットワーク版）

入力： 無向グラフ $G = (V, E)$ と各辺 $(i, j) \in E$ に対する非負のコスト $c_{ij} \geq 0$ およびターミナル点の集合 $R \subseteq V$（$V - R$ の点はすべてシュタイナー点）．

タスク： すべてのターミナル点を含む G の最小コストの木（すなわち，**最小シュタイナー木** (minimum Steiner tree)）を求める．

（ウォーミングアップ問題でも取り上げたような）シュタイナー点が明示的には与えられない幾何版の定義を次に与える．

問題 9.2　シュタイナー木問題（幾何版）

入力： d 次元ユークリッド空間 $\mathbf{R}^d$ における n 個の点からなるターミナル点の集合．

タスク： すべてのターミナル点を含む最小コストの木（すなわち，最小シュタイナー木）を求める．

なお，d 次元ユークリッド空間 $\mathbf{R}^d$ における 2 点 $u = (u_1, u_2, \ldots, u_d)$, $v = (v_1, v_2, \ldots, v_d) \in \mathbf{R}^d$ を結ぶ辺のコストは 2 点 u, v 間の距離 $d(u, v) = \sqrt{\sum_{i=1}^{d}(u_i - v_i)^2}$, すなわち，$L_2$-ノルムであるとする．したがって，ウォーミ

ングアップ問題は $d=2$ のユークリッド空間の例である．コストを L_1-ノルムや L_∞-ノルムあるいは L_p-ノルム（p は任意の正の数）で考えることもできる．さらには，コストが距離公理を満たすような任意のメトリック空間でのシュタイナー木問題も考えることができるが，本書では，幾何版のシュタイナー木問題としては，ユークリッド空間のシュタイナー木問題のみを取り上げる．

9.3 ユークリッド空間のシュタイナー木問題

本節ではユークリッド空間のシュタイナー木問題の基礎的な成果を述べる．とくに，ウォーミングアップ問題で取り上げた 2 次元平面上のシュタイナー木問題で知られている基礎的な成果を中心に述べる．したがって，以下のシュタイナー木問題について議論する．

> **問題 9.3　2 次元平面上のシュタイナー木問題**
>
> **入力：** 2 次元ユークリッド平面 $\mathbf{R}^2$ における n 個の点からなるターミナル点の集合．
>
> **タスク：** すべてのターミナル点を含む最小コストの木を求める．

2 次元ユークリッド平面 $\mathbf{R}^2$ における 2 点 $u=(u_1,u_2), v=(v_1,v_2)\in\mathbf{R}^2$ を結ぶ辺のコストは 2 点 u,v 間の距離 $d(u,v)=\sqrt{(u_1-v_1)^2+(u_2-v_2)^2}$，すなわち，$L_2$-ノルムであるとする．

最初に $n=3$ のケースを議論する．$n=3$ のときには，シュタイナー木問題は以下のように定義されるフェルマー-トリチェリ問題に一致する．

> **問題 9.4　2 次元平面上のフェルマー-トリチェリ問題** (Fermat-Torricelli problem)
>
> **入力：** 2 次元ユークリッド平面 $\mathbf{R}^2$ における n 個の点からなるターミナル点の集合．
>
> **タスク：** すべてのターミナル点と 1 点 X を結ぶ木（スターグラフ）のうちで最小コストの木となるような点 X を求める．

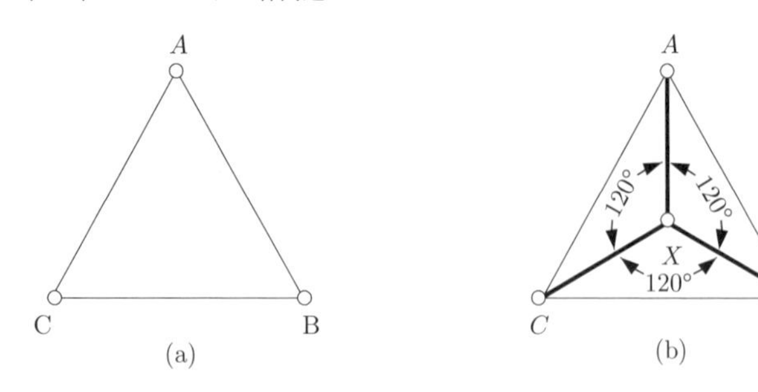

図 9.1　正三角形 ABC のフェルマー点 X.

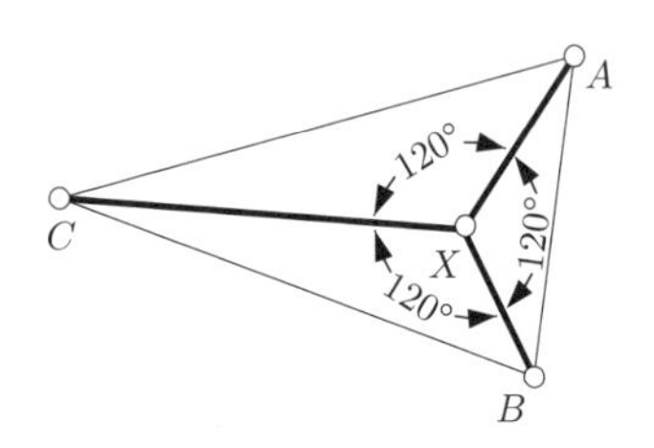

図 9.2　三角形 ABC のフェルマー点 X.

$n = 3$ のときのフェルマー-トリチェリ問題は，フェルマーが提起したと考えられていて，**フェルマー問題** (Fermat problem) とも呼ばれる．

ウォーミングアップ問題の例を振り返ってみよう．ウォーミングアップ問題の (a) の例のように，正三角形の頂点にターミナル点 A, B, C があるときには，正三角形の重心をシュタイナー点として，この点と各ターミナル点を結ぶ辺からなる集合が最小シュタイナー木になると述べた．このとき，シュタイナー点と二つのターミナル点とを結ぶ 2 辺でできる角は 120 度になる（図 9.1）．

一般に，三角形の内部の点 X でその点 X と三角形の 3 頂点とを結ぶ辺が X の回りを 3 個の 120 度に分割するとき，点 X はその三角形の**フェルマー点** (Fermat point) と呼ばれる（図 9.2）．なお，文献 [21] では，実際にフェルマー点を求める方法を示した E. Torricelli にちなんで，フェルマー点を**トリチェリ点** (Torricelli point) と呼んでいる．

120 度以上の内角を持つ三角形の内部にはフェルマー点が存在しないことは明らかである．一方，正三角形のときには重心がフェルマー点である．一般に，内角がすべて 120 度未満の三角形にはフェルマー点が唯一つ存在する．そして，フェルマー点をシュタイナー点 X として，点 X と各ターミナル点を結ぶ辺からなる集合が最小シュタイナー木であることが言える．

一方，ウォーミングアップ問題の (c) の例（下図の例）のように，120 度以上の内角を持つ三角形の頂点にターミナル点 A, B, C があるときには，120 度以上の内角を持つ頂点を A とすれば頂点 A と残りの 2 頂点 B, C とを結ぶ辺からなる集合が最小シュタイナー木になることも言える．

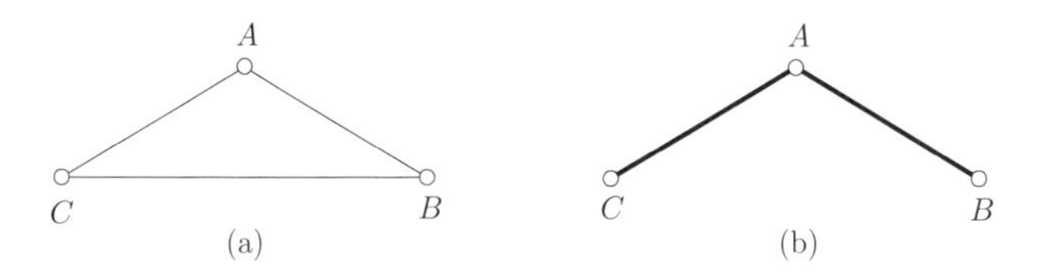

すなわち，以下の定理が知られている．

定理 9.1　2 次元平面上の 3 個のターミナル点 A, B, C に対する最小シュタイナー木に関しては以下が成立する．

(a) 3 点 A, B, C で形成される三角形 ABC が 120 度以上の内角を持つときには，120 度以上の内角を持つ頂点と残りの 2 点を結ぶ辺からなる集合が最小シュタイナー木である．

(b) 3 点 A, B, C で形成される三角形 ABC が 120 度以上の内角を持たないときには，フェルマー点をシュタイナー点 X として，点 X と各ターミナル点を結ぶ辺からなる集合が最小シュタイナー木である．

一般の $n \geq 4$ では，2 次元平面上のフェルマー-トリチェリ問題の最適解のコストが，2 次元平面上のシュタイナー木問題の最適解のコストより真に大きくなるような入力が簡単に作れる．

定理 9.1 を証明するために，以下の命題から示そう．$n = 3$ のフェルマー-トリチェリ問題（すなわち，フェルマー問題）に対しては，一般のシュタイナー木問題よりも以前から研究されていて，この命題は Torricelli により得られていた．

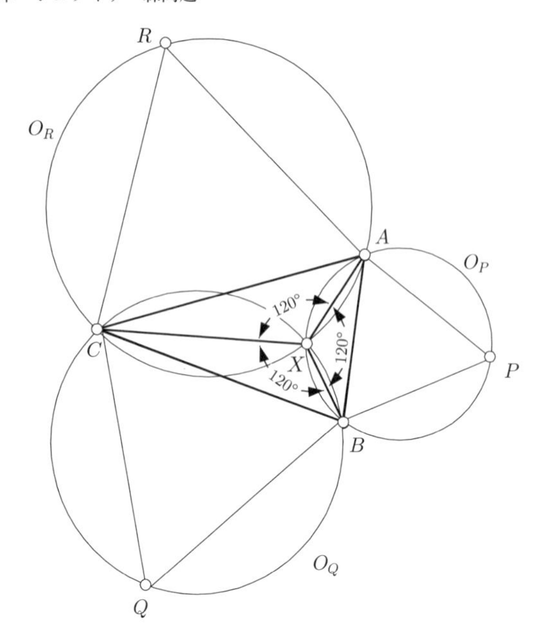

図 9.3　三角形 ABC のフェルマー点 X.

命題 9.2　内角がすべて 120 度未満の三角形 ABC にはフェルマー点 X が唯一つ存在する.

証明：三角形 ABC の各辺を 1 辺とする正三角形を 3 個三角形 ABC の外部に描き，それらの各正三角形に外接する 3 個の円の共通点（交点）を X とする（図 9.3）．以下では，そのような点 X が存在しフェルマー点になることを示す.

辺 AB を 1 辺とする正三角形を三角形 ABC の外部に描き，その正三角形の A, B 以外の頂点を P とする．そして正三角形 ABP に外接する円を円 O_P とし，三角形 ABC の内部にある円 O_P 上の任意の点を X $(\neq A, B)$ とする（図 9.4）．すると，四角形 $APBX$ は円 O_P に内接するので，対角の和は 180 度である．したがって，（正三角形 ABP より）頂点 P は内角 APB が 60 度であることから頂点 X の内角 AXB が 120 度であることが得られる.

一方，正三角形 ABC の内部の任意の点 X' に対して，X' が円 O_P 上になければ，内角 $AX'B$ が 120 度と異なることも得られる．そのような X' が存在したとすると，四角形 $APBX'$ に外接する円 O'_P が存在することになって，三角形 ABP が二つの異なる円 O_P, O'_P に同時に外接することになってしまうからである.

同様に，辺 BC を 1 辺とする正三角形を三角形 ABC の外部に描き，その正三角

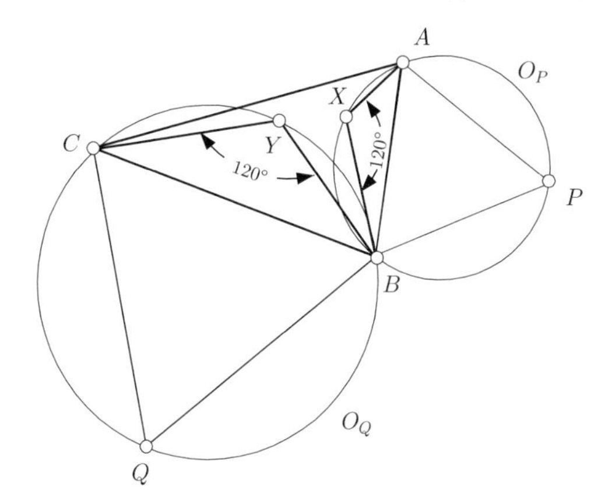

図 9.4　三角形 ABC のフェルマー点.

形の B, C 以外の頂点を Q とする．そして正三角形 BCQ に外接する円を円 O_Q とし，三角形 ABC の内部にある円 O_Q 上の任意の点を Y $(\neq B, C)$ とする（図 9.4）．すると，四角形 $BQCY$ は円 O_Q に内接するので，対角の和は 180 度である．したがって，（正三角形 BCQ より）頂点 Q の内角 BQC が 60 度であることから頂点 Y の内角 BYC が 120 度であることが得られる．

以上により，三角形 ABC の内部にある円 O_P と円 O_Q の交点 $X = Y$ において，点 X と三角形 ABC の 3 頂点とを結ぶ 3 本の線分 AX, BX, CX は X の周りを 3 個の 120 度に分割する．

一方，上述の点 X' に対する議論により，三角形 ABC の内部にある円 O_Q 上の点 Y $(\neq B, C)$ が円 O_P 上の点でないときには，内角 AYB は 120 度と異なるので，点 Y と三角形 ABC の 3 頂点とを結ぶ 3 本の線分 AY, BY, CY は Y の周りを 3 個の 120 度に分割することはない．すなわち，三角形 ABC の内部にある円 O_Q 上の点 Y $(\neq B, C)$ で Y の周りを 3 個の 120 度に分割する点は円 O_P と円 O_Q の交点のみである．

さらに，辺 CA を 1 辺とする正三角形を三角形 CA の外部に描き，その正三角形の C, A 以外の頂点を R とする．そして正三角形 CAR に外接する円を円 O_R とし，三角形 ABC の内部にある円 O_R 上の任意の点を Z $(\neq C, A)$ とする．すると，四角形 $CRAZ$ は円 O_R に内接するので，対角の和は 180 度である．したがって，（正三角形 CAR より）頂点 R の内角が 60 度であることから頂点 Z の内角が 120 度であることが得られる．

上で述べたように，円 O_P と円 O_Q の交点 $X = Y$ は三角形 ABC の内部にあり，点 X と三角形 ABC の 3 頂点とを結ぶ 3 本の線分 AX, BX, CX は X の周りを 3

個の120度に分割する唯一の点である．円 O_Q と円 O_R の交点 $Y=Z$ に対しても同様のことが言えて，三つの円 O_P, O_Q, O_R は1点 $X=Y=Z$ で交わることが言える．すなわち，三つの円 O_P, O_Q, O_R の交点 $X=Y=Z$ は唯一で，フェルマー点である． □

次に，内角がすべて120度未満の三角形 ABC では，フェルマー点 X をシュタイナー点 X として，点 X と各ターミナル点を結ぶ辺からなる集合が最小シュタイナー木であることを議論する．

内角がすべて120度未満の三角形 ABC のフェルマー点 X と頂点 A を結ぶ線分 XA に垂直で頂点 A を通る直線 L_A を引く．残りの2頂点 B, C に対しても同様のことを行う．すなわち，フェルマー点 X と頂点 B を結ぶ線分 XB に垂直で頂点 B を通る直線 L_B，およびフェルマー点 X と頂点 C を結ぶ線分 XC に垂直で頂点 C を通る直線 L_C を引く．直線 L_A, L_B の交点を C'，直線 L_B, L_C の交点を A'，直線 L_C, L_A の交点を B' とする．すると三角形 $A'B'C'$ は正三角形になる．なぜなら，四角形 $C'AXB$ の対角 $C'AX$ と $C'BX$ はともに90度であり，角 AXB が120度であるので，角 $AC'B$ は60度（$60=360-90-90-120$）となるからである．なお，四角形の内角の和が360度であることを用いたことに注意しよう．同様に，頂点 A' での内角と頂点 B' での内角もともに60度となり，三角形 $A'B'C'$ は正三角形になることが得られる（図9.5）．

正三角形 $A'B'C'$ の内部を3本の線分 $A'X, B'X, C'X$ を用いて3個の三角形に分割する．三角形 $B'C'X$ の底辺 $B'C'$ に対して線分 AX は高さ（h_A と表記）になる．同様に，三角形 $C'A'X$ の底辺 $C'A'$ に対して線分 BX は高さ（h_B と表記）になり，三角形 $A'B'X$ の底辺 $A'B'$ に対して線分 CX は高さ（h_C と表記）になる．正三角形 $A'B'C'$ の1辺の長さを ℓ とする．すると，正三角形 $A'B'C'$ の面積 S は，これらの三つの三角形の面積の和であるので，

$$S=\frac{1}{2}\cdot\ell\cdot(h_A+h_B+h_C) \tag{9.1}$$

と書ける．

ここで，三角形 ABC の内部の任意の点 P から正三角形 $A'B'C'$ の3辺 $B'C', C'A', A'B'$ へそれぞれ垂線を引き，垂線の足をそれぞれ A'', B'', C'' と

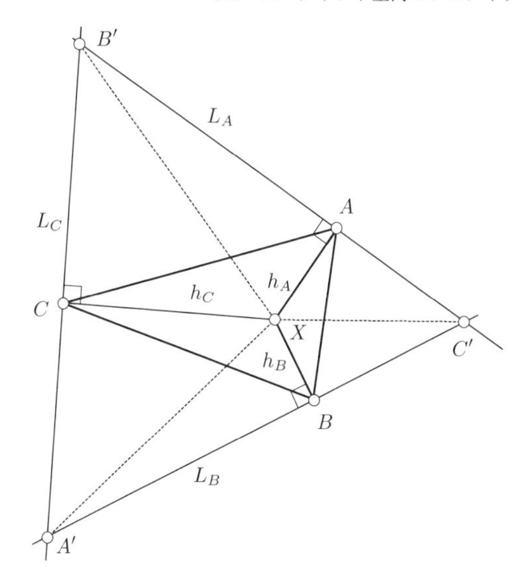

図 9.5 三角形 ABC から得られる正三角形 $A'B'C'$ の面積.

する（図 9.6）.

さらに，正三角形 $A'B'C'$ の内部を 3 本の線分 $A'P, B'P, C'P$ を用いて 3 個の三角形に分割する．三角形 $B'C'P$ の底辺 $B'C'$ に対して線分 $A''P$ は高さ（$h_{A''}$ と表記）になる．同様に，三角形 $C'A'P$ の底辺 $C'A'$ に対して線分 $B''P$ は高さ（$h_{B''}$ と表記）になり，三角形 $A'B'P$ の底辺 $A'B'$ に対して線分 $C''P$ は高さ（$h_{C''}$ と表記）になる．すると，正三角形 $A'B'C'$ の面積 S は，これらの三つの三角形の面積の和であるので，

$$S = \frac{1}{2} \cdot \ell \cdot (h_{A''} + h_{B''} + h_{C''})$$

と書ける．したがって，式 (9.1) より，

$$h_A + h_B + h_C = h_{A''} + h_{B''} + h_{C''} \tag{9.2}$$

が成立する．

一方，点 P と三角形 ABC の頂点とを結ぶ 3 本の線分 AP, BP, CP を考える（図 9.6）．線分 $A''P$ は辺 $B'C'$ に直交するのに対して，線分 AP は辺 $B'C'$ に直交しないこともあるので，線分 AP の長さは線分 $A''P$ の長さ $h_{A''}$ 以上

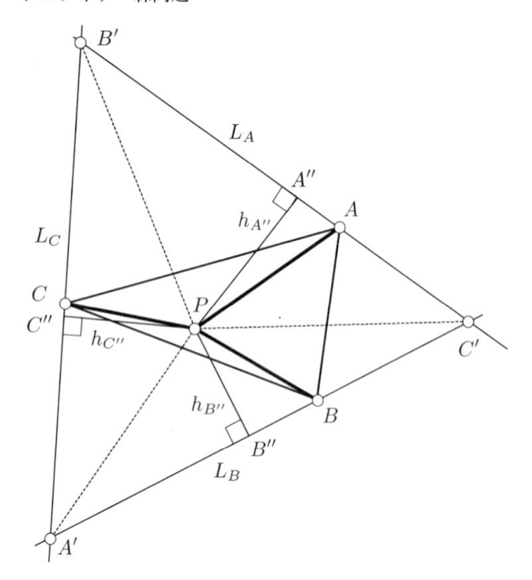

図 9.6　正三角形 $A'B'C'$ の面積.

である．同様に，線分 BP の長さは線分 $B''P$ の長さ $h_{B''}$ 以上であり，線分 CP の長さは線分 $C''P$ の長さ $h_{C''}$ 以上である．したがって，3 個の線分 AP, BP, CP の長さの和は 3 個の線分 $A''P, B''P, C''P$ の長さの和（すなわち，$h_{A''} + h_{B''} + h_{C''} = h_A + h_B + h_C$）以上になる．したがって，以下の命題が得られる．

命題 9.3　内角がすべて 120 度未満の三角形 ABC の内部の任意の点 P とフェルマー点 X に対して，点 P と三角形 ABC の 3 頂点とを結ぶ 3 本の線分 AP, BP, CP の長さの総和は，フェルマー点 X と三角形 ABC の 3 頂点とを結ぶ 3 本の線分 AX, BX, CX の長さの総和より短くなることはない．

さらに，内角がすべて 120 度未満の三角形 ABC では，三角形 ABC の外部の任意の点 P と三角形 ABC の頂点とを結ぶ 3 本の線分 AP, BP, CP の長さの総和も，フェルマー点 X と三角形 ABC の頂点とを結ぶ 3 本の線分 AX, BX, CX の長さの総和より短くなることはないことを，以下の命題を用いて議論する．

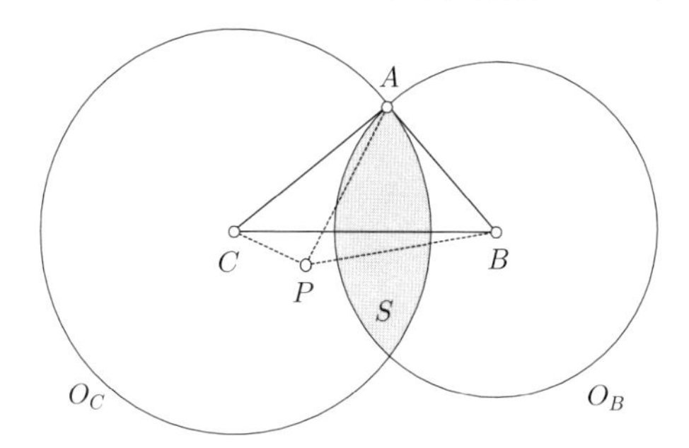

図 9.7 点 B を中心とする半径 $r_B = c$ の円 O_B の（境界を含む）内部と点 C を中心とする半径 $r_C = b$ の円 O_C の（境界を含む）内部との共通部分 S.

命題 9.4 三角形 ABC に対して，辺 BC, CA, AB の長さをそれぞれ a, b, c とし，$a \geq b, c$ とする．さらに，点 B を中心とする半径 $r_B = c$ の円 O_B の（境界を含む）内部と点 C を中心とする半径 $r_C = b$ の円 O_C の（境界を含む）内部との共通部分を S とする．

このとき，S に含まれない任意の点 P に対して，点 P と 3 点 A, B, C とを結ぶ線分 PA, PB, PC の長さの総和は，2 辺 AB, AC の長さの総和 $b + c$ 以上である（図 9.7）．

さらに，S の内部かつ三角形 ABC の内部に含まれる任意の点 Q と辺 BC に関して対称な位置にある S 内の点 R に対して以下が成立する．

点 Q と 3 点 A, B, C とを結ぶ線分 QA, QB, QC と点 R と 3 点 A, B, C とを結ぶ線分 RA, RB, RC に対して，QB と RB は同じ長さであり，QC と RC も同じ長さである．一方，QA は RA よりも短い（図 9.8）．

証明： 点 P と 3 点 A, B, C とを結ぶ線分 PA, PB, PC の長さをそれぞれ a_P, b_P, c_p とする．さらに，対称性から，点 P は円 O_B の外部にあると仮定できる．すると，PB の長さ b_P は $c = r_B$ 以上である．さらに，三角形 ACP において辺 PA と辺 PC の長さの和 $a_P + c_P$ は辺 AC の長さ b 以上であるので，$a_P + b_P + c_P \geq b + c$ が成立する．

さらに，Q と R に関しては，QB と RB は同じ長さであり，QC と RC も同じ長さであり，QA は RA よりも短いことは，図 9.8 より明らかである． □

命題 9.4 より，以下の命題が得られた．

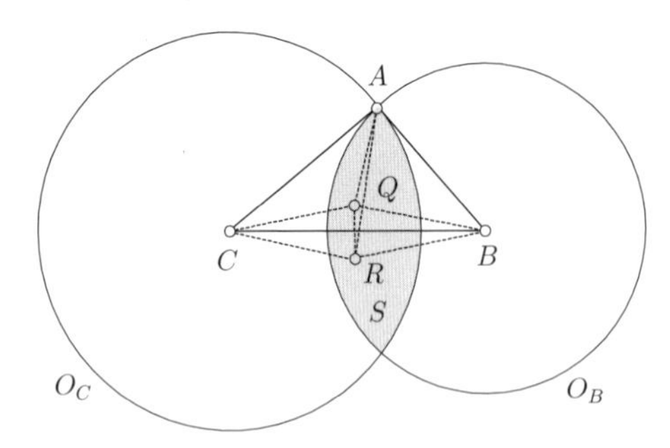

図 9.8　QB と RB は同じ長さであり，QC と RC も同じ長さであり，QA は RA よりも短い．

命題 9.5　内角がすべて 120 度未満の三角形 ABC では，三角形 ABC の外部の任意の点 P と三角形 ABC の頂点とを結ぶ 3 本の線分 AP, BP, CP の長さの総和も，フェルマー点 X と三角形 ABC の 3 頂点とを結ぶ 3 本の線分 AX, BX, CX の長さの総和より短くなることはない．

したがって，命題 9.3 および命題 9.5 より，以下の命題が得られた．

命題 9.6　内角がすべて 120 度未満の三角形 ABC では，フェルマー点 X をシュタイナー点 X として，点 X と各ターミナル点を結ぶ辺からなる集合が最小シュタイナー木である

最後に，3 個のターミナル点 A, B, C からなる三角形 ABC の頂点 A が 120 度以上の内角を持つときを議論する．

命題 9.7　3 個のターミナル点 A, B, C からなる三角形 ABC の頂点 A が 120 度以上の内角を持つとする（したがって，辺 BC, CA, AB の長さをそれぞれ a, b, c とすると，$a \geq b, c$ である）．さらに，P を任意の点とする．このとき，点 P と 3 点 A, B, C とを結ぶ線分 PA, PB, PC の長さの総和は，2 辺 AB, AC の長さの総和以上である．

証明：命題 9.4 での S を用いる．命題 9.4 により，P が S の外部にあるときには，点 P と 3 点 A, B, C とを結ぶ線分 PA, PB, PC の長さの総和は，2 辺 AB, AC の長さの総和以上である．

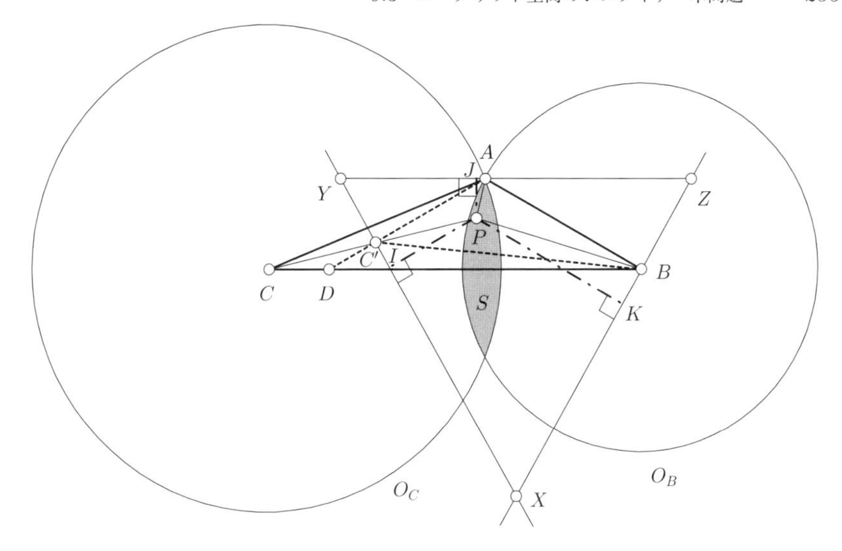

図 9.9 三角形 ABC の頂角 A が 120 度以上のとき.

そこで以下では, P は S の内部に含まれるとする. さらに, P は三角形 ABC の内部にあると仮定できる. なぜなら, P が三角形 ABC の外部にあるときには, $R=P$ と置いて辺 BC に関して対称な位置にある S 内の点を Q とすると, 以下が言えるからである. Q は (S の内部に含まれると同時に) 三角形 ABC の内部にあることになり, さらに, 命題 9.4 により, 点 Q と 3 点 A,B,C とを結ぶ線分 QA,QB,QC の長さの総和は, 点 R と 3 点 A,B,C とを結ぶ線分 RA,RB,RC の総和より小さくなるので, 点 Q と 3 点 A,B,C とを結ぶ線分 QA,QB,QC の長さの総和が, 2 辺 AB,AC の長さの総和以上であることを示せば十分であるからである. したがって, 以下では, $P \neq A$ は S の内部に含まれると同時に, 三角形 ABC の内部にあるとする.

前にも述べたように, 三角形 ABC の 3 辺 AB,AC,BC の長さがそれぞれ c,b,a であり, 頂点 A の内角が 120 度以上であるので $a>b,c$ が成立する. 点 D を辺 BC 上の点で内角 BAD が 120 度になるようにとる. すると, 線分 AD と円 O_B との共通部分は点 A のみであるので, D は円 O_B の外部に存在する. さらに, 線分 PC と線分 AD の交点を C' とする. 点 X を内角 ABX と内角 $AC'X$ がともに 90 度になるような点とする. すると, 四角形 $AC'XB$ の内角の総和は 360 度であり, 内角 BAC' が 120 度であるので, 内角 $C'XB$ は 60 度である. さらに, 点 Y を線分 XC' の延長上に, 点 Z を線分 XB の延長上に, 線分 YZ が頂点 A を通り, 三角形 XYZ が正三角形になるようにとる. この正三角形 XYZ の 1 辺の長さを ℓ をする (図 9.9).

命題 9.4 でも行なったように，点 P と 3 点 A, B, C とを結ぶ線分 PA, PB, PC の長さをそれぞれ，a_P, b_P, c_P とする．さらに，線分 PC' の長さを c'_P とする．線分 AC', CC' の長さを b', c''_P とする．点 P から正三角形 XYZ の辺 XY, YZ, ZX に下ろした垂線の足をそれぞれ，I, J, K とし，線分 PI, PJ, PK の長さをそれぞれ，h_I, h_J, h_K とする．すると，$\ell(b'+c)$ と $\ell(h_I+h_J+h_K)$ はともに正三角形 XYZ の面積の 2 倍になるので，

$$b' + c = h_I + h_J + h_K$$

が得られる．さらに，線分 PA, PB, PC はそれぞれ辺 YZ, ZX, XY に垂直でないこともあるので，

$$a_P \geq h_J, \quad c'_P \geq h_I, \quad b_P \geq h_K$$

であり，

$$a_P + b_P + c'_P \geq b' + c = h_I + h_J + h_K$$

が成立する．実際には，等号なしで

$$a_P + b_P + c'_P > b' + c = h_I + h_J + h_K$$

が成立することもさらなる議論で得られる．また，三角形 ACC' の 2 辺 AC', CC' の長さ b', c''_P の和 $b' + c''_P$ は AC の長さ b 以上であるので，$c_P = c'_P + c''_P$ から

$$a_P + b_P + c_P = a_P + b_P + c'_P + c''_P > b' + c + c''_P \geq b + c$$

が得られる．□

以上の議論（命題 9.6 と命題 9.7）より，$n = 3$ において定理 9.1（すなわち，以下の命題）が成立することが得られた．

命題 9.8　2 次元平面上の 3 個のターミナル点 A, B, C に対する最小シュタイナー木に関しては以下が成立する．

(a) 3 点 A, B, C で形成される三角形 ABC が 120 度以上の内角を持つときには，120 度以上の内角を持つ頂点と残りの 2 点を結ぶ辺からなる集合が最小シュタイナー木である．

(b) 3 点 A, B, C で形成される三角形 ABC が 120 度以上の内角を持たないときには，フェルマー点をシュタイナー点 X として，点 X と各ターミナル点を結ぶ辺からなる集合が最小シュタイナー木である．

2 次元平面上の 3 個のターミナル点 A, B, C で形成される三角形 ABC が 120 度以上の内角を持たないとき，シュタイナー点（すなわち，フェルマー点）X

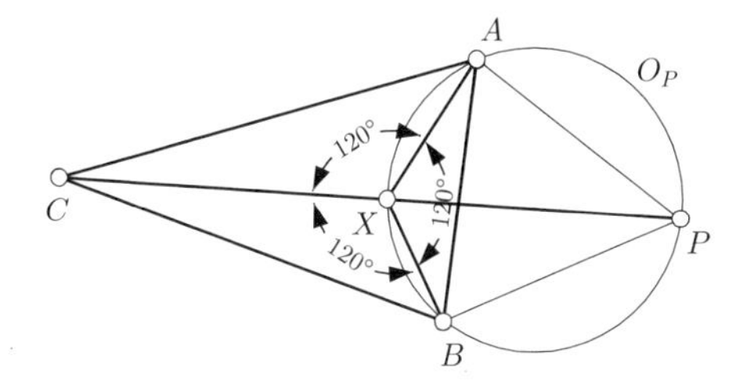

図 9.10 フェルマー点 X の求め方.

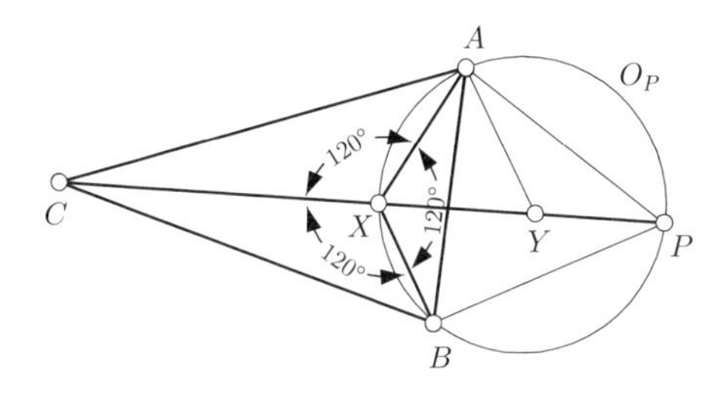

図 9.11 線分 AX, BX, CX の長さの総和は線分 CP の長さに等しい.

を求める別の方法と，最小シュタイナー木の長さを幾何学的に与える方法を議論する.

ウォーミングアップ問題 (b) でも取り上げたように，3 個のターミナル点 A, B, C で形成される三角形 ABC が 120 度以上の内角を持たないときには，辺 AB を 1 辺とする正三角形を三角形 ABC の外側に描き，この正三角形の A, B 以外の残りの頂点を P として，正三角形 ABP に外接する円 O_P と線分 CP の交点をフェルマー点 X として求めることができる（図 9.10).

実際，円弧 AP の円周角 AXP と円周角 ABP は等しく，円周角 ABP は ABP が正三角形であるので 60 度である．したがって，角 AXC は 120 度である．同様に，円弧 BP の円周角 BXP と円周角 BAP は等しく，円周角 BAP は ABP が正三角形であるので 60 度である．したがって，角 BXC も 120 度である．もちろん，角 AXB も 120 度である．したがって，X はフェルマー点である．さらに，最小シュタイナー木のコスト（辺の長さの総和，すなわち線分 AX, BX, CX の長さの総和）は，線分 CP の長さに等しいことも言える.

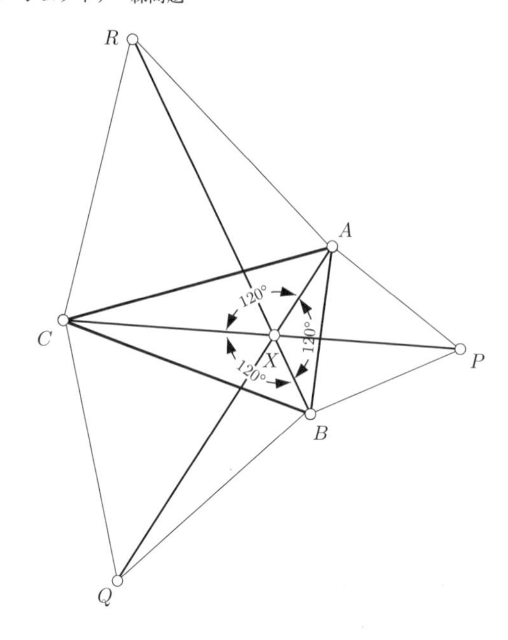

図 9.12　フェルマー点 X の別の求め方.

実際，図 9.11 のように，三角形 AXY が正三角形になるように線分 CP 上に点 Y を求めることができ，三角形 AXB と三角形 AYP が合同であることが得られるからである.

フェルマー点は外接円を描かなくても求めることができる．辺 AB を 1 辺とする正三角形を三角形 ABC の外側に描き，この正三角形の A, B 以外の残りの頂点を P とする．同様に，辺 BC を 1 辺とする正三角形を三角形 ABC の外側に描き，この正三角形の B, C 以外の残りの頂点を Q とし，辺 CA を 1 辺とする正三角形を三角形 ABC の外側に描き，この正三角形の C, A 以外の残りの頂点を R とする．すると，3 本の線分 CP, AQ, BR は 1 点で交差する．その交点がフェルマー点 X となる（図 9.12）．フェルマー点 X が線分 CP 上にあることは上記で述べたとおりである．対称性より，同様に，フェルマー点 X は，線分 AQ 上にあること，および線分 BR 上にあることも言えるからである．さらに，3 本の線分 CP, AQ, BR の長さはすべて等しいことも得られる.

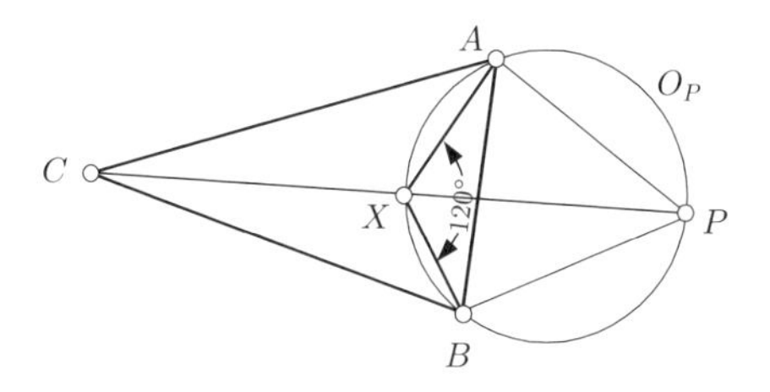

図 9.13　三角形 ABC における 2 点 A, B の代替点 P とフェルマー点 X.

以上の議論より，2 次元平面上の 3 個のターミナル点 A, B, C で形成される三角形 ABC が 120 度以上の内角を持たないときには，三角形 ABC の辺を任意に 1 本選んで，その辺（以下，その辺を AB とする）を 1 辺とする正三角形を三角形 ABC の外側に描き，この正三角形の A, B 以外の残りの頂点を P とすることで，2 点 C, P をターミナル点集合とする最小シュタイナー木問題に帰着できる（この場合の最小シュタイナー木は 2 点 C, P を結ぶ辺 (C, P) からなる）．このように，2 個のターミナル点 A, B を 1 個のターミナル点 P に置き換えて，ターミナル点の個数が 1 個少ない最小シュタイナー木問題にできるので，P は A, B の**代替点** (replacement point) とも呼ばれている（図 9.13）．

一般に，2 点 A, B を代替点（たとえば，P）で置き換えたときには，ターミナル点の個数が 1 個少ない最小シュタイナー木（たとえば，辺 (C, P) からなる）から，もとの問題の最小シュタイナー木（たとえば，辺 (A, X), (B, X), (C, X) からなる）に戻すときに生じるシュタイナー点（たとえば，X）を計算しておくことも必要である．これは，一般の $n \geq 3$ の最小シュタイナー木を求めるアルゴリズムの基礎をなしている．一般に，アルゴリズムで三角形の 2 点 A, B を代替点で置き換えるときには，三角形の残りの頂点 C を確定せずに（C が未知であるとして）行うので，二通りの代替点の候補 P, P' を考える（図 9.14）．

9.3.1　4 点以上のターミナル点からなる最小シュタイナー木

図 9.15 は，$n = 4$ 点のターミナル点 A, B, C, D に対して，A, B の代替点の候補 P, P' および 2 点 C, D の代替点の候補 Q, Q' による 4 通りの組合せ，すなわち，

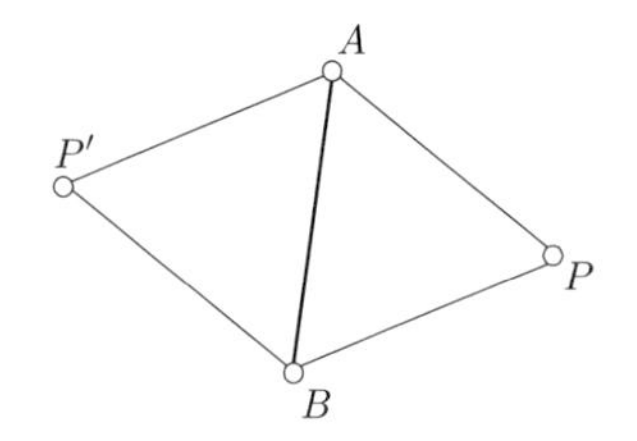

図 9.14　2 点 A, B の代替点の候補 P, P'.

(i) P, Q' を代替点とするシュタイナー木,

(ii) P, Q を代替点とするシュタイナー木,

(iii) P', Q' を代替点とするシュタイナー木,

(iv) P', Q を代替点とするシュタイナー木,

を構成しようとしている図である. (i), (iii), (iv) ではシュタイナー点に接続する 3 本の辺がシュタイナー点の回りを 3 個の 120 度に分割しないことが得られ, 最小シュタイナー木の性質を満たさない. したがって, 最小シュタイナー木の候補から除去できる. 一方, (ii) では, Y は C, D, P (X は A, B, Y) の 3 点をターミナル点としたときのシュタイナー点であり, シュタイナー点の 2 点 X, Y のそれぞれに接続する 3 本の辺がシュタイナー点の周りを 3 個の 120 度に分割しているので, 最小シュタイナー木の性質を満たし, 最小シュタイナー木の候補となる.

このように, 最小シュタイナー木につながらないような代替点の候補をうまく考慮対象から除去することが必要である. なお, A, B の代替点の候補 P, P' および 2 点 C, D の代替点の候補 Q, Q' による 4 通りの組合せ以外にも, B, C の代替点の候補 R, R' および 2 点 A, D の代替点の候補 S, S' による 4 通りの組合せや, B, C の代替点の候補 R, R' を用いて 2 点 R, A の代替点の候補 T, T' による 2 通りの組合せと 2 点 R', A の代替点の候補 U, U' による 2 通りの組合せなども考えられる. そのような代替点の候補をうまく組み合わせて, シュタイナー木を求め, その中で最小のものを選ぶというアルゴリズムが考えられる. 一般の $n \geq 3$ における最小シュタイナー木を求めるそのようなアルゴリズムでは, 最小シュタイナー木のシュタイナー点に関する以下の性質も用いている.

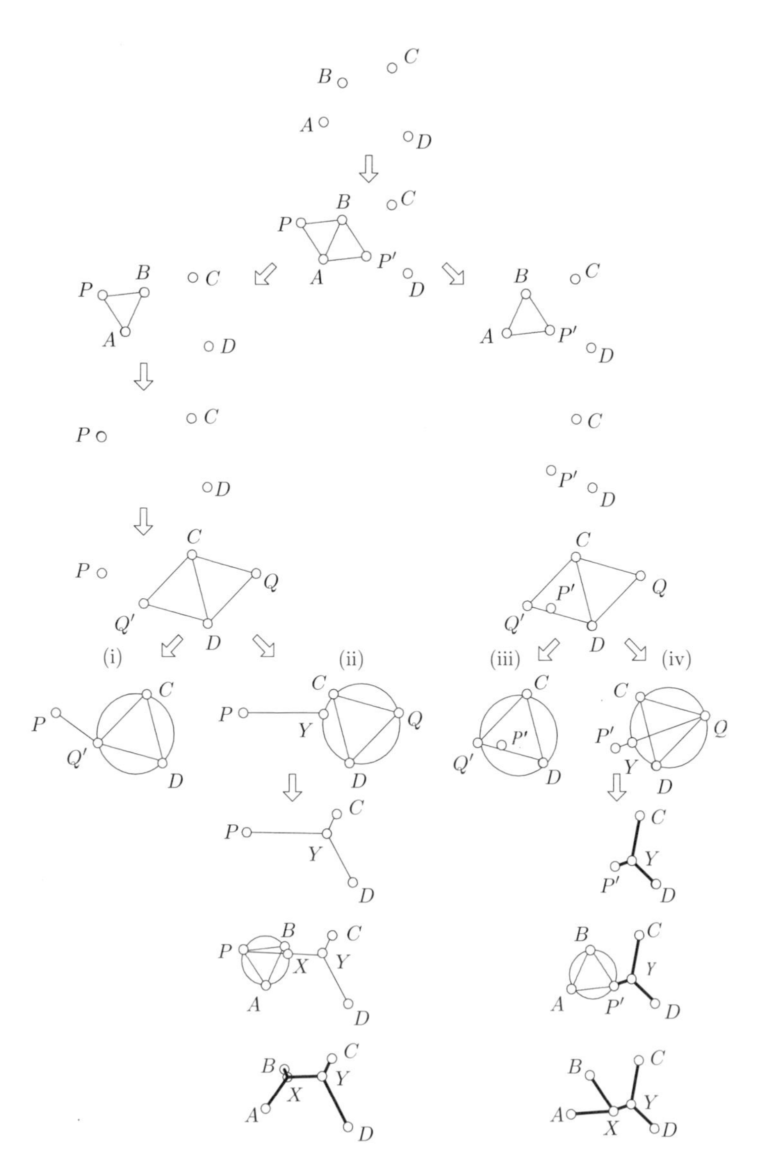

図 9.15　2 点 A, B の代替点の候補 P, P' および 2 点 C, D の代替点の候補 Q, Q' によるシュタイナー木.

命題 9.9　ユークリッド平面上の n 個のターミナル点の集合 R に対する任意の最小シュタイナー木を $T=(V_T, E_T)$ とする．すると，T の次数 1 の点はすべてターミナル点である．さらに，最小シュタイナー木のうちで次数 2 のシュタイナー点が最も少ないものを $T=(V_T, E_T)$ とすると，T のどのシュタイナー点も次数が 3 である．

証明： 次数 1 のシュタイナー点 $v \in V_T$ が存在したとする．v に接続する E_T の辺を $e=(u,v)$ とする．すると，$T'=T-\{v\}$ もターミナル点の集合 R のシュタイナー木でありコストが T よりも $c(e)>0$ だけ小さくなるので，T が最小シュタイナー木であることに反する．したがって，T の次数 1 の点はすべてターミナル点である．

最小シュタイナー木のうちで次数 2 のシュタイナー点が最も少ない $T=(V_T, E_T)$ に次数が 3 と異なるシュタイナー点 $v \in V_T$ が存在したとする．v の次数を $k \neq 3$ とする．以下の (i) $k=2$ のときと (ii) $k \geq 4$ のときに分けて議論する．

(i) $k=2$ のとき．v に接続する E_T の 2 本の辺を $e_1=(u_1,v), e_2=(u_2,v)$ とする．T から v を除去し（辺 e_1, e_2 も除去される），辺 $e=(u_1,u_2)$ を加えて得られるグラフを T' とする．三角形 u_1u_2v の 2 辺 $e_1=(u_1,v), e_2=(u_2,v)$ のコストの和は, 残りの辺 $e=(u_1,u_2)$ のコストより小さくなることはないので，T' も最小シュタイナー木となり，T よりも次数 2 のシュタイナー点が 1 個少ない．これは T の選び方に反する．

(ii) $k \geq 4$ のとき．v に接続する E_T の k 本の辺を時計回りに $e_1=(u_1,v), e_2=(u_2,v), \ldots, e_k=(u_k,v)$ とする．すると，v の周りでこれらの辺でできる内角の総和は 360 度であるので，内角 u_ivu_{i+1} が 120 度未満となるような $i \in \{1,2,\ldots,k\}$ が存在する（$i=k$ のときには $i+1=1$ と見なす）．すべてが 120 度以上とすると $120k > 360$ となり矛盾するからである．そこで，対称性から，三角形 u_1vu_2 の内角 u_1vu_2 が 120 度未満であるとする．三角形 u_1vu_2 の内角がすべて 120 度未満ならば，この三角形のフェルマー点を x と置いて，T から辺 e_1, e_2 を除いて，その代わりに 3 本の辺 $(u_1,x), (u_2,x), (v,x)$ を加えて得られるグラフを T' とする．すると，定理 9.1（命題 9.8）より，T' は T よりコストが小さいシュタイナー木となるので，T が最小シュタイナー木であることに反する．したがって，三角形 u_1vu_2 の内角で 120 度以上の内角が存在することになる．

内角 u_1vu_2 は 120 度未満であるので，対称性から，内角 vu_1u_2 が 120 度以上であるとする．すると，辺 (u_1u_2) の長さは $e_2=(vu_2)$ の長さより短くなるので，T' を T から辺 $e_2=(vu_2)$ を除去し代わりに辺 (u_1u_2) を加えて得られるグラフとする．すると，T' は T よりコストが小さいシュタイナー木となるので，T が最小シュタイナー木であることに反する．

以上の議論により，最小シュタイナー木のうちで次数 2 のシュタイナー点が最も少ない $T=(V_T, E_T)$ のどのシュタイナー点も次数が 3 であることが得られた．　□

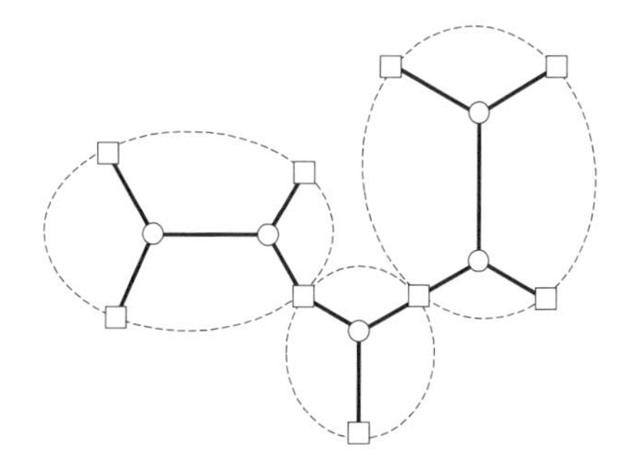

図 9.16 シュタイナー木 T．ターミナル点を四角で，シュタイナー点を丸で示している．このシュタイナー木のフル成分への分解を，三つの破線の楕円で示している．

系 9.10 ユークリッド平面上の n 個のターミナル点の集合 R に対する最小シュタイナー木のうちで次数 2 のシュタイナー点が最も少ないものを T とすると，T のシュタイナー点の個数 n_s は $n-2$ 以下である．

証明： 定理 9.9 より，T のどのシュタイナー点も次数が 3 であり，どのターミナル点も次数が 1 以上である．さらに，グラフのすべての点の次数の総和は，そのグラフのすべての辺の総数の 2 倍であり，木では辺の本数は点の個数より 1 少ない（すなわち，T の点数は $n+n_s$ で辺数は $n+n_s-1$ である）．したがって，T では $2(n_s+n-1) \geq 3n_s+n$ が成立する．これから $n_s \leq n-2$ が得られる． □

ユークリッド平面上の n 個のターミナル点の集合 R に対する最小シュタイナー木を求めるアルゴリズムにおいて，一般には，上記のような代替点を考えるだけでは不十分である．たとえば，定理 9.1（命題 9.8）でも述べたように，3 個のターミナル点 A, B, C で形成される三角形 ABC が，120 度以上の内角を持つときには，120 度以上の内角を持つ頂点と残りの 2 点を結ぶ辺からなる木が最小シュタイナー木となり，代替点を求める方法では最小シュタイナー木が得られないからである．そこで，すべてのターミナル点の集合 R に対して，R の部分集合 R' に対する**フル成分** (full component) の概念を導入する．

定義 9.11 T をすべてのターミナル点の集合 R に対するシュタイナー木とする．R のどの点も T で次数 1 の点であるとき，T は**フルシュタイナー木** (full Steiner tree) と呼ばれる．一方，T の部分木 T' は，R のある部分集合 R' に対するフルシュタイナー木であるとき，T の**フル成分** (full component) と呼ばれる．シュタイナー木 T のフル成分への分解は唯一に定まる（図 9.16）．

すべてのターミナル点の集合 R に対する最小シュタイナー木 T に対して，R の点部分集合 $R_1, R_2, \ldots, R_s$ によるフル成分 $T_1, T_2, \ldots, T_s$ （各 T_i がターミナル点部分集合 R_i のフルシュタイナー木）への分解が与えられているとする．すると，すべての $i = 1, \ldots, s$ に対して R_i 上のフル成分 T_i は，R_i を入力とするシュタイナー木問題の最小シュタイナー木となることが容易に理解できる．さらに，各 R_i 上の最小コストのフルシュタイナー木（フル成分）は，次数 3 のシュタイナー点と次数 1 の R_i の点からなるので，代替点を求める方法で得ることができる．

したがって，すべてのターミナル点の集合 R に対する最小シュタイナー木 T は，R の点部分集合 $R_1, R_2, \ldots, R_s$ への分解（$R_1 \cup R_2 \cup \cdots \cup R_s = R$）のすべての集合を考えて，各分解 $R_1 \cup R_2 \cup \cdots \cup R_s = R$ において，各 $i = 1, \ldots, s$ に対して R_i 上の（フルシュタイナー木が存在するものとして）最小コストのフルシュタイナー木 T_i を求めてそれらの和集合としてシュタイナー木 $T = T(R_1, R_2, \ldots, R_s)$ を求め，そうして得られたすべてのシュタイナー木 T' のうちで最小コストのものとして得ることができる（図 9.17）．これは，Z.A. Melzak（メルザック）のアルゴリズム（に沿ったもの）として知られている [71].

その後，多くの研究者によって最小シュタイナー木を求めるメルザックのアルゴリズムの高速化の工夫がなされた．1989 年の時点では，ターミナル点の個数が 30 程度のものしか現実の時間で解くことができなかった [20] が，現在は，Warme-Winter-Zachariasen の GeoSteiner3.1 のソフトウェアで，数千点のターミナルからなる最小シュタイナー木問題が，現実の時間で解けるようになってきている [82].

一方，ユークリッド空間のシュタイナー木問題に対する近似アルゴリズムとしては，Arora および Mitchell により独立に PTAS が与えられている [4, 72].

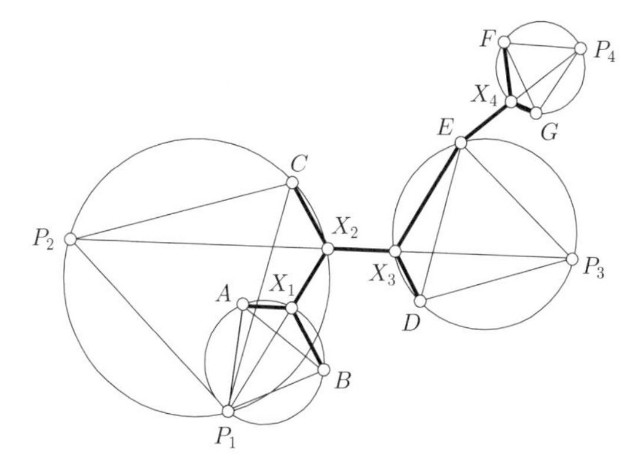

図 9.17 7点のターミナル点集合 $R = \{A, B, C, D, E, F, G\}$ に対する最小シュタイナー木 T（太線）[20]．R は二つの点集合 $R_1 = \{A, B, C, D, E\}$ と $R_2 = \{E, F, G\}$ に分解され，T は，$R_1 = \{A, B, C, D, E\}$ に対するフル成分 T_1 と $R_2 = \{E, F, G\}$ に対するフル成分 T_2 からなる．2点 A, B に対する代替点 P_1，2点 C, P_1 に対する代替点 P_2，2点 D, E に対する代替点 P_3，2点 F, G に対する代替点 P_4．$R_1 = \{A, B, C, D, E\}$ に対するフル成分 T_1 のコスト（長さ）は，線分 P_2P_3 の長さに等しく，$R_2 = \{E, F, G\}$ に対するフル成分 T_2 のコスト（長さ）は，線分 EP_4 の長さに等しい．

9.4 ネットワーク版のシュタイナー木問題

ネットワーク版のシュタイナー木問題に対してはDreyfus-Wagner (1972) のアルゴリズムが知られている [33]．それは，$O(3^t n + 2^t n^2 + mn + n^2 \log n)$ 時間で最小シュタイナー木を求めるアルゴリズムである．なお，n と m はグラフの点数と辺数であり，t はターミナルの点数である．その後，計算時間は，Fuchs-Kern-Mölle-Richter-Rossmanis-Wang (2007) [37] と Vygen (2011) [81] により改善されている．

まずはじめに，ネットワーク版のシュタイナー木問題は，**三角不等式** (triangle inequality) を満たすメトリック（距離空間）の入力，すなわち，G は完全グラフであり，すべての3点 $i, j, k \in V$ に対して $c_{ik} \leq c_{ij} + c_{jk}$ を満たすような入力に限定しても，その本質は失われないことを示そう．このようにメトリック (距離空間) に限定された問題を**メトリックシュタイナー木問題** (metric Steiner tree problem) と呼ぶことにする．

定理 9.12　シュタイナー木問題からメトリックシュタイナー木問題への近似率保存リダクションが存在する．すなわち，メトリックシュタイナー木問題に対する α-近似アルゴリズムが存在するならば，シュタイナー木問題に対する α-近似アルゴリズムも存在する．

証明： シュタイナー木問題の入力 I のグラフ $G=(V,E)$ からメトリックシュタイナー木問題の入力 I' のグラフ G' を以下のように多項式時間で構成する．

G' を点集合 V 上の無向完全グラフとし，G' における各辺 (i,j) のコスト c'_{ij} を G における最短 i-j パスの長さとする (G の各辺 $e \in E$ のコストをその辺 e の長さと見なしている)．なお，このような G' は G の**メトリック閉包** (metric closure) と呼ばれる．さらに，I' におけるターミナル点の集合 R' は I におけるターミナル点の集合 $R \subseteq V$ であるとする．

G の各辺 $(i,j) \in E$ に対応する G' の辺 (i,j) のコスト c'_{ij} は，G でのコスト c_{ij} より大きくなることはない．したがって，I' の最適解のコスト OPT' は，I の最適解のコスト OPT より大きくなることはない．すなわち，$\mathrm{OPT}' \le \mathrm{OPT}$ である．

次に，I' のシュタイナー木 T' から，T' のコスト $c'(T')$ 以下のコストの I のシュタイナー木 T を多項式時間で求める方法を示そう．T' は I' のシュタイナー木であるので，R' のすべてのターミナル点を連結にしている．また，G' の辺 (i,j) の $\mathbf{c}'_{ij}$ は G の最短 i-j パスの長さ（コスト）に対応しているので，T' の各辺 (i,j) を対応する G の最短 i-j パスで置き換えて得られる多重グラフを G'' とすると，$c(G'')=c'(T')$ である．さらに，G'' においてどの 2 点 i,j に対しても 2 点 i,j を結ぶ辺が 2 本以上あるときには 1 本の辺で置き換えて得られる単純グラフを T とする．すると，T は G の部分グラフであり，コスト $c(T) \le c(G'') = c'(T')$ で $R=R'$ のすべてのターミナル点を連結にしている．一般にこの部分グラフ T は閉路を含むが，そのときには閉路上の辺を適切に除いて得られる木を改めて T とする．こうして，$c(T) \le c'(T')$, $\mathrm{OPT}' \le \mathrm{OPT}$ より，

$$\frac{c(T)}{\mathrm{OPT}} \le \frac{c'(T')}{\mathrm{OPT}'}$$

となり近似率保存リダクションが完成する．□

定理 9.12 から，メトリックシュタイナー木問題に対して達成された近似率は，一般のシュタイナー木問題でも達成できることになる．

9.4.1 最小全点木に基づくアルゴリズム

すべてのターミナル点の集合 R 上の**最小全点木** (minimum spanning tree)（以下，MST と略記する），すなわち，シュタイナー点を 1 個も含まないという条件のもとでのコスト最小のシュタイナー木は，明らかにこの問題の実行可能解である．MST を求める問題は **P** に属し，メトリックシュタイナー木問題は NP-困難であるので，R 上の MST が最小シュタイナー木となることはめったにない．実際，以下は，(a) の入力（黒丸の点がターミナル点で白丸の点がシュタイナー点で各辺のそばの数字がその辺のコスト）に対して，(b) はすべてのターミナル点の集合 R 上の MST（太線の実線の辺からなる）でそのコストは 10 であり，(c) は最小シュタイナー木（太線の実線の辺からなる）でそのコストは 9 で，MST のコストより小さくなる例である．

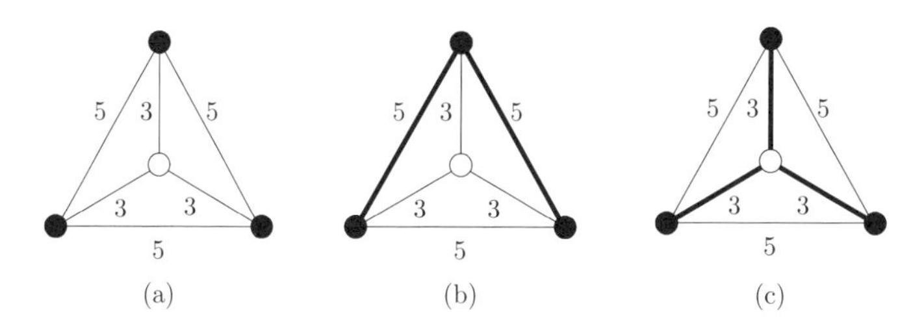

しかし，そうではあっても，R 上の MST のコストは最小シュタイナー木のコスト OPT からそれほど離れていないことも以下のように言える．

定理 9.13 メトリックシュタイナー木問題の入力 I におけるターミナル点集合 R と最小シュタイナー木のコスト OPT に対して，R 上の MST のコストは $2 \cdot \mathrm{OPT}$ 以内である．

証明： コスト OPT の最小シュタイナー木（図 9.18(a)）を考える．この木の辺を 2 重化して得られるオイラーグラフは，R の点をすべて連結にしていて，シュタイナー点をいくつか（0 個のときもありうる）含んでいる．1.5 節で述べたメトリック TSP に対するアルゴリズム 1.3 で行なったように，このグラフのオイラーツアー（一筆書き）を，辺を DFS（深さ優先探索）順にたどって求める（図 9.18(b)）．

このオイラーツアーのコストは $2 \cdot \mathrm{OPT}$ である．次にこのオイラーツアーをショートカットしながら（すなわち，このオイラーツアーで最初に訪れるターミナル点のみ

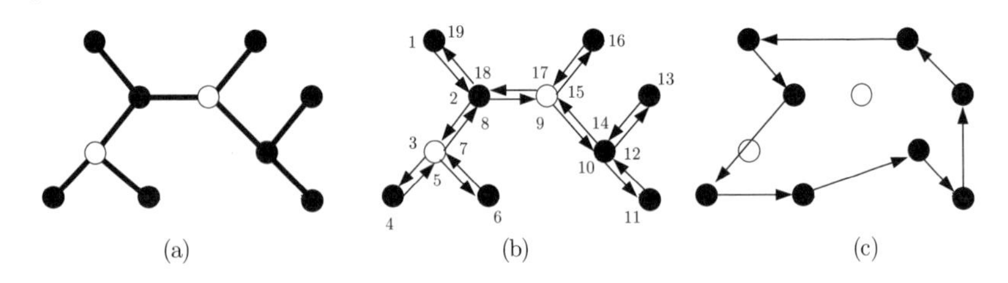

図 9.18　定理 9.13 の証明の説明図

を残してその順番で回る）R のすべての点を含む閉路を求める（図 9.18(c)).

三角不等式により，ショートカットはツアーのコストを上昇させない．さらに，この閉路から辺を 1 本除けば R の点をすべて結ぶパスが得られ，コストは高々 $2 \cdot \mathrm{OPT}$ である．このパスはまた R 上の全点木でもあるので，R 上の MST のコストは高々 $2 \cdot \mathrm{OPT}$ である．□

定理 9.13 から，メトリックシュタイナー木問題に対する 2-近似アルゴリズムがすぐに得られる：ターミナル点をすべて含む MST を単に見つけるだけでよい．この 2-近似アルゴリズムは，Gilbert-Pollak (1968) [40]，Kou-Markowsky-Berman (1981) [66]，Takahashi-Matsuyama (1980) [77] により，独立に得られた．なお，このアルゴリズムの近似保証 2 は，これ以上改善できない．

例題 9.1　タイトな例としては，下図のように，n 個のターミナル点（黒丸）と 1 個のシュタイナー点（白丸）からなるグラフで，シュタイナー点と各ターミナル点を結ぶ辺のコストは 1 で，ターミナル点同士を結ぶ辺はコスト 2 であるようなものが挙げられる（下図では辺は一部省略されている).

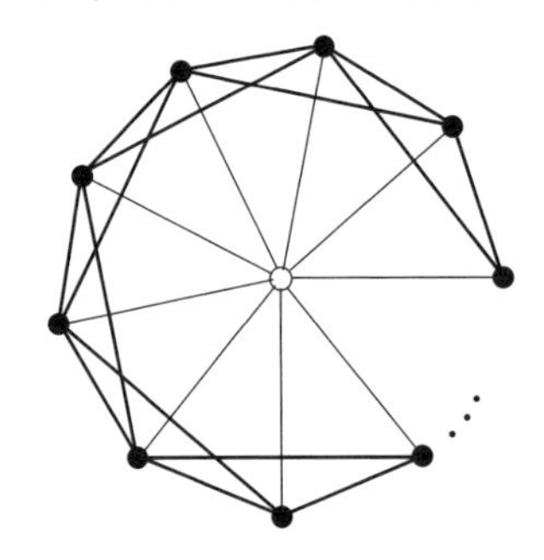

このグラフで，R 上の MST はコスト $2(n-1)$ であるが，$\mathrm{OPT} = n$ である．

集合カバー問題のときと同様に，上記の 2-近似アルゴリズムは線形計画法のLP-双対理論の枠組みで眺めることが“正しい”眺め方であると言える．そこで，9.7 節で，LP-双対性がこのアルゴリズムの基礎となる下界スキームを与える．

その後，ネットワーク版のシュタイナー木問題に対するアルゴリズムの近似保証は，1993 年に Zelikovsky [87] により $\frac{11}{6}$ に，1994 年に Berman-Ramaiyer により $\frac{7}{4} = 1.75$ に，1997 年に Karpinski-Zelikovsky により 1.65 に，1999 年に Hougardy-Prömel により 1.60 に，2005 年に Robins-Zelikovsky により 1.55 に，そして 2013 年に Byrka-Grandoni-Rothvoß-Sanità [22] により 1.3960 に改善されてきている．詳細は Korte-Vygen (2018) [65] を参照されたい．

9.5 シュタイナー森問題

本節では，シュタイナー木問題の一般化である**シュタイナー森問題** (Steiner forest problem) (**一般化シュタイナー木問題** (generalized Steiner tree problem) とも呼ばれる）を議論する．最初に，以下の図の例を用いて，問題のイメージが湧くようにしよう．

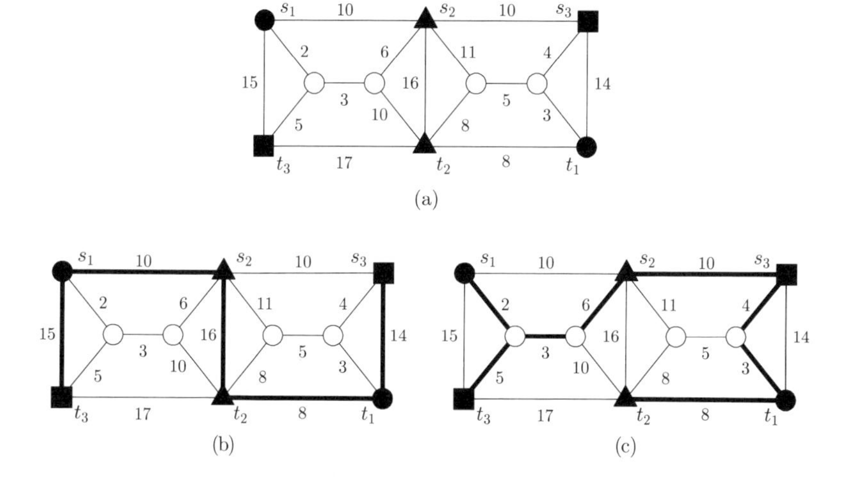

(a)

(b)

(c)

図 (a) はこの問題の入力であり，シュタイナー木問題のときと同様に，各辺に非負のコストが付随する無向グラフ $G = (V, E)$ がまず与えられる．さらに，シュタイナー木問題のときとは異なり，3 個のターミナル点対 $\{s_1, t_1\}$, $\{s_2, t_2\}$, $\{s_3, t_3\}$（図では s_1, t_1 は黒丸の点，s_2, t_2 は黒三角の点，s_3, t_3 は黒四角の点で表している）が与えられる．なお，ターミナル点対以外の点はシュタイナー点である．そして，無向グラフ $G = (V, E)$ の辺集合 E の部分集合を適切に選んで，選ばれた部分集合の辺のみで各ターミナル点対 $\{s_i, t_i\}$ $(i = 1, 2, 3)$ が連結になるようにする．このとき，目標は，この条件を満たすような辺集合 E の部分集合でコスト最小のものを選ぶことである．

図 (b) の太線で示している辺をすべて選べば，どのターミナル点対 $\{s_i, t_i\}$ $(i = 1, 2, 3)$ も連結になるので条件を満たすが，選ばれた辺のコストの総和は 63 である．一方，図 (c) の太線で示している辺をすべて選べば，どのターミナル点対 $\{s_i, t_i\}$ $(i = 1, 2, 3)$ も連結になり条件を満たしていて，選ばれた辺のコストの総和は 41 である．この例では，これが条件を満たすような辺集合 E の部分集合でコスト最小のものであることが（すべてのケースを考えて）確認できる．

以下に，シュタイナー森問題の形式的な定義を与える．

問題 9.5　シュタイナー森問題 (Steiner forest problem)

入力：　無向グラフ $G = (V, E)$ と各辺 $(i, j) \in E$ に対する非負のコスト $c_{ij} \geq 0$ および任意の正整数 k と k 個の**ターミナル点対** (terminal pair) $\{s_i, t_i\} \subseteq V$ $(i = 1, 2, \ldots, k)$（$V - \bigcup_{i=1}^{k} \{s_i, t_i\}$ の点はすべて**シュタイナー点**）．

タスク：　すべてのターミナル点対が連結になるような辺の部分集合 $F \subseteq E$ のうちで最小コストのものを求める．

この問題で辺のコストがすべて正であるときには，最適解の辺部分集合 $F \subseteq E$ で誘導される $G = (V, E)$ の部分グラフは，閉路を持たないことが言える．なぜなら，閉路 $C \subseteq F$ を含めば C 上の任意の辺 $e \in C$（$c_e > 0$）を除いた $F - \{e\}$ で誘導される $G = (V, E)$ の部分グラフも k 個の各ターミナル点対 $\{s_i, t_i\} \subseteq V$ $(i = 1, 2, \ldots, k)$ を連結にすることになり，F が最適解であることに反するからである．コスト 0 の辺が存在するときでも，この問題の最適解の辺部分集合 $F \subseteq E$ として，F で誘導される $G=(V,E)$ の部分グラフが閉路を持たないものを選んでくることができる．

以下では最適解 $F \subseteq E$ で誘導される $G=(V,E)$ の部分グラフは閉路を含まないと仮定する．したがって，最適解 $F \subseteq E$ で誘導される $G=(V,E)$ の部分グラフは森になるので，シュタイナー森問題と呼ばれた．一般には，最適解 $F \subseteq E$ で誘導される $G=(V,E)$ の部分グラフは連結ではない（木ではない）．以下はそのような例である（図 (a) の入力に対する最適解は図 (b) の太線の実線の辺からなる）．

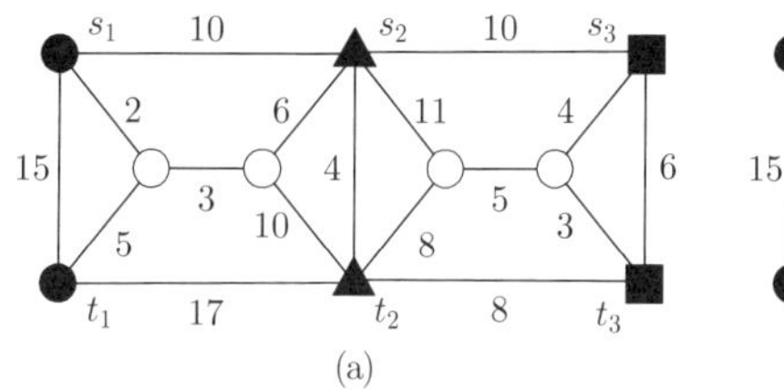

(a)

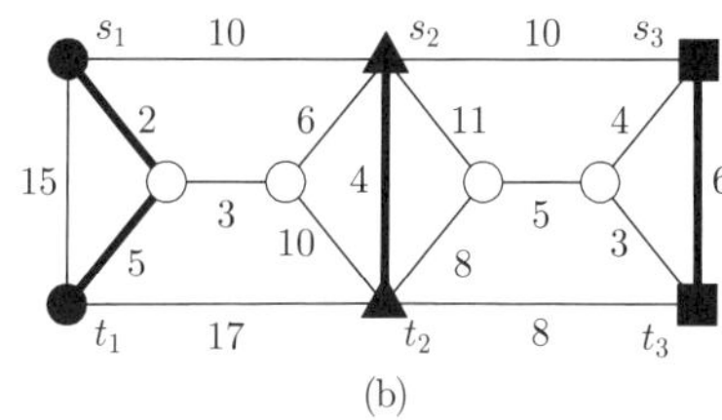

(b)

一方，シュタイナー木問題におけるすべてのターミナル点の集合 $R \subseteq V$ とすべての異なる 2 点 $s,t \in R$ に対してターミナル点対 $\{s,t\}$ を考えて得られるシュタイナー森問題の最適解は，元のシュタイナー木問題の最適解となることも言える．したがって，シュタイナー森問題はシュタイナー木問題の一般化であると見なせる．これがシュタイナー森問題が一般化シュタイナー木問題とも呼ばれる理由である．

9.6　シュタイナー森問題に対する近似アルゴリズム

シュタイナー森問題に対する近似保証アルゴリズムとしては，Agrawal-Klein-Ravi (1995) [1] のアルゴリズムと Gupta-Kumar (2015) [47] のアルゴリズムが有名である．本節では Gupta-Kumar のアルゴリズムを議論する．Agrawal-Klein-Ravi のアルゴリズムは次節で議論する．

Gupta-Kumar により提案された**大食アルゴリズム** (gluttonous algorithm) [47] は，シュタイナー森問題に対する LP 緩和を用いない最初の近似保証アルゴリズムであり，貪欲法に基づいている．近似保証は高々 96 であることが示されているが，実際的な近似性能には不明な点が多い．以下は，大食アルゴリズムの概要である．

大食アルゴリズムは，ターミナル点の集合を，互いに素なターミナル点の部分集合族で管理する．このとき現れる部分集合をスーパーノードと呼ぶ（各スーパーノードに含まれるすべてのターミナル点は同一の点と見なされることになる）．したがって，アルゴリズムのどの時点でも，その時点でのスーパーノードのすべての集合を $\mathcal{C}$ とすると，

$$\bigcup_{S\in\mathcal{C}} S = \bigcup_{i=1}^{k}\{s_i, t_i\}$$

である．アルゴリズムの開始時点で，各ターミナル点がスーパーノードを形成する．すなわち，

$$\mathcal{C} = \{\{s_1\}, \{t_1\}, \{s_2\}, \{t_2\}, \ldots, \{s_k\}, \{t_k\}\}$$

である．アルゴリズムは，二つのスーパーノードを選択して，併合することを繰り返す．そこで，ある $i \in \{1, 2, \ldots, k\}$ が存在して，$s_i \in S$ かつ $t_i \notin S$ となるスーパーノード S は**活性** (active) であると呼ぶことにする．図 9.19 は活性なスーパーノードと（活性でない）不活性なスーパーノードの例である．

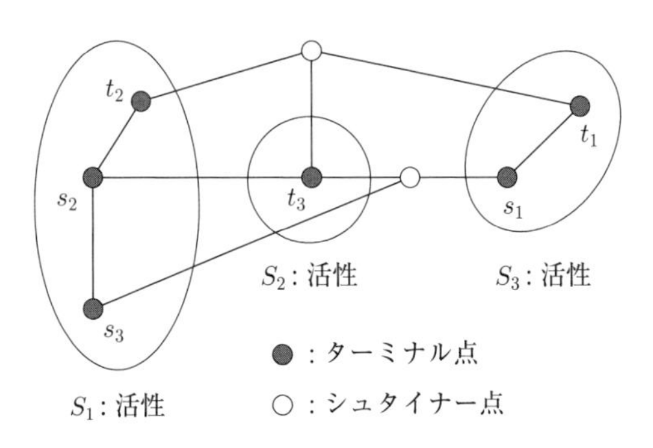

図 9.19　活性なスーパノード $\{S_1, S_2\}$ と不活性なスーパーノード $\{S_3\}$.

アルゴリズムは二つの活性なスーパーノードの併合（対応する二つの部分集合の和集合をとること）を，活性なスーパーノードがなくなるまで反復する．

各反復で併合を行うと，併合されたスーパーノードに属するターミナル点間のコストを0とするので，更新されたスーパーノード間のコストは変化する．各反復の開始時の$\mathcal{C}$と各スーパーノードに含まれる2点を結ぶ辺のコストを0としたグラフを$G_{\mathcal{C}}$とする．$G_{\mathcal{C}}$における（コストを長さと見なした）u, v間の最短パスの長さを$d_{G_{\mathcal{C}}}(u,v)$とする．その反復における二つのスーパーノードS', S''間の最短パスの長さは

$$d_{G_{\mathcal{C}}}(S', S'') = \min_{u \in S', v \in S''} d_{G_{\mathcal{C}}}(u,v)$$

と定義される．アルゴリズムは以下のように書ける．

アルゴリズム 9.1　シュタイナー森問題に対する大食アルゴリズム

入力：　無向グラフ$G = (V, E)$と各辺$(i,j) \in E$に対する非負のコスト$c_{ij} \geq 0$および任意の正整数kとk個のターミナル点対$\{s_i, t_i\} \subseteq V$ $(i = 1, 2, \ldots, k)$.

出力：　すべてのターミナル点対が連結になるような辺の部分集合$F \subseteq E$.

アルゴリズム：

1. $\mathcal{C} = \{\{s_1\}, \{t_1\}, \{s_2\}, \{t_2\}, \ldots, \{s_k\}, \{t_k\}\}$とする．すなわち，各ターミナル点を（そしてそれのみを）スーパーノードとする．
   $E' = \emptyset$とする．
2. $G_{\mathcal{C}}$に活性なスーパーノードが存在する限り，以下の(a)〜(c)を繰り返す．
   (a) $G_{\mathcal{C}}$における二つの異なる活性なスーパーノード間で，最短パスの長さが最も短い二つの異なるスーパーノードS', S''を求める．
   (b) $G_{\mathcal{C}}$におけるS', S''間の最短パス上の辺eで，スーパーノード間にあるものをすべてE'に加える．
   (c) $\mathcal{C} = (\mathcal{C} - \{S', S''\}) \cup \{S' \cup S''\}$とし，$G_{\mathcal{C}}$を更新する．
3. E'から閉路となる辺を取り除いた辺部分集合$F \subseteq E' \subseteq E$を返す．

図9.20のシュタイナー森問題の入力に対して，大食アルゴリズムを適用したときの動作を以下に示す．1.で，$S_1 = \{1\} = \{t_2\}$, $S_2 = \{4\} = \{s_1\} = \{s_2\}$, $S_3 = \{3\} = \{t_1\}$とし，$E' = \emptyset$と初期設定されたとする．したがって，

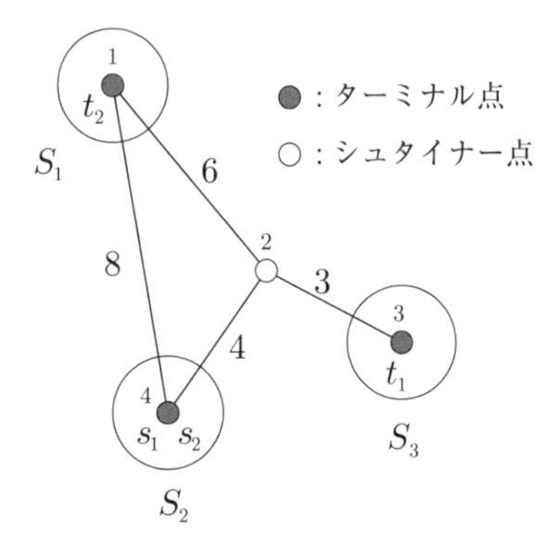

図 9.20　シュタイナー森問題の入力と初期設定の $\mathcal{C} = \{S_1, S_2, S_3\}$.

$\mathcal{C} = \{\{s_1\}, \{t_1\}, \{s_2\}, \{t_2\}\} = \{S_1, S_2, S_3\}$ と書ける.

2. の最初の反復において，スーパーノード S_2 とスーパーノード S_3 が併合されて $S_4 = \{3, 4\}$ ($\mathcal{C} = \{S_1, S_4\}$) となり $E' = \{(2,3), (2,4)\}$ となる（図 9.21).

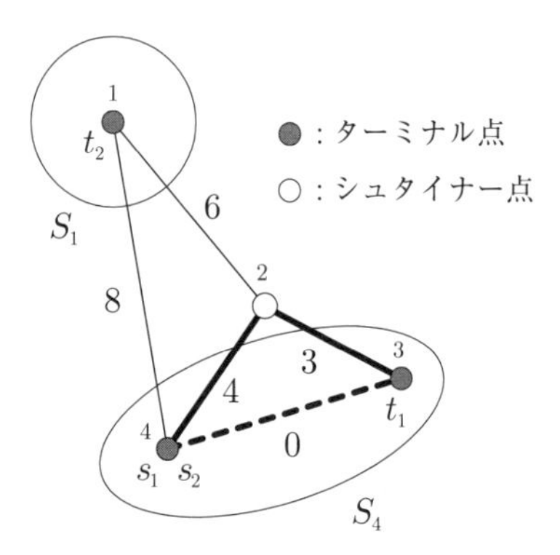

図 9.21　1 回目の反復後の $\mathcal{C} = \{S_1, S_4\}$, $E' = \{(2,3), (2,4)\}$（太線）と $G_{\mathcal{C}}$.

2. の次の反復において，スーパーノード S_1 とスーパーノード S_4 が併合されて $S_5 = \{1, 3, 4\}$ ($\mathcal{C} = \{S_5\}$) となり $E' = \{(1,4), (2,3), (2,4)\}$ となる（図 9.22).

E' の辺で誘導されるグラフで s_1 と t_1 は連結であり，s_2 と t_2 も連結であるので，2. はこれで終了である．3. で，解 E' は閉路がないのでアルゴリズムで

$F = E'$ が返される．解 F のコストは 15 である．

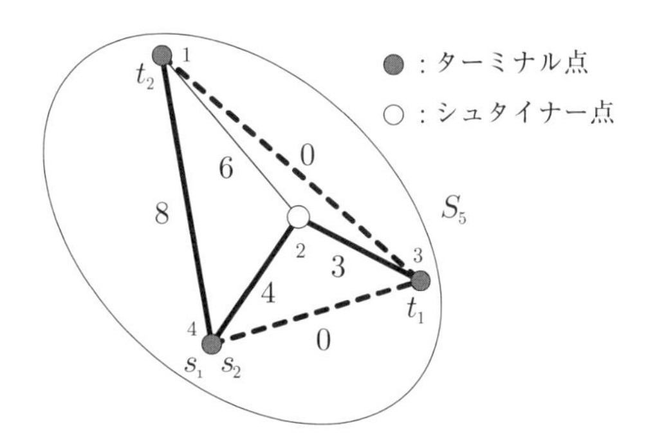

図 9.22　2 回目の反復後の $\mathcal{C} = \{S_5\}$, $E' = \{(1,4),(2,3),(2,4)\}$（太線）と $G_{\mathcal{C}}$（$G_{\mathcal{C}}$ に新しく付け加えられるコスト 0 の辺 $(1,4)$ は省略している）．

このアルゴリズムの近似保証が高々 96 であることの詳細については，文献 [47] を参照されたい．

計算時間についても簡単に述べる．一般性を失うことなく，$k \le n$ を仮定できることを注意しておく．$k > n$ のときには，実行可能解集合を変化させることなくターミナル点対を除去して，$k \le n$ とできるからである．点数 n，辺数 m のネットワークにおいて，Dijkstra のアルゴリズムで 1 点から全点への最短パスを求める計算時間を $S(n,m)$ と表記する．

アルゴリズムで最も時間のかかる部分は 2. の (a) である．$G_{\mathcal{C}}$ における二つの異なる活性なスーパーノード間で，最短パスの長さが最も短い二つの異なるスーパーノード S', S'' を求めるのに，活性な各スーパーノードから活性な全スーパーノードへの最短パスを Dijkstra のアルゴリズムで求めると，$\mathrm{O}(kS(n,m))$ の計算時間となる．さらに，2. の反復ごとに活性なスーパーノードは少なくとも 1 個減るので，2. の反復回数は高々 $2k$ であり，全体の計算時間は $\mathrm{O}(k^2 S(n,m))$ となる．

9.6.1　大食アルゴリズムの縮約版

大食アルゴリズムの 2. において E' に加える辺，すなわち，2. の各反復で $G_{\mathcal{C}}$ における S', S'' 間の最短パス上の辺 e で，スーパーノード間にあるすべての辺，を縮約（両端点を同一視）するアルゴリズムも考えられる．簡単のため，これを縮約版という．大食アルゴリズムの縮約版の計算時間も $\mathrm{O}(k^2 S(n,m))$ である．

図 9.20 のシュタイナー森問題の入力に対して，大食アルゴリズムの縮約版を適用したときの動作を以下に示す．縮約版でない大食アルゴリズムのときと同様に，1. で，$S_1 = \{1\} = \{t_2\}$, $S_2 = \{4\} = \{s_1\} = \{s_2\}$, $S_3 = \{3\} = \{t_1\}$ とし，$E' = \emptyset$ と初期設定されたとする．したがって，$\mathcal{C} = \{\{s_1\}, \{t_1\}, \{s_2\}, \{t_2\}\} = \{S_1, S_2, S_3\}$ と書ける．

2. の最初の反復において，スーパーノード S_2 とスーパーノード S_3 が併合されて $S_4 = \{3, 4\}$ ($\mathcal{C} = \{S_1, S_4\}$) となり $E' = \{(2,3), (2,4)\}$ となる（図 9.21）．ここまでは，縮約版でない大食アルゴリズムのときと同じであるが，さらに最短パス上のすべての辺のコストも 0 とされる（図 9.23）．

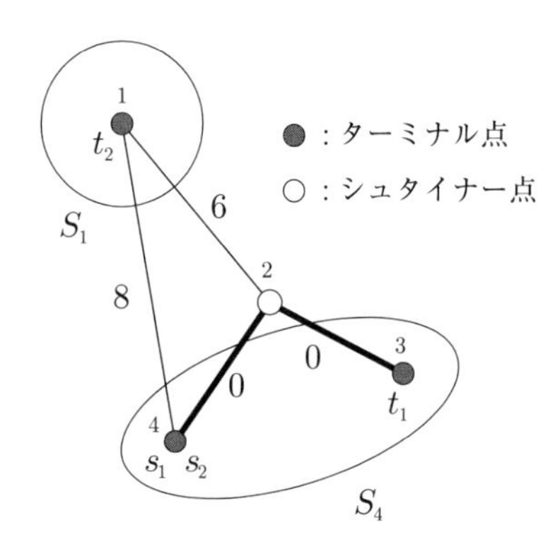

図 9.23 大食アルゴリズムの縮約版の 1 回目の反復後の $\mathcal{C} = \{S_1, S_4\}$, $E' = \{(2,3), (2,4)\}$（太線）と $G_{\mathcal{C}}$（縮約される辺のコストを 0 と表示している）．

最短パス上のすべての辺のコストを 0 と（して縮約）したことで，2. の次の反復では，一般に，大食アルゴリズムのときとは異なる辺が E' に加えられる．実際，この例では，次の反復において，スーパーノード S_1 とスーパーノード S_4 が併合されて $S_5 = \{1, 3, 4\}$ ($\mathcal{C} = \{S_5\}$) となり $E' = \{(1,2), (2,3), (2,4)\}$ となる（図 9.24）．

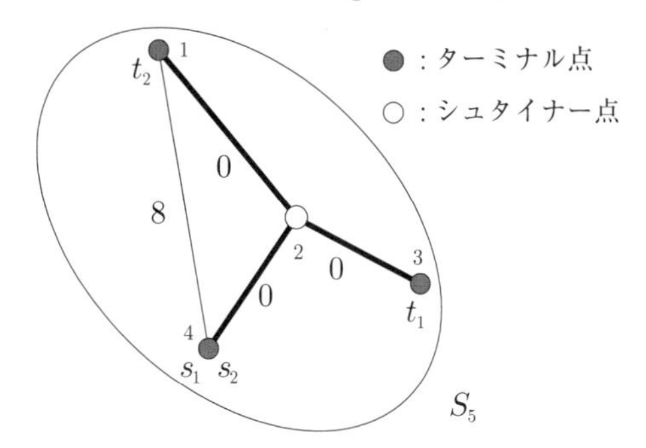

図 9.24 大食アルゴリズムの縮約版の 2 回目の反復後の $\mathcal{C} = \{S_5\}$，$E' = \{(1,2),(2,3),(2,4)\}$（太線）と $G_{\mathcal{C}}$.

E' の辺で誘導されるグラフで s_1 と t_1 は連結であり，s_2 と t_2 も連結であるので，2. はこれで終了である．3. で，解 E' は閉路がないのでアルゴリズムで $F = E'$ が返される．なおこの例では，縮約版でない大食アルゴリズムと比べて，得られる解 F のコストは 13 と小さくなっている．

9.7 Agrawal-Klein-Ravi のアルゴリズム

本節では Agrawal-Klein-Ravi のアルゴリズムを議論する．そのための準備として，はじめに最短 s-t パス問題に対するアルゴリズムを振り返ることにする．

最短 s-t パス問題 (shortest s-t path problem) では，グラフ $G = (V, E)$ と各辺 $e \in E$ に対する非負のコスト $c_e \geq 0$ および異なる特定の 2 点 s, t が与えられる．目標は s から t への最小コストのパス（**最短 s-t パス**と呼ばれる）を求めることである．**Dijkstra のアルゴリズム** (Dijkstra's algorithm) などで最短 s-t パスを多項式時間で得ることができることはよく知られている．

最短 s-t パス問題を整数計画問題として定式化する．そこで，$\mathcal{S}$ をグラフのすべての s-t カットの集合とする．すなわち，$\mathcal{S} = \{S \subseteq V : s \in S, t \notin S\}$ である．さらに，$\delta(S)$ は一方の端点が S に属し，他方の端点が S に属さないすべての辺の集合である．すると，最短 s-t パス問題は以下のように書ける．

$$\begin{array}{llll} \text{minimize} & \displaystyle\sum_{e \in E} c_e x_e & & \\ \text{subject to} & \displaystyle\sum_{e \in \delta(S)} x_e \ \geq \ 1 & & (S \in \mathcal{S}), \\ & x_e \ \in \ \{0,1\} & & (e \in E). \end{array}$$

この整数計画問題が最短 s-t パス問題を正しく定式化していることは，以下のようにしてわかる．

この整数計画問題の任意の解 $\boldsymbol{x}$ に対して，辺集合が $F = \{e \in E : x_e = 1\}$ のグラフ $G' = (V, F)$ を考える．$\boldsymbol{x}$ が実行可能解であるとする．すると，制約式は，任意の s-t カット S に対して，F の少なくとも 1 本の辺が $\delta(S)$ に含まれることを保証する．すなわち，G' の最小 s-t カットに含まれる辺は 1 本以上である．したがって，ネットワークフロー問題における最大フロー最小カット定理より，G' の最大 s-t フローの値は 1 以上となり，G' に s から t へのパスが存在することになる．同様に，$\boldsymbol{x}$ が実行不可能であるとする．すると，$\delta(S)$ が F の辺を 1 本も含まないような s-t カット S が存在することになる．すなわち，最小 s-t カットの値はゼロとなり，最大 s-t フローの値もゼロとなる．したがって，G' に s から t へのパスが存在しないことになる．

この整数計画問題では制約式の個数が問題のサイズの指数関数となるが，この定式化はアルゴリズムとその解析の手助けとして用いるだけであるので，これは問題にはならない．

制約式 $x_e \in \{0,1\}$ を（$x_e \leq 1$ は冗長であり省略できるので）$x_e \geq 0$ で置き換えると，整数計画問題の線形計画緩和（主問題）

$$\begin{array}{llll} \text{minimize} & \displaystyle\sum_{e \in E} c_e x_e & & \\ \text{subject to} & \displaystyle\sum_{e \in \delta(S)} x_e \ \geq \ 1 & & (S \in \mathcal{S}), \\ & x_e \ \geq \ 0 & & (e \in E) \end{array}$$

が得られ，その双対問題が以下のように書ける．

$$
\begin{array}{llrcll}
\text{maximize} & \displaystyle\sum_{S\in\mathcal{S}} y_S & & & & \\
\text{subject to} & \displaystyle\sum_{S\in\mathcal{S}: e\in\delta(S)} & y_S & \le & c_e & (e\in E), \\
& & y_S & \ge & 0 & (S\in\mathcal{S}).
\end{array}
$$

これ以降，上記の線形計画緩和の解 $\boldsymbol{x}$ と双対問題の解 $\boldsymbol{y}$ を，それぞれ，誤解することはないと思われるので，単に，x と y と表記する．

最短 s-t パス問題に対する主双対アルゴリズムをアルゴリズム 9.2 として与えている．それは，これまで集合カバー問題に対して与えた主双対アルゴリズムの一般的な枠組みに従うものである．

アルゴリズム 9.2　最短 s-t パス問題に対する主双対アルゴリズム

$y \leftarrow 0$; // y は双対変数
$F \leftarrow \emptyset$; // 主変数 $x \leftarrow 0$ （$F = \{e \in E : x_e = 1\}$）
(V, F) に s-t パスが存在しない限り以下を繰り返す．　// メインループ
　s を含む (V, F) の連結成分を C とする；
　$e' \in \delta(C)$ を満たす e' のうちのどれかで最初に $\sum_{S\in\mathcal{S}: e'\in\delta(S)} y_S = c_{e'}$
　　となるまで双対変数 y_C を増加する；// y_C のみ増やされる
　$F \leftarrow F \cup \{e'\}$; // $x_{e'} \leftarrow 1$
(V, F) の s-t パスを P とする；
P を返す．

以下は，アルゴリズムの補足説明である．双対実行可能解の $y = 0$ と主問題の実行不可能解の $x = 0$ （$F = \emptyset$） から出発する．主問題の実行可能解でないうちは，現在の解で満たされない s-t カット C （すなわち，$F \cap \delta(C) = \emptyset$ となる）に付随する双対変数 y_C を増加する．そのような制約式を**満たされない制約式** (violated constraint) と呼ぶことにする．ここでは，そのような制約式に対応する C として辺集合 F からなるグラフで s を含む連結成分の点集合を選ぶ．すると，F は s-t パスを含まないので，$t \notin C$ となり，連結成分の定義から $\delta(C) \cap F = \emptyset$ となる．変数 y_C を双対問題の制約式がいずれかの辺 $e' \in \delta(C) \subseteq E$ でタイトになるまで増加し，F に e' を加える．この操作を F

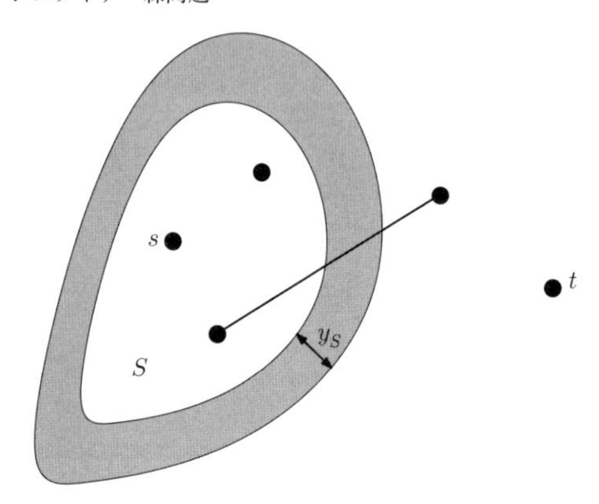

図 9.25　文献 [83] からの引用である t から s を分離する堀の説明図．この堀の内側の境界に囲まれる領域は S のすべての点を含み，その幅は y_S である．

が主問題の実行可能解でないうちは繰り返し，主問題の解 F が実行可能解になって s-t パスを含むようになると，メインループは終了する．

ここでこれまでと異なることを行う．すなわち，アルゴリズムでは解 F を返すのではなく，F から不必要な辺を除去して，$P \subseteq F$ となる s-t パス P を返す．

なお，アルゴリズムで正の値となった双対変数 $y_S > 0$ は幾何的に良い解釈ができる．それは集合 S を取り囲む幅 y_S の**堀** (moat) と解釈できる（図 9.25)．s から t へのパスはいずれもこの堀を横切ることになる．したがって，コストは少なくとも y_S となる．さらに，アルゴリズムのメインループの反復で選ばれる連結成分が $C_1, C_2, \ldots, C_\ell$ の順に選ばれていたとする．すると，$1 \le i < j \le \ell$ に対して $C_i \subset C_j$ が成立する．したがって，正の値となった異なる二つの双対変数 y_{C_i}, y_{C_j} に対応する二つの連結成分 C_i, C_j に対して $i < j$ ならば C_i に対応する堀は C_j に対応する堀の内側の境界で囲まれる（C_j を含む）領域の内部に含まれるので，二つの堀は互いに交差しない．さらに，各辺 e に対して，e を横切る堀の幅の総和は，双対制約式 $\sum_{S:e\in\delta(S)} y_S \le c_e$ から c_e を超えることができない．堀は多数（ℓ 個）あり，任意の s-t パスはすべての堀を横切る．したがって，最短パス上のすべての辺も全体としてすべての堀を横切るので，最短パスの長さは $\sum_{S\in\mathcal{S}} y_S$ 以上となる．

アルゴリズムで得られる辺の集合 F は木を形成することを示すことから解析を始める．このことから，s-t パス P は唯一に定まることが得られる．

補題 9.14 アルゴリズム 9.2 のどの時点でも，F に属する辺の集合は点 s を含む木を形成する．

証明： F に加えられる辺の本数についての帰納法で補題を証明する．メインループの各ステップで，s を含む (V, F) の連結成分 C を考えている．そして解 F に $\delta(C)$ に含まれるある辺 e' を加えている．e' の一方の端点のみが C に含まれるので，元の木 F に e' を加えても $F \cup \{e'\}$ が閉路を含むことはない．したがって，新しい $F = F \cup \{e'\}$ では s を含む (V, F) の連結成分に新しく 1 点が加わることになる． □

これで，このアルゴリズムが最短 s-t パス問題に対する最適なアルゴリズムであることを示すことができる．

定理 9.15 アルゴリズム 9.2 は s から t への最短パス P を返す．

証明： 各辺 $e \in P$ に対して，$c_e = \sum_{S: e \in \delta(S)} y_S$ となるので，

$$\sum_{e \in P} c_e = \sum_{e \in P} \sum_{S: e \in \delta(S)} y_S = \sum_{S: s \in S, t \notin S} |P \cap \delta(S)| y_S$$

が得られる．ここで，$y_S > 0$ であるときにはいつでも $|P \cap \delta(S)| = 1$ であることが言えると，弱双対定理（定理 5.2）より，

$$\sum_{e \in P} c_e = \sum_{S: s \in S, t \notin S} y_S \leq \mathrm{OPT}$$

が得られることになる．なお，OPT は整数計画問題の最適解のコスト（最短 s-t パスのコスト）である．一方，P は s-t パスであり，コストが OPT より真に小さくなることはないので，そのコストは OPT となる．

以下では，$y_S > 0$ であるときにはいつでも $|P \cap \delta(S)| = 1$ であることを示す．

そこで，そうではなかったとして，$|P \cap \delta(S)| > 1$ と仮定する．すると，S の 2 点を結ぶ P の部分パス P' で，S 以外の点を少なくとも 1 点含みかつ S の点を始点と終点としてのみ含むようなものを P' として選んでくることができる（図 9.26）．$y_S > 0$ であるので，y_S を増加した直前の時点では，F は S に含まれる点のみを含む連結成分を形成していたことになる．したがって，$F \cup P'$ は閉路を含むことになる．P は最終的な辺の集合 F の部分集合であるので，これから最終的な F が閉路を含むことになってしまう．これは，補題 9.14 に矛盾する．

したがって，$|P \cap \delta(S)| = 1$ が得られた． □

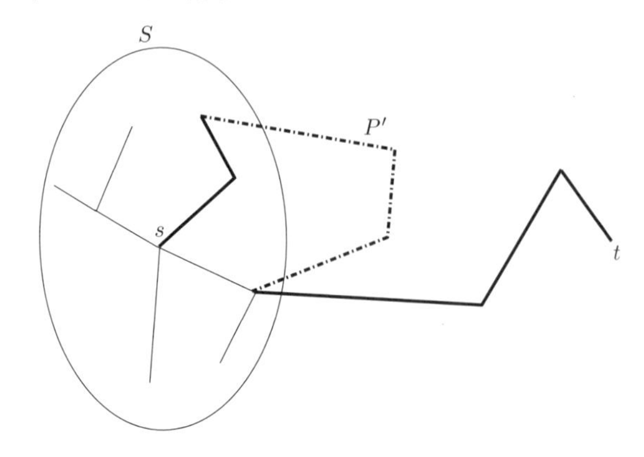

図 9.26　文献 [83] からの引用である定理 9.15 の証明．太い線はパス P を表している．太い点線の部分はパス P' を表している．

このアルゴリズムは，最短 s-t パス問題に対する Dijkstra のアルゴリズムと同一の動作をすることも示せる．

これで，Agrawal-Klein-Ravi のアルゴリズムを議論する準備ができた．

与えられたシュタイナー森問題の入力の各ターミナル点対 s_i, t_i $(i = 1, 2, \ldots, k)$ に対して，s_i と t_i を分離する点集合 V の部分集合からなる集合を $\mathcal{S}_i$ とする．そして $\mathcal{S}_1, \mathcal{S}_2, \ldots, \mathcal{S}_k$ の和集合を $\mathcal{S}$ とする．すなわち，

$$\mathcal{S}_i = \{S \subseteq V : |S \cap \{s_i, t_i\}| = 1\}, \qquad \mathcal{S} = \mathcal{S}_1 \cup \mathcal{S}_2 \cup \cdots \cup \mathcal{S}_k$$

とする．すると，この問題は以下のような整数計画問題で定式化できる．

$$\begin{array}{lrcll} \text{minimize} & \displaystyle\sum_{e \in E} c_e x_e & & & \\ \text{subject to} & \displaystyle\sum_{e \in \delta(S)} x_e & \geq & 1 & (S \in \mathcal{S}), \\ & x_e & \in & \{0, 1\} & (e \in E). \end{array} \tag{9.3}$$

制約式の集合は，$s_i \in S$ かつ $t_i \notin S$，あるいは，$s_i \notin S$ かつ $t_i \in S$，となるいずれの s_i-t_i カット S に対しても，$\delta(S)$ から 1 本の辺は選ばなければならないことを要求している．これが実際にシュタイナー森問題を正確に定式化していることは，最短 s-t パス問題に対する議論と同様の議論で確認できる．

($x_e \leq 1$ は冗長であり省略できるので) 制約式 $x_e \in \{0,1\}$ を $x_e \geq 0$ で置き換えると，整数計画問題の線形計画緩和（主問題）

$$\begin{array}{llcll} \text{minimize} & \sum_{e \in E} c_e x_e & & & \\ \text{subject to} & \sum_{e \in \delta(S)} x_e & \geq & 1 & (S \in \mathcal{S}), \\ & x_e & \geq & 0 & (e \in E) \end{array} \tag{9.4}$$

が得られ，その双対問題が以下のように書ける．

$$\begin{array}{llcll} \text{maximize} & \sum_{S \in \mathcal{S}} y_S & & & \\ \text{subject to} & \sum_{S: e \in \delta(S)} y_S & \leq & c_e & (e \in E), \\ & y_S & \geq & 0 & (S \in \mathcal{S}). \end{array}$$

最短 s-t パス問題のときと同様に，双対変数は堀としての良い幾何的な解釈ができる．しかしながら，このケースでは，すべての i に対する任意の点集合 $S \in \mathcal{S}_i$ を取り囲む堀を考えることになる．図 9.27 はその説明図である．

シュタイナー森問題に対する主双対アルゴリズムとして，前述の最短 s-t パスアルゴリズムのときと同様に，各反復において，ある i で $|C \cap \{s_i, t_i\}| = 1$ となるような連結成分 C を選び，そして，C に付随する双対変数 y_C をある辺 $e' \in \delta(C)$ で付随する双対制約式がタイトになる（等式で成立する）ようになるまで増加し，その辺を主問題の解の F に加える，ということを繰り返すアルゴリズムを考えることもできる．

しかし，それは近似保証の解析がうまくいかないので，ここでは，いくつかの C に対応する双対変数を同時に増加することにしたアルゴリズムをアルゴリズム 9.3 として与えている．すなわち，$|C \cap \{s_i, t_i\}| = 1$ を満たす連結成分 C の**すべての**集合を $\mathcal{C}$ とする．そして，すべての $C \in \mathcal{C}$ に対して，ある集合 C の $\delta(C)$ に含まれるいずれかの辺 $e \in \delta(C)$ で双対制約式がタイトになるまで，双対変数 y_C を同じ値だけ増加する．そして，双対制約式がタイトになった辺 e を解の F に加えて，これを繰り返す．

そこで，F に加えられる辺を加えられた順に番号をつける．すなわち，e_1 は

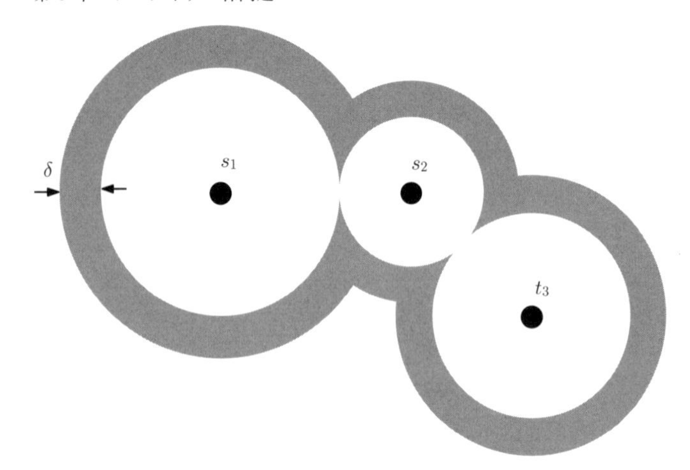

図 9.27　文献 [83] からの引用であるシュタイナー森問題に対する堀の説明図. s_1, s_2, t_3 のそれぞれが, それぞれの点を囲む白い堀を持っている. さらに, 点集合 $\{s_1, s_2, t_3\}$ に対する幅 $y_{\{s_1,s_2,t_3\}} = \delta$ の灰色で示している堀も存在する.

最初の反復で加えられた辺であり, e_2 は 2 回目の反復で加えられた辺であり, 以下同様である.

いったん, F が実行可能解になって, すべてのターミナル点対 s_i, t_i が F で連結になると, F に加えた辺の逆順に辺を除去できるかどうかを確かめていく. すなわち, 最後に加えた辺から逆順に, 除去しても実行可能解になっている (すなわち, 不要な辺である) かどうかを確認しながら, 不要な辺であるときには除去することを続けて, 最初に加えた辺までこれを繰り返していく.

この**逆順削除** (reverse deletion) のステップ後に得られた最後の集合を F' とする. すると, F' がアルゴリズムで返されることになる. 不要な辺を逆順に削除することにより, 解析を単純化できる. なお, 不要な辺を任意の順番で削除しても同一の近似保証を得ることができることを注意しておく.

アルゴリズム 9.3　シュタイナー森問題に対する主双対アルゴリズム

$y \leftarrow 0$; // y は双対変数

$F \leftarrow \emptyset$; // 主変数 $x \leftarrow 0$ ($F = \{e \in E : x_e = 1\}$)

$\ell \leftarrow 0$; // ℓ は反復回数
(V, F) で連結になっていない対 s_i, t_i が存在する限り以下を繰り返す.
　　// メインループ
　　$\ell \leftarrow \ell + 1$;
　　ある i で $|C \cap \{s_i, t_i\}| = 1$ となる (V, F) のすべての連結成分 C の
　　　集合を $\mathcal{C}$ とする;
　　$\mathcal{C}$ のすべての C に対して, $C' \in \mathcal{C}$ かつ $e_\ell \in \delta(C')$ を満たす e_ℓ の
　　　うちのどれかで最初に $c_{e_\ell} = \sum_{S: e_\ell \in \delta(S)} y_S$ となるまで
　　　双対変数 y_C を一様に増加する;
　　$F \leftarrow F \cup \{e_\ell\}$; // $x_{e_\ell} \leftarrow 1$
$F' \leftarrow F$;
for $k \leftarrow \ell$ **downto** 1 **do** // 逆順削除
　　if $F' - \{e_k\}$ が実行可能解である **then**
　　　F' から e_k を除去する;
F' を返す.

双対変数を堀と見なす幾何的な解釈を用いて, 図 9.28, 図 9.29, 図 9.30 のようにアルゴリズムの動作を可視化できる.

アルゴリズムがシュタイナー森問題に対する 2-近似アルゴリズムであることも証明できる. そこで, 最初に補題を与えて, それを用いてその証明を与えることにする. なお, 補題の証明はその後に行うことにする.

補題 9.16 アルゴリズム 9.3 のどの反復の $\mathcal{C}$ でも,

$$\sum_{C \in \mathcal{C}} |\delta(C) \cap F'| \leq 2|\mathcal{C}|$$

が成立する.

幾何的な解釈を用いて, 最終的な解の F' に含まれる辺と堀が交差する総回数が高々堀の個数の 2 倍であることを示したい (図 9.31 参照).

証明における直観的な解釈は, 木における点の次数の和が高々点数の 2 倍にしかならないことに基づいている. すなわち, 各連結成分 C を木の点と見な

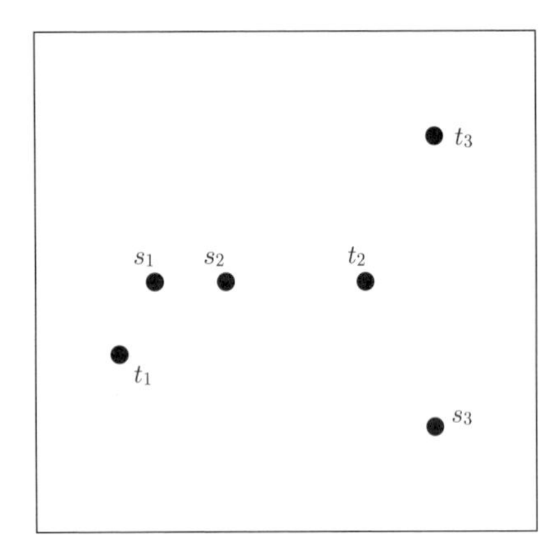

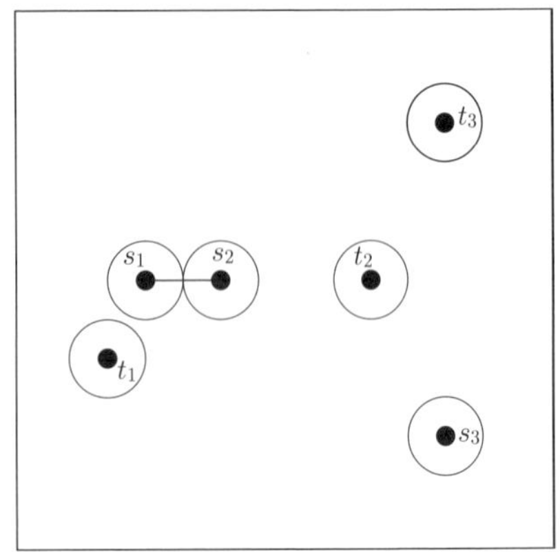

図 9.28　文献 [83] からの引用であるシュタイナー森問題に対する主双対アルゴリズムの説明図 1．左図は入力 $s_1, t_1, s_2, t_2, s_3, t_3$ で，右図は 1 回目のメインループにおける各連結成分 $C = s_1, t_1, s_2, t_2, s_3, t_3$ の y_C（円の半径）と終了後の $F = \{(s_1, s_2)\}$.

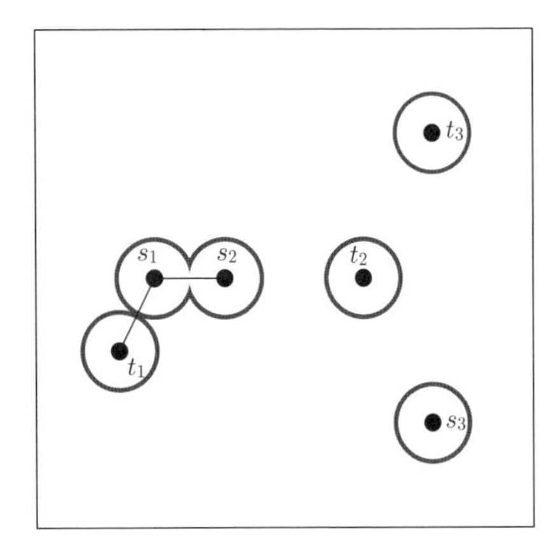

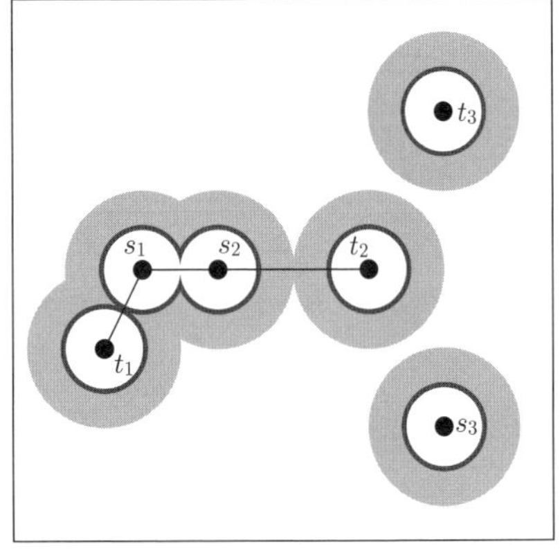

図 9.29　文献 [83] からの引用であるシュタイナー森問題に対する主双対アルゴリズムの説明図 2．左図は 2 回目のメインループにおける各連結成分 C の双対変数 y_C（太線部分）と終了後の $F = \{(s_1, s_2), (s_1, t_1)\}$．右図は 3 回目のメインループにおける各連結成分 C の双対変数 y_C（影をつけている部分）と終了後の $F = \{(s_1, s_2), (s_1, t_1), (s_2, t_2)\}$.

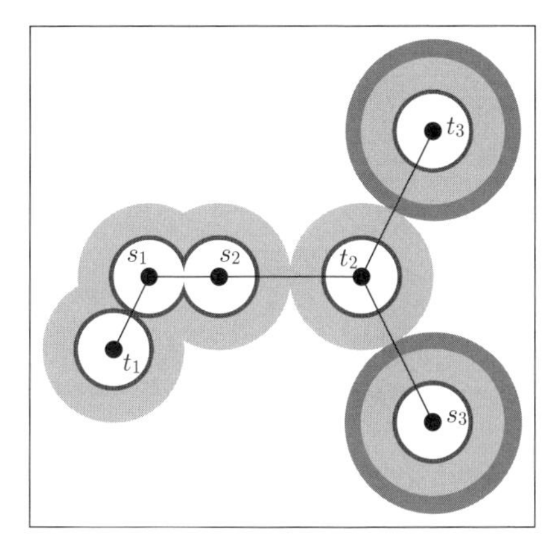

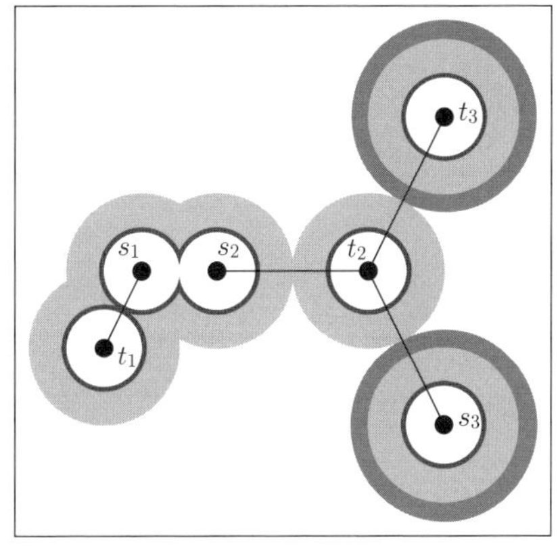

図 9.30 文献 [83] からの引用であるシュタイナー森問題に対する主双対アルゴリズムの説明図 3．逆順削除のステップに入る前の最後の反復（左の図）で，2 本の辺 (t_2, t_3)，(s_3, t_2) に対応する制約式が同時にタイトになっている．逆順削除ステップで最初の反復で加えられた辺 (s_1, s_2) が除去されて返される最終的な辺の集合 F' が右の図に示されている．

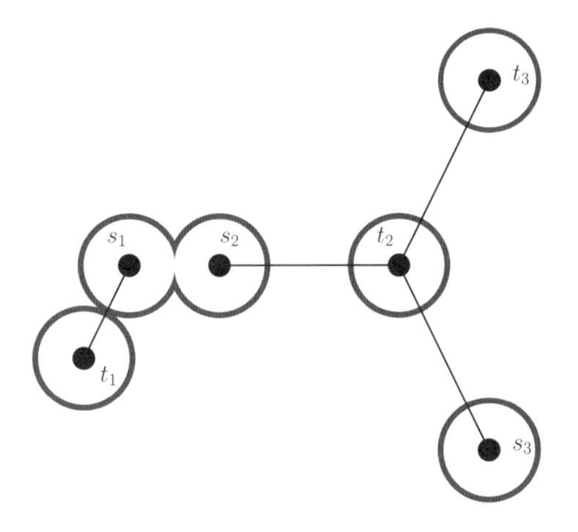

図 9.31 文献 [83] からの引用である補題 9.16 の説明図．5 個の太い線で示している狭い堀を考える．F' の辺は全体で堀と 8 回交差している（s_1-t_1，s_2-t_2，t_2-t_3，t_2-s_3 の各辺が二つの堀と交差している）．各堀は対応する双対変数 y_C が増加された反復での連結成分 $C \in \mathcal{C}$ に対応する．したがって，この反復で，$8 = \sum_{C \in \mathcal{C}} |\delta(C) \cap F'| \leq 2|\mathcal{C}| = 10$ であることがわかる．

し，$\delta(C)$ に含まれる F' の辺を木の辺と見なすのである．$\mathcal{C}$ に含まれるのは特別な連結成分 C のみであるので，実際の証明はこの直観より少し難しいが，木の "葉"（次数 1 の点）はいずれも $\mathcal{C}$ に含まれる連結成分であり，結果を証明するにはこれだけで十分である．

ここで，補題から所望の近似保証が得られることを示すことにする．

定理 9.17　アルゴリズム 9.3 は，シュタイナー森問題に対する 2-近似アルゴリズムである．

証明： 得られた主問題の解のコストを双対変数を用いて

$$\sum_{e\in F'} c_e = \sum_{e\in F'} \sum_{S:e\in\delta(S)} y_S = \sum_S |F' \cap \delta(S)| y_S$$

と表す．なお，右辺の和は $y_S > 0$ となるすべての S でとられる．ここで，

$$\sum_S |F' \cap \delta(S)| y_S \leq 2 \sum_S y_S \tag{9.5}$$

を証明したい．これが得られれば，弱双対定理（定理 5.2）より，アルゴリズムが 2-近似アルゴリズムであることが得られることになるからである．

しかし，$y_S > 0$ のときにはいつでも $|F' \cap \delta(S)| \leq 2$ であるということを用いることはできない．満たさない例が簡単に作れるからである．そこで代わりに，アルゴリズムにおける反復回数に基づく帰納法で不等式 (9.5) を証明することにする．最初は，すべての双対変数 y_S が $y_S = 0$ であるので，不等式 (9.5) は成立する．そこで，アルゴリズムのメインループのある反復の開始時に不等式 (9.5) が成立したと仮定する．すると，この反復において，各 $C \in \mathcal{C}$ に対する y_C がある値だけ増加される（その値を ε とする）．これにより，式 (9.5) の左辺は

$$\varepsilon \sum_{C\in\mathcal{C}} |F' \cap \delta(C)|$$

だけ増加し，右辺は

$$2\varepsilon|\mathcal{C}|$$

だけ増加する．一方，補題 9.16 の不等式より，左辺の増加は右辺の増加より大きくなることがないことがわかる．したがって，この反復において，双対変数を増加する前に不等式 (9.5) が成立していれば，双対変数を増加したあとでもこの不等式が成立することになることが得られた． □

次に，補題 9.16 の証明に移る．そこでは以下の観察が必要になる．

観察 9.18 アルゴリズム 9.3 のどの時点でも F に属する辺の集合は森を形成する．

証明： アルゴリズムにおける反復回数に基づく帰納法でこの観察の命題を証明する．最初，集合 $F = \emptyset$ は森である．各反復で F に辺が加えられるが，$\mathcal{C}$ のどの連結成分もその加えられる辺の高々一方の端点を含むだけである．したがって，対象とする反復の直前の反復で F が森であるとすると，対象の反復で森 F に加えられる辺は二つの連結成分を結び，更新された F も（閉路を含まず）そのまま森であり続ける． □

補題 9.16 の証明： 辺 e_i が F に加えられる反復を考える．この反復の開始時の F を F_i とする．すなわち，$F_i = \{e_1, \ldots, e_{i-1}\}$ である．ここで，$H = F' - F_i$ とする．このとき，F' 自身がこの問題に対する実行可能解であるので，$F_i \cup H = F_i \cup F'$ はこの問題の実行可能解であることに注意しよう．

ここで，$F_i \cup H$ からどの辺 $e \in H$ も除去すると実行可能解ではなくなることを主張したい．これは，以下のように，アルゴリズムの最後の逆順削除ステップの手続きから得られる．この手続きで e_{i-1} を削除するかどうかを確認するステップの時点における F' の辺の集合は正確に $F_i \cup H$ に一致している．したがって，既に検証済みで F' に残されている辺は，解が実行可能であるためには必要であることがわかっている．そしてそのような辺の集合がまさに H であることから，$F_i \cup H$ からどの辺 $e \in H$ も除去すると実行可能解でなくなることが得られた．

ここで，$(V, F_i \cup H)$ において，(V, F_i) の各連結成分 C を 1 点 v_C に縮約して新しいグラフを作る．V' をこのグラフの点集合とする．どの時点でも F は森であり，森 F_i の各木はすべての辺が縮約されて V' の 1 点となっているので，H のどの辺も両端点が V' の同一の点に対応するということはない．H のある辺 e の両端点が V' の同一の点 v_C に対応したとすると，$F_i \cup \{e\}$ は閉路を含み，$F_i \cup H$ から辺 $e \in H$ を除去しても実行可能解になってしまうからである．したがって，V' で H の辺からなる森を考えることができる．この森で，H の各辺は，(V, F_i) の二つの異なる連結成分に対応する V' の 2 点を結ぶものになっている（図 9.32）．

この森の各点 $v \in V'$ に対して，$\deg(v)$ は v の次数（すなわち，v に接続する H の辺の本数）を表すものとする．さらに，V' の点を赤と青で彩色する．V' の赤い点は，この反復で集合 $\mathcal{C}$ に含まれていた (V, F_i) の連結成分 C に対応する（すなわち，ある j で $|C \cap \{s_j, t_j\}| = 1$ である）．V' の残りの点はすべて青である．V' の赤い点の集合を R と表記し，$\deg(v) > 0$ を満たす V' の青い点 v の集合を B と表記する．

ここで，所望の不等式

$$\sum_{C \in \mathcal{C}} |\delta(C) \cap F'| \leq 2|\mathcal{C}|$$

は，この森を用いて以下のように書き換えることができることを確認する．まず，右辺は $2|R|$ となる．また，$F' \subseteq F_i \cup H$ であり，（$C \in \mathcal{C}$ は F_i の連結成分であること

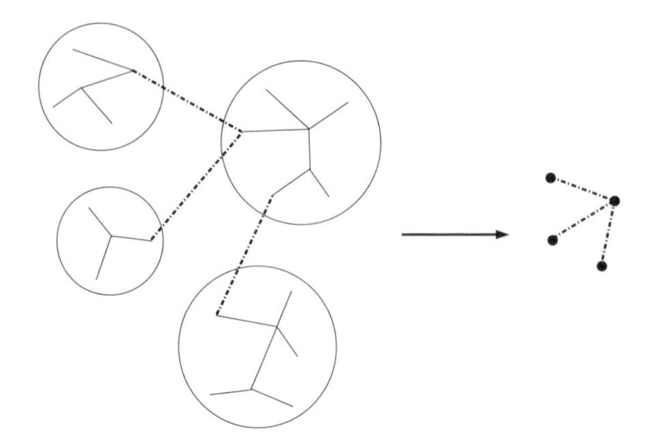

図 9.32　文献 [83] からの引用である補題 9.16 の証明．現在の連結成分の集合と（点線で示している）H の辺を左側に表している．右側は縮約して得られるグラフ．

から）F_i のどの辺も $C \in \mathcal{C}$ の $\delta(C)$ に現れることはないので，左辺は $\sum_{v \in R} \deg(v)$ より大きくなることはない．したがって，

$$\sum_{v \in R} \deg(v) \leq 2|R|$$

を示せばよいことになる．これを証明するために，どの青い点も次数が 1 になることはないことを主張したい．この主張が得られれば，あとは容易である．まず，

$$\sum_{v \in R} \deg(v) = \sum_{v \in R \cup B} \deg(v) - \sum_{v \in B} \deg(v)$$

に注意する．さらに，森の点の次数の総和は，（その森の辺数の 2 倍であり，その辺数は森の点数よりも小さいので）その森の点数の 2 倍を超えることはない．したがって，主張より次数が 1 以上の青い点は次数が 2 以上となるので，所望の

$$\sum_{v \in R} \deg(v) \leq 2(|R| + |B|) - 2|B| = 2|R|$$

が得られることになる．

残っていることは，どの青い点も次数 1 となることがないことの証明である．そこで，そうではなかったと仮定して，$v_C \in V'$（v_C に対応する縮約前のグラフの連結成分が C）が次数 1 の青い点であり，e をその連結成分に接続している H の唯一の辺とする．上記の議論より，e は解の実行可能性には必要なものであることがわかっている．したがって，$|C' \cap \{s_j, t_j\}| = 1$ かつ $|C'' \cap \{s_j, t_j\}| = 1$（対称性から，$C' \cap \{s_j, t_j\} = \{s_j\}$, $C'' \cap \{s_j, t_j\} = \{t_j\}$ と仮定できる）を満たすある j と

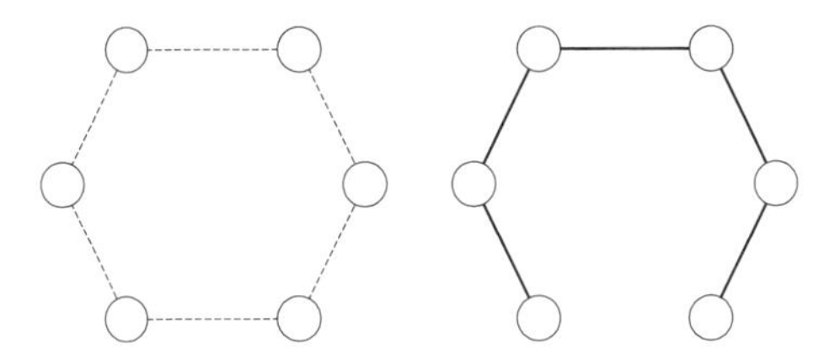

図 9.33　シュタイナー森問題に対する整数計画による定式化の整数性ギャップ 2 の例．n 点からなる閉路のグラフで辺のコストはすべて 1 である．どの 2 点もターミナル点対をなす．左側の図は各辺 e の値 x_e が $\frac{1}{2}$ で，線形計画緩和の実行可能解でありコスト $\frac{n}{2}$ ある．さらに，各点 v の双対変数 y_v の値のみが正の値をとり $\frac{1}{2}$ である解は双対問題の実行可能解でありコスト $\frac{n}{2}$ ある．したがって，これらはそれぞれの最適解でもある．右側の図は各辺の値が 1 で，整数計画による定式化の最適解でありコスト $n-1$ である．したがって，整数計画問題の最適解の値とその緩和である線形計画問題の最適解の値の比は $\frac{n-1}{n/2} = 2 - \frac{2}{n}$ となり，n が大きくなるにつれて限りなく 2 に近づく．

$C', C'' \in \mathcal{C}$ が存在し，e は $v_{C'}$ と $v_{C''}$ とを結ぶ H の辺からなるパス上の辺となる．したがって，$v = v_C$ がそのパスの両端点と異なるとすると途中の点となり C に接続する辺が e 以外にもあり 2 本以上となってしまうので，v_C そのパスの端点となる．すなわち，$C = C'$ あるいは $C = C''$ となる．しかし，そうなると，C は $\mathcal{C}$ に存在することになってしまい，v_C は赤い点となって矛盾が得られる．　□

アルゴリズムが，整数計画による定式化 (9.4) に対する線形計画緩和の双対問題の実行可能解の値の高々 2 倍のコストの整数解を求めることを証明したので，その証明は整数性ギャップが高々 2 であることも示している．

一方，図 9.33 は，この定式化に対する整数性ギャップが本質的に 2 であることを示している．したがって，この定式化に基づく主双対アルゴリズムの近似保証はこれ以上改善できない．

9.8　その他のアルゴリズム

シュタイナー森問題に対するその他のアルゴリズムとして，以下のヒューリスティクスを取り上げる．

最も単純なものとしては，各ターミナル点対 s_i, t_i 間を結ぶ最短パス P_i を求め，$E(P_i)$ を P_i に含まれる辺の集合とし，$E' = E(P_1) \cup E(P_2) \cup \cdots \cup E(P_k)$ とする．そして最後に，E' で誘導される部分グラフから閉路となる辺を除去して得られる辺部分集合 $F \subseteq E' \subseteq E$ を返すというヒューリスティクが挙げられる（パス上の辺をすべて縮約する縮約版も挙げられる）．このヒューリスティクの計算時間は $\mathrm{O}(kS(n,m))$ である．

また，Gupta-Kumar のアルゴリズムが，最小全点木を求める Kruskal 版の拡張版と見なせることに注目して，シュタイナー森問題に対する Prim 版の拡張版も挙げられる．すなわち，活性なスーパーノードを1個選んで，そのスーパーノードから最も近い活性なスーパーノードを選んで併合し，さらに併合で得られたスーパーノードが活性なときには，そのスーパーノードから最も近い活性なスーパーノードを選んで併合し，ということを繰り返すヒューリスティクスである．なお，途中で併合で得られたスーパーノードが不活性になったときには，再度新しい活性なスーパーノードを1個選んで上記のことを繰り返し，最終的に，活性なスーパーノードがなくなるまで繰り返すというヒューリスティクである．このヒューリスティクの計算時間は $\mathrm{O}(kS(n,m))$ である．

同様に，主双対アルゴリズムである最短パスを求める Dijkstra の拡張版も挙げられる．すなわち，活性なスーパーノードを1個選んで始点とし，その始点から最も近い（**スーパーノードとは限らない**）点を選んで併合する（したがってターミナル点以外の点も含むこともあるので，正確にはこれまでのスーパーノードの定義とは異なるが，ここでもスーパーノード呼ぶことにする）．さらに併合で得られたスーパーノードが活性なときには，最初の始点から最も近い点を選んで併合し，ということを繰り返すヒューリスティクスである．このときも Prim 版と同様に，途中で併合で得られたスーパーノードが不活性になったときには，再度新しい活性なスーパーノードを1個選んで上記のことを繰り返し，最終的に，活性なスーパーノードがなくなるまで繰り返すというヒューリスティクである．このヒューリスティクの計算時間は $\mathrm{O}(kS(n,m))$ である．

前述のアルゴリズムで返される $F \subseteq E$ で誘導される部分グラフ $G|F = (V(F), F)$ は，いくつかの連結成分からなる．なお，$V(F)$ は

$$V(F) = \bigcup_{(u,v)\in F} \{u, v\}$$

である．このとき，各連結成分には，不要な辺（すなわち，削除しても，シュタイナー森問題の実行可能解となるような辺）も存在しうる．そこで，事後処理として，各連結成分から不要な辺をすべて除去して，得られる辺の集合を改めて F とする．さらに，$F \subseteq E$ で誘導される部分グラフ $G|F = (V(F), F)$ の各連結成分 $C \subseteq V(F)$ に対して，点集合 C で誘導される G の部分グラフの最小全点木（の辺集合）T_C を求める．すると，F_C を C を形成する $G|F$ の連結成分の辺集合とすると，T_C のコストは F_C のコスト以下である．このことから，$G|F$ の連結成分 C を $C \in G|F$ と表記して $H = \bigcup_{C\in G|F} T_C$ とおくと，$V(H) = V(F)$ であり，$G|H = (V(H), H)$ もシュタイナー森問題の実行可能解で，コストは $G|F$ よりも小さくなりうる．そこで，改めて，$F = H$ と置いて，コストが減少する限りこれを繰り返すというヒューリスティクスが得られる．

9.9 シュタイナー森アルゴリズムの計算機実験

本章で述べたアルゴリズムを C 言語で実装し，DIMACS のシュタイナー木問題のデータセットと車輪グラフ（図 9.34）および格子グラフ（図 9.35）をデータとして用いて実験をした結果が浅野 (2016) [12] に述べられている．以下は，そこからの引用である．なお，Gupta-Kumar の大食アルゴリズムについては，（縮約をしない）論文のオリジナル版（以下では，GK と表示）と縮約と第 9.8 節の事後処理を適用した GK の変種版（以下では，GK 変と表示）を用いた（計算時間はともに $O(k^2S(n,m))$）．9.8 節のその他のアルゴリズムで説明した Prim 版（以下では，Prim と表示）（計算時間は $O(kS(n,m))$），各ターミナル点対 s_i, t_i 間を結ぶ最短パス P_i を求め，$E(P_i)$ を P_i に含まれる辺の集合とし，$E' = E(P_1) \cup E(P_2) \cup \cdots \cup E(P_k)$ とする単純版（以下では，単純と表示）（計算時間は $O(kS(n,m))$），Dijkstra の拡張版（以下では，Dijk と表示）（計算時間は $O(kS(n,m))$）では，すべて縮約と第 9.8 節の事後処理を適用したものを用いた．Agrawal-Klein-Ravi のアルゴリズム（以下では，AKR と表示）（計算時間は $O(nm)$）も第 9.8 節の事後処理を適用したものを用い

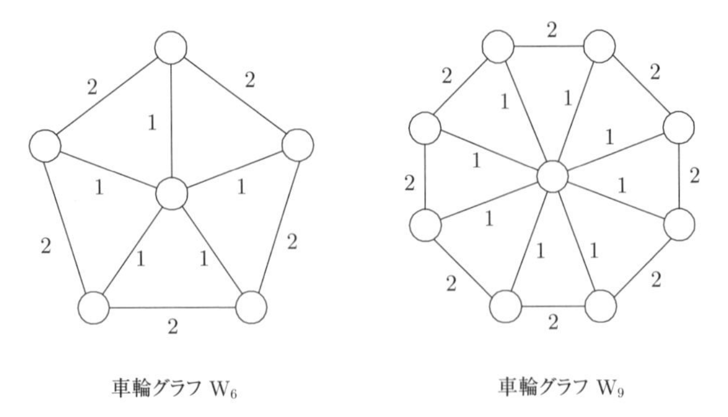

車輪グラフ W_6　　　車輪グラフ W_9

図 9.34　実験で用いた n 点からなる車輪グラフ W_n.

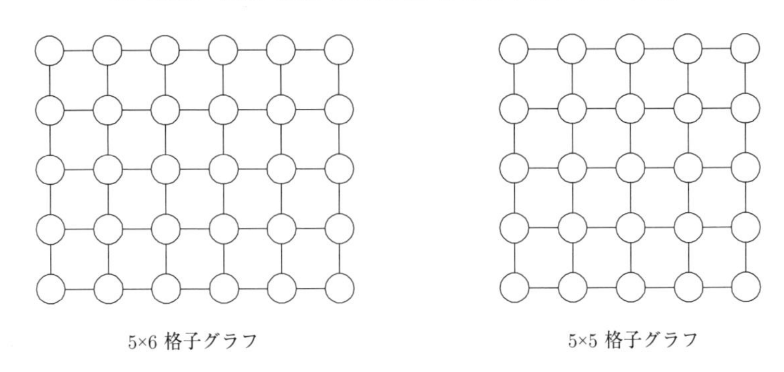

5×6 格子グラフ　　　5×5 格子グラフ

図 9.35　実験で用いた $a \times b$ 格子グラフ.

た．Dijkstra の最短パスアルゴリズムとして，実験では 2-ヒープを用いたので，$S(n,m) = \mathrm{O}(m \log n)$ である．

実験に用いたパソコンの仕様は，プロセッサ：Intel(R) Core(TM) i7-3840QM CPU @ 2.80GHz，OS：Windows 8，メモリ：16.0GB である．

表 9.1 と表 9.2 はシュタイナー木問題の入力に対する実験結果からいくつかを選択したものである．すなわち，8000 点の車輪グラフ W_{8000}（wh8000 と表示），DIMACS のシュタイナー木問題の入力データである，w3c571（車輪グラフと奇数閉路の積のグラフ），rl5934fst（簡約水平垂直グラフ），ALUE7080（実際の VLSI で生じるグラフ），hc12p（12 次元超立方体グラフ）に対する結果である．表 9.1 はアルゴリズムで得られた解のコストであり，表 9.2 はその

表 9.1 アルゴリズムで得られた解のコスト（k はターミナル点対数で括弧内の数値は近似性能）.

入力	wh8000	w3c571	rl5934fst	ALUE7080	hc12p
点数	8000	3997	6827	34479	4096
辺数	15998	10278	7365	55494	24576
k	7998	2283	2967	2343	2047
GK	15996 (1.999)	3659 (1.282)	534477 (1.008)	65907 (1.055)	323079 (1.348)
GK 変	15996 (1.999)	3041 (1.065)	531300 (1.002)	63615 (1.018)	254219 (1.072)
Prim	15996 (1.999)	3041 (1.065)	531378 (1.002)	64265 (1.029)	254621 (1.074)
単純	15996 (1.999)	3178 (1.113)	532164 (1.004)	69897 (1.119)	262727 (1.108)
Dijk	7999 (1.000)	3423 (1.199)	533306 (1.006)	119744 (1.917)	335456 (1.415)
AKR	15996 (1.999)	3423 (1.199)	531930 (1.003)	65085 (1.042)	320666 (1.353)
最適解	7999	2854	529890	62449	236949

解を得るのに費やした計算時間である．なお，これらの DIMACS のシュタイナー木問題の入力データの w3c571, rl5934fst, ALUE7080, hc12p に対する最小シュタイナー木のコストは既知で，それぞれ，2854, 529890, 62449, 236949 である．また，wh8000 は，シュタイナー森問題に対する AKR のアルゴリズムの近似保証が 2 に限りなく近づく入力の一つであり，最小シュタイナー木のコストは 7999 である．

表 9.3 から表 9.6 は，表 9.1 と表 9.2 の入力のネットワークに対して，ターミナル点対数 k をパラメーターとしたときの実験結果の一部である（したがって，シュタイナー木問題ではなくなり，真のシュタイナー森問題になる）.

表 9.7 と表 9.8 は，格子グラフ 160×160（点数 25600，辺数 50880，辺のコスト 1）に対するターミナル点対数 k をパラメーターとしたときの解のコストと計算時間である．

表 9.9 と表 9.10 は，格子グラフと車輪グラフに対してターミナル点対数 k を

表 9.2　アルゴリズムの計算時間（秒）（k はターミナル点対数）.

入力	wh8000	w3c571	rl5934fst	ALUE7080	hc12p
点数	8000	3997	6827	34479	4096
辺数	15998	10278	7365	55494	24576
k	7998	2283	2967	2343	2047
GK	1859.5	5.203	80.559	38.251	12.246
GK 変	1860.4	4.953	80.933	38.283	8.798
Prim	1.467	0.359	1.077	5.117	1.264
単純	1.357	0.343	0.734	5.429	1.155
Dijk	0.109	0.015	0.016	0.031	0.016
AKR	0.624	0.188	0.561	14.711	0.983

表 9.3　wh8000 のターミナル点対数 k による解のコスト.

k	2048	1024	512	256	128	64
GK	6809	3378	1746	860	430	206
GK 変	4096	2048	1024	512	256	128
Prim	4096	2048	1024	512	256	128
単純	4096	2048	1024	512	256	128
Dijk	4096	2048	1024	512	256	128
AKR	4096	2048	1024	512	256	128

表 9.4　wh8000 のターミナル点対数 k による計算時間（秒）.

k	2048	1024	512	256	128	64
GK	434.172	108.609	27.188	6.796	1.688	0.437
GK 変	25.781	6.703	1.828	0.531	0.172	0.062
Prim	1.219	0.437	0.172	0.078	0.031	0.031
単純	0.625	0.203	0.078	0.031	0.016	0.016
Dijk	0.016	0.016	0.000	0.016	0.015	0.000
AKR	0.250	0.125	0.063	0.031	0.016	0.000

固定して，格子グラフと車輪グラフで辺数 m をパラメーターとしたときの計算時間と解のコストである.

以下は，これらの結果に基づく近似性能と計算時間の観点からの評価である. 最初に，近似性能について議論する.

Gupta-Kumar の大食アルゴリズムの近似性能については，GK（縮約をしな

表 9.5　ALUE7080 のターミナル点対数 k による解のコスト.

k	1172	586	293	146	73	36
GK	65907	34853	18352	9635	5388	4543
GK 変	63615	33580	17786	9380	5295	4484
Prim	64265	33908	17865	9422	5305	4518
単純	68867	36755	19629	10471	5816	4636
Dijk	119744	71874	42458	23617	16027	12943
AKR	65877	34852	18425	9694	5468	4582

表 9.6　ALUE7080 のターミナル点対数 k による計算時間（秒）.

k	1172	586	293	146	73	36
GK	34.67	8.781	2.203	0.563	0.156	0,063
GK 変	34.59	8.656	2.188	0.562	0.157	0.046
Prim	4.657	1.172	0.281	0.079	0.031	0.015
単純	2.703	0.703	0.204	0.063	0.016	0.016
Dijk	0.016	0.000	0.016	0.015	0.015	0.016
AKR	13.687	7.390	5.422	4.765	4.422	4.359

表 9.7　格子グラフ 160 × 160 のターミナル点対数 k による解のコスト.

k	2048	1024	512	256	128	64
GK	7746	5614	4066	2908	2074	1541
GK 変	7430	5340	3863	2767	1998	1481
Prim	7450	5402	3889	2796	2009	1482
単純	8482	6088	4416	3151	2231	1582
Dijk	24602	23549	21851	17735	12645	7414
AKR	7621	5526	3987	2867	2047	1517

い論文のオリジナル版）と GK 変（縮約と第 9.8 節の事後処理を適用した GK の変種版）では，実験のどのケースでも，縮約の効果と事後処理の効果が確認できた．縮約と事後処理のそれぞれの効果の詳細を表 9.11 に与えている．なお，GK は縮約をしない論文のオリジナル版で，GK 後は GK に事後処理を適用したもの，GK 縮は GK の縮約版で，GK 縮後は GK 縮に事後処理を適用したものである．したがって，GK 縮後は，GK 変と同一である．この表から縮約と事後処理はともに効果のあることがわかる．

表 9.8　格子グラフ 160 × 160 のターミナル点対数 k による時間（秒）.

k	2048	1024	512	256	128	64
GK	69.250	19.719	6.218	2.109	0.719	0.328
GK 変	65.343	18.891	5.781	1.875	0.703	0.328
Prim	4.906	2.609	1.297	0.672	0.344	0.172
単純	4.172	2.031	0.985	0.469	0.234	0.110
Dijk	0.031	0.016	0.000	0.000	0.000	0.016
AKR	12.344	9.859	8.891	7.203	6.734	6.297

表 9.9　格子グラフ $a \times a$ のターミナル点対数 $k = 512$ による計算時間（秒）（m は辺数で括弧内の数字は解のコスト）.

m (a)	50880 (160)	25312 (113)	12640 (80)
GK	6.218 (4066)	2.922 (2824)	1.453 (1967)
GK 変	5.781 (3863)	2.938 (2670)	1.454 (1882)
Prim	1.297 (3889)	0.594 (2705)	0.265 (1893)
単純	0.985 (4416)	0.469 (3085)	0.218 (2163)
Dijk	0.000 (21851)	0.000 (11254)	0.000 (5933)
AKR	8.891 (3987)	2.594 (2778)	0.750 (1940)

表 9.10　車輪グラフ W_n のターミナル点対数 $k = 512$ による計算時間（秒）（n と m は点数と辺数で括弧内の数字は解のコスト）.

n (m)	8000 (15998)	4000 (7998)	2000 (3998)
GK	27.188 (1746)	14.906 (1746)	7.063 (1746)
GK 変	1.828 (1024)	1.140 (1024)	0.687 (1024)
Prim	0.172 (1024)	0.110 (1024)	0.062 (1024)
単純	0.078 (1024)	0.062 (1024)	0.031 (1024)
Dijk	0.000 (1024)	0.000 (1024)	0.000 (1024)
AKR	0.063 (1024)	0.032 (1024)	0.000 (1024)

さらに，wh8000 と hc12p の入力を除いて，GK 変は最も良い近似性能を示した．シュタイナー森問題に対して，表 9.1 の入力 wh8000 では，Dijkstra 版が最適解を求めたのに対して，他のどのアルゴリズムも近似性能がほぼ 2 となった．したがって，それらのアルゴリズムは，近似保証が 2 より真に良くなることはないことが確認できた．しかし，Dijkstra 版は，表 9.5 や表 9.7 からもわかるように，近似性能は 2 より大きい値になることもあることが確認できた．

表 9.11 GK における縮約の効果と事後処理の効果.

入力	wh8000	w3c571	rl5934fst	ALUE7080	hc12p
点数	8000	3997	6827	34479	4096
辺数	15998	10278	7365	55494	24576
k	7998	2283	2967	2343	2047
GK	15996	3659	534477	65907	323079
GK 後	15996	3388	532074	65385	318673
GK 縮	15996	3041	531942	63745	257838
GK 縮後	15996	3041	531300	63615	254219

Prim 版は GK 変とほぼ同じ近似性能を示し，AKR（Agrawal-Klein-Ravi のアルゴリズム）も Prim 版とほぼ同じ近似性能を示した．（各ターミナル点対 s_i, t_i 間を結ぶ最短パス P_i を求める）単純版は，hc12p の入力を除いて，Dijkstra 版以外の他のアルゴリズムより良い近似性能を示すことはなかった．結論として，GK 変と Prim 版と AKR は，実際的にも良い近似性能であることが確認できたと言える．

次に，計算時間について議論する．総合的に判断して，ほぼ見積もりどおりの結果が得られたと言える．

Gupta-Kumar の大食アルゴリズムについては，GK と GK 変の計算時間は，理論的にともに $O(k^2S(n,m))$ であり，実験結果からも，ほぼ k^2 に比例することが確認できた．一方，AKR の計算時間は $O(nm)$ であり k に依存しないが，実験結果からも，k とともに増加するが，その割合は少ないことが確認できた．また，表 9.9 と表 9.10 から，m に比例することが確認できた．Prim 版と単純版の計算時間は，理論的にともに $O(kS(n,m))$ であり，実験結果からも，ほぼ k に比例することが確認できた．一方，Dijkstra 版の計算時間も，理論的に $O(kS(n,m))$ であるが，実験結果から k にそれほど依存せず，ほぼ $O(S(n,m))$ であることが確認できた．実際には，プログラムに様々な工夫を施していることから，最悪の計算時間よりもかなり計算時間が短くなっていると考えられる．

以上の観察から，実際の使用においては，k が小さいときは Gupta-Kumar の大食アルゴリズムが良い候補であり，k がそれほど大きくないときは Prim 版が良い候補であり，k が大きい（k が点数 n に近い）ときは AKR が良い候補であると言える.

9.10　まとめと文献ノート

本章では, 多岐にわたる応用を持つシュタイナー木問題に対して,（ユークリッド版の）最小シュタイナー木の持つ性質の解明と（指数時間）厳密アルゴリズム開発の歴史を Brazil-Graham-Thomas-Zachariasen (2014) [21] に基づいて述べた. また, 最小シュタイナー木を求める単純な 2-近似アルゴリズムを与えた.

さらに, シュタイナー木問題の一般化と言えるシュタイナー森問題に対してグリーディ法に基づく近似アルゴリズムと主双対法に基づく近似アルゴリズムを与え, それらを含むアルゴリズムの実際的な性能評価を浅野 (2016) [12] に基づいて紹介した.

なお, シュタイナー森問題に対する主双対法に基づく近似アルゴリズムの記述においては, Williamson-Shmoys (2011) [83]（邦訳：浅野 (2015)）を参考にした. さらに, Vazirani (2001) [79]（邦訳：浅野 (2002)）と Korte-Vygen (2007) [64]（邦訳：浅野・浅野・小野・平田 (2009)）にも, シュタイナー森問題に対する近似アルゴリズムが詳しく取り上げられている.

第10章

最大充足化問題に対する確率的方法

本章の目標

最大充足化問題を通して確率的方法を理解する．とくに，最大充足化問題の線形整数計画問題としての定式化を緩和して得られる線形計画問題の最適解を確率として用いて，最大充足化問題に対する近似解の近似保証の解析ができることを理解する．

キーワード

最大充足化問題，充足性判定問題，確率的方法，脱乱択化

10.1 ウォーミングアップ問題

(a) 3個のブール変数 x_1, x_2, x_3 からなる論理式

$$P(x_1, x_2, x_3) = (x_1 \vee x_2 \vee x_3) \wedge (\overline{x}_1 \vee \overline{x}_2 \vee \overline{x}_3) \wedge (x_1 \vee \overline{x}_3)$$

に対して，各 x_i に1（真）あるいは0（偽）を適切に割り当てて $P(x_1, x_2, x_3)$ を充足することができるかどうか判定せよ．充足することができるときはそのような割当てを求めよ．

(b) 3個のブール変数 x_1, x_2, x_3 のいくつかを用いて表現された以下の6個の論理式 C_i とその重み $w(C_i)$ に対して，充足される論理式の重みの総和が最大になるように3個のブール変数 x_1, x_2, x_3 に真理値割当てをしたい．どのように割り当てればよいか？

$$C_1 = x_1, \quad C_2 = x_2, \quad C_3 = \overline{x}_3, \quad C_4 = \overline{x}_1 \vee \overline{x}_2 \vee x_3,$$
$$C_5 = \overline{x}_2 \vee x_3, \quad C_6 = \overline{x}_1 \vee x_2,$$
$$w(C_1) = 4, \quad w(C_2) = 2, \quad w(C_3) = 6, \quad w(C_4) = 6,$$
$$w(C_5) = 2, \quad w(C_6) = 8.$$

10.1.1　ウォーミングアップ問題の解説

(a) $x_1 = 1, x_2 = 0, x_3 = 0$ とすると（割当て $(x_1, x_2, x_3) = (1, 0, 0)$ では），

$$x_1 \vee x_2 \vee x_3 = 1, \quad \overline{x}_1 \vee \overline{x}_2 \vee \overline{x}_3 = 1, \quad x_1 \vee \overline{x}_3 = 1$$

となるので，$P(1, 0, 0) = 1$ である．すなわち，$(x_1, x_2, x_3) = (1, 0, 0)$ は，$P(x_1, x_2, x_3) = (x_1 \vee x_2 \vee x_3) \wedge (\overline{x}_1 \vee \overline{x}_2 \vee \overline{x}_3) \wedge (x_1 \vee \overline{x}_3)$ を充足する真理値割当てである．

なお，この問題は**充足性判定問題 (SAT)** と呼ばれる．

(b) $x_1 = 0, x_2 = 1, x_3 = 0$ とすると（割当て $(x_1, x_2, x_3) = (0, 1, 0)$ では），C_2, C_3, C_4, C_6 が充足されて，重みの和が $w(C_2) + w(C_3) + w(C_4) + w(C_6) = 2+6+6+8 = 22$ になり，ここではこの真理値割当て $(x_1, x_2, x_3) = (0, 1, 0)$ が最適解であることが確かめられる．

なお，この問題は**最大充足化問題 (MAX SAT)** と呼ばれる．

10.2　充足性判定問題と最大充足化問題

充足性判定問題 (SAT) と最大充足化問題 (MAX SAT) を形式的に定義するための用語の説明から始める．

真 (true) と**偽** (false) を**真理値** (truth value) といい，真と偽のいずれかの値をとる変数を**ブール変数** (Boolean variable) という．本書では真を 1 (T)，偽を 0 (F) と書くことにする．真理値の二項演算 $\vee$ と $\wedge$ と単項演算 $\overline{}$ は

$$\begin{aligned} &0 \vee 0 = 0, \quad 0 \vee 1 = 1 \vee 0 = 1 \vee 1 = 1, \\ &0 \wedge 0 = 0 \wedge 1 = 1 \wedge 0 = 0, \quad 1 \wedge 1 = 1, \\ &\overline{0} = 1, \quad \overline{1} = 0 \end{aligned} \tag{10.1}$$

と定義される．したがって，$\overline{x} = 1 - x$ である．ブール変数 x とその**否定** (negation) $\overline{x}$ を**リテラル** (literal) という．$\vee$ を**論理和** (disjunction) といい，$\wedge$ を**論理積** (conjunction) という．したがって，論理和 $x_1 \vee x_2 \vee \cdots \vee x_k$ はリテラル $x_1, x_2, \ldots, x_k$ のいずれかが 1 のときに充足されて値 1（$x_1, x_2, \ldots, x_k$ のいずれも 0 のときに充足されずに値 0）をとり，論理積 $x_1 \wedge x_2 \wedge \cdots \wedge x_k$ はリテラル $x_1, x_2, \ldots, x_k$ のすべてが 1 のときのみ充足されて値 1（$x_1, x_2, \ldots, x_k$ のいずれかが 0 のときに充足されずに値 0）をとる．なお，論理和 $x_1 \vee x_2 \vee \cdots \vee x_k$ は**クローズ** (clause) あるいは**節**とも呼ばれる．

$$P(x_1, x_2, x_3) = (x_1 \vee x_2 \vee x_3) \wedge (\overline{x}_1 \vee \overline{x}_2 \vee \overline{x}_3) \wedge (x_1 \vee \overline{x}_3)$$

のように，いくつかの論理和が論理積でつながれた論理式は，**論理積標準形** (conjunctive normal form) の論理式あるいは CNF 形式の論理式と呼ばれる．たとえば，上記の $P(x_1, x_2, x_3)$ は，3 個の論理和

$$C_1 = x_1 \vee x_2 \vee x_3, \quad C_2 = \overline{x}_1 \vee \overline{x}_2 \vee \overline{x}_3, \quad C_3 = x_1 \vee \overline{x}_3$$

の論理積 $C_1 \wedge C_2 \wedge C_3$ として与えられている．

n 個のブール変数 $x_1, x_2, \ldots, x_n$ で定義される論理積標準形の論理式 $P(x_1, x_2, \ldots, x_n)$ が与えられたときに，$P(x_1, x_2, \ldots, x_n)$ を充足するような $x_1, x_2, \ldots, x_n$ への真理値割当てが存在するかどうかを判定する問題が充足性判定問題である．

問題 10.1　充足性判定問題 (SAT)(satisfiability problem)

入力： n 個のブール変数 $x_1, x_2, \ldots, x_n$ とそれらで定義された m 個の論理和の論理積からなる論理積標準形の論理式 $P(x_1, x_2, \ldots, x_n)$．

タスク： $P(x_1, x_2, \ldots, x_n)$ を充足するような n 個のブール変数 $x_1, x_2, \ldots, x_n$ への真理値割当てが存在するかどうかを判定する．

充足性判定問題は，簡略化して，単に **SAT** と呼ばれることも多い．入力の $P(x_1, x_2, \ldots, x_n)$ の各論理和が高々 k 個のリテラルからなると限定された充足性判定問題は，***k*-SAT** と呼ばれている．充足性判定問題の最適化版が最大充足化問題である．

問題 10.2　最大充足化問題 (MAX SAT)(maximum satisfiability problem)

入力： n 個のブール変数 $x_1, x_2, \ldots, x_n$ からなる集合 X とそれらの変数で定義された m 個の論理和 $C_1, C_2, \ldots, C_m$ の集合 $\mathcal{C}$ および各論理和 $C \in \mathcal{C}$ に対する非負の重み $w(C)$.

タスク： 充足される論理和の重みの総和が最大となるような n 個のブール変数 $x_1, x_2, \ldots, x_n$ への真理値割当てを求める.

最大充足化問題は，簡略化して，単に **MAX SAT** と呼ばれることも多い．入力の各論理和 C_j が高々 k 個のリテラルからなると限定された最大充足化問題は，**MAX *k*-SAT** と呼ばれている．k が 3 以上の k-SAT は NP-完全であり，k が 2 以上の MAX k-SAT は NP-困難であることが知られている.

10.2.1　MAX SAT の関数表現

与えられた MAX SAT の入力に対して，各変数への任意の 0, 1（真，偽）割当てを $\boldsymbol{x}= (x_1, x_2, \ldots, x_n) \in \{0,1\}^n$ と表すことにする．$\overline{x}_i = 1 - x_i$ であるので，各 $C_j \in \mathcal{C}$ は

$$C_j = C_j(\boldsymbol{x}) = 1 - \prod_{x_i \in X_j^+} (1 - x_i) \prod_{x_i \in X_j^-} x_i \tag{10.2}$$

として $\boldsymbol{x} = (x_1, x_2, \ldots, x_n)$ の関数と考えることができる．ここで X_j^+ は C_j に肯定形で現れる変数の集合で X_j^- は否定形で現れる変数の集合である.

たとえば，ウォーミングアップ問題 (b) の論理和 $C_4 = \overline{x}_1 \vee \overline{x}_2 \vee x_3$ は,

$$C_4 = C_4(x_1, x_2, x_3) = 1 - x_1 x_2 (1 - x_3)$$

と書ける．すなわち，この例では，$X_4^+ = \{x_3\}$，$X_4^- = \{x_1, x_2\}$ である.

任意の真理値割当て $\boldsymbol{x} = (x_1, x_2, \ldots, x_n) \in \{0,1\}^n$ に対して C_j は $C_j = C_j(\boldsymbol{x}) = 0$ または 1 となり，真理値割当て $\boldsymbol{x} = (x_1, x_2, \ldots, x_n)$ の**値** (value) は

$$F(\boldsymbol{x}) = \sum_{C_j \in \mathcal{C}} w(C_j)\ C_j(\boldsymbol{x}) \tag{10.3}$$

と定義される．すなわち $\boldsymbol{x}=(x_1,x_2,\ldots,x_n)$ によって充足される $\mathcal{C}$ 内の論理和の重みの総和が $\boldsymbol{x}=(x_1,x_2,\ldots,x_n)$ の値である．こうして MAX SAT は値が最大となるような $\boldsymbol{x}=(x_1,x_2,\ldots,x_n)\in\{0,1\}^n$ を見つける問題となる．

たとえば，ウォーミングアップ問題 (b) の例では，

$$C_1=x_1,\ C_2=x_2,\ C_3=1-x_3,\ C_4=1-x_1x_2(1-x_3),$$
$$C_5=1-x_2(1-x_3),\ C_6=1-x_1(1-x_2)$$

と書けるので，

$$w(C_1)=4,\ w(C_2)=2,\ w(C_3)=6,\ w(C_4)=6,\ w(C_5)=2,\ w(C_6)=8$$

から $\boldsymbol{x}=(x_1,x_2,x_3)\in\{0,1\}^3$ の値は

$$\begin{aligned}F(x_1,x_2,x_3)&=4C_1+2C_2+6C_3+6C_4+2C_5+8C_6\\&=4x_1+2x_2+6(1-x_3)+6(1-x_1x_2(1-x_3))\\&\qquad+2(1-x_2(1-x_3))+8(1-x_1(1-x_2))\end{aligned}$$

となる．そして真理値割当て $(x_1,x_2,x_3)=(0,1,0)$ で $F(x_1,x_2,x_3)$ は最大値 $F(0,1,0)=0+2+6+6+0+8=22$ をとる．

この例からもわかるように，各論理和 C_j と関数 F は，各変数 x_i に関して x_i の 1 次関数（線形の関数）であることに注意しよう．すなわち，x_i 以外のすべての変数を固定すると，これらは x_i の 1 次関数である．

10.3 最大充足化問題に対する確率的方法

MAX SAT に対する近似アルゴリズムは多くが確率的方法に基づいている．

最初に，真理値割当て $\boldsymbol{x}=(x_1,x_2,\ldots,x_n)$ の各変数 x_i に対して p_i を x_i が真になる確率とする．このように，各変数に真になる確率を割り当てた $\boldsymbol{x}^p=(p_1,p_2,\ldots,p_n)$ を**真理値確率割当て** (random truth assignment) という．したがって，真理値確率割当て $\boldsymbol{x}^p$ によって論理和 $C_j\in\mathcal{C}$ が充足される確率は

$$C_j(\boldsymbol{x}^p)=1-\prod_{x_i\in X_j^+}(1-p_i)\prod_{x_i\in X_j^-}p_i \tag{10.4}$$

となり，真理値確率割当て $\boldsymbol{x}^p$ の期待値は

$$F(\boldsymbol{x}^p) = \sum_{C_j \in \mathcal{C}} w(C_j)\, C_j(\boldsymbol{x}^p) \tag{10.5}$$

となる．

たとえば，上のウォーミングアップ問題 (b) の例で各変数 x_i $(i = 1, 2, 3)$ に対して p_i を x_i が真になる確率とする．すると，論理和 C_1 が充足される確率は p_1 となる．同様に C_2, C_3, C_4, C_5, C_6 の充足される確率はそれぞれ，

$$p_2,\ 1 - p_3,\ 1 - p_1 p_2 (1 - p_3),\ 1 - p_2 (1 - p_3),\ 1 - p_1 (1 - p_2)$$

となる．したがって，真理値確率割当て $\boldsymbol{x}^p = (p_1, p_2, p_3)$ の期待値は，

$$\begin{aligned} F(p_1, p_2, p_3) = 4p_1 + 2p_2 + 6(1 - p_3) + 6(1 - p_1 p_2 (1 - p_3)) \\ +2(1 - p_2(1 - p_3)) + 8(1 - p_1(1 - p_2)) \end{aligned}$$

となる．

注目したい点は，真理値確率割当て $\boldsymbol{x}^p = (p_1, p_2, \ldots, p_n)$ の期待値 $F(\boldsymbol{x}^p)$ 以上の値を持つ真理値割当て $\boldsymbol{x} = (x_1, x_2, \ldots, x_n)$ を**条件付き確率** (conditional probability) 法に基づいて求めることができることである．すなわち，最大充足化問題に対する確率的方法に基づくアルゴリズムは以下のように書ける．

アルゴリズム 10.1　最大充足化問題に対する確率的方法

入力：　n 個のブール変数 $x_1, x_2, \ldots, x_n$ からなる集合 X とそれらの変数で定義された m 個の論理和 $C_1, C_2, \ldots, C_m$ の集合 $\mathcal{C}$ および各論理和 $C \in \mathcal{C}$ に対する非負の重み $w(C)$.

出力：　n 個のブール変数 $x_1, x_2, \ldots, x_n$ への真理値割当て．

アルゴリズム：

1. 何らかの方法で各 $p_i \in [0, 1]$ $(i = 1, 2, \ldots, n)$ を求め，各変数 x_i に確率 p_i で 1（真）を割り当てる．
2. **for** $i = 1$ **to** n **do**

   $\boldsymbol{x}^0 = (q_1, q_2, \ldots, q_{i-1}, 0, p_{i+1}, p_{i+2}, \ldots, p_n)$ とする．

   $\boldsymbol{x}^1 = (q_1, q_2, \ldots, q_{i-1}, 1, p_{i+1}, p_{i+2}, \ldots, p_n)$ とする．

$F(\boldsymbol{x}^0) \geq F(\boldsymbol{x}^1)$ ならば $q_i = 0$ とし，

$F(\boldsymbol{x}^0) < F(\boldsymbol{x}^1)$ ならば $q_i = 1$ とする．

3.　$\boldsymbol{x}^q = (q_1, q_2, \ldots, q_n)$ を出力する．

10.3.1　最大充足化問題に対する確率的方法の実行例

ウォーミングアップ問題 (b) の MAX SAT の入力

$$
\begin{array}{llll}
C_1 = x_1, & C_2 = x_2, & C_3 = \overline{x}_3, & C_4 = \overline{x}_1 \vee \overline{x}_2 \vee x_3, \\
C_5 = \overline{x}_2 \vee x_3, & C_6 = \overline{x}_1 \vee x_2, & & \\
w(C_1) = 4, & w(C_2) = 2, & w(C_3) = 6, & w(C_4) = 6, \\
w(C_5) = 2, & w(C_6) = 8. & &
\end{array}
$$

を例にとって説明する．簡単のため各 p_i を $\frac{1}{2}$ としてみよう．すると真理値確率割当ては $\boldsymbol{x}^p = (\frac{1}{2}, \frac{1}{2}, \frac{1}{2})$ となり，$C_1, C_2, C_3, C_4, C_5, C_6$ の充足される確率はそれぞれ，

$$\frac{1}{2},\ \frac{1}{2},\ \frac{1}{2},\ \frac{7}{8},\ \frac{3}{4},\ \frac{3}{4}$$

となり，期待値は

$$F(\boldsymbol{x}^p) = 4 \times \frac{1}{2} + 2 \times \frac{1}{2} + 6 \times \frac{1}{2} + 6 \times \frac{7}{8} + 2 \times \frac{3}{4} + 8 \times \frac{3}{4} = 18\frac{3}{4}$$

となる．値が少なくとも $F(\boldsymbol{x}^p)$ であるような真理値割当て $\boldsymbol{x}^q \in \{0, 1\}^n$ は $F(\boldsymbol{x}^p)$ が各 p_i の線形関数であることから，条件付き確率法で以下のようにして求められる（図 10.1）．

p_1 以外の p_i を固定し，p_1 を $p_1 = 0$ と置いてみる．すると真理値確率割当て $\boldsymbol{x}_0^p = (0, \frac{1}{2}, \frac{1}{2})$ で $C_1, C_2, C_3, C_4, C_5, C_6$ の充足される確率はそれぞれ，

$$0,\ \frac{1}{2},\ \frac{1}{2},\ 1,\ \frac{3}{4},\ 1$$

となり，期待値は $19\frac{1}{2}$ になる．同様に，$p_1 = 1$ と置くと真理値確率割当て $\boldsymbol{x}_1^p = (1, \frac{1}{2}, \frac{1}{2})$ で $C_1, C_2, C_3, C_4, C_5, C_6$ の充足される確率はそれぞれ，

$$1,\ \frac{1}{2},\ \frac{1}{2},\ \frac{3}{4},\ \frac{3}{4},\ \frac{1}{2}$$

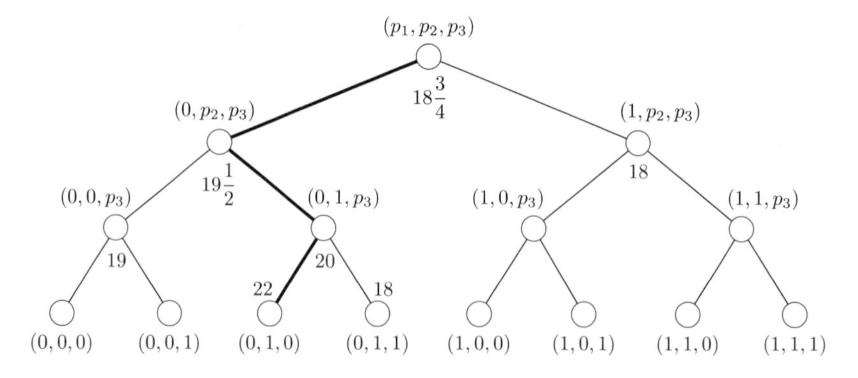

図 10.1　条件付き確率法の説明図.

となり，期待値は 18 になる．したがって，期待値が大きくなるほうに x_1 の値を固定し，真理値確率割当て $\boldsymbol{x}_0^p = (0, \frac{1}{2}, \frac{1}{2})$ を求める．次に，$x_1 = 0, x_3 = p_3 = \frac{1}{2}$ を固定しながら，$p_2 = 0$ と置くと期待値は 19 となり，$p_2 = 1$ と置くと期待値は 20 となるので，$x_2 = 1$ と固定し，真理値確率割当て $\boldsymbol{x}_{01}^p = (0, 1, \frac{1}{2})$ を求める．最後に，$x_1 = 0, x_2 = 1$ を固定しながら，$p_3 = 0$ と置くと期待値は 22 となり，$p_3 = 1$ と置くと期待値は 18 となるので，$x_3 = 0$ と固定し，真理値割当て $\boldsymbol{x}_{010}^p = (0, 1, 0)$ が得られる．

このように条件付き確率法に基づいて，常に前の期待値以上の期待値を持つように，各変数に 0, 1 を割り当てていくことができる．したがって，良い期待値を持つ真理値確率割当てを得ることができれば，良い真理値割当ても得ることができることになる．

実際には，単純に公平なコイン投げに基づいて，各変数 x_i を確率 $\frac{1}{2}$ で真とする真理値確率割当て $\boldsymbol{x}^p = (\frac{1}{2}, \frac{1}{2}, \ldots, \frac{1}{2})$ を用いても近似保証を得ることができる．実際，D.S. Johnson の $\frac{1}{2}$-近似アルゴリズム [58] はこの真理値確率割当て $\boldsymbol{x}^p = (\frac{1}{2}, \frac{1}{2}, \ldots, \frac{1}{2})$ を用いている．そこで，k 個のリテラルからなる論理和の集合を $\mathcal{C}_k$ とする．すなわち，

$$\mathcal{C}_k = \{C \in \mathcal{C} : C \text{ は } k \text{ 個のリテラルの論理和である }\} \tag{10.6}$$

である．さらに，$\mathcal{C}_k$ に属する論理和の重みの総和を W_k とし（$\mathcal{C}_k = \emptyset$ のときには $W_k = 0$ と考える），$\mathcal{C}$ に属する論理和の重みの総和を W とする．すなわち，

$$W = \sum_{C \in \mathcal{C}} w(C), \quad W_k = \sum_{C \in \mathcal{C}_k} w(C) \tag{10.7}$$

である．したがって，

$$W = \sum_{k=1}^{\infty} W_k \tag{10.8}$$

である．

真理値確率割当て $\boldsymbol{x}^p = (\frac{1}{2}, \frac{1}{2}, \ldots, \frac{1}{2})$ では，各変数 x_i が真になる確率 p_i は $\frac{1}{2}$ であり，偽になる確率 $1 - p_i$ も $\frac{1}{2}$ であるので，k 個のリテラルからなる論理和 C_k の充足される確率は（C_k が充足されない確率は $\left(\frac{1}{2}\right)^k$ となることから）$1 - \left(\frac{1}{2}\right)^k$ となる．したがって，最適解（値を最大とする真理値割当て）$\boldsymbol{x}^*$ の値 $F(\boldsymbol{x}^*)$ を W^* とすると，$W \geq W^*$ であるので，真理値確率割当て $\boldsymbol{x}^p = (\frac{1}{2}, \frac{1}{2}, \ldots, \frac{1}{2})$ の期待値 $F(\boldsymbol{x}^p)$ は

$$\begin{aligned}
F(\boldsymbol{x}^p) &= \sum_{k=1}^{\infty} \sum_{C \in \mathcal{C}_k} \left(1 - \left(\frac{1}{2}\right)^k\right) w(C) \\
&= \sum_{k=1}^{\infty} \left(1 - \left(\frac{1}{2}\right)^k\right) W_k \\
&\geq \frac{1}{2} \sum_{k \geq 1} W_k = \frac{1}{2} W \\
&\geq \frac{1}{2} W^* = \frac{1}{2} F(\boldsymbol{x}^*)
\end{aligned}$$

を満たす．すなわち，Johnson のアルゴリズム [58] は近似保証 $\frac{1}{2}$ を達成することが得られた．

10.4 最大カット問題に対する確率的方法

最大充足化問題と深い関係を持つグラフの問題に最大カット問題がある．最大カット問題も NP-困難であるが，最大充足化問題に対する確率的方法とほぼ同様の方法で，近似アルゴリズムを得ることができる．本節では，最大カット問題に対する確率的方法を与える．

無向グラフ $G = (V, E)$ の点の部分集合 U において，辺の一方の端点が U に属し他方の端点が $V - U$ に属するような辺からなる集合 $\delta(U)$ は**カット** (cut)

と呼ばれる．すなわち，

$$\delta(U) = \{e = (i,j) \in E : i \in U, j \in V - U\} \tag{10.9}$$

である．無向グラフ $G = (V,E)$ の各辺 $e \in E$ に非負の重み w_e が付随するときカット $\delta(U)$ の重み $w(\delta(U))$ は，そのカットに含まれる辺の重みの総和として定義される．すなわち，

$$w(\delta(U)) = \sum_{e \in \delta(U)} w_e \tag{10.10}$$

である．

最大カット問題は，単純化して MAX CUT と表記されることも多いが，各辺 $e \in E$ に非負の重み w_e が付随する無向グラフ $G = (V,E)$ の重み最大のカットを求める問題である．すなわち，以下のように定義される．

問題 10.3　最大カット問題 (MAX CUT)(maximum cut problem)

入力：　各辺 $e \in E$ に非負の重み w_e が付随する無向グラフ $G = (V,E)$.

タスク：　G の重み最大のカットを求める．

なお，すべての辺 $e \in E$ で $w_e = 1$ であるときには，最大カット問題は個数版最大カット問題，あるいは**重みなし最大カット問題** (unweighted MAX CUT problem) と呼ばれることもある．すなわち，含まれる辺の本数が最大になるようなカットを求める問題が重みなし最大カット問題である．個数版最大カット問題を単に最大カット問題と呼ぶことも多く，そのときには重みが付随する最大カット問題を**重み付き最大カット問題**と呼んで区別することもある．なお，重みなし最大カット問題でさえも NP-困難であることが知られている．

無向グラフ $G = (V,E)$ の各点 $i \in V = \{1,2,\ldots,n\}$ に対応する変数 $x_i \in \{-1,1\}$ を考える．G の任意の点部分集合 $U \subseteq V$ に対して，n 次元ベクトル $\boldsymbol{x}(U) = (x_1(U), x_2(U), \ldots, x_n(U)) \in \{-1,1\}^n$ を

$$x_i(U) = \begin{cases} 1 & (i \in U \text{ のとき}) \\ -1 & (i \notin U \text{ のとき}) \end{cases} \tag{10.11}$$

として定義する．すると，$G = (V, E)$ の任意の辺 $e = (i, j) \in E$ に対して，e がカット $\delta(U)$ に含まれるとき $1 - x_i(U)x_j(U) = 2$ であり，e がカット $\delta(U)$ に含まれないとき $1 - x_i(U)x_j(U) = 0$ である．したがって，カット $\delta(U)$ の重み $w(\delta(U)) = \sum_{e \in \delta(U)} w_e$ は

$$w(\delta(U)) = \sum_{e=(i,j) \in E} w_e \frac{1 - x_i(U)x_j(U)}{2} \tag{10.12}$$

と書ける．一方，各点 $i \in V = \{1, 2, \ldots, n\}$ に対する変数 x_i への $\{-1, 1\}$ 割当て $\boldsymbol{x} = (x_1, x_2, \ldots, x_n) \in \{-1, 1\}^n$ に対して $U(\boldsymbol{x}) \subseteq V$ を

$$U(\boldsymbol{x}) = \{i \in V : x_i = 1\} \tag{10.13}$$

と置けば，辺 $(i, j) \in E$ がカット $\delta(U(\boldsymbol{x}))$ に含まれるとき $x_i x_j = -1$ であり，辺 $(i, j) \in E$ がカット $\delta(U(\boldsymbol{x}))$ に含まれないとき $x_i x_j = 1$ である．したがって，カット $\delta(U(\boldsymbol{x}))$ の重み $w(\delta(U(\boldsymbol{x}))) = \sum_{e \in \delta(U(\boldsymbol{x}))} w_e$ は

$$w(\delta(U(\boldsymbol{x}))) = \sum_{e=(i,j) \in E} w_e \frac{1 - x_i x_j}{2} \tag{10.14}$$

と書ける．

注意しておきたいことは，式 (10.13) で定義される関数 $g(\boldsymbol{x}) = U(\boldsymbol{x})$ は $\{-1, 1\}^n$ から 2^V（V のすべての部分集合の族）への全単射関数であり，式 (10.11) で定義される関数 $f(U) = \boldsymbol{x}(U)$ は 2^V から $\{-1, 1\}^n$ への全単射関数であり，f と g は互いに逆関数であることである．すなわち，任意の $\boldsymbol{x} \in \{-1, 1\}^n$ に対して $f(g(\boldsymbol{x})) = \boldsymbol{x}$ であり，かつ任意の $U \subseteq V$ に対して $g(f(U)) = U$ である．すなわち，これらの対応に基づいて，$\boldsymbol{x} \in \{-1, 1\}^n$ と部分集合 $U = U(\boldsymbol{x})$ は同一であると見なすことができる．

以上の議論より，各辺 $e \in E$ に非負の重み w_e が付随する無向グラフ $G = (V, E)$ の最大カット問題は，式 (10.14) の値が最大になるような各点 $i \in V = \{1, 2, \ldots, n\}$ に対する変数 x_i への $\{-1, 1\}$ 割当て $\boldsymbol{x} = (x_1, x_2, \ldots, x_n) \in \{-1, 1\}^n$ を見つける問題となる．

MAX SAT に対する上記の乱択アルゴリズムとまったく同じやり方で，MAX CUT に対する $\frac{1}{2}$-近似アルゴリズムを与えることは容易にできる．すなわち，

各点 $i \in V = \{1, 2, \ldots, n\}$ を独立に確率 $\frac{1}{2}$ で $x_i = 1$ とする（すなわち，$U(\boldsymbol{x})$ に入れる）．MAX SAT アルゴリズムと同様に，このアルゴリズムも，可能な解の空間から一様ランダムに解を選んできていると見なすことができる．

定理 10.1　各点 $i \in V = \{1, 2, \ldots, n\}$ に対して独立に確率 $\frac{1}{2}$ で $x_i = 1$ とする（すなわち，独立に確率 $\frac{1}{2}$ で $U(\boldsymbol{x})$ の要素にする）ことにより，最大カット問題に対する乱択 $\frac{1}{2}$-近似アルゴリズムが得られる．

証明： 各辺 $e = (i, j) \in E$ に対応して確率変数 X_e を考える．X_e は辺 $e = (i, j)$ がカットに含まれるとき値 1 をとり，そうでないとき値 0 をとる．カットに含まれる辺の重みの総和を表す確率変数を Z とする．したがって，

$$Z = \sum_{e=(i,j)\in E} w_e X_e$$

である．すると，前と同様に，期待値の線形性と 0-1 確率変数の期待値の定義により，

$$\mathbf{E}[Z] = \sum_{e=(i,j)\in E} w_e \mathbf{E}[X_e] = \sum_{e=(i,j)\in E} w_e \Pr[\text{辺 } e = (i, j) \text{ がカットに含まれる}]$$

が得られる．さらに，辺 $e = (i, j) \in E$ がそのカットに含まれる（すなわち，$x_i x_j = -1$ となる）確率も容易に計算できる．すなわち，辺の両端点 i, j に対して独立に確率 $\frac{1}{2}$ でそれぞれ $x_1 = 1, x_j = 1$ とされている（辺の両端点 i, j が独立に確率 $\frac{1}{2}$ でそれぞれ $U(\boldsymbol{x})$ に入れられている）ので，辺 $e = (i, j) \in E$ がそのカットに含まれる確率は $\frac{1}{2}$ である．ここで，この最大カット問題の入力に対する辺の重みの総和を W とし，最適解の値を OPT とする．各辺の重みが非負であるので，$\text{OPT} \leq W$ であることは明らかであり，したがって，

$$\mathbf{E}[Z] = \frac{1}{2} \sum_{e=(i,j)\in E} w_e = \frac{1}{2} W \geq \frac{1}{2} \text{OPT}$$

が得られる．□

MAX SAT に対する Johnson の $\frac{1}{2}$-近似アルゴリズムのときと同様に，この乱択 $\frac{1}{2}$-近似アルゴリズムも条件付き期待値法で脱乱択できる．したがって，この乱択 $\frac{1}{2}$-近似アルゴリズムは $\frac{1}{2}$-近似アルゴリズムと考えることもできる．11.3 節では，より精緻な技法を用いて，MAX CUT に対して格段に良い性能を達成することができることを示す．

10.5 MAX SAT に対する 0.618-近似アルゴリズム

本節では，変数 x_i に真理値を設定する際に偏りのある確率を用いることが有効であることを眺めていく．すなわち，$\frac{1}{2}$ とは異なるある確率で x_i を真に設定することにする．そして，それが MAX SAT に対する Lieberherr-Specker の 0.618-近似アルゴリズム [68] につながることを述べる．

議論を簡単にするために，最初は $\bar{x}_i$ の形式の単位論理和，すなわち，否定形のリテラル 1 個からなる論理和が存在しないような MAX SAT の入力のみを考える．あとでこの仮定を除去できることに言及する．ここで，各変数 x_i を独立に確率 $p > \frac{1}{2}$ で真に設定するとする．すると，以下の補題が得られる．

補題 10.2 否定形のリテラル 1 個からなる単位論理和が MAX SAT の入力に存在しないときには，各変数 x_i を独立に確率 $p > \frac{1}{2}$ で真に設定することにより，どの論理和も充足される確率は少なくとも $\min(p, 1-p^2)$ となる．

証明： 論理和が単位論理和ならば，それが充足される確率は p となる．その論理和は x_i という形式をしていて，x_i が真に設定される確率が p であるからである．

論理和 C_j の長さ l_j（含まれるリテラルの個数）が 2 以上のときには，a を論理和 C_j に含まれる負リテラル（否定形のリテラル）の個数とし，b を論理和 C_j に含まれる正リテラル（肯定形のリテラル）の個数とする．すると，$a+b=l_j \geq 2$ であり，論理和 C_j が充足される確率は $1-p^a(1-p)^b$ となる．$p > \frac{1}{2} > 1-p$ であるので，この確率は少なくとも $1-p^{a+b} = 1-p^{l_j} \geq 1-p^2$ となる． □

この補題から，否定形のリテラル 1 個からなる単位論理和が MAX SAT の入力に存在しないときには，各 x_i を独立に確率 $p_i = p$ で真に設定することにより，真理値確率割当て $\boldsymbol{x}^p = (p_1, p_2, \ldots, p_n)$ の期待値は $F(\boldsymbol{x}^p)$ は

$$F(\boldsymbol{x}^p) = \sum_{j=1}^{m} w_j \Pr[\text{論理和 } C_j \text{ が充足される}]$$
$$\geq \min(p, 1-p^2) \sum_{j=1}^{m} w_j \geq \min(p, 1-p^2)\mathrm{OPT}$$

となり，以下の定理が得られる．

定理 10.3　否定形のリテラル 1 個からなる単位論理和が MAX SAT の入力に存在しないときには，各 x_i を独立に確率 p で真に設定することにより，乱択 $\min(p, 1-p^2)$-近似アルゴリズムが得られる（それは，$p = \frac{1}{2}(\sqrt{5}-1) \approx 0.618$ と置けば乱択 0.618-近似アルゴリズムとなる）．

最初の仮定を除去して，すべての MAX SAT の入力でこの結果が成立するようにしたい．そこで，OPT の上界として，$\sum_{j=1}^{m} w_j$ より良い上界を用いる．

与えられた入力において，各 i に対して，肯定形のリテラル x_i のみからなる単位論理和あるいは否定形のリテラル $\bar{x}_i$ のみからなる単位論理和が存在するときには，単位論理和 x_i の重みのほうが単位論理和 $\bar{x}_i$ の重み以上であるとする．これは一般性を失うことなく仮定できる．そうでないときには，x_i あるいは $\bar{x}_i$ の出現する論理和で，それぞれを否定をとり $\bar{x}_i$ あるいは x_i に置き換えることができるからである．この仮定のもとで，各 i に対して v_i を以下のように定義する．すなわち，入力に $\bar{x}_i$ の形式の単位論理和が存在しないときには v_i を 0 とし，存在するときには v_i をその論理和の重みとする（このときには，仮定より，x_i のみからなる単位論理和も存在し，その重みは v_i 以上である）．

補題 10.4　MAX SAT の入力の最適解の値 OPT は，以下の不等式を満たす．

$$\mathrm{OPT} \le \sum_{j=1}^{m} w_j - \sum_{i=1}^{n} v_i.$$

証明：各 i に対して，最適解は，単位論理和の x_i あるいは $\bar{x}_i$ の正確に一方のみを充足する．したがって，最適解では単位論理和の x_i と $\bar{x}_i$ の両方の重みを含むことはできない．v_i はこれらの重みのうちで小さいほうの値であるので，補題が得られる．□

これで，すべての MAX SAT の入力に対する結果としての拡張が以下のようにできる．

定理 10.5　MAX SAT に対する乱択 $\frac{1}{2}(\sqrt{5}-1)$-近似アルゴリズムを得ることができる．

証明：与えられた入力は，上記のように，一般性を失うことなく，$\bar{x}_i$ の形式の各単位論理和の重みは対応する x_i の形式の単位論理和の重み以下であると仮定できる．入力の論理和の集合から $\bar{x}_i$ の形式の単位論理和をすべて除去して得られる論理和のイ

ンデックスの集合を U とする．すなわち，

$$U = \{1, 2, \ldots, m\} - \{j : C_j \text{ は } C_j = \bar{x}_i \text{ の形式の単位論理和である }\}$$

である．したがって，

$$\sum_{j \in U} w_j = \sum_{j=1}^{m} w_j - \sum_{i=1}^{n} v_i$$

が成立する．ここで，各変数 x_i を確率 $p_i = p = \frac{1}{2}(\sqrt{5} - 1)$ で真に設定する．すると，

$$\begin{aligned} F(\boldsymbol{x}^p) &= \sum_{j=1}^{m} w_j \Pr[\text{論理和 } C_j \text{ が充足される}] \\ &\geq \sum_{j \in U} w_j \Pr[\text{論理和 } C_j \text{ が充足される}] \\ &\geq p \cdot \sum_{j \in U} w_j \qquad (10.15) \\ &= p \cdot \left(\sum_{j=1}^{m} w_j - \sum_{i=1}^{n} v_i \right) \geq p \cdot \mathrm{OPT} \end{aligned}$$

となる．なお，式 (10.15) の不等式は，上記の議論と定理 10.3 および $p = \min(p, 1-p^2)$ から得られる．□

このアルゴリズムも条件付き期待値法で脱乱択できる．

10.6　MAX SAT に対する線形計画緩和アルゴリズム

前節のアルゴリズムは，x_i を真に設定する確率を $p \neq \frac{1}{2}$ と偏りのあるものにすることにより，より良い近似アルゴリズムにつながることを示している．しかしそこでは，各変数 x_i の真に設定する確率 p_i は同一の p を用いていた．本節では，各変数を独自の偏りを持つ確率で真に設定することにより，さらに良い結果につながることを示す．そのための Goemans-Williamson (1994) [42] の方法について以下で概観する．

まず，0-1 整数変数を用いて，問題の整数計画による定式化を求める．最大充足化問題の整数計画問題では，各ブール変数 x_i に対応して 0-1 変数 y_i を考え，x_i を真に設定することが $y_i = 1$ に対応すると考える．さらに，これらの各制約式 $y_i \in \{0, 1\}$ を $0 \leq y_i \leq 1$ に置き換えて緩和した線形計画問題を考え

る．そして，その線形計画問題を多項式時間で解く．こうして得られる線形計画問題での最適解の各小数値 y_i^* を y_i が 1 に設定される確率として用いるというのが，（集合カバー問題などにおける）乱択ラウンディングの中心的なアイデアであったことを思いだそう．すなわち，最大充足化問題では，各 x_i を独立に確率 y_i^* で真に設定することになる．

MAX SAT は次のような整数計画問題

$$\begin{aligned} \text{maximize} & \sum_{C_j \in \mathcal{C}} w(C_j) z_j & & \\ \text{subject to} & \sum_{x_i \in X_j^+} y_i + \sum_{x_i \in X_j^-} (1 - y_i) \geq z_j & & (C_j \in \mathcal{C}), \\ & y_i \in \{0,1\} & & (x_i \in X), \\ & z_j \in \{0,1\} & & (C_j \in \mathcal{C}) \end{aligned}$$

として定式化できる．なお，前にも述べたように，X_j^+ は C_j に肯定形で現れる変数の集合であり，X_j^- は否定形で現れる変数の集合である．

変数 $\boldsymbol{y} = (y_i)$ は変数 $X = \{x_1, x_2, \ldots, x_n\}$ に対応し，$\boldsymbol{z} = (z_j)$ は論理和 $\mathcal{C}$ に対応する．$x_i = 1$ のときそしてそのときのみ $y_i = 1$ である．同様に C_j が充足されるときそしてそのときのみ $z_j = 1$ となる．こうして最初の制約式は論理和 C_j 内のリテラルの少なくとも 1 個が真であるときそしてそのときのみ論理和 C_j は充足されるということを意味している．

Goemans-Williamson は，変数 $\boldsymbol{y}$ と $\boldsymbol{z}$ に対する {0,1} 制約を

$$0 \leq y_i, z_j \leq 1$$

と緩和して，上記の MAX SAT の整数計画問題から MAX SAT の線形計画緩和

$$\begin{aligned} \text{maximize} & \sum_{C_j \in \mathcal{C}} w(C_j) z_j & & \\ \text{subject to} & \sum_{x_i \in X_j^+} y_i + \sum_{x_i \in X_j^-} (1 - y_i) \geq z_j & & (C_j \in \mathcal{C}), \\ & 0 \leq y_i \leq 1 & & (x_i \in X), \\ & 0 \leq z_j \leq 1 & & (C_j \in \mathcal{C}) \end{aligned}$$

を得ている．そして，この線形計画緩和に対する最適解 $(\boldsymbol{y}^*, \boldsymbol{z}^*)$ を用いて，$x_i^p = y_i^*$ と置いて真理値確率割当て $\boldsymbol{x}^p = (y_i^*)$ を求めている．

したがって，k 個のリテラルを含む論理和 C_j が充足される確率 $C_j(\boldsymbol{y}^*)$ は，6.7 節の乱択ラウンディングにおける式 (6.34) と式 (6.35) と同じ議論により，

$$C_j(\boldsymbol{y}^*) \geq \left(1 - \left(1 - \frac{1}{k}\right)^k\right) z_j^* \tag{10.16}$$

となる．ここで，式 (10.6) で定義した k 個のリテラルからなる論理和の集合である $\mathcal{C}_k$ を用いて，

$$W^* = \sum_{C_j \in \mathcal{C}} w(C_j) z_j^*, \quad W_k^* = \sum_{C_j \in \mathcal{C}_k} w(C_j) z_j^* \tag{10.17}$$

とする．したがって，

$$W^* = \sum_{k=1}^{\infty} W_k^*$$

である．すると，式 (10.16) より，$\boldsymbol{x}^p$ の期待値 $F(\boldsymbol{x}^p)$ は，

$$\begin{aligned} F(\boldsymbol{x}^p) &\geq W_1^* + \frac{3}{4} W_2^* + \sum_{k \geq 3} \left(1 - \left(1 - \frac{1}{k}\right)^k\right) W_k^* \\ &\geq \sum_{k \geq 1} \left(1 - \frac{1}{\mathrm{e}}\right) W_k^* = \left(1 - \frac{1}{\mathrm{e}}\right) W^* \end{aligned} \tag{10.18}$$

を満たすことになる（e は自然対数の底である）．さらに，MAX SAT の最適解の重み（MAX SAT の整数計画問題の最適解の目的関数の値）OPT は，MAX SAT の線形計画緩和の最適解の目的関数の値 W^* 以下であるので，

$$F(\boldsymbol{x}^p) \geq \left(1 - \frac{1}{\mathrm{e}}\right) W^* \geq \left(1 - \frac{1}{\mathrm{e}}\right) \mathrm{OPT}$$

が成立する．

したがって，MAX SAT の上記の線形計画緩和に対する最適解 $(\boldsymbol{y}^*, \boldsymbol{z}^*)$ を用いて真理値確率割当て $\boldsymbol{x}^p = (y_i^*)$ を返すアルゴリズムは，近似保証 $1 - \frac{1}{\mathrm{e}}$ (≈ 0.632120) の乱択ラウンディングアルゴリズムとなる．

MAX SAT の上記の線形計画緩和に基づく Goemans-Williamson のアルゴリズムは，式 (10.16) および式 (10.18) より，少ないリテラルを含む論理和に

対して良い近似であることに注意されたい．これは，10.3 節で述べた Johnson のアルゴリズム [58] とちょうど反対の性質である．そこで，MAX SAT の上記の線形計画緩和を用いて得られた真理値確率割当てと Johnson のアルゴリズムによって得られた真理値確率割当ての良いほうを $\boldsymbol{x}^a$ として選ぶことにすると，そのときの期待値 $F(\boldsymbol{x}^a)$ は，式 (10.7) と式 (10.17) より $W_k \geq W_k^*$ であるので，

$$
\begin{aligned}
F(\boldsymbol{x}^a) &\geq \sum_{k\geq 1} \frac{1}{2}\left(\left(1-\frac{1}{2^k}\right)+\left(1-\left(1-\frac{1}{k}\right)^k\right)\right) W_k^* \\
&\geq \frac{3}{4}W_1^* + \frac{3}{4}W_2^* + 0.789W_3^* + 0.810W_4^* \\
&\qquad + \sum_{k\geq 5} \frac{1}{2}\left(\left(1-\frac{1}{2^k}\right)+\left(1-\left(1-\frac{1}{k}\right)^k\right)\right) W_k^* \\
&\geq \frac{3}{4}F(\boldsymbol{x}^*)
\end{aligned}
$$

を満たすことになる．なお，すべての正整数 k で

$$
\frac{1}{2}\left(\left(1-\frac{1}{2^k}\right)+\left(1-\left(1-\frac{1}{k}\right)^k\right)\right) \geq \frac{3}{4}
$$

であることを用いている．したがって，MAX SAT の上記の線形計画緩和を用いて得られた真理値確率割当てから条件付き確率法で得られた近似解の真理値割当てと，Johnson のアルゴリズムで得られた真理値確率割当てから条件付き確率法で得られた近似解の真理値割当てのうちで良いほうを解 $\boldsymbol{x}^a$ として返すアルゴリズムは，近似保証 $\frac{3}{4}$ のアルゴリズムとなる．

10.7　まとめと文献ノート

本章では，情報科学の中心的な問題である最大充足化問題が線形整数計画問題として定式化でき，それを緩和して得られる線形計画問題の最適解を確率として用いて，最大充足化問題に対する近似解の近似保証の解析ができることを示した．なお，これらの記述においては，Williamson-Shmoys (2011) [83]（邦訳：浅野 (2015)）を参考にした．

第 11 章

半正定値計画問題での乱択ラウンディング

本章の目標

これまでは，様々な近似アルゴリズムのデザインと解析のために，線形計画緩和を用いてきたが，ある種の問題に対しては，線形計画緩和に基づくアルゴリズムよりも，格段に良い近似保証を達成する半正定値計画緩和に基づくアルゴリズムがある．本章では，半正定値計画の基礎概念を理解する．

キーワード

半正定値計画，ベクトル計画，最大カット，最大充足化

11.1　ウォーミングアップ問題

1. 以下の行列 A の固有値をすべて求めよ．

$$A = \begin{pmatrix} \frac{5}{2} & -\frac{3}{2} & 0 \\ -\frac{3}{2} & \frac{5}{2} & 0 \\ 0 & 0 & 9 \end{pmatrix}$$

なお，$A\boldsymbol{x} = \lambda\boldsymbol{x}$ を満たす $\boldsymbol{x} \neq \boldsymbol{0}$（$\boldsymbol{0}$ はすべての成分が 0 のベクトル）が存在するとき，λ は A の固有値と呼ばれる．

2. 上記の行列 A は，任意の実数ベクトル $\boldsymbol{x} = (x_1, x_2, x_3)^T$ に対して $\boldsymbol{x}^T A\,\boldsymbol{x} \geq 0$ である，すなわち，

$$(x_1, x_2, x_3)\begin{pmatrix} \frac{5}{2} & -\frac{3}{2} & 0 \\ -\frac{3}{2} & \frac{5}{2} & 0 \\ 0 & 0 & 9 \end{pmatrix}\begin{pmatrix} x_1 \\ x_2 \\ x_3 \end{pmatrix} \geq 0$$

であることを示せ.

11.1.1　ウォーミングアップ問題の解説

1. $A\boldsymbol{x} = \lambda\boldsymbol{x}$ は単位行列

$$\boldsymbol{E} = \begin{pmatrix} 1 & 0 & 0 \\ 0 & 1 & 0 \\ 0 & 0 & 1 \end{pmatrix}$$

を用いると，等価的に $A\boldsymbol{x} - \lambda\boldsymbol{x} = (A - \lambda\boldsymbol{E})\boldsymbol{x} = \boldsymbol{0}$ と書ける．したがって，$\boldsymbol{x} \neq \boldsymbol{0}$ が存在するときそしてそのときのみ，$\det(A - \lambda\boldsymbol{E}) = 0$ が成立する．

$$\det(A - \lambda\boldsymbol{E}) = \begin{vmatrix} \frac{5}{2} - \lambda & -\frac{3}{2} & 0 \\ -\frac{3}{2} & \frac{5}{2} - \lambda & 0 \\ 0 & 0 & 9 - \lambda \end{vmatrix} = 0$$

から $(1 - \lambda)(4 - \lambda)(9 - \lambda) = 0$ が得られる．すなわち，固有値は $\lambda_1 = 1$，$\lambda_2 = 4$，$\lambda_3 = 9$ の 3 個である．

2.

$$(x_1, x_2, x_3)\begin{pmatrix} \frac{5}{2} & -\frac{3}{2} & 0 \\ -\frac{3}{2} & \frac{5}{2} & 0 \\ 0 & 0 & 9 \end{pmatrix}\begin{pmatrix} x_1 \\ x_2 \\ x_3 \end{pmatrix} = \frac{5}{2}x_1^2 - 3x_1x_2 + \frac{5}{2}x_2^2 + 9x_3^2$$

であるので，

$$\frac{5}{2}x_1^2 - 3x_1x_2 + \frac{5}{2}x_2^2 = x_1^2 + x_2^2 + \frac{3}{2}(x_1^2 - 2x_1x_2 + x_2^2) = x_1^2 + x_2^2 + \frac{3}{2}(x_1 - x_2)^2$$

から

$$\frac{5}{2}x_1^2 - 3x_1x_2 + \frac{5}{2}x_2^2 + 9x_3^2 = x_1^2 + x_2^2 + \frac{3}{2}(x_1 - x_2)^2 + 9x_3^2 \geq 0$$

が得られる．すなわち，任意の実数ベクトル $\boldsymbol{x} = (x_1, x_2, x_3)^T$ に対して $\boldsymbol{x}^T A\,\boldsymbol{x} \geq 0$ であることが得られた.

11.2 半正定値計画の簡単な紹介

繰り返しになるが，前章までは，様々な近似アルゴリズムのデザインと解析のために線形計画緩和を用いてきた．本章では，ある問題に対して格段に優れた近似保証を達成する新しい道具を取り上げる．すなわち，線形計画緩和に基づいて得られるアルゴリズムよりも良い近似保証のアルゴリズムが，非線形計画緩和に基づいてどのようにして得られるかを示す．とくに，半正定値計画問題と呼ばれる種類の非線形計画問題を用いる．

そこで，半正定値計画についての簡単な概観から始める．なお，本章を通して，ベクトルと線形代数についての基本的な知識をいくつか仮定する．その後に，最大カット問題に半正定値計画を適用する．最大カット問題に対するアルゴリズムでは，半正定値計画問題の解をランダム超平面を用いてラウンディングする技法を導入する．さらに，その技法を最大充足化問題にも応用する．

半正定値計画は，半正定値対称行列を用いる．そこで，これらの行列の性質をいくつか簡単に復習する．以下では，行列 X の転置行列を X^T と表記する．さらに，n 次元実数ベクトル v は縦（列）ベクトルであると仮定する．したがって，$v^T v$ は v と v 自身との内積であり，vv^T は $n \times n$ 行列である．

定義 11.1　$n \times n$ の実数行列 X は，すべての n 次元実数ベクトル x に対して，$x^T X x \geq 0$ であるときそしてそのときのみ，**半正定値** (positive semidefinite) であると呼ばれる．

行列 X が半正定値行列であることを $X \succeq 0$ と表記することもある．半正定値対称行列は，以下に記すような特別な性質を有する．これ以降，とくに断らない限り，本章の半正定値行列 X は対称である（すなわち，$X^T = X$ である）と仮定する．

事実 11.1　$n \times n$ の実数行列 X が対称行列であるとき，以下の命題はいずれも互いに等価である．

(a)　X は半正定値行列である．

(b) X の固有値は非負である.

(c) $m \le n$ を満たす $n \times n$ の実数行列 V が存在して $X = V^T V$ と書ける.

(d) ある $\lambda_i \ge 0$ と, $w_i^T w_i = 1$ であり, かつ $i \ne j$ で $w_i^T w_j = 0$ であるような n 次元ベクトル w_i が存在して, $X = \sum_{i=1}^n \lambda_i w_i w_i^T$ と書ける.

ウォーミングアップ問題で取り上げた行列

$$A = \begin{pmatrix} \frac{5}{2} & -\frac{3}{2} & 0 \\ -\frac{3}{2} & \frac{5}{2} & 0 \\ 0 & 0 & 9 \end{pmatrix}$$

を X とおいて上記の事実 11.1 を確認してみよう.

$X = A$ は, $A^T = A$ であるので対称行列であり, さらにウォーミングアップ問題の解説でも示したように, すべての実数ベクトル $\boldsymbol{x} = (x_1, x_2, x_3)^T$ に対して $\boldsymbol{x}^T A \boldsymbol{x} \ge 0$ であるので, 半正定値行列である. また, その固有値は $\lambda_1 = 1$, $\lambda_2 = 4$, $\lambda_3 = 9$ ですべて正（非負）である. さらに,

$$V = \begin{pmatrix} \frac{3}{2} & -\frac{1}{2} & 0 \\ -\frac{1}{2} & \frac{3}{2} & 0 \\ 0 & 0 & 3 \end{pmatrix}$$

を用いると, $A = V^T V$ と書ける. また, その各固有値

$$\lambda_1 = 1, \quad \lambda_2 = 4, \quad \lambda_3 = 9$$

に対して,

$$w_1 = \begin{pmatrix} \frac{1}{\sqrt{2}} \\ \frac{1}{\sqrt{2}} \\ 0 \end{pmatrix}, \quad w_2 = \begin{pmatrix} \frac{1}{\sqrt{2}} \\ -\frac{1}{\sqrt{2}} \\ 0 \end{pmatrix} \quad w_3 = \begin{pmatrix} 0 \\ 0 \\ 1 \end{pmatrix}$$

とすると,

$$w_1^T w_1 = w_2^T w_2 = w_3^T w_3 = 1,$$

$$w_1^T w_2 = w_2^T w_1 = w_1^T w_3 = w_3^T w_1 = w_2^T w_3 = w_3^T w_2 = 0$$

であり，かつ

$$w_1w_1^T = \begin{pmatrix} \frac{1}{2} & \frac{1}{2} & 0 \\ \frac{1}{2} & \frac{1}{2} & 0 \\ 0 & 0 & 0 \end{pmatrix}, \quad w_2w_2^T = \begin{pmatrix} \frac{1}{2} & -\frac{1}{2} & 0 \\ -\frac{1}{2} & \frac{1}{2} & 0 \\ 0 & 0 & 0 \end{pmatrix},$$

$$w_3w_3^T = \begin{pmatrix} 0 & 0 & 0 \\ 0 & 0 & 0 \\ 0 & 0 & 1 \end{pmatrix}$$

より，

$$\begin{aligned} A &= \lambda_1 w_1 w_1^T + \lambda_2 w_2 w_2^T + \lambda_3 w_3 w_3^T \\ &= w_1w_1^T + 4w_2w_2^T + 9w_3w_3^T \\ &= \begin{pmatrix} \frac{5}{2} & -\frac{3}{2} & 0 \\ -\frac{3}{2} & \frac{5}{2} & 0 \\ 0 & 0 & 9 \end{pmatrix} \end{aligned}$$

が得られる．

半正定値計画問題 (semidefinite program (SDP)) は，線形の目的関数と線形の制約式がある（K 個あるとする）という点では，線形計画問題と似ている．しかし，それ以外に，変数が正方対称行列を形成し，その行列が半正定値であるという制約式が加わる．以下は，各 $1 \leq i,j \leq n$ に対する変数 x_{ij} からなる半正定値計画問題の一例である．

$$\begin{aligned} &\text{maximize あるいは minimize} \quad \sum_{i,j} c_{ij}x_{ij} && (11.1) \\ &\text{subject to} \quad \sum_{i,j} a_{ijk}x_{ij} = b_k && (k = 1,2,\ldots,K), \\ &\qquad x_{ij} = x_{ji} && (i,j = 1,2,\ldots,n), \\ &\qquad X = (x_{ij}) \succeq 0. \end{aligned}$$

わずかに技術的な制約はあるものの，半正定値計画問題 (SDP) は，任意の $\varepsilon > 0$ に対して，最適解（の値）からの絶対誤差が ε 以内の（値の）解を，入力

のサイズと $\log\frac{1}{\varepsilon}$ の多項式時間で求めることができる．本章で半正定値計画問題を議論するとき，通常，この絶対誤差を無視して，半正定値計画問題は厳密に解くことができると仮定する．その理由は，本章の近似アルゴリズムでは，厳密解を用いることを仮定しないからである．さらに，得られる近似保証がわずかに劣るようにするだけで，無視した絶対誤差も考慮することができるからである．

半正定値計画を**ベクトル計画** (vector programming) の形式で用いることも多い．ベクトル計画問題の変数はベクトル $v_i \in \mathbf{R}^n$ であり，空間の次元の n はベクトル計画問題のベクトル数である．ベクトル計画問題の目的関数と制約式は，これらのベクトルの内積の線形結合で表現できる．二つのベクトル v_i と v_j の内積を，$v_i \cdot v_j$ あるいは $v_i^T v_j$ と表記する．以下は，ベクトル計画問題の一例である．

$$
\begin{aligned}
&\text{maximize あるいは minimize} && \sum_{i,j} c_{ij}(v_i \cdot v_j) && && (11.2)\\
&\text{subject to} && \sum_{i,j} a_{ijk}(v_i \cdot v_j) = b_k && (k = 1, 2, \ldots, K),\\
& && v_i \in \mathbf{R}^n && (i = 1, \ldots, n).
\end{aligned}
$$

実際には，半正定値計画問題 (11.1) とベクトル計画問題 (11.2) は等価であることが主張できる．この主張は，事実 11.1 から得られる．とくに，対称行列 X では，半正定値であることと，ある行列 V を用いて $X = V^T V$ と書けることとが等価であることから得られる．半正定値計画問題 (11.1) の解 X に対して，$X = V^T V$ となるような行列 V （十分に小さい誤差の範囲内で正しくなるようなものでよいが，その誤差はここでも無視する）を多項式時間で求める．そして，v_i を V の第 i 列とする．すると，$x_{ij} = v_i^T v_j = v_i \cdot v_j$ となり，v_i の集合は目的関数の値の等しいベクトル計画問題 (11.2) の実行可能解になる．同様に，ベクトル計画問題の解の v_i の集合に対して，v_i を第 i 列とする行列 V を用いて，$X = V^T V$ とする．すると，X は $x_{ij} = v_i \cdot v_j$ を満たす半正定値対称行列となり，したがって，X は目的関数の値の等しい半正定値計画問題 (11.1) の実行可能解となる．

11.3 大きいカットを求める

本節では，10.4 節で取り上げた最大カット (MAX CUT) 問題に対して，より良い近似保証を持つ近似アルゴリズムが半正定値計画を用いてどのようにして得られるかを示す．繰り返しになるが，最大カット問題では，入力として，無向グラフ $G=(V,E)$ と各辺 $(i,j)\in E$ に対する非負の重み $w_{ij}\geq 0$ が与えられ，目標は，点の集合の二分割 U と $W=V-U$ において，辺の両端の点が分割の異なる集合に属する（一方の端点が U に属し他方の端点が W に属する）ような辺の重みの総和が最大となるような二分割を求めることである．10.4 節では，最大カット問題に対して，$\frac{1}{2}$-近似アルゴリズムを与えた．

ここでは，一般のグラフにおける最大カット問題に対して，Goemans-Williamson (1994) [41] で提案された半正定値計画に基づく 0.878-近似アルゴリズムを与える．最大カット問題に対する以下の定式化を考える．

$$\begin{aligned}&\text{maximize} && \frac{1}{2}\sum_{(i,j)\in E} w_{ij}(1-y_iy_j) && \\ &\text{subject to} && y_i \in \{-1,+1\} && (i=1,\ldots,n).\end{aligned} \tag{11.3}$$

まず，この定式化された問題を解くことができれば，最大カット問題も解くことができることを主張したい．実際には，10.4 節で既に説明済みであるが，これ以降の議論とも深く関係するのでここでも証明を与えることにする．

補題 11.2 整数計画問題 (11.3) は最大カット問題と等価である．

証明： $U=\{i: y_i=-1\}$ と $W=\{i: y_i=+1\}$ で定義されるカットを考える．辺 (i,j) がこのカットに含まれるときには $y_iy_j=-1$ であり，辺 (i,j) がこのカットに含まれないときには $y_iy_j=1$ であることに注意しよう．したがって，このカットに含まれる辺の重みの総和は

$$\frac{1}{2}\sum_{(i,j)\in E} w_{ij}(1-y_iy_j)$$

と書ける．以上により，この和を最大にする y_i への値 ± 1 の割当てを求めることは最大重みのカットを求めることに一致する． □

次に，この問題 (11.3) に対する以下のベクトル計画緩和を考える．

$$
\begin{array}{lrcll}
\text{maximize} & \multicolumn{3}{l}{\displaystyle\frac{1}{2}\sum_{(i,j)\in E} w_{ij}(1-v_i\cdot v_j)} & \\
\text{subject to} & v_i\cdot v_i & = & 1 & (i=1,\dots,n), \\
 & v_i & \in & \mathbf{R}^n & (i=1,\dots,n).
\end{array}
\tag{11.4}
$$

ベクトル計画問題 (11.4) は，整数計画問題 (11.3) の緩和と見なせる．問題 (11.3) の任意の実行可能解 $y=(y_1,y_2,\dots,y_n)$ に対して，$v_i=(y_i,0,0,\dots,0)$ とすれば，$v_i\cdot v_i=1$ かつ $v_i\cdot v_j=y_iy_j$ となるので，目的関数の値が等しいベクトル計画問題 (11.4) の実行可能解 $v=(v_1,v_2,\dots,v_n)$ が得られるからである．ベクトル計画問題 (11.4) の最適解の値を Z_{VP}，整数計画問題 (11.3)（最大カット問題）の最適解の値を OPT と表記する．すると，$Z_{VP}\ge$ OPT が成立する．

ベクトル計画問題 (11.4) は多項式時間で解くことができる．ここで，得られた解をラウンディングして，準最適なカットを求めたい．そこで，ベクトル計画問題に適した乱択ラウンディングを導入する．具体的には，第 i 成分 r_i が平均 0 で分散 1 の正規分布 $\mathcal{N}(0,1)$ から選ばれたランダムベクトル $r=(r_1,\dots,r_n)$ を考える．[0,1] の一様分布から値を繰り返し選んでくるアルゴリズムで，正規分布をシミュレートできる．ベクトル計画問題 (11.4) の解に対して，$v_i\cdot r\ge 0$ ならば $i\in U$ と設定し，そうでないならば $i\in W$ と設定する．

上記の乱択ラウンディングアルゴリズムは，以下のように眺めることもできる．原点を通りベクトル r に直交する超平面を考える．$v_i\cdot v_i=1$ であるので，すべてのベクトル v_i は単位ベクトルとなり，単位球面上に乗る．原点を通り r に直交する超平面は，この球を二つの半球に分離する．一方の半球，すなわち，$v_i\cdot r\ge 0$ となる半球に属するようなベクトル v_i に対応する点 i をすべて U に入れ，残りの点をすべて W に入れる（図 11.1）．これから眺めるように，ベクトル $\frac{r}{\|r\|}$ は単位球面上に一様に分布するので，これは単位球を二つの半球にランダムに分離することに等価である．このようなことから，この技法は，**ランダム超平面** (random hyperplane) **によるラウンディング**と呼ばれることもある．

これが良い近似アルゴリズムであることを証明するために，以下の事実を用

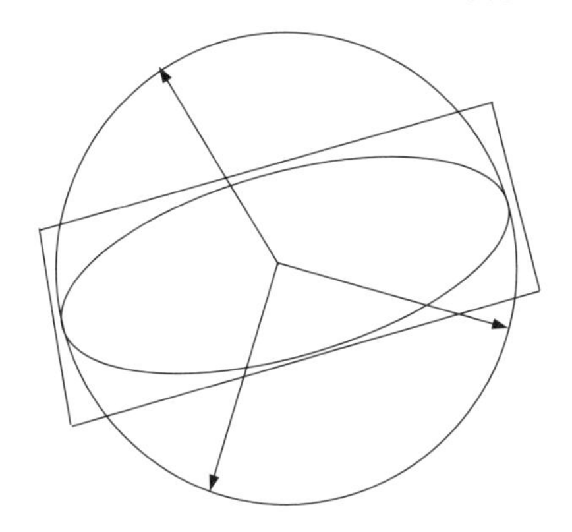

図 11.1 文献 [83] からの引用であるランダム超平面の説明図.

いる.

事実 11.2 r の正規化である $\frac{r}{\|r\|}$ は n-次元単位球面上に一様に分布する.

事実 11.3 二つの単位ベクトル e_1 と e_2 への r の射影が独立であり，かつ，平均 0，分散 1 の正規分布に従うための必要十分条件は，e_1 と e_2 が直交することである.

系 11.3 r' を r の任意の二次元平面上への射影とする．すると，r' の正規化である $\frac{r'}{||r'||}$ はその平面の単位円周上に一様に分布する.

次に，ランダム超平面によるラウンディングから 0.878-近似アルゴリズムが得られることの証明を始める．以下の二つの補題を用いる.

補題 11.4 辺 (i,j) が上記のカットに含まれる確率は，$\frac{1}{\pi}\arccos(v_i \cdot v_j)$ である.

証明： v_i と v_j で定義される平面上への r の射影を r' とする．$r = r' + r''$ とする．すると，r'' は v_i と v_j の両方に直交し，$v_i \cdot r = v_i \cdot (r' + r'') = v_i \cdot r'$ が成立する．同様に，$v_j \cdot r = v_j \cdot r'$ も成立する．ここで，図 11.2 を考える．直線 AC はベクトル v_i に直交し，直線 BD はベクトル v_j に直交する．原点 O を始点とするベクトル r' とベクトル v_i のなす角 α は，系 11.3 より，$[0, 2\pi)$ に一様に分布する．v_i と r' の内

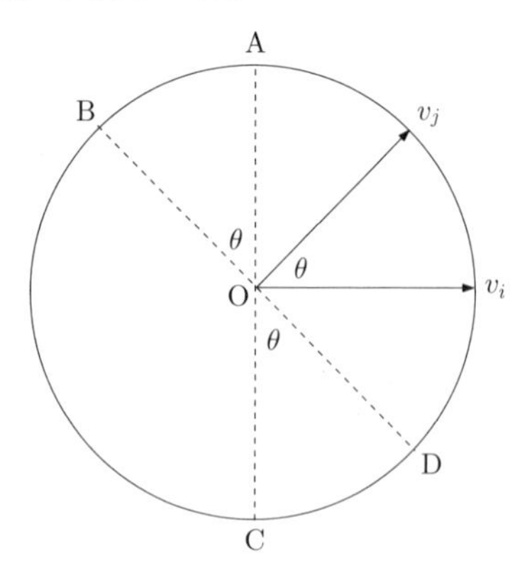

図 11.2　文献 [83] からの引用である補題 11.4 の証明のための図.

積は, r' が直線 AC の右側に来るときには非負となり, 左側に来るときには非正となる. v_j と r' の内積は, r' が直線 BD の上側に来るときには非負となり, 下側に来るときには非正となる. したがって, r' (正確には $\frac{r'}{||r'||}$) が円弧 AB の部分に来るとき (そしてそのときのみ) $i \in W$ かつ $j \in U$ となり, r' (正確には $\frac{r'}{||r'||}$) が円弧 CD の部分に来るとき (そしてそのときのみ) $i \in U$ かつ $j \in W$ となる. ここで, v_i と v_j のなす角が θ ラジアンであるとする. すると, $\angle$AOB と $\angle$COD も θ ラジアンになる. したがって, r' と v_i のなす角 α で辺 (i, j) がカットに含まれる事象に対応する割合は, $\frac{2\theta}{2\pi}$ となる. すなわち, 辺 (i, j) がカットに含まれる確率は, $\frac{\theta}{\pi}$ となる. なお, $v_i \cdot v_j = \|v_i\|\|v_j\| \cos\theta$ であることは既にわかっている. v_i と v_j がともに単位ベクトルであるので, $\theta = \arccos(v_i \cdot v_j)$ が得られ, 補題の証明が完成する. □

補題 11.5　$x \in [-1, 1]$ に対して,

$$\frac{1}{\pi} \arccos(x) \geq 0.878 \cdot \frac{1}{2}(1 - x)$$

である.

証明: 基礎的な初等微積分学を用いて証明できる. 図 11.3 は証明の基礎となる説明用の図である. □

定理 11.6　ベクトル計画問題 (11.4) の最適解 v をランダム超平面を用いてラウンディングすることにより, 最大カット問題に対する 0.878-近似アルゴリズムが得られる.

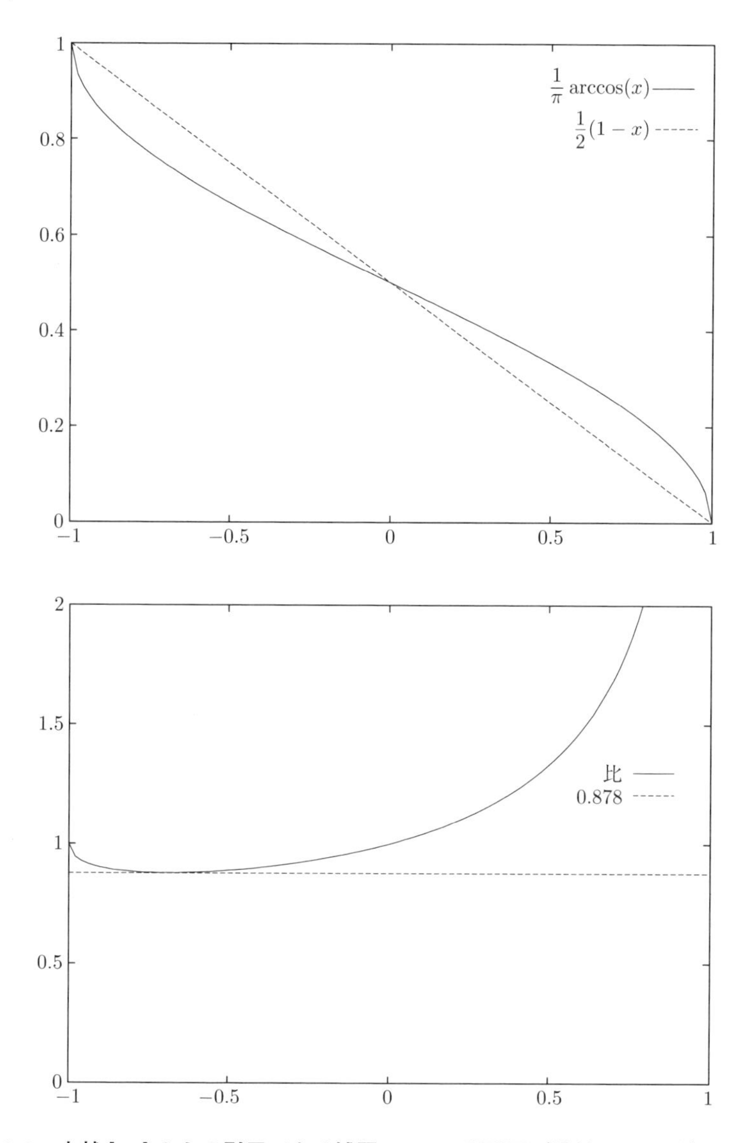

図 11.3 文献 [83] からの引用である補題 11.5 の説明図（横軸は x の値）．上側の図は，二つの関数の $\frac{1}{\pi}\arccos(x)$ と $\frac{1}{2}(1-x)$ のグラフを示している．下側の図は，それらの二つの関数の比を示している．

証明： 辺 (i,j) に対する確率変数 X_{ij} は，辺 (i,j) がアルゴリズムでカットに含まれるときに $X_{ij}=1$ となり，そうでないとき $X_{ij}=0$ となるとする．W をアルゴリズムで得られるカットの重みを表す確率変数とする．したがって，

$$W=\sum_{(i,j)\in E} w_{ij}X_{ij}$$

と書ける．すると，補題 11.4 より，

$$\begin{aligned}\mathbf{E}[W] &= \sum_{(i,j)\in E} w_{ij}\cdot \Pr[\text{辺 } (i,j) \text{ がカットに含まれる}] \\ &= \sum_{(i,j)\in E} w_{ij}\cdot \frac{1}{\pi}\arccos(v_i\cdot v_j)\end{aligned}$$

が得られる．さらに，補題 11.5 を用いて，各項の $\frac{1}{\pi}\arccos(v_i\cdot v_j)$ を下から $0.878\cdot\frac{1}{2}(1-v_i\cdot v_j)$ で抑えることができるので，

$$\mathbf{E}[W]\ge 0.878\cdot\frac{1}{2}\sum_{(i,j)\in E} w_{ij}(1-v_i\cdot v_j)=0.878\cdot Z_{VP}\ge 0.878\cdot \mathrm{OPT}$$

が得られる．　□

Goemans-Williamson (1994) [41] で提案された最大カット問題に対する半正定値計画に基づく 0.878-近似アルゴリズムを述べた．なお，$Z_{VP}\ge \mathrm{OPT}$ であることは既に眺めている．上記の定理の証明は，少なくとも $0.878\cdot Z_{VP}$ の値を持つカットが存在することを示している．したがって，$\mathrm{OPT}\ge 0.878\cdot Z_{VP}$ であり，$\mathrm{OPT}\le Z_{VP}\le \frac{1}{0.878}\mathrm{OPT}$ が得られる．2 番目の不等式が等式で成立するようなグラフの存在することも示されている [36]．そのことは，OPT の上界として Z_{VP} を用いる限りにおいては，最大カット問題に対してこれ以上良い近似保証を得ることはできないことを示している．現時点においては，0.878 は最大カット問題に対して知られている最善の近似保証である．以下の定理は，これが達成できる最善の近似保証に近いかあるいはそのものであることを示している．

定理 11.7　[50]　最大カット問題に対する $\alpha>\frac{16}{17}\approx 0.941$ の α-近似アルゴリズムが存在すれば，$\mathbf{P}=\mathbf{NP}$ となる．

定理 11.8　[60, 73]　ユニークゲーム予想の仮定のもとでは，$\mathbf{P}=\mathbf{NP}$ でない限り，最大カット問題に対する

$$\alpha > \min_{-1 \le x \le 1} \frac{\frac{1}{\pi}\arccos(x)}{\frac{1}{2}(1-x)} \ge 0.878$$

の α-近似アルゴリズムは存在しない．

ここで，ユニークゲーム問題の定義を簡単に述べ，ユニークゲーム予想について説明する．**ユニークゲーム問題** (unique games problem) では，入力として，無向グラフ $G=(V,E)$，ラベル集合 L，および各辺 $(u,v) \in E$ に対する L 上の置換 π_{uv} が与えられる．このとき，V の各点に L のラベルから 1 個ラベルを選んで割り当て，できるだけ多くの辺が充足されるようにすることである．なお，辺 (u,v) は，$\pi_{uv}(i)=j$ となるように u にラベル i が割り当てられ，v にラベル j が割り当てられるときに，充足されるという．

さらに，**ユニークゲーム予想** (unique games conjecture) は，ユニークゲーム問題の入力において，ほとんどすべての辺を満たすことができる入力とほとんどどの辺も満たすことのできない入力とを識別するのが NP-困難であるというものである．より正確には，以下のように書ける．

予想 11.1 (ユニークゲーム予想) ユニークゲーム問題においては，任意の $\varepsilon, \delta > 0 \quad (0 < \delta < 1-\varepsilon < 1)$ に対して，ラベル数 $k=|L|$ のユニークゲーム問題の入力が，少なくとも $1-\varepsilon$ の割合の辺を満たすことのできる入力であるのか，あるいは高々 δ の割合の辺しか満たすことのできない入力であるのかを，識別するのが NP-困難となるような ε と δ に依存する整数 k が存在する．

$\mathbf{NP} \neq \mathbf{P}$ の仮定に基づく近似困難性よりも精度の高い近似困難性がユニークゲーム予想に基づいて得られている [83]．

ここまでは，最大カット問題の乱択アルゴリズムのみを議論してきた．一方，ランダムベクトルの座標を繰り返し決定する精緻な条件付き期待値法を用いて，このアルゴリズムを脱乱択することも可能である [70]．脱乱択の過程で，近似保証はいくぶん悪くなるが，計算時間をより多く費やすことにより，その悪くなる値はいくらでも小さくできる．

11.4　発展：MAX SAT に対するアルゴリズムの高性能化

Johnson が $\frac{1}{2}$-近似アルゴリズム [58] を提案して数年後に, Lieberherr-Specker により 0.618-近似アルゴリズム [68] が提案されたものの, その後 10 年ほど近似保証の改善は成功しなかったが, (Yannakakis がネットワークの手法を取り入れ改良し $\frac{3}{4}$-近似アルゴリズム [86] を提案すると) Goemans-Williamson も線形計画法に基づく方法で $\frac{3}{4}$-近似アルゴリズム [42] を提案している. ここまでは, 10.6 節で述べた.

さらに, Goemans-Williamson はすぐ後に MAX 2SAT に対して SDP 緩和に基づいて 0.878-近似アルゴリズムを提案している [41]. この 0.878-近似アルゴリズムと MAX SAT に対する彼らの $\frac{3}{4}$-近似アルゴリズム [42] を組み合わせると MAX SAT に対する 0.7584-近似アルゴリズムが得られることも示した [43]. MAX SAT に対しては $\frac{3}{4}$ の近似保証を改善することは困難であろうと予想されていたので, これも一種のブレークスルーであった.

その後, Zwick [88] は MAX SAT に対して SDP 緩和で得られる解のベクトルの最悪の状況の予想をし, 数値実験的にはほぼその予想が正しいとされているが, もしその予想が正しければ MAX SAT に対して 0.7977-近似アルゴリズムが得られることを示している. 一方, Asano-Williamson [11] は, Goemans-Williamson の LP 緩和 [42] で得られる解の別の使用法に基づいて MAX SAT に対して 0.7846-近似アルゴリズムを提案している. さらに, それを Zwick の (予想の) 0.7977-近似アルゴリズム [88] と組み合わせると (予想の) 0.833-近似アルゴリズムが得られることを示している. さらにその後, Asano [8] は, Goemans-Williamson の LP 緩和 [42] で得られる解のさらなる使用法を提案し, MAX SAT に対して 0.7877-近似アルゴリズムを提案している. それを Zwick の (予想の) 0.7977-近似アルゴリズム [88] と組み合わせると (予想の) 0.8353-近似アルゴリズムも得られることを示している. Avidor-Berkovitch-Zwick [15] は, Zwick [88] の数値実験的にはほぼその予想が正しいとされている MAX SAT に対する 0.7977-近似アルゴリズムにおけるラウンディングにさらなる工夫を施して, MAX SAT に対する (予想の) 0.8279-

近似アルゴリズムを得ている．同時に，これを Asano [8] の結果と組み合わせて，MAX SAT に対する（予想の）0.8434-近似アルゴリズムを得ている．また，これらの予想に基づいてはいない MAX SAT に対する Asano [8] の 0.7877-近似アルゴリズムを改善して，Avidor-Berkovitch-Zwick [15] は 0.7968-近似アルゴリズムも得ている．

一方，限定した問題の MAX 3SAT に対しては，Karloff-Zwick により，別の SDP 緩和に基づいて $\frac{7}{8}$-近似アルゴリズムが提案されている [59]．これに対して，Håstad は MAX 3SAT に対して（したがって MAX SAT に対しても）$\mathbf{P} = \mathbf{NP}$ でない限り $\frac{7}{8}$ より良い近似保証を達成する近似アルゴリズムが存在しないことを示している [50]．したがって，Karloff-Zwick のアルゴリズム [59] の近似保証 $\frac{7}{8}$ はタイトであると言える．

11.5　発展：MAX SAT に対する SDP 緩和

この節では，半正定値計画法が MAX SAT と関連する問題にどのようにうまく適用されているか概観する．すなわち，Goemans-Williamson [43], Feige-Goemans [35] および Karloff-Zwick [59] による SDP 緩和について概観する．

そのため，n 個のブール変数 $x_1, \ldots, x_n$ に対して，各 x_i $(i = 1, 2, \ldots, n)$ の否定 $\overline{x}_i$ を，便宜上，x_{n+i} と表記する．したがって，$x_i + x_{n+i} = 1$ である．$\boldsymbol{x} = (x_1, \ldots, x_{2n})$ に対応して，

$$y_0 y_i \equiv 2x_i - 1 \ (|y_0| = |y_i| = 1, \, y_{n+i} = -y_i)$$

を満たす変数 $\boldsymbol{y} = (y_0, y_1, \ldots, y_{2n})$ を導入する．こうして，x_i は $\frac{1+y_0 y_i}{2}$ となり，論理和 $C_j = x_{j_1} \vee x_{j_2}$ は $\boldsymbol{y} = (y_0, y_1, \ldots, y_{2n})$ の関数として

$$\begin{aligned} C_j = C_j(\boldsymbol{y}) &= 1 - \frac{1 - y_0 y_{j_1}}{2} \frac{1 - y_0 y_{j_2}}{2} \\ &= \frac{3 + y_0 y_{j_1} + y_0 y_{j_2} - y_{j_1} y_{j_2}}{4} \end{aligned}$$

と書ける．$z_j = C_j(\boldsymbol{y})$ に対応する変数 $\boldsymbol{z} = (z_j)$ も導入する．さらに，y_i $(|y_i| = 1, \, y_{n+i} = -y_i)$ に対応してノルム $\|\boldsymbol{v}_i\| = 1$ で $\boldsymbol{v}_{n+i} = -\boldsymbol{v}_i$ の $(n+1)$-

次元のベクトル $\boldsymbol{v}_i$（すなわち，$n+1$-次元の単位球の表面を表す S^n を用いると $\boldsymbol{v}_i \in S^n$）を導入する．こうして，各 $y_{i_1}y_{i_2}$ をベクトルの内積 $\boldsymbol{v}_{i_1} \cdot \boldsymbol{v}_{i_2}$ に置き換え，$y_{i_1 i_2} = \boldsymbol{v}_{i_1} \cdot \boldsymbol{v}_{i_2}$ とする．さらに，後で述べる MAX 3SAT の定式化のために 3 個以下のリテラルからなる論理和 $C = x_{i_1} \vee \cdots \vee x_{i_k}$ に対して relax(C) を

$$\mathrm{relax}(C) = \begin{cases} \frac{1+\boldsymbol{v}_0 \cdot \boldsymbol{v}_{i_1}}{2} & (k=1) \\ \frac{4-(-\boldsymbol{v}_0+\boldsymbol{v}_{i_1})\cdot(-\boldsymbol{v}_0+\boldsymbol{v}_{i_2})}{4} & (k=2) \\ \min\{\frac{4-(-\boldsymbol{v}_0+\boldsymbol{v}_{i_1})\cdot(\boldsymbol{v}_{i_2}+\boldsymbol{v}_{i_3})}{4}, \frac{4-(-\boldsymbol{v}_0+\boldsymbol{v}_{i_2})\cdot(\boldsymbol{v}_{i_3}+\boldsymbol{v}_{i_1})}{4}, & \\ \qquad \frac{4-(-\boldsymbol{v}_0+\boldsymbol{v}_{i_3})\cdot(\boldsymbol{v}_{i_1}+\boldsymbol{v}_{i_2})}{4}\} & (k=3) \end{cases}$$

と定義する．これは Karloff-Zwick [59] により用いられた記法であり，論理和 C_j に対して，relax$(C_j) \geq z_j$ は**妥当な** (valid) 制約式である（すなわち，ある解釈のもとでどの真理値割当てもこの不等式を満たすことが言える）．これで，SDP 緩和（ベクトル緩和）に基づく定式化を述べる準備ができたことになる．MAX 2SAT に対する Goemans-Williamson [43] の定式化は

$$\begin{array}{llcll} \text{maximize} & \displaystyle\sum_{C_j \in \mathcal{C}} w(C_j) z_j & & & \\ \text{subject to} & \mathrm{relax}(C_j) & \geq & z_j & (C_j \in \mathcal{C}), \\ & \boldsymbol{v}_i & \in & S^n & (i = 0, 1, \ldots, 2n), \\ & \boldsymbol{v}_{n+i} \cdot \boldsymbol{v}_i & = & -1 & (i = 1, 2, \ldots, n) \end{array}$$

と書ける．この SDP 緩和（ベクトル計画問題）は 11.3 節の大きいカットを求めるところでも述べたように，多項式時間で解ける．さらに，そのときと同様に，得られたベクトル解から，ランダムベクトル $\boldsymbol{r} \in S^n$ を用いて，$\boldsymbol{r} \cdot \boldsymbol{v}_0$ と $\boldsymbol{r} \cdot \boldsymbol{v}_i$ がともに非負あるいはともに非正ならば $x_i = 1$ とし，そうでなければ $x_i = 0$ として真理値割当てを得る乱択ラウンディングも提案されている．これは原点を通り $\boldsymbol{r}$ に直交する超平面 h を考えて h が S^n 上の点 $\boldsymbol{v}_0$ と点 $\boldsymbol{v}_i$ を分離しない（h 上にあるときも分離しないと見なす）ならば $x_i = 1$ とし，そうでなければ $x_i = 0$ とすることと等価である．この乱択ラウンディングで論理和 $C_j = x_{j_i}$ が充足される確率は

$$\frac{\pi - \theta_{0j_i}}{\pi} \qquad (\theta_{0j_i} = \arccos(\boldsymbol{v}_0 \cdot \boldsymbol{v}_{j_i}))$$

であり，relax(C_j) に対する比は少なくても

$$\alpha_1 \equiv \frac{2}{\pi} \min_{0 \le \theta_{0j_i} \le \pi} \frac{\pi - \theta_{0j_i}}{1 + \cos\theta_{0j_i}} > 0.87856$$

である．同様に，この乱択ラウンディングで論理和 $C_j = x_{j_1} \vee x_{j_2}$ が充足される確率は，prob$(-\boldsymbol{v}_0, \boldsymbol{v}_1, \ldots, \boldsymbol{v}_i)$ を $-\boldsymbol{v}_0, \boldsymbol{v}_1, \ldots, \boldsymbol{v}_i$ がすべてランダム超平面 h の同じ側にくる確率と置けば，$1 - \mathrm{prob}(-\boldsymbol{v}_0, \boldsymbol{v}_{j_1}, \boldsymbol{v}_{j_2})$ となる．そこで prob$(\boldsymbol{v}_i|\boldsymbol{v}_{i'})$ をランダム超平面 h が $\boldsymbol{v}_i$ と $\boldsymbol{v}_{i'}$ を分離する確率と置けば，$1 - \mathrm{prob}(-\boldsymbol{v}_0, \boldsymbol{v}_{j_1}, \boldsymbol{v}_{j_2})$ は，$\frac{1}{2}(\mathrm{prob}(-\boldsymbol{v}_0|\boldsymbol{v}_{j1}) + \mathrm{prob}(-\boldsymbol{v}_0|\boldsymbol{v}_{j_2}) + \mathrm{prob}(\boldsymbol{v}_{j_1}|\boldsymbol{v}_{j_2}))$ と等しくなる．したがって，relax(C_j) に対する論理和 $C_j = x_{j_1} \vee x_{j_2}$ の充足される確率の比は少なくても

$$\begin{aligned}\alpha_2 &\equiv \min_{\boldsymbol{v}_0, \boldsymbol{v}_{j_1}, \boldsymbol{v}_{j_2} \in S^n} \frac{\frac{1}{2}\frac{\pi - \theta_{0j_1} + \pi - \theta_{0j_2} + \theta_{j_1 j_2}}{\pi}}{\frac{3 + \cos\theta_{0j_1} + \cos\theta_{0j_2} - \cos\theta_{j_1 j_2}}{4}} \\ &= \alpha_1 > 0.87856\end{aligned}$$

となる．11.3 節でも述べたように，条件付き確率法と同様に，この乱択ラウンディングに対しても脱乱択化の手法 [70] があり，こうして MAX 2SAT に対する Goemans-Williamson [43] のアルゴリズムは 0.87856-近似アルゴリズムであることが言える．

その後 Feige-Goemans は

$$fg(i_1, i_2, i_3) = \min \left\{ \begin{array}{l} \boldsymbol{v}_{i_1} \cdot \boldsymbol{v}_{i_2} + \boldsymbol{v}_{i_1} \cdot \boldsymbol{v}_{i_3} + \boldsymbol{v}_{i_2} \cdot \boldsymbol{v}_{i_3}, \\ -\boldsymbol{v}_{i_1} \cdot \boldsymbol{v}_{i_2} + \boldsymbol{v}_{i_1} \cdot \boldsymbol{v}_{i_3} - \boldsymbol{v}_{i_2} \cdot \boldsymbol{v}_{i_3}, \\ -\boldsymbol{v}_{i_1} \cdot \boldsymbol{v}_{i_2} - \boldsymbol{v}_{i_1} \cdot \boldsymbol{v}_{i_3} + \boldsymbol{v}_{i_2} \cdot \boldsymbol{v}_{i_3}, \\ \boldsymbol{v}_{i_1} \cdot \boldsymbol{v}_{i_2} - \boldsymbol{v}_{i_1} \cdot \boldsymbol{v}_{i_3} - \boldsymbol{v}_{i_2} \cdot \boldsymbol{v}_{i_3}. \end{array} \right\}$$

を用い，各 $1 \le i_1 < i_2 < i_3 \le n$ に対して $fg(i_1, i_2, i_3) \ge -1$ が妥当な制約式であることに注目して，上記の SDP 緩和による MAX 2SAT の定式化に

$$fg(i_1, i_2, i_3) \ge -1 \quad (1 \le i_1 < i_2 < i_3 \le n)$$

という制約式を付け加えて Goemans-Williamson のアルゴリズムを改善している [35]．さらに，この問題の解のベクトル $\boldsymbol{v}$ を回転して得られる新しいベクトル $\boldsymbol{u}$ に対して乱択ラウンディングを適用しより良い近似保証を達成している．

より具体的には，$\boldsymbol{u}_0 := \boldsymbol{v}_0$ とし，各 $\boldsymbol{u}_i$ を，$\boldsymbol{v}_0$ と $\boldsymbol{v}_i$ でできる平面上で $\boldsymbol{v}_0$ と $\boldsymbol{v}_i$ のなす角を θ_i と置いたとき，$\boldsymbol{v}_0$ に対して $\boldsymbol{v}_i$ と同じ側にあって $\boldsymbol{v}_0$ と $f(\theta_i)$ の角をなすベクトルとして定めている．ただし，$f(\theta_i)$ は $f(\pi-\theta)=\pi-f(\theta)$ を満たす関数 $f:[0,\pi]\rightarrow[0,\pi]$ である．実際には，

$$f(\theta)=(1-\lambda)\theta+\lambda\left(\frac{\pi}{2}(1-\cos\theta)\right)$$

を用いている．ここで $\lambda=0$ ならばもちろん Goemans-Williamson の乱択ラウンディングそのものである．彼らは $\lambda=0.806765$ を用いて MAX 2SAT に対する 0.93101-近似アルゴリズムを得ている [35].

MAX kSAT に対する SDP 緩和は，MAX 2SAT に対する SDP 緩和に比べて格段に複雑になっている．Karloff-Zwick は MAX 3SAT に対する以下の SDP 緩和

$$\begin{array}{llcll}
\text{maximize} & \displaystyle\sum_{C_j\in\mathcal{C}} w(C_j)z_j & & & \\
\text{subject to} & \min\{\mathrm{relax}(C_j),1\} & \geq & z_j & (C_j\in\mathcal{C}), \\
 & \boldsymbol{v}_i & \in & S^n & (i=0,1,\ldots,2n), \\
 & \boldsymbol{v}_{n+i}\cdot\boldsymbol{v}_i & = & -1 & (i=1,2,\ldots,n)
\end{array}$$

を用いて $\frac{7}{8}$-近似アルゴリズムを得ている [59]．この定式化は単純であるが，その近似保証は極めて複雑である．ランダム超平面を用いる乱択ラウンディングで，論理和 C_j が充足される確率は論理和 C_j が 1 個または 2 個のリテラルからなるときはこれまでと同じであるが，3 個のリテラルからなる論理和 $C_j=x_1\vee x_2\vee x_3$ が充足される確率は $1-\mathrm{prob}(-\boldsymbol{v}_0,\boldsymbol{v}_1,\boldsymbol{v}_2,\boldsymbol{v}_3)$ となり，$\mathrm{relax}(C_j)=\mathrm{relax}(C_j(\boldsymbol{v}_0,\boldsymbol{v}_1,\boldsymbol{v}_2,\boldsymbol{v}_3))$ に対する比は少なくとも

$$\alpha_3\equiv\min_{\boldsymbol{v}_0,\boldsymbol{v}_1,\boldsymbol{v}_2,\boldsymbol{v}_3\in S^3}\frac{1-\mathrm{prob}(-\boldsymbol{v}_0,\boldsymbol{v}_1,\boldsymbol{v}_2,\boldsymbol{v}_3)}{\mathrm{relax}(C_j)}$$

となる．ここで，$\mathrm{prob}(-\boldsymbol{v}_0,\boldsymbol{v}_1,\boldsymbol{v}_2,\boldsymbol{v}_3)$ は $-\boldsymbol{v}_0,\boldsymbol{v}_1,\boldsymbol{v}_2,\boldsymbol{v}_3$ で定義される四面体の体積（より正確には原点を通りこれらのベクトルに直交する超平面の正の部分で定義される 4 次元単位超球面上の面積）に依存するので，1 個または 2 個のリテラルからなる論理和の場合と比べて解析が格段に難しくなる．

Karloff-Zwick は球面幾何学および数値実験に基づいてこの比は $\frac{7}{8}$ 以上になることを示している [59].

11.6 まとめと文献ノート

本章では，最大カット問題に対して，半正定値計画に基づいて良い近似保証のアルゴリズムが得られることを示した．さらに，その技法を最大充足化問題にも応用して，最大充足化問題に対する優れた近似保証を達成するアルゴリズムを与えた．なお，これらの記述においては，Williamson-Shmoys (2011) [83]（邦訳：浅野 (2015)）を参考にした．

参考文献

[1] A. Agrawal, P. Klein, and R. Ravi, When trees collide: An approximation algorithm for the generalized Steiner problem on networks, *SIAM Journal on Computing*, **24**, pp.440–456, 1995.

[2] 秋山仁, R.L. Graham, 『離散数学入門』, 朝倉書店, 1993.

[3] N. Alon, D. Moshkovitz, and S. Safra, Algorithmic construction of sets for k-restrictions, *ACM Tranactions on Algorithms*, **2**, pp.153–177, 2006.

[4] S. Arora, Polynomial time approximation schems for Euclidean traveling salesman and other geometric problems, *Journal of ACM*, **45**(5), pp.753–782, 1998.

[5] S. Arora and M. Sudan, Improved low-degree testing and its applications, *Proc. 29th ACM Symposium on Theory of Computing*, pp. 485–495, 1997.

[6] V. Arya, N. Garg, R. Khandekar, A. Meyerson, K. Munagala, and V. Pandit, Local search heuristics for k-median and facility location problems, *SIAM Journal on Computing*, **33**, pp. 544–562, 2004.

[7] T. Asano, Approximation algorithms for MAX SAT: Yannakakis vs. Goemans-Williamson, *Proc. 5th Israel Symposium on Theory of Computing and Systems*, pp.24–37, 1997.

[8] T. Asano, An improved analysis of Goemans and Williamson's LP-relaxation for MAX SAT, *Proc. 14th International Symposium on Fundamentals of Computation Theory* (Lecture Notes in Computer

Science 2751), pp.2–14, 2003, (*Theoretical Computer Science*, **354**, pp.339–353, 2006).

[9] T. Asano, K. Hori, T. Ono, and T. Hirata, A theoretical framework of hybrid approaches to MAX SAT, *Proc. 8th International Symposium on Algorithms and Computation* (Lecture Notes in Computer Science 1350, Springer), pp.153–162, 1997.

[10] T. Asano, T. Ono and T. Hirata, Approximation algorithms for the maximum satisfiability problem, *Nordic Journal of Computing*, **3**, pp.388–404, 1996.

[11] T. Asano and D.P. Williamson, Improved approximation algorithms for MAX SAT, *Journal of Algorithms*, **42**, pp.173–202, 2002.

[12] 浅野孝夫，シュタイナー森に対する近似アルゴリズムの性能評価，情報処理学会アルゴリズム研究会，神戸情報大学院大学，2016 年 11 月 24～25 日.

[13] 浅野孝夫・今井浩，『計算とアルゴリズム』，オーム社，2000.

[14] G. Ausiello, P. Crescenzi, G. Gambosi, V. Kann, A. Marchetti-Spaccamela, and M. Protasi, *Complexity and Approximation: Combinatorial Optimization Problems and their Approximability Properties*, Springer-Verlag, Berlin, 1999.

[15] A. Avidor, I. Berkovitch, and U. Zwick, Improved approximation algorithms for MAX NAE-SAT and MAX SAT, *Proc. 3rd Workshop Approximation and Online Algorithms* (Lecture Notes in Computer Science 3879), pp.27–40, 2005,

[16] B. S. Baker, Approximation algorithms for NP-complete problems on planar graphs, *Journal of ACM*, **41**, pp.153–180, 1994.

[17] R. Bar-Yehuda and S. Even, A linear time approximation algorithm for the weighted vertex cover problem, *Journal of Algorithms*, **2**, pp.198–203, 1981.

[18] C. Bazgan, M. Santha, and Z. Tuza, Efficient approximation algorithms for the SUBSET-SUMS EQUALITY problem, *Journal of Computer Systems and Science*, **64**, pp.160–170, 2002.

[19] M. Bellare, O. Goldreich, and M. Sudan, Free bits, PCPs, and nonapproximability – towards tight results, *SIAM Journal on Computing*, **27**, pp.804–915, 1998.

[20] M.W. Bern and R.L. Graham, The shortest network problems, *Scientific American*, pp.66–71, 1989（邦訳：浅野孝夫，最短ネットワーク問題，サイエンス 1989 年 3 月号，pp.84–91, 1989）.

[21] M. Brazil, R.L. Graham, D.A. Thomas, and M. Zachariasen, On the history of the Euclidean Steiner tree problem, *Arch. Hist. Exact. Sci.*, **68**, pp.327–354, 2014.

[22] J. Byrka, F. Grandoni, T. Rothvoß, and L. Sanità, Steiner tree approximation via iterative randomized rounding, *Journal of ACM*, **60**, Article 6, 2013.

[23] T. M. Chan, Approximation scheme for 0-1 knapsack problem, *Proc. 1st Symposium on Simplicity in Algorithms* (SOSA 2018), pp.5:1–5:12, 2018.

[24] M. Charikar and S. Guha, Improved combinatorial algorithms for facility location problems, *SIAM Journal on Computing*, **34**, pp.803–824, 2005.

[25] N. Christofides, Worst-case analysis of a new heuristic for the travelling salesman problem, Report 388, Graduate School of Industrial Administration, Carnegie-Mellon University, 1976.

[26] F.A. Chudak and D.B. Shmoys, Improved approximation algorithms for the uncapacitated facility location problem, *SIAM Journal on Computing*, **33**, pp.1–25, 2003.

[27] V. Chvátal, A greedy heuristic for the set-covering problem. *Mathematics of Operations Research*, **4**, pp.233–235, 1979.

[28] V. Chvátal, *Linear Programming*, Freeman, 1983（邦訳：阪田省二郎・藤野和建・田口東,『線形計画法（上，下)』, 啓学出版, 1986/1988）.

[29] T. H. Cormen, C. E. Leiserson, R. L. Rivest, and C. Stein, *Introduction to Algorithms*, MIT Press, Cambridge, MA, USA, third edition, 2009（邦訳：浅野哲夫・岩野和生・梅尾博司・山下雅史・和田幸一,『アルゴリズムイントロダクション第3版総合版』, 近代科学社, 2013）.

[30] I. Dinur and D. Steurer, Analytical approach to parallel repetition, *Proc. 46th ACM Symposium on Theory of Copmuting*, pp.624–633, 2014.

[31] G. Dósa, R. Li, X. Han, and Z. Tuza, Tight absolute bound for First Fit Decreasing bin-packing: $FFD(L) \leq 11/9\ OPT(L) + 6/9$, *Theoretical Computer Science*, **510**, pp.13–61, 2013.

[32] G. Dósa and J. Sgall, First fit bin packing: a tight analysis, *Proc. 30th International Symposium on Theoretical Aspect of Computer Science*, pp.538–549, 2013.

[33] S.E. Dreyfus and R.A. Wagner, The Steiner problem in graphs, *Networks*, **1**, pp.195–207, 1972.

[34] U. Feige, A threshold of $\ln n$ for approximating set cover, *Proc. 28th ACM Symposium on Theory of Copmuting*, pp.314–318, 1996 (*Journal of ACM*, 45, pp.634–652, 1998).

[35] U. Feige and M. X. Goemans, Approximating the value of two prover proof systems, with applications to MAX 2SAT and MAX DICUT, *Proc. 3rd Israel Symposium on Theory of Computing and Systems*, pp.182–189, 1995.

[36] U. Feige and G. Schechtman, On the optimality of the random hyperplane rounding technique for MAX CUT, *Random Structures and Algorithms*, **20**, pp.403–440, 2002.

[37] B. Fuchs, W. Kern, D. Mölle, S. Richter, P. Rossmanith, and X. Wang, Dynamic programming for minimum Steiner trees, *Theory of Computing Systems*, **41**, pp.493–500, 2007.

[38] M. R. Garey and D. S. Johnson, "Strong" NP-completeness results: Motivation, examples, and implications, *Journal of ACM*, **25**, pp.499–508, 1978.

[39] M.R. Garey and D.S. Johnson, *Computers and Intractability: A Guide to the Theory of NP-Completeness*, W.H. Freeman and Co., New York, NY, 1979.

[40] E.N. Gilbert and H.O. Pollak, Steiner minimal trees, *SIAM Journal on Applied Mathematics*, **16**, pp.1–29, 1968.

[41] M. X. Goemans and D. P. Williamson, .878-approximation algorithms for MAX CUT and MAX 2SAT, *Proc. 26th ACM Symposium on Theory of Computating*, pp.422–431, 1994.

[42] M. X. Goemans and D. P. Williamson, New 3/4-approximation algorithms for the maximum satisfiability problem, *SIAM Journal on Discrete Mathematics*, **7**, pp.656–666, 1994.

[43] M. X. Goemans and D. P. Williamson, Improved approximation algorithms for maximum cut and satisfiability problems using semidefinite programming, *Journal of ACM*, **42**, pp.1115–1145, 1995.

[44] R. L. Graham, Bounds on multiprocessing timing anomalies, *SIAM Journal on Applied Mathematics*, **17**, pp.416–429, 1969.

[45] B. Guenin, J. Könemann, and L. Tun**c**cel, *A Gentle Introduction to Optimization*, Cambridge University Press, 2014.

[46] S. Guha and S. Khuller, Greedy strikes back: Improved facility location algorithms, *Journal of Algorithms*, **31**, pp.228–248, 1999.

[47] A. Gupta and A. Kumar, Greedy Algorithms for Steiner Forest, *Proc. 47th ACM Symposium on Theory of Computating*, pp.871–878, 2015.

[48] M. M. Halldórsson, A still better performance guarantee for approximate graph coloring, *Information Processing Letters*, **45**, pp.19–23, 1993.

[49] E. Halperin and U. Zwick, Approximation algorithms for MAX 4-SAT and rounding procedures for semidefinite programs, *Journal of Algorithms*, **40**, pp.184–211, 2001.

[50] J. Håstad, Some optimal inapproximability results, *Proc. 29th ACM Symposium on Theory of Computing*, pp.1–10, 1997.

[51] D. S. Hochbaum, Approximation algorithms for the set covering and vertex cover problems, *SIAM Journal on Computing*, **11**, pp.555–556, 1982.

[52] D. S. Hochbaum and D. B. Shmoys, Using dual approximation algorithms for scheduling problems: Theoretical and practical results, *Journal of ACM*, **34**, pp.144–162, 1987.

[53] D. S. Hochbaum, editor, *Approximation algorithms for NP-hard problems*, PWS Publishing Company, 1997.

[54] E. Horowitz and S. Sahni, Exact and approximate algorithms for scheduling nonidentical processors, *Journal of ACM*, **23**, pp.317–327, 1976.

[55] O. H. Ibarra and C. E. Kim, Fast approximation algorithms for the knapsack and sum of subset problems, *Journal of ACM*, **22**, pp.463–468, 1975.

[56] K. Jain, M. Mahdian, E. Markakis, A. Saberi, and V. V. Vazirani, Greedy facility location algorithms analyzed using dual fitting with factor-revealing LP, *Journal of ACM*, **50**, pp.795–824, 2003.

[57] M. Ji and T.C.E. Cheng, An FPTAS for parallel-machine scheduling under a grade of service provision to minimize makespan, *Information Processing Letters*, **108**, pp.171–174, 2008.

[58] D. S. Johnson, Approximation algorithms for combinatorial problems, *Journal of Computer and Systems Science*, **9**, pp.256–278, 1974.

[59] H. Karloff and U. Zwick, A 7/8-approximation algorithm for MAX 3SAT?, *Proc. 38th IEEE Symposium on Foundations of Computer Science*, pp.406–415, 1997.

[60] S. Khot, G. Kindler, E. Mossel, and R. O'Donnell, Optimal inapproximability results for MAX-CUT and other 2-variable CSPs? *SIAM Journal on Computing*, **37**, pp.319–357, 2007.

[61] J. Kleinberg and É. Tardos, *Algorithm Design*, Pearson Education, Boston, Massachusetts, 2006（邦訳：浅野孝夫・浅野泰仁・小野孝男・平田富夫,『アルゴリズムデザイン』, 共立出版, 2008）.

[62] R. Kohli and R. Krishnamurti, Average performance of heuristics for satisfiability, *SIAM Journal on Discrete Mathematics*, **2**, pp. 508–523, 1989.

[63] 今野浩,『線形計画法』, 日科技連出版社, 1987.

[64] B. Korte and J. Vygen, *Combinatorial Optimization*, Springer, Berlin, Germany, fourth edition, 2007（邦訳：浅野孝夫・浅野泰仁・小野孝夫・平田富夫,『組合せ最適化第 2 版』, 丸善出版, 2012）.

[65] B. Korte and J. Vygen, *Combinatorial Optimization: Theory and Algorithms* (6th edition), Springer, 2018.

[66] L. Kou, G. Markowsky, and L. Berman, A fast algorithm for Steiner trees, *Acta Informatica*, **15**, pp.141–145, 1981.

[67] S. Li, A 1.488-approximation algorithm for the uncapacitated facility location problem, *Information and Computation*, **222**, pp.45–58, 2013.

[68] K. Lieberherr and E. Specker, Complexity of partial satisfaction, *Journal of ACM*, **28**, pp.411–421, 1981.

[69] L. Lovász, On the ratio of optimal integral and fractional covers, *Discrete Mathematics*, **13**, pp.383–390, 1975.

[70] S. Mahajan and H. Ramesh, Derandomizing approximation algorithms based on semidefinite programming, *SIAM Journal on Computing*, **28**, pp.1641–1663, 1999.

[71] Z.A. Melzak, On the problem of Steiner, *Canad. Math. Bull.*, **4**, pp.143-148, 1961.

[72] J.S.B. Mitchell, Guillotine subdivisions approximate polygonal subdivisions: A simpler polynomial-time approximation scheme for geometric TSP, k-MST, and related problems, *SIAM Journal on Computing*, **28**, pp.1298–1309, 1999.

[73] E. Mossel, R. O'Donnell, and K. Oleszkiewicz, Noise stability of functions with low influences: Invariance and optimality, *Annals of Mathematics*, **171**, pp.295–341, 2010.

[74] D. Nanongaki, Simple FPTAS for the sunset-sums ratio problem, *Information Processing Letters*, **113**, pp.750–753, 2013.

[75] R. Raz and S. Safra, A sub-constant error-probability low-degree test, and a sub-constant error-probability PCP characterization of NP, *Proc. 29th ACM Symposium on Theory of Computing*, pp.475–484, 1997.

[76] D. Simchi-Levi, New worst-case results for the bin-packing problem, *Naval Research Logistics*, **41**, 579–585, 1994.

[77] M. Takahashi and A. Matsuyama, An approximate solution for the Steiner problem in graphs, *Mathematica Japonica*, **24**, pp.573–577, 1980.

[78] L. Trevisan, G. B. Sorkin, M. Sudan, and D. P. Williamson, Gadgets, approximation, and linear programming, *SIAM Journal on Computing*, **29**, pp.2074–2097, published electronically April 18, 2000.

[79] V. V. Vazirani, *Approximation Algorithms*, Springer, Berlin, Germany, second edition, 2004（邦訳：浅野孝夫，『近似アルゴリズム』，丸善出版，2012）.

[80] J. Vygen, Approximation algorithms for facility location problem (lecture notes) *Report No. 05950-OR, Research Institute for Discrete Mathematics, University Bonn*, 2005.

[81] J. Vygen, Faster algorithm for optimum Steiner trees, *Information Processing Letters*, **111**, pp.1075–1079, 2011.

[82] D.M. Warme, P. Winter, and M. Zachariasen, GeoSteiner 3.1, Department of Computer Science, University of Copenhagen(DIKU), `http://www.diku.dk/gweosteiner/`

[83] D. P. Williamson and D. B. Shmoys, *The Design of Approximation Algorithms*, Cambridge University Press, New York, USA, 2011（邦訳：浅野孝夫，『近似アルゴリズムデザイン』，共立出版，2015）.

[84] G.J. Woeginger, A comment on parallel-machine scheduling under a grade of service provision to minimize makespan, *Information Processing Letters*, **109**, pp.341–342, 2009.

[85] G.J. Woeginger and Z. Yu, On the equal-subset-sum problem, *Information Processing Letters*, **42**, pp.299–302, 1992.

[86] M. Yannakakis, On the approximation of maximum satisfiability, *Journal of Algorithms*, **17**, pp.475–502, 1994.

[87] A.Z. Zelikovsky, An 11/6-approximation algorithm for the network Steiner tree probem, *Algorithmica*, **9**, pp.463–470, 1993.

[88] U. Zwick, Outward rotations: a tool for rounding solutions of semidefinite programming relaxations, with applications to MAX CUT and other problems, *Proc. 31st ACM Symposium on Theory of Computing*, pp.679–687, 1999.

索　引

さ行

た行

な行

は行

ま行

や行

ら行

わ行

Memorandum

Memorandum

【著者紹介】

浅野孝夫（あさの・たかお）

1949年　生まれ
1977年　東北大学大学院 工学研究科 電気・通信工学専攻 博士課程修了
現　在　中央大学名誉教授
専　門　情報工学，離散アルゴリズム
主著訳　『情報数学 —組合せと整数およびアルゴリズム解析の数学』，コロナ社 (2009).
『近似アルゴリズムデザイン』，共立出版 (2015).
『グラフ・ネットワークアルゴリズムの基礎』，近代科学社 (2017).
他多数

アルゴリズム・サイエンス シリーズ ⓫
数理技法編
近似アルゴリズム　—離散最適化問題への効果的アプローチ—
Approximation Algorithms —Effective Approaches to Discrete Optimization Problems—

2019 年 6 月 30 日　初版 1 刷発行

著者　浅野孝夫　ⓒ 2019　　（検印廃止）
発行　**共立出版株式会社**　南條光章
〒112-0006　東京都文京区小日向 4-6-19
Tel. 03-3947-2511（代表）　振替口座 00110-2-57035
www.kyoritsu-pub.co.jp

印刷：加藤文明社　　製本：ブロケード
Printed in Japan　ISBN 978-4-320-12177-5　（一社）自然科学書協会会員
NDC 007.64（アルゴリズム），410.1（数理哲学），418（計算法）